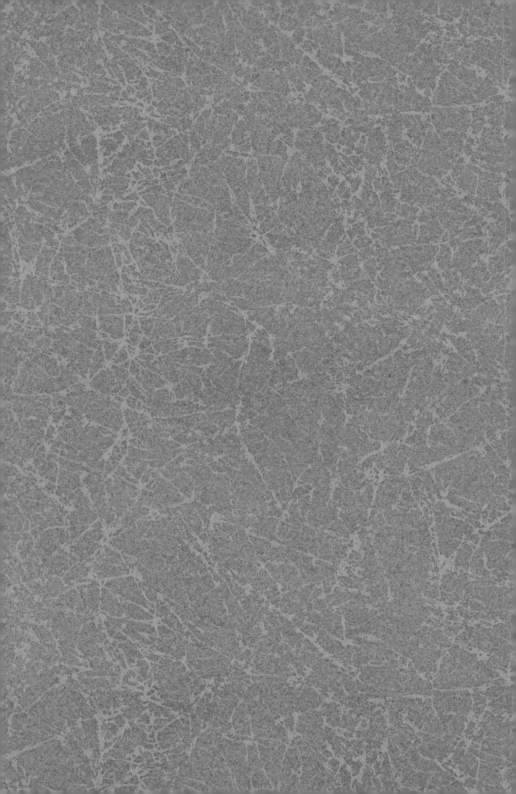

航空輸送100年
安全性向上の歩み

遠藤信介 著

まえがき

　ライト兄弟が米国ノースカロライナ州キティ・ホークの砂丘で人類初の飛行機による有人動力飛行に成功したのは 1903 年 12 月 17 日のことですが、その 10 年後の 1914 年 1 月 1 日には、米国フロリダ州で水上機に観光客を乗せてタンパ湾を 23 分で横断する定期運航が開始されています。飛行船の旅客飛行は 1910 年に開始されていますが、飛行機での旅客の定期輸送はこれが最初とされています。この世界初の飛行機による定期輸送は一冬の観光シーズンで終了し、乗客総数は 1204 人に過ぎませんでしたが、この後、航空輸送は飛躍的な発展を遂げ、現在では全世界の定期航空乗客数は約 40 億人に達しています。航空輸送は量的に発展したばかりでなく、安全性も劇的に向上し、米国の定期航空輸送の死亡事故率は、1920 年代の黎明期から現代までの間に、1 万分の 1 未満に低下するという驚異的改善を遂げ、欧州や日本などの航空先進国の定期航空の安全性も極めて高い水準に到達し、現代の航空旅客輸送の安全性は公共交通機関の中で最も高いもののひとつとなっています。

　この約 100 年間の航空輸送の劇的な安全性向上は、国際民間航空機関 ICAO によれば、航空黎明期から 1960 年代後半までは主として技術進歩により、1970 年代前半からはそれにヒューマン・ファクター分野の改善が加わり、さらに 1990 年代中頃以降は組織文化の改善も図られて達成されてきたものとされていますが、これらの安全性向上に貢献してきた技術進歩や制度改革の多くは、米国において形成されてきており、現在の航空技術の国際基準である国際民間航空条約付属書の技術基準の多くも米国基準を起源としています。

　全世界の航空輸送量における米国のシェアは 1940 年代には 60% を超え、米国は、その技術力とともに輸送量においても世界の他の国を圧倒し、航空安全の枠組みの形成において世界をリードしてきました。現在では、中国等の台頭により、航空輸送量の米国のシェアは 20% 程度までに低下していますが、小型機を含む民間航空機の数においては、現在でも、全世界約 40 万機中の約 20 万機が米国籍機となっています。

このように、航空におけるこれまでの圧倒的な優位を背景として、世界の航空安全の基本的枠組みの大半は米国で形成されてきましたが、その形成は必然的に自国での出来事に大きく影響され、米国内事故等の米国に関連する出来事が他国の出来事より世界の航空安全の枠組みに大きな影響を与えることとなってきました。

　これらのことを踏まえ、本書は、約100年間の航空輸送の安全性向上の歩みを米国における航空安全上重要な出来事（テロ・ハイジャック等のセキュリティ関係を除く。）を中心に辿ることとしました。（米国関係以外でも、その後の航空安全の在り方に大きな影響を与えたいくつかの米国外での大事故等も取り上げました。）

　本書の構成に当たっては、個々の安全基準がどのような事故等を教訓として形成されてきたかなどの歴史的経緯をできるだけ正確に記述するように心がけ、可能な限り、事実に最も近いと思われる一次資料を原典としましたが、著者の力不足によりそれらの原典の意図を十分に汲みとれていない可能性もありますことから、原典を確認されたい読者の方々のため、参考とした原典は原則として全て参考資料リストに掲載しました。

　なお、本書は、日本航空技術協会機関誌「航空技術」の2016年8月号から2018年9月号までに連載した記事「航空輸送100年　安全性向上の歩み」を加筆修正したものです。

　最後に、当時の連載と今回の出版に当たって多大のご支援を頂いた日本航空技術協会の皆様に深く感謝申し上げます。

遠藤信介

目次

まえがき

序章　安全性の改善と格差の存在　　　　　　　　　　　1

- はじめに……………………………………………………… 1

第1章　航空輸送の始まり（1783〜1923）　　　　　　9

- 航空輸送の始まり - 熱気球から飛行船へ ………………… 9
- 飛行機による有人飛行の始まり ………………………………11
- 飛行機による定期運航の始まり ………………………………13
- 米国航空輸送発展の礎 - 航空郵便 …………………………13
- 自動化の始まり …………………………………………………18

第2章　航空安全法の制定、航空管制の始まり　　　 （1920年代〜1930年代半ば）　　　　　　21

- 1920年代以降の米国航空産業の急速な発展 …………………21
- 航空安全法の制定 - 航空安全規制の始まり ………………22
- 航空路の整備 ……………………………………………………25
- 航空管制の始まり ………………………………………………28
- 航空事故調査の始まり …………………………………………33

第3章　日本の航空黎明期（1910〜1930年代）　　38

- 黎明期の事故多発 ………………………………………………38
- 航空局発足と航空法制定 ………………………………………39
- 航空産業の発展 …………………………………………………42
- 航空事故 …………………………………………………………44
- 大森上空での空中衝突事故 ……………………………………46
  - ➤ 公表された再発防止策の概要 ……………………………47
  - ➤ 事故原因（新聞掲載談話の概要） ………………………47
- 試験飛行中の旅客機墜落事故 …………………………………49

● 国産機初飛行 - 忘れられた飛行家 ·· 49

第4章　航空企業再編、民間航空庁発足、ICAO設立
（1930年代～1940年代）　　53

● 路線配分会合と航空企業再編 ·· 53
● 1938 年の民間航空法　 ·· 57
● 民間航空庁（CAA）の発足 ··· 58
● 民間航空庁と民間航空委員会の分離 ··· 59
● オートパイロットの普及 ··· 59
● 航空機の複雑化による必要乗員数の増加 ··· 60
● 第二次世界大戦 ··· 62
● ICAO の設立　 ·· 63
● 検査試験業務の民間委任拡大 ·· 64
● 不定期航空 ·· 65
● ジェネラル・エイビエーション ·· 66
● 1947 年の連続事故　 ··· 66
● 航空技術開発をめぐる CAA と軍の対立　 ··· 69
● 空域管理の抜本的改善へ ·· 70

第5章　ニューヨーク近郊連続墜落事故、コメット機連続
墜落事故、空中衝突事故（1950 年代）　　72

● ニューヨーク近郊の連続墜落事故 ·· 72
　➤　事故 1 ··· 72
　➤　事故 2 ··· 73
　➤　事故 3 ··· 74
　➤　事故 4 ··· 74
　➤　事故 5 ··· 75
　➤　大統領委員会 ··· 76
● コメット機連続墜落事故 ·· 78
● 疲労強度基準 ··· 82
● 空中衝突事故の頻発 ·· 83
● FAA 発足へ ··· 87

第6章 連邦航空庁の発足、乗員の健康管理強化、 ニューヨーク上空の空中衝突事故（1956〜1960） 91

- 連邦航空庁（FAA）の発足 ……………………………… 91
- 安全キャンペーン ……………………………………… 95
- B707 急降下 - 初のジェット旅客機 LOC-I ……………… 96
- 乗務規則の強化 ………………………………………… 98
- 自発的報告免責の中止 ………………………………… 99
- 乗員の健康管理 /60 歳ルール ………………………… 100
- FAA 発足直後の重大事故 …………………………… 102
- 鳥衝突 …………………………………………………… 103
- ニューヨーク上空での旅客機同士の空中衝突 ………… 105
- 航空管制システムの改革 ……………………………… 109

第7章 航空交通管理システムの改革、空中衝突事故、 空港電源の喪失、空中分解事故、燃料タンク爆発事故、 客室安全基準の強化、乗員射殺事件、連邦航空規則の 成立（1960〜1965） 111

- ニューヨーク事故後の対策 …………………………… 111
- 航空交通管理システムの改善勧告 …………………… 112
- 錯視による旅客機同士の空中衝突 …………………… 113
- ニューヨーク広域管制室の設置 ……………………… 115
- 管制情報処理システムの開発 ………………………… 115
- 空港電源喪失と非常電源配備 ………………………… 116
- アップセットによる空中分解事故 …………………… 117
- 被雷による燃料タンク爆発 …………………………… 121
- 客室安全基準の強化 …………………………………… 123
- 乗員射殺事件と操縦室の施錠義務化 ………………… 126
- 連邦航空規則 FAR の成立 …………………………… 127

第8章 B727 連続墜落事故、滑走路逸脱対策、旅客ヘリ連続 墜落事故、洋上飛行間隔安全論争（1964〜1969） 130

- B727 連続墜落事故（1965 〜 66） ················· 130
- 滑走路逸脱対策（1964 〜 66）················· 136
- 米国運輸省発足（1967） ················· 137
- 旅客ヘリ連続墜落事故（1968） ················· 138
- 洋上飛行間隔の安全論争（1964 〜 69）················· 143
  - ➤ 横飛行間隔の短縮（120nm → 90nm）················· 143
  - ➤ 横飛行間隔の 120nm への復帰と再調査 ················· 145
  - ➤ 航空機衝突モデルの構築················· 146
  - ➤ 安全目標の設定················· 147
  - ➤ 論争の決着················· 148

第9章 航空機整備方式の革新、空中衝突事故、CFIT と GPWS 義務化（1960年代末〜1970年代前半） 151

- B747 の登場と新整備方式 ················· 151
- 旅客機と小型機の空中衝突················· 154
  - ➤ 1967 年 3 月 9 日、オハイオ州デイトン ················· 155
  - ➤ 1967 年 7 月 19 日、ノースカロライナ州 ヘンダーソンビル················· 155
  - ➤ 1969 年 9 月 9 日、インディアナ州フェアランド ········· 156
- 旅客機と軍用機の空中衝突················· 157
  - ➤ 1971 年 6 月 6 日、カルフォルニア州ドゥワーテ ········· 158
  - ➤ 1971 年 7 月 30 日、岩手県雫石 ················· 160
- CFIT と GPWS ················· 162
  - ➤ 1971 年 2 月 17 日、ミシシッピ州ガルフポート ·········· 163
  - ➤ 1972 年 12 月 29 日、フロリダ州エバーグレイズ·········· 164
  - ➤ 1974 年 12 月 1 日、バージニア州ベリービル ········· 168
  - ➤ 安全報告制度の発足················· 171
  - ➤ GPWS の装備義務化················· 172

第10章　与圧構造破壊事故（1971〜1974）　175

- 与圧機の登場……………………………………………… 175
- バンガードの墜落………………………………………… 176
- アメリカン航空 DC-10 の急減圧 ……………………… 178
- トルコ航空 DC-10 の墜落 ……………………………… 180
  - ➤ 貨物室ドア改修作業のミス…………………………… 183
  - ➤ 発行されなかった AD ………………………………… 186
  - ➤ 事故後の貨物室ドア改善……………………………… 187
  - ➤ 急減圧への対応………………………………………… 189
  - ➤ 設計基準の改正………………………………………… 190
  - ➤ 予見されていた事故の発生…………………………… 192

第11章　ウインドシア事故、航空史上最大の事故（1974〜1977）　196

- ウインドシア……………………………………………… 196
  - ➤ 南太平洋サモアでの B707 墜落 ……………………… 196
  - ➤ ダウンバーストの発見………………………………… 197
  - ➤ サモア事故の再調査…………………………………… 203
  - ➤ もうひとつのウインドシア事故の再調査…………… 205
- テネリフェ事故…………………………………………… 205
  - ➤ 事故発生の経過………………………………………… 207
  - ➤ スペイン報告書による事故原因……………………… 211
  - ➤ オランダ意見書による事故原因……………………… 212
  - ➤ ALPA 報告書 …………………………………………… 212
  - ➤ 再発防止策……………………………………………… 213

第12章　両エンジン停止後の道路上不時着事故、米国最大の空中衝突事故、燃料枯渇墜落事故と CRM 訓練義務化（1977〜1978）　216

- 激しい降雨による両エンジン停止……………………… 216
- 米国航空史上最悪の空中衝突事故……………………… 221
- 燃料枯渇による墜落事故 –CRM の義務化 …………… 225

- ➤ 事故の経過⋯⋯⋯⋯⋯⋯⋯⋯⋯⋯⋯⋯⋯⋯⋯⋯⋯⋯ 225
- ➤ 繰り返されてきた乗員間の連携の破綻⋯⋯⋯⋯⋯⋯⋯ 229
- ➤ CRM 訓練の義務化 ⋯⋯⋯⋯⋯⋯⋯⋯⋯⋯⋯⋯⋯⋯⋯ 229

第13章　疲労による構造破壊事故と疲労強度基準の変遷 （1956〜1978）、米国航空史上最大の事故（1979）　　232

- ● フェイル・セーフ設計⋯⋯⋯⋯⋯⋯⋯⋯⋯⋯⋯⋯⋯⋯⋯ 232
- ● 米空軍機の疲労強度基準⋯⋯⋯⋯⋯⋯⋯⋯⋯⋯⋯⋯⋯ 233
  - ➤ 米空軍 B-47 連続墜落事故（1958）⋯⋯⋯⋯⋯⋯⋯ 234
  - ➤ 米空軍 F-111 墜落事故（1969）⋯⋯⋯⋯⋯⋯⋯⋯⋯ 235
- ● B707 水平尾翼疲労破壊事故（1977）⋯⋯⋯⋯⋯⋯⋯⋯ 237
- ● 損傷許容設計基準の成立（1978）⋯⋯⋯⋯⋯⋯⋯⋯⋯ 242
- ● 経年航空機に対する検査プログラム⋯⋯⋯⋯⋯⋯⋯⋯ 244
- ● アメリカン航空 DC-10 墜落事故（1979）⋯⋯⋯⋯⋯⋯ 244
  - ➤ 左エンジン・パイロンの亀裂⋯⋯⋯⋯⋯⋯⋯⋯⋯⋯ 245
  - ➤ 不適切なエンジン・パイロンの取外し取付け作業⋯⋯ 247
  - ➤ 油圧と警報装置電源の喪失⋯⋯⋯⋯⋯⋯⋯⋯⋯⋯⋯ 250
  - ➤ 事故のシミュレーション⋯⋯⋯⋯⋯⋯⋯⋯⋯⋯⋯⋯ 251
  - ➤ 設計上の問題点⋯⋯⋯⋯⋯⋯⋯⋯⋯⋯⋯⋯⋯⋯⋯⋯ 251
- ● FAA の耐空証明制度に関する報告書（1980）⋯⋯⋯⋯⋯ 253
- ● 構造設計基準改正案の撤回（1983 〜 1985）⋯⋯⋯⋯⋯ 255

第14章　DC-10 南極観光飛行事故、航空史上最大の火災事故、 火災対策基準強化（1979 〜 1983）　　259

- ● DC-10 南極観光飛行事故⋯⋯⋯⋯⋯⋯⋯⋯⋯⋯⋯⋯⋯ 259
  - ➤ 航空事故調査委員会の調査⋯⋯⋯⋯⋯⋯⋯⋯⋯⋯⋯ 261
  - ➤ 王立委員会の調査⋯⋯⋯⋯⋯⋯⋯⋯⋯⋯⋯⋯⋯⋯⋯ 262
- ● サウジアラビア航空 L-1011 火災事故 ⋯⋯⋯⋯⋯⋯⋯ 266
  - ➤ 事故の経過⋯⋯⋯⋯⋯⋯⋯⋯⋯⋯⋯⋯⋯⋯⋯⋯⋯⋯ 267
  - ➤ 乗員の対応⋯⋯⋯⋯⋯⋯⋯⋯⋯⋯⋯⋯⋯⋯⋯⋯⋯⋯ 269
  - ➤ 消防の救助活動⋯⋯⋯⋯⋯⋯⋯⋯⋯⋯⋯⋯⋯⋯⋯⋯ 270
  - ➤ 貨物室の設計⋯⋯⋯⋯⋯⋯⋯⋯⋯⋯⋯⋯⋯⋯⋯⋯⋯ 270

- エアカナダ DC-9 火災事故 ……………………………… 273
  - ➤ 火災の過小評価による初期対応の遅れ………………… 273
  - ➤ 緊急降下から着陸まで………………………………… 274
  - ➤ 非常脱出と消火活動…………………………………… 274
  - ➤ 事故報告書……………………………………………… 276
  - ➤ 火災対策基準の強化…………………………………… 277

第15章 遠東航空B737空中分解事故、JAL123便事故、アロハ航空B737胴体外板剥離事故（1981〜1988） 280

- 遠東航空 B737 空中分解事故 ………………………… 280
  - ➤ 与圧胴体構造のフェイル・セーフ性………………… 282
  - ➤ フラッピング………………………………………… 283
- JAL123 便墜落事故 …………………………………… 284
  - ➤ 1978 年の後部胴体接地事故 ………………………… 285
  - ➤ 後部圧力隔壁の修理作業……………………………… 285
  - ➤ 1 列リベット結合部の疲労亀裂進行 ……………… 288
  - ➤ 後部圧力隔壁の破壊…………………………………… 290
  - ➤ 与圧空気の尾部への流入……………………………… 291
  - ➤ 後部胴体、垂直尾翼の内圧の上昇…………………… 292
  - ➤ 垂直尾翼、APU 支持構造の損壊 …………………… 292
  - ➤ 垂直尾翼損壊後の飛行………………………………… 294
  - ➤ NTSB の勧告 ………………………………………… 294
  - ➤ 1985 年 12 月 5 日付勧告前文（要旨） ……………… 295
  - ➤ 事故調査委員会の初勧告……………………………… 296
  - ➤ 与圧空気流入によるシステム破壊の防止…………… 297
  - ➤ 後部圧力隔壁の設計、検査の改善…………………… 298
  - ➤ 多発損傷への対応 / フラッピング依存見直し……… 298
- アロハ航空 B737 胴体外板剥離事故 ………………… 299
  - ➤ 胴体外板の疲労亀裂…………………………………… 300
  - ➤ 機体の整備……………………………………………… 302
  - ➤ 不適切な AD ………………………………………… 303
  - ➤ B737 与圧胴体のフェイル・セーフ設計 …………… 304

> 推定原因·····································305
> 勧告及び再発防止策·····················305

第16章　ウインドシア事故とウインドシア警報装置の義務化（1982〜1988）、空中衝突事故と衝突防止装置の義務化（1986〜1989）　309

- ウインドシア·································309
  - > パンアメリカン航空 B727 の墜落事故（1982）·······309
  - > デルタ航空 L-1011 の墜落事故（1985）··········310
  - > L-1011 墜落までの飛行経過·····················311
  - > ウインドシア事故の再発防止策·················314
- 空中衝突·······································316
  - > ロサンゼルス上空での空中衝突（1986）··········316
  - > 空中衝突までの経過···························317
  - > ロサンゼルス TCA ··························317
  - > 事故調査···································319
  - > TCAS の装備義務化 ·························323
  - > その後の改善·······························324

第17章　アロー航空DC-8墜落事故、ユナイテッド航空DC-10横転事故（1985〜1989）　328

- アロー航空 DC-8 の墜落 ·······················328
  - > 事故の発生経過·····························329
  - > 2 つの報告書 ·······························331
  - > 重大事故の再発と事故調査体制の見直し··········332
  - > アロー航空 DC-8 事故の再精査 ················333
- エアオンタリオ F-28 墜落事故 ···················333
  - > 判事の調査·································335
  - > APU の不作動 ·····························335
  - > エンジン作動中の除氷の禁止···················336
  - > サンダーベイ出発時のトラブル···············336
  - > 給油作業···································337

- ➢ 離陸滑走··· 337
- ➢ 組織的問題の調査··· 338
- ● ユナイテッド航空DC-10着陸時横転事故 ·········· 340
- ➢ 事故の概要·· 340
- ➢ 乗員等の対応 –CRMの効果 ··························· 343
- ➢ 事故の発端 - エンジン部品材料の欠陥 ··········· 344
- ➢ 亀裂を発見できなかった非破壊検査················ 345
- ➢ 損傷許容性評価のエンジンへの適用················ 345
- ➢ エンジン破片飛散対策···································· 348
- ➢ 全油圧機能喪失への対応································ 349

第18章　アビアンカ航空B707墜落事故、史上最大の空中衝突事故、B747エンジン脱落事故（1990〜1996）　353

- ● 国際航空用語としての英語······························· 353
- ● アビアンカ航空 B707 墜落事故（1990）·············· 354
- ➢ 事故の発生経過·· 355
- ➢ 事故原因··· 358
- ➢ 意思疎通の破綻·· 358
- ● 史上最大の空中衝突事故（1996）······················ 359
- ➢ 事故の発生経過·· 359
- ➢ 事故原因··· 362
- ➢ 英語能力証明制度と英語の標準言語化··············· 363
- ● B747 エンジン脱落事故（1991 〜 92）··············· 363
- ➢ 中華航空 B747F 墜落事故 ······························ 363
- ➢ エルアル B747F 墜落事故······························· 364
- ➢ ヒューズ・ピン··· 365
- ➢ ヒューズ・ピンの AD ···································· 368
- ➢ 型式証明時の試験未実施································· 369
- ➢ ヒューズ・ピンの設計変更······························ 370
- ➢ 他のエンジン脱落事故···································· 372

第19章 インド航空A320墜落事故、エールアンテール A320墜落事故、中華航空A300-600墜落事故 （1990～1994） 376

- インド航空 A320 墜落事故 （1990）・・・・・・・・・・・・・・・・・・・・・・・・・・・ 376
  - ➤ 事故発生の経過・・・ 377
- エールアンテール A320 墜落事故 （1992）・・・・・・・・・・・・・・・・・・・ 380
  - ➤ 事故発生の経過・・・ 381
  - ➤ 自動システムの選択モード・・・・・・・・・・・・・・・・・・・・・・・・・・・・・・・・ 382
  - ➤ GPWS の未装備・・・ 384
  - ➤ 乗員の対応・・・ 385
- 中華航空 A300-600 墜落事故 （1994）・・・・・・・・・・・・・・・・・・・・・・・ 385
  - ➤ 事故発生までの飛行経過・・・・・・・・・・・・・・・・・・・・・・・・・・・・・・・・・・ 387
  - ➤ 人間と自動システムとの相反するコントロール・・・・・・・・ 390
  - ➤ 本事故前の類似事例・・・・・・・・・・・・・・・・・・・・・・・・・・・・・・・・・・・・・・・ 391
  - ➤ 事故機への改修はなぜ遅れたのか・・・・・・・・・・・・・・・・・・・・・・・ 392
  - ➤ 操縦輪に力を加えても解除されない AP ・・・・・・・・・・・・・・・・ 393
  - ➤ 緊急性が認識されなかった改修・・・・・・・・・・・・・・・・・・・・・・・・・・ 394
- 自動化に関する FAA の調査報告 （1996）・・・・・・・・・・・・・・・・・・ 395

第20章 コミューター航空の安全規制、バリュージェット DC-9墜落事故 （1991～1996） 398

- コミューター航空の安全規制・・・・・・・・・・・・・・・・・・・・・・・・・・・・・・・・ 398
  - ➤ 航空運送事業に対する安全規制の歴史的経緯・・・・・・・・・・・ 399
  - ➤ コミューター機の事故 （1991 ～ 1994）・・・・・・・・・・・・・・・・・ 401
  - ➤ Beechcraft 1900C 墜落事故 （1991 年 12 月 28 日）・・・・・・・ 402
  - ➤ Beechcraft 1900C 墜落事故 （1992 年 1 月 3 日）・・・・・・・・・ 402
  - ➤ Beechcraft C99 墜落事故 （1992 年 6 月 8 日）・・・・・・・・・・・ 402
  - ➤ Jetstream BA-3100 墜落事故 （1993 年 12 月 1 日）・・・・・・ 403
  - ➤ Jetstream 4101 墜落事故 （1994 年 1 月 7 日）・・・・・・・・・・ 404
  - ➤ Jetstream 3201 墜落事故 （1994 年 12 月 13 日）・・・・・・・・ 406
  - ➤ コミューター航空の安全に関する NTSB の調査・・・・・・・・ 408
  - ➤ FAR121/135 の改正 ・・・・・・・・・・・・・・・・・・・・・・・・・・・・・・・・・・・・・ 409

- ● バリュージェット DC-9 墜落事故（1996）　　　　　　410
  - ➢ 墜落までの飛行経過　　　　　　　　　　　　411
  - ➢ 多数の規定違反による危険物搭載　　　　　　413
  - ➢ 貨物室の防火区分　　　　　　　　　　　　　415
  - ➢ 刑事訴追　　　　　　　　　　　　　　　　　417

第21章　TWA B747空中爆発事故（1996）、スイス航空 MD-11 空中火災事故（1998）、電気配線システムの安全性基準（2007）、定量的安全性評価基準の制定経緯（1953〜1982）　419

- ● TWA B747 空中爆発事故　　　　　　　　　　　419
  - ➢ 中央翼タンク　　　　　　　　　　　　　　　421
  - ➢ 燃料タンク内の気化燃料が着火する条件　　　　422
  - ➢ 発火源　　　　　　　　　　　　　　　　　　424
  - ➢ 燃料タンク爆発防止対策　　　　　　　　　　427
  - ➢ 電気配線の経年化　　　　　　　　　　　　　429
- ● スイス航空 MD-11 空中火災事故　　　　　　　　429
  - ➢ 飛行の経過　　　　　　　　　　　　　　　　430
  - ➢ 火災の発生と拡大　　　　　　　　　　　　　430
- ● 電気配線システムの基準改正　　　　　　　　　　433
- ● 安全性評価の基準　　　　　　　　　　　　　　　436
  - ➢ 基準の概要　　　　　　　　　　　　　　　　437
  - ➢ 定量的安全性評価基準の制定経緯（1953 〜 1982）　438
  - ➢ 解析手法とその適用　　　　　　　　　　　　439
  - ➢ 適用上の課題　　　　　　　　　　　　　　　441

第22章　大韓航空 B747墜落事故、EGPWS/TAWS の装備義務化、アメリカン航空 A300-600墜落事故（1997〜2001）　445

- ● 大韓航空 B747 グアム墜落事故（1997）　　　　　445
  - ➢ 飛行の経過　　　　　　　　　　　　　　　　445
  - ➢ 事故原因　　　　　　　　　　　　　　　　　449
  - ➢ EGPWS/TAWS の装備義務化　　　　　　　　　451

- アメリカン航空 A300-600 墜落事故（2001）・・・・・・・・・・・・・・・・・ 452
  - ➤ 過剰操作による垂直尾翼分離・・・・・・・・・・・・・・・・・・・・・・・・・・・・ 452
  - ➤ 過剰操作を引き起こした要因・・・・・・・・・・・・・・・・・・・・・・・・・・・ 456
  - ➤ 異常姿勢（アップセット）からの回復操作訓練・・・・・・・・・ 457
  - ➤ B737 連続墜落事故 ・・・・・・・・・・・・・・・・・・・・・・・・・・・・・・・・・・・・ 458
  - ➤ アメリカン航空の特別訓練プログラム（AAMP）・・・・・・・ 459
  - ➤ 訓練が副操縦士の操縦に及ぼした影響・・・・・・・・・・・・・・・・・・ 460
  - ➤ ラダー操作に関する理解不足・・・・・・・・・・・・・・・・・・・・・・・・・・ 460
  - ➤ A300-600 のラダー設計 ・・・・・・・・・・・・・・・・・・・・・・・・・・・・・・ 462
  - ➤ 再発防止策・・・ 463
  - ➤ A319 のラダー過剰操作（2008）・・・・・・・・・・・・・・・・・・・・・・・ 465

第23章　中華航空 B747 空中分解（2002）　468

- 不適切な修理による与圧構造破壊事故：中華航空
  B747 空中分解（2002）・・・・・・・・・・・・・・・・・・・・・・・・・・・・・・・・・・・ 468
  - ➤ 22 年前の尾部接地損傷 ・・・・・・・・・・・・・・・・・・・・・・・・・・・・・・・ 469
  - ➤ 疲労亀裂の進行・・・・・・・・・・・・・・・・・・・・・・・・・・・・・・・・・・・・・・・ 470
  - ➤ 間に合わなかった修理箇所の点検・・・・・・・・・・・・・・・・・・・・・・ 473
- 新たな疲労破壊防止対策と修理作業評価の見送り
  （2010）・・・ 475

第24章　救急ヘリ事故多発とヘリ運航基準改正 （2003〜2014）　477

- 救急ヘリ事故の多発（2003 〜 2008）・・・・・・・・・・・・・・・・・・・・・ 477
  - ➤ 救急ヘリ山腹激突事故（2004）・・・・・・・・・・・・・・・・・・・・・・・ 478
- NTSB の特別報告書（1998/2006）・・・・・・・・・・・・・・・・・・・・・・・ 480
- 救急ヘリ運航基準改正（2014）・・・・・・・・・・・・・・・・・・・・・・・・・・・ 481

第25章　エアフランス A330墜落事故、コルガン航空 DHC-8-400墜落事故、エアアジア A320墜落事故 （2009〜2014）　484

- LOC-I（1）：エアフランス A330（2009）・・・・・・・・・・・・・・・ 484

- ➢ 事故の発生経過………………………………………… 486
- ➢ 異常事態の発端：ピトー管の氷結………………… 486
- ➢ 速度の誤指示…………………………………………… 487
- ➢ 失速防止機能の喪失………………………………… 488
- ➢ 乗員の不適切な対応………………………………… 489
- ➢ 不適切な対応の要因………………………………… 491
- ➢ ECAM の表示 ………………………………………… 491
- ➢ FD の機首上げ指示 ………………………………… 492
- ➢ 低速を速度超過と誤認した可能性………………… 493
- ➢ 失速警報についての乗員の認識…………………… 494
- ➢ 乗員の訓練…………………………………………… 494
- ● LOC-I（2）：コルガン航空 DHC-8-400（2009）………………… 495
- ➢ 事故の概要…………………………………………… 495
- ➢ 事故発生経過………………………………………… 497
- ➢ 事故原因……………………………………………… 497
- ➢ 再発防止策…………………………………………… 498
- ● LOC-I（3）：エアアジア A320（2014） ………………… 499

第26章　エジプト航空B767墜落事故（1999）、ジャーマンウイングスA320墜落事故（2015）　505

- ● 意図的墜落（1）：エジプト航空 B767（1999）……………… 505
- ➢ 事故調査をめぐる米国とエジプトの対立………………… 506
- ➢ 墜落までの経過……………………………………… 506
- ➢ NTSB の結論 ………………………………………… 509
- ➢ エジプトの反論……………………………………… 510
- ➢ 宿泊ホテルでの出来事……………………………… 510
- ● 意図的墜落（2）：ジャーマンウイングス A320（2015）…… 511
- ➢ 精神を病んでいた副操縦士………………………… 513
- ➢ 事故前便での墜落飛行のリハーサル……………… 514
- ● 意図的墜落事故と再発防止策……………………………… 515
- ➢ 再発防止策…………………………………………… 515
- ➢ 医師の守秘義務と公共の安全……………………… 516

第27章 マレーシア航空370便の行方不明 (2014) 519

- 行方不明となるまでの飛行経過……………………………… 519
- 衛星記録からの飛行経路推定………………………………… 521
- 機体破片の漂着………………………………………………… 525
- 捜索の打切り…………………………………………………… 527
- 原因の調査……………………………………………………… 527
  - ➤ 最終報告書の結論の主要部分…………………………… 527
- 事故後の航空機捜索等の改善………………………………… 528
  - ➤ 国際民間航空条約付属書の改正………………………… 529

第28章 残された安全上の課題 531

- 残された安全上の課題………………………………………… 531
  - ➤ 航空会社機の安全性向上対策…………………………… 531
  - ➤ 安全性の格差……………………………………………… 532
  - ➤ 緩慢な GA の安全性改善………………………………… 534
  - ➤ 米国における GA 安全対策の歴史……………………… 534
  - ➤ さらなる安全性の改善に向けて………………………… 538

追 補 540

- B767 貨物専用便墜落事故 (2019) ………………………… 540
- B737MAX8 連続墜落事故 (2018 〜 19) ………………… 541

事故統計・安全指標の図表一覧………………………………… 549

索 引…………………………………………………………… 550

序章
安全性の改善と格差の存在

　1914 年に始まった飛行機による定期航空輸送の安全性はこの 100 年間に劇的に向上し、米国の定期航空の死亡事故率は、1920 年代の黎明期から現代までの間に、1 万分の 1 未満に低下するという驚異的改善を遂げ、欧州や日本などの航空先進国の定期航空の安全性も極めて高い水準に到達している。しかしながら、航空事故発生率には地域的格差や運航形態による格差が存在し、航空先進国航空会社の重大事故も皆無とはなっていないなど、安全上の課題が残されている。

［はじめに］

　現代の航空輸送は死亡事故等の重大事故の発生率が極めて低くなっているが、このような高い安全性は長期間にわたる様々な安全性改善努力によって達成されたものである。

　古くからの航空事故統計が残されている米国の定期航空の死亡事故発生率の推移を見てみると、米国定期航空輸送が黎明期にあった 1920 年代末における死亡事故の発生率は 100 万飛行マイル当たり 1 件程度であったが、2008 年から 2017 年までの最近 10 年間の平均死亡事故率は 100 億飛行マイル当たり 1 件未満となり、最近 10 年間の平均死亡事故率は 1920 年代末の 1 万分の 1 未満にまで低下している（**図 0-1**）。

　また、米国定期航空は、2009 年 2 月のコルガン航空 DHC-8-400 墜落事故以降、2018 年 4 月のサウスウエスト航空 B737 のエンジン部品飛散事故までの 9 年間、航空機飛行時間で 1.5 億時間以上[注]、乗客死亡ゼロを記録している（ただし、この間、貨物便死亡事故あり。）。

　このような安全性向上は米国のみのことではなく、我が国の航空

注1：米国航空会社（FAR 121 Carrier）の定期便（Scheduled Service）の死亡事故率。
注2：外側の図は1927〜2017年の死亡事故率、内側の図はそのうちの1951〜2017年の拡大図。両図のスケールの差に注意。
注3：FAAの前身であるCAAの統計[1]並びにFAAの統計[2,3]及びNTSBの統計に基づく（NTSB統計を一部補正）。

図0-1　米国定期航空死亡事故率の長期的推移（1927〜2017）

会社も1985年のJAL123便事故以降、30数年間、航空機飛行時間で4000万時間以上[注]、乗客死亡ゼロを継続中など、航空先進国と言われる国や地域の航空会社の安全性は極めて高い水準に到達している。

(注) 米国の航空会社の運航規模は極めて大きく、2015年の統計で日米を比較してみると、米国航空会社機の年間総飛行時間は約1800万時間であるのに対し、日本の航空会社機の年間総飛行時間は約200万時間（国内約120万時間、国際約80万時間）である。日米の差は小型機等の分野ではさらに大きく、米国のGA（General Aviation）の年間総飛行時間は約2000万時間、日本のGAの年間総飛行時間は十数万時間（使用事業等約10万時間、個人機等数万時間）である。

しかしながら、このような高い安全性が世界の全ての地域において等しく達成されている訳ではなく、航空会社の事故率には地域的な格

差が存在している（図 0-2）。また、航空会社による大型機運航以外の運航形態では航空会社機ほどの高い安全性には到達しておらず、小型機等の事故率は航空会社機より格段に大きくなっており（図 0-3）、

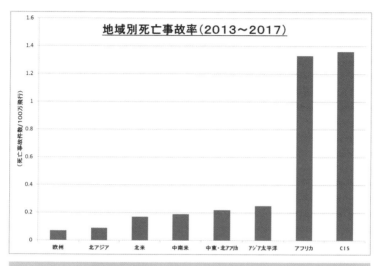

図 0-2　航空会社所属国地域別の航空会社機死亡事故率（IATA データ[4]に基づく。）

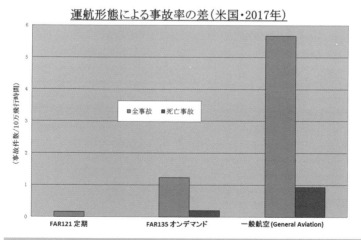

図 0-3　運航形態による事故率の差（米国 FAR121Carrier 定期便、FAR135On-demand 運航、General Aviation の事故率。NTSB データ[5]に基づく。）

4　序章

航空会社機運航においても、旅客便と貨物便、ジェット機とターボプロップ機とでは、それぞれの間に事故率の差がある。さらに、航空先進国の航空会社機についても、発生頻度は低いものの重大事故は皆無とはなっていないなど、航空機の運航には、まだ多くの安全上の課題が残されている。

　このような現在の課題に取り組む上でも過去の足跡を振り返ることは無駄ではないと思われるので、本書では、次表に示すように、航空分野において世界をリードしてきた米国における航空安全上の重要な出来事を中心に、航空輸送 100 年の安全性向上の歩みを辿ることとしている。

[本書に掲載した主な出来事]

年	出　来　事	掲載章
1783	最初の有人飛行（熱気球）（モンゴルフィエ兄弟）	1
1852	最初の有人飛行（飛行船）（ジファール）	1
1891 ～ 96	リリエンタールの滑空実験	1
1900	ツェッペリン飛行船の初飛行	1
1903	最初の有人飛行（飛行機）（ライト兄弟）	1
1908	最初の飛行機死亡事故（1 名死亡）	1
1910	最初の航空会社（飛行船）が運航開始	1
1910	日本最初の有人飛行（飛行機）（徳川・日野両陸軍大尉）	3
1911	日本で国産機が初飛行（森田式単葉機、奈良原式 2 号機）	3
1911	米国で航空郵便が試験飛行	1
1912	最初の客室乗務員（飛行船）が乗務	4
1913	日本最初の飛行機死亡事故（2 名死亡）	3
1913	オートパイロットによる最初の飛行	1
1914	最初の飛行機定期便	1
1915	英国事故調査局が発足	2
1918	米国で航空郵便路線が開設	1
1919	最初の国際航空条約（パリ条約）締結	2
1920	日本で航空局（陸軍省外局）創設	3
1920	米大陸横断航空路が開設	1
1921	日本最初の航空法が公布	3
1922	日本最初の定期航空便（日本航空輸送研究所）	3
1924	米大陸横断路線の 24 時間運航が開始	1
1925	米国で航空郵便法が制定	1
1926	米国で航空事業法（米国最初の航空安全法）が制定	1, 2
1926	米国で航空局（Aeronautics Branch）創設	2

1927	米国の型式証明第一号	2
1927	米国パイロット・ライセンス第一号	2
1927	日本最初の耐空性基準（航空機検査規則）が施行	3
1929	東京飛行場（立川）が設置	3
1929	最初の航空管制官（セントルイス空港）	2
1929	最初の計器飛行（ドゥーリトル）	2
1929	米国が航空旅客数で世界一となる	2
1930	最初の客室乗務員（飛行機）が乗務	4
1930	最初の無線通信管制塔（クリーブランド空港）	2
1930	米国で航空路線を配分する会合が行われる	4
1931	米国定期航空の大型旅客機に副操縦士の乗務が義務化	4
1933	初の単独世界一周飛行	4
1934	事故報告書の裁判証拠採用禁止が米法に規定	2
1935	TWA DC2 墜落事故（5 名死亡）	2, 4
1935	最初の航空路管制組織（ニューアーク）	2
1937	ヒンデンブルグ号の爆発事故（36 名死亡）	1
1938	米民間航空法（Civil Aeronautics Act of 1938）制定	4
1938	米民間航空庁（CAA）が発足	4
1938	大森上空空中衝突事故（85 名死亡。当時の世界最大の航空事故）	3
1940	与圧旅客機が就航	10
1940	米民間航空委員会（CAB）が発足	4
1940	妙高号墜落事故（13 名死亡）	3
1944	シカゴ会議(第二次世界大戦後の国際航空枠組みの成立)	4
1946	米国ヘリコプター型式証明第一号	8
1946 ～	米国で民間航空・検査試験業務の民間委任が拡大	4
1947	国際民間航空機関（ICAO）が業務開始	4
1951 ～ 52	ニューヨーク近郊の連続墜落事故（5 件で 124 名死亡）	5
1953	米空軍 C124 立川墜落事故（129 名死亡）	5
1953	米国最初のヘリコプター定期旅客運送	8
1953 ～ 54	コメット機連続墜落事故	5
1956	米国民間航空機の疲労強度基準改正	5
1956	グランドキャニオン上空で旅客機同士が空中衝突（128 名死亡）	5
1958	米空軍 B-47 の連続墜落事故	13
1958	米国連邦航空庁（Federal Aviation Agency）発足	6
1959	初のジェット旅客機の LOC-I（Loss of Control in Flight）	6
1959 ～ 60	エレクトラ主翼破壊連続事故（2 件で 97 名死亡）	6
1960	米国航空会社乗員年齢制限（60 歳ルール）施行	6
1960	航空史上最大の鳥衝突事故（62 名死亡）	6
1960	ニューヨーク上空で旅客機同士が空中衝突（134 名死亡）	6
1961	ユナイテッド航空 DC-8 火災事故（18 名死亡）	7
1961	最初の実機による非常脱出実験	7

1963	アップセットによる B720B 空中分解事故（43 名死亡）	7
1963	被雷による B707 燃料タンク爆発事故（81 名死亡）	7
1964	ニューヨーク空港で旅客機が連続して滑走路を逸脱	8
1964	乗員射殺による F27 墜落（44 名死亡）	7
1961 〜 64	米国連邦航空規則（FAR）の編纂	7
1965	米国最初のヘリコプター IFR 定期運航認可	8
1965	客室安全規則（非常脱出試験、安全ブリーフィング、客室乗務員数）	7
1965	滑走路逸脱対策として湿潤滑走路の必要滑走路長を 1.15 倍に	8
1965	FAA が GA 機に対する安全プロジェクトを立ち上げる	28
1965	大規模停電による JFK 空港の電源喪失	7
1965	ニューヨーク上空で旅客機同士が空中衝突（4 名死亡）	7
1965 〜 66	レーダー情報処理システム（ARTS/SPAN）実運用試験	7
1965 〜 66	B727 連続墜落事故（4 件で 264 名死亡）	8
1966	全日空 B727 羽田沖墜落事故（133 名死亡）	8
1966	FAA が空港等への非常電源の配備計画を発表	7
1967	米国の運輸省が発足	8
1967	非常脱出試験の制限時間を 90 秒に短縮	7
1968	ニューヨーク広域管制室の運用開始	7
1968	旅客ヘリコプターの連続墜落事故（2 件で 44 名死亡）	8
1968	新しい航空機の整備方式（MSG-1）	9
1964 〜 69	洋上飛行間隔の安全論争（空中衝突リスクモデルの構築）	8
1969	米空軍の F-111 墜落事故	13
1967 〜 71	米国で空中衝突事故が頻発	9
1970	空中衝突防止のため米大空港周辺に新空域（TCA）設定	16
1971	雫石上空の空中衝突事故（162 名死亡）	9
1971	BEA バンガード墜落事故（63 名死亡）	10
1972	客室乗務員配置数の基準を改正（客席数 50 毎に 1 名）	7
1972	アメリカン航空 DC-10 急減圧事故	10
1972	イースタン航空 L1011 墜落事故（101 名死亡）	9
1973	FAR 改正（GA パイロットに 2 年毎の飛行審査実施）	28
1974	パンアメリカン航空 B707 墜落事故（95 名死亡）	11
1974	トルコ航空 DC10 墜落事故（346 名死亡）	10
1974	TWA B727 墜落事故（92 名死亡）	9
1974	米国航空会社機に対地接近警報装置（GPWS）装備義務化	9
1975	NTSB が米運輸省より分離独立	8
1975	イースタン航空 B727 墜落事故（113 名死亡）	11
1975	ダウンバーストの発見	11
1976	安全報告制度（ASRS）発足	9
1976	レーダーの最低安全高度警報システム（MSAW）運用開始	9

1977	B747 同士の地上衝突事故（航空史上最大の事故、583名死亡）	11
1977	サザン航空 DC-9 道路上不時着事故（69 名死亡）	12
1977	ダンエア B707 墜落事故（6 名死亡）	13
1978	PSA B727 とセスナ機の空中衝突事故（144 名死亡）	12
1978	損傷許容設計基準の成立	13
1978	ユナテッド航空 DC-8 墜落事故（10 名死亡）	12
1979	アメリカン航空 DC-10 墜落事故（273 名死亡）	13
1979	米国航空会社乗員に CRM 訓練を義務化	12
1979	DC-10 南極観光飛行事故（257 名死亡）	14
1980	Low 委員会の報告書	13
1980	サウジ航空 L-1011 火災事故（航空史上最大の火災事故、301 名死亡）	14
1981	遠東航空 B737 墜落事故（110 名死亡）	15
1982	パンアメリカン航空 B727 墜落事故（153 名死亡）	16
1983	エアカナダ DC-9 空中火災事故（23 名死亡）	14
1984 ～ 91	FAA が火災対策基準を強化	14
1985	デルタ航空 L1011 墜落事故（137 名死亡）	16
1985	FAA が構造設計基準案を撤回	13
1985	JAL123 便墜落事故（航空史上最大の単独機事故、520名死亡）	15
1985	アロー航空 DC-8 墜落事故（256 名死亡）	17
1986	ロサンゼルス上空の空中衝突事故（82 名死亡）	16
1988	アロハ航空 B737 胴体外板剥離事故（1 名死亡）	15
1988 ～ 90	FAR 改正（ウインドシア対策）	16
1989	FAR 改正（TCAS 義務化）	16
1989	エアオンタリオ F28 墜落事故（24 名死亡）	17
1989	ユナイテッド DC-10 着陸時横転事故（112 名死亡）	17
1990	アビアンカ航空 B707 墜落事故（73 名死亡）	18
1990	インド航空 A320 墜落事故（92 名死亡）	19
1990	FAR 改正（減圧評価区域拡大 / JAL123 便再発防止策）	15
1991	ユナイテッド航空 B737 墜落（25 名死亡）	22
1991	中華航空 B747F エンジン脱落事故（5 名死亡）	18
1992	エールアンテール A320 事故（87 名死亡）	19
1992	Trans Air B707 エンジン脱落事故	18
1992	エルアル B747F エンジン脱落事故（47 名死亡）	18
1994	中華航空 A300-600 墜落事故（264 名死亡）	19
1994	USAir B737 墜落事故（132 名死亡）	22
1991 ～ 94	米国でコミューター機の重大事故が多発	20
1995	FAR 改正（コミューター関連）	20
1995	アメリカン航空 B757 墜落（159 名死亡）	22
1996	バリュージェット DC-9 墜落事故（110 名死亡）	20
1996	自動化に関する FAA 報告書	19
1996	デルタ航空 MD88 エンジン破壊事故（2 名死亡）	17

1996	TWA B747 墜落事故（230 名死亡）	21
1996	航空史上最大の空中衝突事故（349 名死亡）	18
1997	大韓航空 B747 墜落事故（228 名死亡）	22
1998	FAR 改正（貨物室耐火性）	20
1998	FAR 改正（全機疲労試験等）	15
1998	FAA の航空安全イニシアティブ	28
1998	Airplane Upset Recovery Training Aid 初版発行	22
1998	スイス航空 MD-11 空中火災事故（229 名死亡）	21
1999	エジプト航空 B767 墜落事故（217 名死亡）	26
2000	FAR 改正（EGPWS/TAWS）	22
2001	アメリカン航空 A300-600 墜落事故（265 名死亡）	22
2002	中華航空 B747 空中分解事故（225 名死亡）	23
2002	南ドイツ上空の空中衝突事故（71 名死亡）	16
2003	ICAO 英語能力証明制度	18
2003	ICAO 基準改正（TCAS 指示優先）	16
2003 ～ 07	FAR 改正（耐火性）	21
2007	FAR 改正 (電気配線システム）	21
2003 ～ 08	米国で救急ヘリコプターの事故が多発	24
2008	FAR 改正（FDR/CVR）	21
2008	FAR 改正（燃料タンク）	21
2009	コルガン DHC8-400 墜落事故（50 名死亡）	25
2009	エアフランス A330 墜落事故（228 名死亡）	25
2010	FAR 改正（広域疲労損傷防止）	23
2012	FAR 改正（疲労リスク管理）	25
2013	FAR 改正（アップセットや失速などの防止・回復訓練等）	25
2014	FAR 改正（救急ヘリコプター等）	24
2014	マレーシア航空 B777（239 名搭乗）行方不明事件	27
2014	エアアジア A320 墜落事故（162 名死亡）	25
2015	ジャーマンウイングス A320 墜落事故（150 名死亡）	26
2012 ～ 17	ICAO 基準改正（遭難機の追跡、飛行記録の回収等）	27
2018	ライオンエア B737MAX8 墜落事故（189 名死亡）	追補
2019	エチオピア航空 B737MAX8 墜落事故（157 名死亡）	追補

参考文献

1. U.S. Department of Commerce, Civil Aeronautics Administration, "Statistical Handbook of Civil Aviation, 1944 ed. - 1955 ed.", 1944 - 1955
2. Federal Aviation Agency, "FAA Statistical Handbook of Aviation, 1960 ed. - 1966 ed.", 1960 – 1966
3. U.S. Department of Transportation, Federal Aviation Administration, "FAA Statistical Handbook of Aviation, 1968 ed. - 1993 ed." 1968 -1993
4. International Air Transport Association, "Safety Report 2017", 2018
5. National Transportation Safety Board, "2017 Preliminary Aviation Statistics", 2018

第 1 章
航空輸送の始まり (1783 〜 1923)

　本書は、世界の航空界をリードしてきた米国における航空安全上の重要な出来事を中心に、航空輸送 100 年の安全性向上の歩みを辿るものであるが、本題に入る前に、飛行機登場以前に有人飛行を行っていた熱気球と飛行船について簡単に触れた後、ライト兄弟の初動力飛行（1903 年）、世界初の飛行機による定期運航（1914 年）、航空郵便事業の始まり（1918 年）などを紹介する。

[航空輸送の始まり - 熱気球から飛行船へ]

　人類初の有人飛行は、18 世紀末にフランスのモンゴルフィエ兄弟の熱気球によって行われている。モンゴルフィエ兄弟の兄のジョゼフは、煙が上昇することに着目して熱気球の開発に着手し、弟と共に、

図 1-1　モンゴルフィエ兄弟の熱気球のモデル
（London Science Museum）

動物を乗せた飛行実験、係留気球に人を乗せた浮揚実験等を積み重ね、1783 年 11 月 21 日、2 名の人間を乗せた熱気球をパリ上空で 25 分間飛行させ、人類初の有人飛行に成功した[1]（図 1-1）。

気球に推進装置を装備した飛行船の試作も 18 世紀末から始まり、1852 年 9 月 24 日にはフランスのアンリ・ジファールが飛行船での初の有人飛行に成功している（図 1-2）。この飛行船は、水素を充填した気嚢に蒸気エンジンを装備し、パリ近郊の 27km を飛行した[1]。

ドイツでは、1900 年にツェッペリン飛行船が初飛行を行い、1909

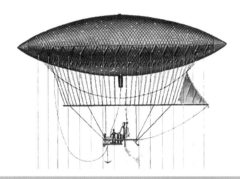

図 1-2　ジファールの飛行船

図 1-3　DELAG の最初の飛行船 LZ-7
（US Library of Congress）

図1-4 ヒンデンブルグの爆発（U.S. Navy）

年には世界初の航空会社であるドイツ飛行船運航会社（DELAG）が設立された。同社は、1910年から運航を開始し（図1-3）、1935年にドイツ・ツェッペリン運航会社に業務を引き継ぐまでの間、大西洋横断運航を行うなど、多数の乗客を輸送した[2]。

しかし、飛行船によって始まった航空旅客輸送は、飛行速度や定時性に勝る飛行機が主役として登場すると、その黄金期は大事故とともに終焉を迎えることとなった。

1937年5月6日、ドイツのフランクフルトを出発して大西洋横断飛行の後に米国ニュージャージー州レイクハースト海軍基地に着陸しようとしていたLZ129ヒンデンブルク号は、尾翼付近から突如爆発して炎上しながら墜落し、乗員乗客97人中の35人と地上の1名が死亡した（図1-4）。この事故は飛行船の安全性への信頼を失わせ、飛行船の旅客輸送は急速に衰退していった。

［飛行機による有人飛行の始まり］

オットー・リリエンタールは、1891年からベルリン近郊の丘でハンググライダーによる2000回以上の滑空実験を行い（図1-5）、動力機の開発にも着手していたが、1896年、墜落事故により死亡した[1]。

リリエンタールの滑空実験は米国でも大きく報道され、これに触発されたライト兄弟は、オハイオ州デイトンで自転車屋を経営しながら、

図1-5　リリエンタールの飛行実験（1895年6月29日）
（Otto Lilienthal Museum）

図1-6　ライト兄弟の初動力飛行
（US Library of Congress）

　グライダーの設計製作を行い、飛行にとって風の条件のよい場所を探し、住居から遠く離れたノースカロライナ州キティホークを飛行実験の場所として選定した。ライト兄弟は、キティホークでグラーダーを組み立てて飛行実験を重ね、1903年に協力者のチャーリー・テイラー[注1]が開発したエンジンを装備したライト・フライヤーの飛行実験を開始し、12月17日、有人動力飛行に初めて成功した（**図1-6**）[注2]。

この初飛行は、当初、ほとんど世間の関心を集めないばかりか、飛行の信憑性も疑われたが、機体改良によって飛行時間と距離を延ばし、1908 年 8 月には兄のウィルバーがフランスで公開飛行実験に成功し、世界的な注目を集めた。

　しかし、1908 年 9 月 17 日、米国で弟のオービルが操縦するフライヤーが飛行中にプロペラが飛散して墜落し、同乗していた陸軍中尉が死亡し、オービルも重傷を負うという世界初の飛行機死亡事故を起こした[3]。

　その後、翼の撓みによる横方向の操縦などの設計上の特徴があるライト兄弟の飛行機は、補助翼などの新しい技術を採用した後発機に性能で勝ることができず、また、米陸軍で採用された機体が連続死亡事故を発生した[3]ことなどもあり、その後、飛行機開発の主流から外れていった。

（注 1）「Charles E. Taylor」ライト兄弟の陰に隠れ、その存在は忘れられがちであるが、彼の軽量エンジンなくしてこの初飛行は不可能だった。

（注 2）ライト兄弟の 2 年前にグスターブ・ホワイトヘッドが動力飛行に成功していたとする論説記事が 2013 年のジェーン航空年鑑に掲載されたが、後に年鑑の発行社は当該記事を編集者の個人的見解と断っている。

［飛行機による定期運航の始まり］

　ライト兄弟の初動力飛行から 10 年を記念して 1913 年 12 月 17 日に、米国フロリダ州のタンパ湾を跨ぐセントピーターズバーグ市とタンパ市の間を 1 日 2 往復する定期航空便を 90 日間運航する契約が締結され、1914 年 1 月 1 日から水上機による片道 23 分間の運航が開始された。この世界初の飛行機による定期航空便は一冬の観光シーズンで終了し、総乗客数は 1204 人であった[4]（図 1-7、図 1-8）。

［米国航空輸送発展の礎 - 航空郵便］

　米国では、このタンパ湾横断飛行の他、1920 年代前半までに幾つかの旅客運送事業が行われたが、定期航空運送事業が大きな発展を遂

14 第1章

図1-7 世界初の飛行機定期便就航の広告(スミソニアン博物館)

図1-8 最初の着水時に手を振るパイロットの Tony Jannus (State Archives of Florida)

げることはなかった。ヨーロッパでは、英国・フランス間の英仏海峡越えなどの航空旅客輸送が発展し始めていたが、米国内は英仏海峡のように地上交通を妨げる自然の大きな障害がなく、当時の飛行機は、鉄道との比較では、移動時間が飛躍的に短くはなるまでとはいかず、安全性や信頼性ではとても競争できる水準に達していなかった。このような状況において、米国の航空輸送の発展の礎となったのは航空郵便であった[5]。

　米国における航空郵便は、郵政省（Post Office Department）が、1911年9月にニューヨーク州で試験的な輸送を行ったことに始まる。郵政省は、1918年5月15日、ニューヨーク・フィラデルフィア・ワシントンの航空郵便路線を開設し（最初の3カ月は、陸軍が飛行機とパイロットを提供したが、8月からは郵政省自身の飛行機とパイロットによる運航が行われた。）（図1-9）、1919年、米大陸を横断する航空郵便路線の構築に着手した。翌1920年、郵政省は、ニューヨーク・サンフランシスコ間に約200mile間隔で設置された15の離着陸場で結

図1-9　米国航空郵便路線初飛行の離陸
（1918年5月15日）

ばれる 2,680mile の米大陸横断航空路を開設し、さらに、その航空路に夜間飛行用の照明施設を設置することを開始した。

　その当時、航空郵便輸送を行っていた飛行機には、コンパス、旋回計、高度計が装備されていたが、これらの計器の信頼性は低く、パイロットは地上の物標の視認によって航路を確認していたため、物標の見えない夜間に飛行が行われることは極めて稀であった。郵政省は、夜間飛行のために航空路に沿って照明設備を設置することとし、1923年、オハイオ州のコロンバス・デイトン間の 72mile に回転灯、投光灯及び閃光灯を設置して試験的な夜間定期飛行を行った。1924年には、シカゴ・シャイエン間に航空灯火が設置され、西海岸又は東海岸を朝に出発した航空郵便輸送機は、シカゴ・シャイエン間を夜間飛行でき

図 1-10　1920 年代の米国航空路灯火（FAA 資料）

ることになり、ニューヨーク・サンフランシスコ間の米大陸横断路線の 24 時間運航が実現した（**図 1-10**）。

　また、郵政省は、気象情報を伝達するため、海軍の無線局が利用できない離着陸場に無線局を設置した。ただし、これらの当時の無線局は対空通信を行うものではなく、地上局同士の通信のみを行うものであった。

　郵政省は、運航整備体制の充実も図り、航空安全に関する公的な法規制がない時代にあって、航空郵便運航に従事しようとするパイロット受検者に 500 時間の飛行経験を求め、資格試験に合格したパイロットには定期的な身体検査を行った。また、使用飛行機は、4 〜 5 時間の各飛行後に検査が行われ、エンジンは 100 時間ごとに、機体は 750 時間ごとにオーバホールされた。

　郵政省による航空郵便輸送は、事業として成功したばかりでなく、当時としては、高い安全性を誇った。米上院委員会の調査によれば、1924 年において、一般の商業飛行は 13,500mile ごとに 1 回の死亡事故を起こしていたのに対し、航空郵便輸送は 463,000mile 当たり 1 人の死亡者（1922 年から 1925 年の期間では、789,000mile 当たり死者 1 人）しか発生していなかった。

　郵政省は、航空郵便が事業として成立することに自信を得て、事業実施を民間に委託するための航空郵便法を 1925 年に制定した。同法は、郵政長官に、郵便収入の 4/5 を超えない額（後に郵便重量に応じた額）で航空郵便輸送を民間に委託する権限を付与し、航空郵便事業の受託者は安定した収入が得られることになり、航空旅客輸送が事業として十分な成功を収めることができない時代にあって、航空郵便法の制定は米国民間航空会社の発展の大きな契機となった。

　この後、航空郵便事業を受託した企業は、米国の代表的航空会社であるアメリカン航空、ユナイテッド航空、TWA、イースタン航空、パンアメリカン航空等に発展していくこととなり、また、これらの民間航空会社の航空郵便事業への進出は、航空路整備と安全規制を連邦法により定める必要性をさらに強く認識させ、1926 年 5 月 20 日、航空事業法（Air Commerce Act of 1926）が制定され、商務省（Department of Commerce）が航空の安全規制及び航空インフラの整備を担ってい

くこととなる。

［自動化の始まり］

　以上のように、1910 ～ 1920 年代は、航空路等の航空インフラの整備が大きく進展したが、エンジン、機体、計器等の航空機自体の技術も急速に発達していった。そのような航空の新技術の中にオートパイロットの発明がある。

　ライト兄弟は、1903 年に初動力飛行に成功した後、機体の不安定性の改善に取り組み、錘と小翼で機体の傾きを検知して翼の捩じりと昇降舵を制御し、機体を安定化する装置を開発した。オービル・ライトは、1913 年 12 月 31 日、ライト・モデル E 型機にこの装置を取り付け、手放し飛行に成功し（兄ウィルバーは前年 1912 年に腸チフスのため 45 歳で死去していた。）、1914 年 2 月にアメリカ航空クラブ・トロフィー（米国の航空宇宙分野の最高業績に授与される賞で、賞の創設者を記念し、後に「コリア・トロフィー」と名付けられた。2015 年度の受賞者は、ホンダ・ジェットも候補に上ったが、NASA/JPL（ジェット推進研究所）の準惑星 / 小惑星探査機チームとなった。）を受賞した[7]。

　しかし、オートパイロットとして航空界を席巻するのはライト兄弟の自動安定化装置ではなく、同時期にローレンス・スペリーによって開発されたジャイロスコープによる自動操縦装置であった[8]。1913 年 8 月 30 日、米国ニューヨーク州ハモンドスポートにおいて、カーチス C-2 複葉水上機に搭乗した操縦士が上空で操縦桿から手を離し、ジャイロスコープにより飛行方位を安定させ制御する装置に機体のコントロールを任せて飛行し、これが世界初の自動操縦装置による飛行とされる。この装置を開発したのは、当時まだ 20 歳に過ぎないローレンス・スペリーであった。ローレンスは、船舶用ジャイロコンパスの開発で有名な発明家・企業家であるエルマー・スペリーの三男として生まれ、幼少の頃から航空機に深い興味を示し、10 代から航空機装置の開発に取り組み、軽量化したジャイロスコープによって航空機の飛行方位を安定させ制御する装置を開発した。この自動制御装置は、後に「オートパイロット」と呼ばれるようになった。

図1-11 ローレンスの手離し飛行
（1914年6月18日、パリ）

　翌1914年、ローレンスはヨーロッパに渡り、パリで行われた航空機の新しい安全装置を披露する競技飛行大会に参加し、彼のオートパイロットの威力でパリ市民を驚かせた。ローレンスは、オートパイロットを装備したC-2機に整備士とともに搭乗し、上空で両手を操縦桿から離して上に挙げ、セーヌ河岸に鈴なりになった観客に機体をコントロールしているのはオートパイロットであることを示し、さらに、同乗していた整備士を翼上に立たせ、その状態でオートパイロットが左右のモーメントのアンバランスを補正して飛行できることを観客に見せつけた。観客はこのパフォーマンスに喝采し、ローレンスは競技大会の優勝賞金5万フランを獲得した（**図1-11**）。

　ローレンス・スペリーは、オートパイロットの開発によって当時の航空界の寵児となり、自らが開発したオートパイロットのデモンストレーション飛行を各地で行った（**図1-12**）。しかし、1923年12月13日、ローレンスは、英仏海峡横断飛行のために霧の中を英国側から飛び立ったが、フランス側に到達することはできず、3週間後に海上で遺体が発見された。まだ31歳の若さであった。墜落の原因は不明であるが、霧の中の飛行決行には、あるいは自らが開発したオートパイロットへの過信があったのかもしれない。

図 1-12　操縦席のローレンス・スペリー（1922 年）

参考文献
1. Taylor, J. W. R.（ed.）, "The Lore of Flight", Crescent Books, New York, 1970
2. Grossman, D., "The DELAG: The World's First Airline", <http://www.airships.net/delag-passenger-zeppelins>, 2012 年閲覧
3. McCullough, D.," The Wright Brothers", Simon & Schuster, New York, 2015
4. Raines, R. R., "Getting the Message through – A Branch History of the U.S. Army Signal Corps", United States Army, Washington, D.C., 2011
5. Tony Jannus Distinguished Aviation Society, Inc., "An Enduring Legacy of Aviation", <http://www.tonyjannusaward.com/history/ >, 2014 年閲覧
6. Komons, N. A., "Bonfires to Beacons", Smithsonian Institute Press, Washington, D.C., 1989
7. Stimson, R., "Wrights Develop Automatic Stabilizer", < http://wrightstories.com/ >, 2015 年閲覧
8. Hare, V. H., "George the Autopilot", <http://www.historicwings.com/>, 2012 年閲覧

第2章
航空安全法の制定、航空管制の
始まり(1920年代～1930年代半ば)

　前章は、ライト兄弟の初動力飛行（1903年）、世界初の定期運航（1914年）、航空郵便事業の始まり（1918年）などを紹介したが、本章は、航空安全法の制定、航空管制の始まり、航空事故調査の始まりなど、1920年代から1930年代半ばまでの米国の航空安全上の主な出来事を紹介する。

［1920年代以降の米国航空産業の急速な発展］

　1903年のライト兄弟初動力飛行や1914年のフロリダ州での初定期運航など、航空黎明期から米国は航空分野で世界の最先端を走っていたが、1920年代以降、米国航空産業はさらに急速な成長を遂げる。米国の航空旅客輸送量は、1929年にドイツを抜いて世界一となり、1930年代には世界全体のほぼ50パーセントを占め、1940年代はさらにそのシェアを拡大した[1]（ただし、近年では、中国など新興国の航空輸送量拡大により、米国の輸送量のシェアは低下し、2017年の有償トンキロベースでは世界の約20パーセントになっている[2]）。また、民間航空機の数やパイロットの数においても、米国は1930年代には早くも世界で突出した存在となっていた（**図2-1**）（現在でも40万機以上と推定される世界の民間航空機（大半はGA機）のうち20万機超が米国機である[3,4]）。

　このような航空産業における圧倒的優位を背景として、米国は航空安全政策においても世界各国に多大な影響を与えてきた。（現在の世界の国々の航空安全規則は、基本的には、国際民間航空条約（シカゴ条約）附

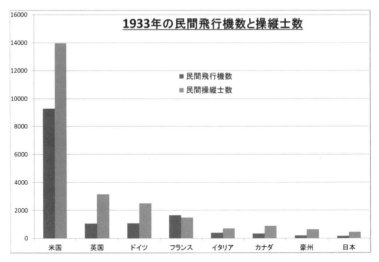

注1：ドイツの民間操縦士数は1931年、イタリアの民間操縦士数は1932年の数値。
注2：逓信省航空局編集「昭和8年度航空統計年報（第4回）」附録のデータより作成。

図 2-1　1933年の民間飛行機数と操縦士数

属書の標準に基づいているが、同標準には米国法規に起源を有するものが多い。）また、航空機の安全運航を支える航空管制や飛行場などの航空インフラの整備においても米国は世界の先陣を切ってきた。

［航空安全法の制定 - 航空安全規制の始まり］

　第一次世界大戦（1914 〜 18）後に締結されたパリ条約（Convention Relating to the Regulation of Aerial Navigation）は、領空主権、航空機の国籍などを規定し、第二次世界大戦後にシカゴ条約（Convention on International Civil Aviation）にとってかわられるまで、国際航空を規律した最初の多国間条約である。米国は、パリ条約の原署名国の1つであったが、条約の批准が行えず（同条約は国際連盟の枠組みを前提とするものであったが、米議会は国際連盟加盟を否決した。）、1920年代前半までは、航空安全法規の整備において欧州諸国に遅れをとっていた。
　また、1920年代の米国では、航空郵便事業こそ一定の発展を遂げ

ていたが、航空の安全性に対する一般の人々の信頼は低く、航空を交通機関として利用しようという機運は高まらず、事業資金の調達もままならない航空産業は飛躍できずにいた。このため、航空の安全性を向上させて人々の航空への信頼性を築くには法的な安全規制が必要という声が航空産業界内部からも起こるようになり、1926 年 5 月 20 日、米国の初めての航空安全法である航空事業法（Air Commerce Act）[注]が制定され、商務省（Department of Commerce）に航空局（Aeronautics Branch）が設置された。

（注）「Commerce」は一般に「商業」と訳されるが、Air Commerce Act においては「Air Commerce」が有償の航空輸送事業を意味していることから（"air commerce" means transportation … by aircraft of persons or property for hire, … or navigation of aircraft … in the conduct of business.）、本書においては「Air Commerce」を「航空事業」と訳す。

　同法を施行するための具体的な安全規則は、航空機メーカーや航空事業者などの意見も聴取し、航空事業規則（Air Commerce Regulation）として 1926 年 12 月 31 日に施行された。
　同規則は、その後の米国の航空安全規則の原型となるが、パイロットのライセンスについては、輸送用（Transport）、産業用（Industrial）、自家用（Private）等に区分して、それぞれ年齢制限、飛行経験要件などを定めた。同規則の施行前から航空業務を行っていたパイロットや整備士には、一定期間内に申請すれば、その業務を続けることを認め、航空局は、パイロット・ライセンス第一号を人類初の動力飛行を行ったオービル・ライトに与えようとしたが、オービルが辞退したため、初代航空担当次官のマックラケンに第一号が付与された（**図 2-2**）（リンドバーグは、単独大西洋横断飛行（1927）に成功する前で当時はまだ航空郵便パイロットであり、付与されたライセンス番号は 69 であった[5]。）。

　航空身体検査については、国の医師のみで実施することは不可能であったため、民間の医師を検査医として指定する制度が創設された。なお、当初は、技能証明を受けた操縦士は全機種を操縦することがで

図2-2　米国パイロット・ライセンス第一号
（FAA 資料）

きたが、事故発生状況を踏まえ、輸送用操縦士については、操縦する航空機の型式毎に技量の実証が求められるようになった。

　航空機の安全証明制度としては、型式証明制度が導入された。航空機メーカーは、航空機が規定された技術基準に適合していることを示す資料を航空局に提出し、その内容に問題がなければ、検査官が工場に立ち入って承認された設計と仕様に従って製造されているか否かを審査した。さらに、飛行試験が実施され、全てに合格すると型式証明が発行された（図2-3）。型式証明を受けた型式の航空機については、メーカーが仕様に合致していることを宣誓し、検査官による飛行試験に合格すれば耐空証明書が発行されたが、型式証明を受けていない航空機は1機ごとに検査、試験を受けなければならなかった。エンジンとプロペラについても型式証明が行われ、その後、他の航空機部品にも型式を承認する制度が導入され、現在に至るまで型式証明制度は、米国の航空機安全証明制度の根幹となっている。

　また、航空事業規則は、進路権、最低安全高度（離着陸時を除き、原則として、人家密集地では1000ft以上で安全に緊急着陸できる高度、その他の地域では500ft以上の高度）、曲技飛行の制限、物件投下の禁止、爆発物輸送の禁止、離着陸ルール、日没後の灯火点灯等の飛行ルールも定めた。

図 2-3　米国型式証明機第一号 Buhl J-4 Airster（FAA 資料）

[航空路の整備]

　1926 年までの米国においては、前章で紹介したように、航空郵便事業を行っていた郵政省が航空路を整備していたが、航空事業法の施行により、航空路整備も商務省が行うことになった。

　航空事業法は、商務長官に正規飛行場整備以外の民間航空のための地上施設整備の権限を付与し（正規飛行場の整備は州の権限とされ、商務長官は緊急着陸場のみを設置できた。）、郵政省が設置していた 17 の無線局、95 の緊急着陸場などの地上施設は、その要員とともに商務省に移管された。

　航空路には、一定間隔で航空路の方向を示す標識が設置され、夜間でも上空から視認できるように照明設備が配備された。初期の照明施

設は、回転灯と航路灯（Course Light）を組み合わせたもので（1931 年に開発された新型では航路灯を廃止。）、約 20m の長さのコンクリートの矢形台座（矢形は次の標識の方向を指していた。）の上の高さ約 15m の鉄塔上に設置された（**図 2-4、2-5**）。

照明施設により夜間飛行が可能となったが、視程が悪い時には、それも視認が困難となり飛行はできなかった。航空路には無線局も配備

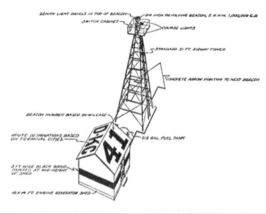

図 2-4　1920 年代の航空路標識（矢形のコンクリート台座上の鉄塔に回転灯と航路灯を設置。発電機を収納した小屋の屋根に標識番号を表示。）（FAA 資料）

図 2-5　航空路標識コンクリート台座跡（米国ユタ州）（Dppowell）

図 2-6　1920 年代末の航空路無線通信局（FAA 資料）

されていたが、当初の無線局は、対空通信を行うものではなく、地上局同士の通信のみを行うものであり、航空機は、一旦離陸すると気象の変化や他機の飛行位置を知ることはできず、地上から着陸に関する指示や緊急情報を得ることもできなかった。

　このため、航空機に搭載する無線機が開発され、1927 年に飛行中の航空郵便機と地上局との無線通信実験が成功し、その後、航空路に対空無線通信局が設置され（**図 2-6**）、航空機の飛行状況の監視（フライト・ウオッチ）が行われるようになり、やがて気象情報の提供も開始された。

　航空局は、さらに無線航路標識の設置も開始した。航空機用の無線航法装置は第一次世界大戦中にドイツのツェッペリン飛行船のイギリス爆撃飛行に使用されたが、米国もツェッペリンの航法装置を参考と

図 2-7　1920 年代末の 4 コース・レイディオ・レンジ局（FAA 資料）

して、新しい無線航法装置の開発に着手し、1928 年に方位により変化する信号音で飛行方向を知ることのできる無線航路標識（4 コース・レイディオ・レンジ）を完成させた（**図 2-7**）。パイロットはこの無線航路標識からの信号音によって自機のコースからのずれを知ることができるようになり、さらに、位置を知らせるマーカー・ビーコンも開発され、1933 年には、90 の無線航路標識と 70 のマーカー・ビーコンが約 18,000 マイルの航空路に配置され、航空機は、夜間・悪天候でも、無線施設と航空灯火を利用しながら航空路上を飛行できるようになった。

［航空管制の始まり］

　航空交通の管制の最も初期の形態は、旗による航空機の誘導である。1920 年代末の米国の飛行場では、離着陸への支障の有無をパイロットに知らせるため、離着陸場の目立つ場所に「管制官」が一組の旗を持って立ち、緑（又は格子縞）の旗を振って「進行」を、赤の旗を振って「停止」を指示した。**図 2-8** は、最初の管制官とされるアーチ・W・リーグがセントルイス空港に勤務していた時の写真である。上の写真は、1929 年の冬に防寒服に身を包み、右手に格子縞の旗（チェッカー・フラグ）、左手に赤旗を持っているところで、下の写真は、夏に手押し車に畳んだ旗を置き、日傘の下で休息しているところである。リー

図 2-8　最初の管制官（US National Archives）
（Archie William League：セントルイス空港勤務後、大学で航空工学の学位を収め、1937 年から連邦政府に奉職。FAA 管制部長を経て、1973 年に FAA 長官補で退任。）

グは、後年、FAA 長官補（Assistant Administrator）まで上り詰めた。

　旗による指示の伝達は、1930 年代前半に主要空港では緑と赤の信号灯（ライト・ガン）にとって代わられたが、旗にせよ信号灯にせよ、視界の範囲を超えたところにいる航空機に指示することはできず、視

図 2-9　最初の無線通信管制塔（クリーブランド空港）（FAA 資料）

界不良になれば全く役に立たなかった。航空路上を飛行している航空機との無線通信は、前述のように、1920 年代末に実用化されていたが、飛行場に離着陸する航空機への指示にも無線通信を使用する実験が 1920 年代後半から始められ、1930 年、クリーブランド市が初めて無線通信を行う管制塔を飛行場に建設した（**図 2-9**）（当時の米国では、飛行場の運営ばかりでなく、飛行場の管制も地方自治体が行っていた。）。

　この管制塔の屋上にはアンテナが設置され、無線通信によって、管制官は離着陸する航空機に他機の位置や気象などの情報を伝達して離着陸の許可を与え、航空機の経路上の位置情報も航空会社の運航管理者経由でパイロットから管制官に伝達されるようになった。

　無線通信の導入により航空交通の管制は大きく進歩したが、飛行機の高速化により新たな安全上の問題が出てきた。1930 年代に入り、従来機より高速のダグラス DC-2 やボーイング 247 などが出現すると、大空港周辺では速度の異なる航空機が輻輳し、さらに、計器飛行(注)の普及により視界が悪い時にも航空機が空港に離着陸するようになり、大空港周辺の状況は極めて深刻になった。1930 年代に米国で

最も混雑していた空港であるニューアークとシカゴでは 1 時間当たり 50 〜 60 回の離発着があり、管制方式の抜本的改善が急務となった。

（注）1929 年、ドゥーリトルが視界をフードで覆った飛行機に搭乗し、レイディオ・レンジとマーカー・ビーコンにより飛行コースと位置を、精密高度計、定針儀及び水平儀により高度と姿勢を確認することによって、外部視界に頼らずに計器のみによる飛行に初めて成功した。ただし、この飛行は緊急時に備えた補助パイロットも同乗しており、単独での計器飛行は、1932 年にヘゲンバーガーが初めて成功した。

1935 年 11 月には、個人機に対して、空港周辺の航空路での計器飛行を一時的に禁じる指示を出すまでに状況が悪化した。このような事態を打開するため、関係者が集まり話し合いが持たれた結果、一元的な管制システムを構築することが合意された。しかし、当時の財政状況から航空局が自らは航空路管制を直ちに行うことができなかったため、暫定的に航空会社が航空路管制を実施することになり、1935 年 12 月、シカゴ・クリーブランド・ニューアーク路線の管制を実施するため、ユナイテッド航空、アメリカン航空、TWA、イースタン航空の 4 社による航空路管制組織がニューアークに配置され、翌 1936 年にはシカゴとクリーブランドにも同様の組織が配置された。この暫定措置は 1936 年 6 月に解消され、航空局は、73 の航空路を連邦民間航空路として正式に指定するとともに、航空会社が運営していた 3 箇所の管制組織の運営を自ら行うこととし、これらを航空路管制所（Airway Traffic Control Station）（現在の名称は、Air Route Traffic Control Center : ARTCC）と命名した（**図 2-10、2-11**）。

1936 年 8 月には計器飛行の規則も施行され、航空路を計器飛行で飛行する場合には、航空機は無線送受信機と所定の計器を装備することが必要となり、パイロットには計器飛行証明が求められることになった。また、視程が 1 マイル未満の時に航空路を計器飛行により飛行しようとする場合は、飛行計画を提出しなければならず、飛行計画は航空路管制官の承認を要することになった。航空機の飛行高度の

図2-10 航空路管制所（ニューアーク1936年）（FAA資料）

図2-11 航空機位置をプロットする航空路管制官（FAA資料）

指定も行われ、航空路を飛行する全ての航空機は、東向きに飛行する場合は1,000ftの奇数倍の高度、西向きの場合は1,000ftの偶数倍の高度を飛行することが定められた。航空路管制所は順次増強され、1936年にピッツバーグとデトロイト、翌1937年にバーバンク、ワシントン、オークランドにも設置された。

一方、飛行場の管制については、連邦政府ではなく地方自治体が行っていたため、実施方法にばらつきがあるなどの安全上の懸念が生じていたが、飛行場管理への連邦政府の関与は法的な問題があったばかりでなく財政上も難しかった。このため、航空局は、飛行場管制に直接関与するのではなく、飛行場管制官の資格認定の要件や離着陸時の最低気象条件を定めることによって、飛行場管制の標準化を図った。

［航空事故調査の始まり］

前章で紹介したように、飛行機の初飛行（1903 年）ばかりでなく、初の死亡事故（1908 年）も米国で起きているが、航空事故を組織的体系的に調査することについてはヨーロッパが先行した。（英国では、王立航空協会（Royal Aero Club）の事故調査委員会（Public Safety and Accidents Investigation Committee）が 1912 年 5 月 13 日に発生した単発機墜落事故（搭乗者 2 名死亡）の報告書を同年 6 月に公表し、1915 年には、現在の英国航空事故調査局（AAIB: Air Accidents Investigation Branch）の前身となる航空事故調査局（AIB: Accidents Investigation Branch）が英国陸軍航空隊（RFC: Royal Flying Corps）の一部門として発足した。）

米国における民間航空機の事故調査は、1926 年の航空事業法の 2 (e) 項に、航空事故の原因を調査、記録、公表すること（to investigate, record and make public the causes of accidents in civil aviation in the United States）が商務長官の責務として規定されたことに始まるが、具体的な事故調査のあり方についてはそれ以上の明確な規定がなく、航空事故調査をめぐって様々の問題が生じることとなった。

航空局は、1926 年の航空事業法により民間航空育成のために商務省内に設置されたものであるが、事故調査も行うこととなり、航空事業法制定直後の 1926 年及び 1927 年は、重大事故については航空会社名ばかりでなくパイロット名も特定し（事故報告書において個人名の特定が禁止されたのは後年のことである。）、推定事故原因を記載した詳細な報告書を公表した。しかし、これは航空業界の強い反発に会い、航空局は個別の事故報告書を公表することを止めて事故の統計のみを公表することとしたが、今度は、この措置が議会で問題視されることになっ

図2-12　フォード・トライモーター

た[5]。

　1929年9月3日にトランスコンチネンタル航空機が墜落し搭乗者8名全員が死亡する事故が発生すると、議会上院は商務長官に対して事故報告書の提出を求める決議を行い、商務省は、一旦は提出を拒んだものの、さらに別の死亡事故が発生し、事故調査結果を提出することとなった。

　そして、1930年1月19日、16名が死亡するフォード・トライモーター（**図2-12**）の墜落事故が発生すると、航空事故に関する情報は全て公開すべきであるとの意見がさらに強まり、航空事業法成立以降の全ての航空事故に関するデータの提出を命じる決議案が上院に提出された。これに対して、航空局は、事故報告書を公開すれば、自分が属する会社に不利な証言をする者はいなくなるので調査に支障を来すことになり、また、報告書の公開により企業が損失を被り倒産するおそれもあると反論したが、翌1931年には、再び人々の注目を集める事故が発生し、航空局は自ら、事故報告書非公開の方針を変更することとなった。

　1931年3月31日、TWA（1930年にトランスコンチネンタル航空とウエスタン航空が合併してできた航空会社）のフォッカー F-10A（**図2-13**）が

図 2-13　フォッカー F-10A

　墜落して搭乗者 8 名全員が犠牲となった事故は、乗客の中に著名人がいたため全米の注目を集め、航空局はそれまでの方針を変更して推定原因の発表を行った。事故機の主翼は木製接着構造であったが、内部に滲みこんだ水分によって接着が剥離し、主翼が空中で分解したことが原因とされ、当時の米国航空会社の主力機の一つであった同型機の運航が一時停止され、主翼の繰り返し検査が要求された。このため、フォッカー機はやがて米国の旅客運送からの撤退を余儀なくされた。
　この事故は事故調査を改善する必要性をさらに認識させることとなり、1934 年 6 月 19 日、航空事業法が改正され、事故調査のあり方が大きく変更された。同改正は、事故調査官に公聴会開催や証人召喚などの権限を付与して事故調査体制を強化するとともに、重傷者又は死亡者が発生した全事故について推定原因を公表することを商務省長官に義務付け、事故調査報告書と裁判との関係については、公表推定原因、事故報告書及び公聴会記録の全てを訴訟における証拠として用いてはならないと定めた(注)。
　なお、同時期（1934 年 7 月 1 日）に航空局（Aeronautics Branch）は航空事業局（Bureau of Air Commerce）と改称された。

（注）現代の我が国においては、事故報告書の裁判使用は事故調査と刑事捜査
　　との関係で議論されることが多いが、事故報告書の裁判での使用を最初
　　に禁じたこの米国法規の改正は、当時においては、企業の訴訟リスク回

避の意味合いが強いものであり、事故被害者等にとっては大企業相手に訴訟を提起することを困難にするものであった。本改正による事故報告書の裁判での使用禁止規定に関しては、後年、航空事故被害者救済等の観点から報告書の一部を証拠として認める判決が続き、20世紀末に至り、事故調査の事実認定部分については裁判（民事訴訟）での証拠採用を認める米国航空事故調査規則の改正が行われることとなる。

　一方、この改正によっても航空事故調査の議論が終結することはなかった。1935年5月6日に発生したTWAのDC-2の墜落事故は、犠牲者に上院議員がいたことから、議会の強い関心を呼び、航空局の調査とは別個に、この事故の調査委員会が議会に設けられた。航空局の事故調査委員会（5名の委員で構成する委員会が1928年に航空局内に設置されていた[6]。）の事故報告書は、事故1箇月後に公表され、原因として、気象予報が天候悪化を予測していなかったこと、無線機が故障していたにもかかわらず出発したこと、最低気象条件未満に気象が悪化したにもかかわらず進入を継続したことなどが挙げられ、パイロットの航空身体検査の期限が切れていたことなどの規則違反があったことも指摘された[7]。

　しかし、TWAはこの調査結果に強く反発して事故の責任は航空局にあると主張し、議会の調査委員会も事故原因は地上の航行援助施設の故障によるものであると結論付けた。議会調査委員会の調査結果は、後年、一方的な内容で公正さに欠けるものであると評価されたが、この事故をめぐる一連の出来事は、事故原因の関係者となる可能性のある航空行政当局が事故調査の主体となることの是非などの航空事故調査のあり方についてさらに論議が行われるきっかけとなり、1938年の民間航空法制定によって航空事故調査の独立性を高める制度改正が行われることとなる。

参考文献

1. Davies, R. E. G., "A History of the World's Airlines", Oxford Univ. Press, 1964
2. International Civil Aviation Organization, "Annual Report of the Council - 2017", 2018
3. Federal Aviation Administration, "Administrator's Fact Book – December 2018", 2018

4. General Aviation Manufacturers Association, "2017 Annual Report", 2018
5. Komons, N. A., "Bonfires to Beacons", Smithsonian Institute Press, Washington, D.C., 1989
6. Briddon, A.E., Champie, E.A., and Marraine, P.A., "FAA Historical Fact Book", 1974
7. Bureau of Air Commerce, "Report of Accident Board on Aircraft Accident which occurred to Plane of Transcontinental and Western Air, Incorporated, on May 6, 1935", 1935

第3章
日本の航空黎明期(1910～1930年代)

　本書は、世界の航空界をリードしてきた米国における航空安全上の重要出来事を中心として、航空輸送100年の安全性向上の歩みを辿るものであるが、我が国の航空黎明期については、航空産業の発展に関しては多くの文献があるものの、事故発生状況や安全性向上のための法規や制度の整備については必ずしもよく知られていないと思われるので、本章では、1910～1930年代の我が国の航空安全に関する状況の一端をご紹介する。

［黎明期の事故多発］

　20世紀初頭、欧米では航空産業が急速に発展し、これに刺激され日本でも官民を挙げて航空振興に力を尽くし、ライト兄弟初飛行の7年後の1910年12月に徳川・日野両大尉が初飛行に成功した。しかし、その約2年後に初の死亡事故が発生し、それからも事故が頻発して、1920～30年代は、航空機数が少なかったにもかかわらず、我が国航空史上で最も事故が多発した時代となった（図3-1）。

　黎明期に事故が頻発したのは我が国に限ったことではなく、機体・エンジンの信頼性、操縦技術、航空インフラ、安全法規等の全てが未発達・未整備であったことが事故頻発の根底にあるが、それに加えて、当時の民間機の多くは故障しやすい払下げ軍用機であったという事情も存在した（逓信省航空局は、「本邦民間航空機ノ大部分ハ陸海軍の拂下飛行機ニ修繕ヲ加ヘテ使用スル關係上機體及發動機ニ比較的多クノ故障ヲ生スル。」と述べている[1]。なお、第一次世界大戦後の米国においても払下げ軍用機は構造破壊率が高かった[2]。）。

注1：事故件数は年間件数、登録機数（登録制度発足前の1921〜26年は堪航証明機数）は年末（1921〜1934年は年度末）の機数。
注2：1935/36〜1945年は該当する公表データがない期間、1945〜1951年は航空活動禁止期間。
注3：1961〜1966年及び1969年の登録機数データの欠落は滑空機の登録機数が不明のため。
注4：逓信省航空統計年報（昭和4〜13年度）、運輸省航空局航空統計年報（昭和34〜37年）、日本航空・航空統計要覧（1972年度）、及び国土交通省公表データ（公表データが食い違う場合は公表時期が新しいデータを採用）より作成。

図3-1　日本の民間航空機の事故件数と登録機数の推移（1921〜2018）

［航空局発足と航空法制定］

　第一次世界大戦後に締結された1919年のパリ条約（Convention Relating to the Regulation of Aerial Navigation）は、前章でも紹介したように、領空主権、航空機の国籍などを規定し、第二次世界大戦後にシカゴ条約（Convention on International Civil Aviation）にとってかわられるまで、国際航空を規律した最初の多国間条約であり、日本も同条約に調印を行った。
　同条約は、本文43条と8つの附属書から構成され、シカゴ条約とは異なり、条約39条により附属書に条約本文と同等の効力が与えら

れた。附属書は、航空機の分類、国籍の表示、航空交通規則、乗員の医学検査・実技試験・知識、航空図、気象等について具体的かつ詳細に規定した（ただし、航空機の耐空性については、国際航空委員会が具体的基準を決定するまでの間、各国が詳細な規定を制定し、それに基づき耐空証明を行うこととされ、他の附属書とは異なり、具体的な技術基準が定められなかった。）[3]。

同条約を批准するためには民間航空の安全法規を整備する必要があり、日本政府は、1919 年（大正 8 年）9 月 23 日の閣議において、陸軍大臣管理の下に軍用以外の民間航空事業の監督のための機関（航空局）を早急に設置すべきであると決定したが、予算の関係上、本格的な組織がすぐに設立できなかったので、同年 11 月 4 日、暫定機関として陸軍大臣の下に「臨時航空委員会」を設置し[4]、航空法の立案に着手した。9 か月後、組織体制の準備が整い、翌 1920 年（大正 9 年）8 月 1 日、「臨時航空委員会」が廃止され、陸軍省の外局として航空局が発足し[5]、初代航空局長官に陸軍次官山梨半造陸軍中将が任命された[6]。

航空法は、帝国議会の協賛を得て 1921 年（大正 10 年）4 月に法律第 54 号として公布されたが（**図 3-2**）、国際基準への整合を目指した同法を直ちに施行することは、当時の日本の実情に照らして現実的ではないとの判断により、見送られた（同法ノ施行期日ニ付テハ當時ノ我民間航空界ハ極メテ幼稚ニシテ該法ヲ直ニ實施スルトキハ我民間航空ノ發達

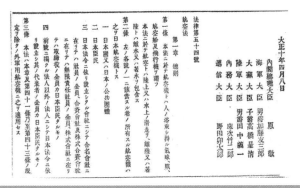

図 3-2　日本最初の航空法（官報より一部抜粋）

ヲ阻害スルノ惧アルヲ慮リ適當ナル時期マテ之力實施ヲ延期スルコトトシタル[1]。)。

　航空法施行までの過渡的な法規として、1921 年 3 月に航空取締規則（内務・陸軍省令）、同年 4 月に航空機操縦士免許規則と航空機検査規則（いずれも陸軍省令）が公布施行された。航空取締規則には、航空機を航空の用に供するには検査を受けて堪航証明書(耐空証明書)を得ること、航空機の操縦には免許が必要なこと、飛行空域に制限を課すこと、事故を報告すべきことなどが定められ、罰則も規定された[7]。航空機操縦士免許規則には、免状の種類、年齢要件、体格試験、学科試験、操縦術試験等が定められ、航空機検査規則には、検査の種類、検査の手続き等が定められたが、検査の合否を判定するための具体的技術基準は定められなかった[8]。

　当時、日本の民間航空は飛行ショーや飛行競技大会の域をようやく脱し、日本航空輸送研究所、東西定期航空会などが飛行機による郵便物や貨物の運送を始めていた。前章で紹介したように、米国の初期の航空運送事業は航空郵便送収入に依存していたが、当時の日本でも航空運送事業の収入の大半は郵便物輸送によるものであり、航空事業への逓信省の関与が大きく、また、航空機運航に不可欠な航空気象通報や航空機発着通報なども同省の所管であった。これらのことなどから、1923 年（大正 12 年）に航空局は陸軍省から逓信省に移管された（当初、逓信省外局として移管され、逓信省としての初代長官に若宮貞夫逓信次官が任命され、翌年に内局化されて航空局長の下に監理課と技術課の 2 課が置かれたが、昭和 13 年には再び外局化された。)[6]。

　1927 年（昭和 2 年）に至り、ようやく航空法とともに、航空法施行規則（航空機の検査、登録、乗員、飛行場、航空運送業等について規定）、航空機検査規則（検査の種類や手続き、機体構造の強度基準、発動機や計器の基準等を規定）（**図 3-3**）、航空機乗員試験規則（受験資格、実地試験、学科試験等を規定）、航空機乗員体格検査規則（乗員の心身要件等を規定）等が施行されて民間航空機の安全確保の基本的な法的枠組みが成立し、暫定的な航空安全規則であった航空取締規則は廃止された[9]。

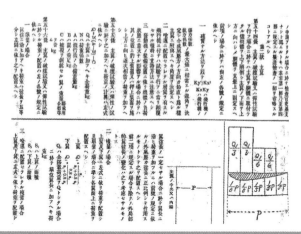

図3-3 日本最初の耐空性基準・航空機検査規則(主翼強度試験関係規定を官報より一部抜粋)

[航空産業の発展]

ライト兄弟の初飛行から約6年後の1910年(明治43年)12月19日、徳川・日野両陸軍大尉が代々木練兵場において我が国での初飛行に成功し、日本でも軍用の航空産業が拡大していった。その一方、民間航空については、翌1911年(明治44年)5月5日に所沢飛行場で奈良原式2号機が国内開発機として初飛行に成功したが[10](これが国産機初飛行と一般的に認知されている。ただし、これより11日前に他の国産機が飛行していた事実が当時の新聞に報じられている。本章末の「国産機初飛行 - 忘れられた飛行家」参照)、事業に多額の投資資金を必要とすることや航空の安全性に対する一般の信頼が低かったことなどから、なかなか発展できずにいた。

1922年(大正11年)に至り、井上長一が日本航空輸送研究所を設立して堺を拠点に最初の定期路線を開設し、翌1923年(大正12年)には朝日新聞社が東西定期航空会を、川西機械製作所創業者の川西清兵衛が日本航空株式会社を、それぞれ設立して定期運航を始め、1928年(昭和3年)には国策会社の日本航空輸送株式会社(東西定期航空会及び日本航空株式会社から路線譲渡を受けた)が設立され、日本でも定

図 3-4　航研機（約 400km の周回コースで世界記録樹立）

期航空運送事業が発展し始めた。

　航空機設計製作技術も急速に向上し、軍用機は欧米の模倣から脱して機体及びエンジンの独自開発が始められた。民間機については、製造権を得て欧米機の国内生産を行って技術を習得しつつ、軍用機を原型に旅客機等の設計製作が行われ、エンジン、プロペラ、着陸装置、航空用計測器、航空機用金属材料等の開発も進められた。

　そのような中、外国機を基本に小型旅客機を開発して経験を積んだ東京瓦斯電気工業は、東京帝国大学航空研究所が設計した試作長距離機（航研機）（**図 3-4**）の製作を行い、同機の周回飛行世界記録（距離と平均速度）樹立（1938 年）に大きく貢献した。

　航空路や飛行場などの航空インフラの整備も進み、1927 年（昭和 2 年）から東京・大連間及び大阪・上海線間の航空路の設置が着手され、1929 年（昭和 4 年）に東京飛行場（1931 年（昭和 6 年）に立川から羽田に移転）、大阪飛行場及び福岡飛行場が設置された。航空路には、主要地点に航空標識（大きな白色木板で作ったカタカナ文字（一文字の大きさは約 7.2m 四方、線の太さは約 1.5m）で地名を表したものを鉄柱の上に取り付けて上空から視認できるようにしていた。）が設置され、飛行場灯火、航空灯台、航空無線局なども順次整備されていった。

［航空事故］

　航空活動発展とともに、事故も発生するようになった。我が国における飛行機の初の死亡事故は、徳川・日野の初飛行から約2年3か月後、1913年（大正2年）3月28日に発生した。

　当日、公開飛行のために飛行船1機、飛行機3機が所沢陸軍飛行場から青山練兵場に飛来したが、飛行船が突風を受け墜落、船体が破損したが搭乗者は無事であった。一方、飛行機3機は、青山練兵場に着陸後、所沢飛行場に帰投したが、その1機（ブレリオ機）が所沢の約1km手前の地点で突風を受け、左翼が破断して墜落し、搭乗していた木村、徳田の両空軍中尉が死亡した。これが我が国初の飛行機死亡事故となった[11]。

　また、同年5月4日に民間機初の死亡事故（京都市深草練兵場でカーチス機が墜落して民間飛行家が死亡）も発生し[12]、1923年（大正12年）2月22日には、東西定期航空会の中島式5型機が郵便物を空輸中に箱根山中に墜落して操縦士1名が死亡して定期航空の死亡事故も発生した[13]。

　現代の航空会社の事故率は極めて低い水準に達しているが、これは、序章で説明したように、長期間にわたる安全性向上努力の成果であって、黎明期にあった当時の我が国定期航空の事故率は、現代の水準からすれば、かなり高いものであった。

　1931年（昭和6年）6月22日には初の乗客死亡事故(注)（フォッカー・スーパーユニバーサル機が福岡出発後エンジン火災により墜落し、乗客1名を含む搭乗者3名全員死亡[14]）が発生し、さらに同年度末の1932年2月27日、飛行艇が墜落して搭乗者5名全員が死亡する事故が発生した[15、16]。

(注)　この事故に先立ち、同年3月6日に飛行中の日本航空輸送フォッカー機のドアを開けて飛び降りた自殺者がいた[17]。自然死、自殺、他殺等は、現代の航空事故調査国際基準では事故に該当しないとされており、当時のこの事案も事故としては取り扱われなかった。（ただし、調査の結果として自殺の可能性が判明することなどもあり、米国の多数の小型機事故の中には推定原因に自殺が挙げられている事例が散見され、我が国で

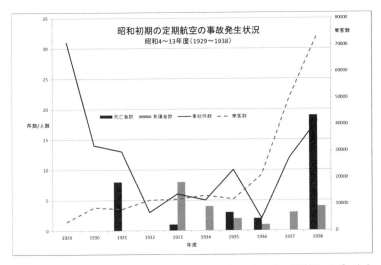

(注1)「昭和13年度 航空統計」(逓信省航空局、昭和15年3月1日発行)のデータより作成。
(注2) 定期航空会社機の事故であっても定期運航ではない社内飛行等の事故は含まれていない。
(注3) 当時の事故統計には地上の被害が含まれておらず、死傷者数には地上の第三者が含まれていない。
(注4) この期間外も定期航空の事故が発生しているが(例:1939年5月、旅客機墜落で6名死亡[20])、事故統計値は公表されていない。

図3-5　昭和初期の定期航空の事故発生状況(1929〜1938)

も過去に事故調査が行われた自殺事例がある[18]。なお、自殺や故意による事例であっても、結果が重大である場合には事故調査が行われることが一般的である。)

　定期便の事故はこの後も継続して発生し、**図3-5**に示すように、1938年(昭和13年)には3件の死亡事故(地上の第三者の死亡事故も入れると4件)が発生して多数の死傷者が生じた。なお、当時の定期航空機の事故原因は、年度によってばらつきがあるが、エンジン故障によるものが多い(例えば、1931年の定期航空事故13件のうち9件が発動機故障によるとされている[19]。)。
　そして、定期便の事故が多発した1938年には、訓練飛行中の航空

会社機が飛行学校の訓練機と空中衝突し、墜落した航空会社機の燃料タンクが爆発して地上で多数の死傷者を生じるという極めて重大な事故が発生した。

[大森上空での空中衝突事故]

　1938年8月24日の午前8時50分頃、訓練飛行のため、教官と操縦学生が搭乗した日本飛行学校のアンリオ機が羽田飛行場を離陸し、続いて、これも訓練飛行のため、教官と操縦学生2名が搭乗した日本航空輸送のフォッカー・スーパーユニバーサル機（図3-6）が離陸した。その数分後、大森上空において両機が衝突し、双方とも片翼が分離し、アンリオ機は大森区森ケ崎の家屋に、フォッカー機は同区大森町9丁目の機械工場に、それぞれ墜落した。

　フォッカー機の搭乗者を救助しようとして、付近の住民百数十名が墜落現場に駆け付けたところ、フォッカー機の燃料タンクが爆発した。事故直後の死亡者は、両機の搭乗者5名と爆発に巻き込まれた住民二十数名であったが[21]、その後、病院に収容された重傷者が次々と死亡し、9月9日には累計死者数が82名に達し[22]、最終的な総死者数は85名となった。

　それまでの航空事故による世界最大の犠牲者数は、1933年4月4

図3-6　日本航空輸送のフォッカー・スーパーユニバーサル機

日の米国ニューイングランド沖におけるアメリカ海軍飛行船アクロン号墜落事故の犠牲者 73 名（飛行船史上最大の犠牲者）であり、この事故は、犠牲者数において当時の世界最大の航空事故であった。この事故が当時の社会に与えた衝撃は極めて大きく、新聞各紙は墜落現場の写真を掲載して事故発生当時の状況を詳しく報道した。

　逓信省航空局は、事故翌日の 8 月 25 日、次の 5 項目の再発防止策とともに、練習専用教育飛行場の設置を急ぐことを発表した[23]。

公表された再発防止策の概要
1　教官の選択：練習訓練指導教官の選択を厳重かつ慎重に行う。
2　飛行時間の区別：先行機が完全に安全圏に入ってから飛行を開始する。
3　空域の区別：練習団体別に使用空域を区別して接近を防止する。
4　高度の区別：飛行前に高度を打合せ、たとえ同一空域に入っても高度差をつける。
5　指揮の統一：統一指揮者の下で練習飛行を行い、離着陸が重ならないようにする。

　事故原因については、事故の約 1 か月後の 9 月 29 日、航空局技術部長談話として次のような発表が行われた[24, 25]。

事故原因（新聞掲載談話の概要）
　「当時、飛行場付近上空にはところにより濃淡がある霧が発生して相当視界が不良であり[(注)]、両機とも訓練生の教育を行っていたこと等のため、他機への見張りが十分でなかったため、本事故を起したものと判断されます。
　飛行機の墜落時に燃料タンクが破壊し燃料が流失して約 5 分後、気化燃料と空気の混合比が引火爆発に適当となった時に爆発し、燃料タンクに残存していた燃料も同時に爆発したものと認めます。
　引火の原因としては、
　（1）付近の住宅、工場等よりの引火、
　（2）群衆の喫煙による引火、

図 3-7　大森事故犠牲者供養の地蔵（森ヶ崎観音堂）

(3) 電線の切断による引火、

が考えられますが、調査の結果、(1) 及び (2) によるものとは認められず、(3) の電線切断による引火が最も有力な原因です。」

(注) 新聞報道によれば、気象台は当日の朝に霧雲の発生を予報していた[26]。

事故後、墜落現場近くの森ヶ崎観音堂に事故の犠牲者を供養するために地蔵（図 3-7）が建立された。地蔵後ろの卒塔婆には、犠牲者 85 名を供養するに至った経緯とともに、現在も事故発生日の 8 月 24 日に供養が営まれていることが記されている。

［試験飛行中の旅客機墜落事故］

この後も重大な航空事故が発生し、1940 年（昭和 15 年）には、堪航検査（耐空検査）のための試験飛行中の旅客機が墜落して搭乗者13 名全員が犠牲となるという大事故が発生した。

事故機は、陸軍のキー 57（100 式験送機）を民間機に転用した三菱式 MC-20 型機（妙高号）で、各務原から羽田に空輸され、12 月初旬から地上検査及び飛行検査が行われていた[27]。

12 月 20 日、振動特性と安定性を試験するため、逓信省航空局、陸軍及び三菱重工の関係者 13 名が搭乗した同機は、午後 3 時過ぎに羽田を離陸したが、羽田上空を通過して東南方向に飛び去った後に消息を絶った。

日没が迫っても同機が帰還しないため、捜索が開始されたところ、午後 5 時過ぎに千葉県姉ヶ崎町沖合で墜落機があったとの目撃情報が寄せられた。翌 12 月 21 日、機体部品多数が漂着し、搭乗者全員が遭難したものと断定され、12 月 28 日、事故発生の事実とともに全員が殉職したと発表された（殉職者の叙位叙勲も同時に発表。）[28、29、30]。

翌年 2 月に海中に墜落した機体が発見され、航空局航空試験所において事故原因調査のために残骸調査とともに各種の試験研究が行われた。調査の結果、目撃者証言や残骸の状況などから、かなりの高度から右錐もみ状態で海中に突入し、接水時には両エンジンとも出力が出ていなかったことなどが推定されたが、事故の発端となった原因そのものは不明とされた。

これらの事故の後も旅客機墜落事故などの重大事故が発生するが[31]、1937 年（昭和 12 年）に勃発した日中戦争が激しさを増すなか、新聞紙面は徐々に軍事関係の報道で埋め尽くされ、やがて民間機の事故は全く報道されなくなり、日本は第二次世界大戦へと突入していった。

［国産機初飛行 - 忘れられた飛行家］

前述したように、我国の国産機初飛行は、1911 年（明治 44 年）5

月5日の所沢飛行場における複葉機「奈良原式2号」の飛行と一般的に認知されている。この複葉機を開発した奈良原三次（1877年2月11日〜1944年7月14日）は、男爵家の次男として生まれ、東京帝国大学工学部卒業後に海軍省に技士として任官し、飛行機の研究を始めた。奈良原は、海軍退役後、1911年にノーム（Gnome）50HPエンジンを搭載した「奈良原式2号飛行機」を製作し、同年5月5日、所沢飛行場において自らの操縦で高度約4m、距離約60mの飛行を行い[10]、これが国産機初飛行として一般的に認知されている。

しかし、当時の新聞（大阪毎日新聞、東京朝日新聞等）は、奈良原の飛行より11日早い1911年4月24日、大阪の城東練兵場において国産自作機が高度約10mの飛行を行ったことを報じている。この自作機を開発した森田新造（1880年1月28日〜1961年3月17日）は、大阪の洋皮商の次男に生まれ、慶応義塾大学を中退後、渡米して日本美術品の販売で財を成し、欧州に渡ってフランスの飛行学校に入学した。森田は、グレゴアジップ（Grégoire Gyp）45HPエンジンを購入して日本に持ち帰り、大阪の城東練兵場に格納庫を作り、約1年を費やして同エンジンを搭載した単葉機（**図3-8**）を製作した[32]。

森田は、1911年4月24日、城東練兵場で初めての滑走試験を行ったが、1,200メートルを滑走したところで機体が浮揚し、約10メート

図3-8　森田式単葉機（城東練兵場格納庫前。左から4人目が森田新造。）[32]

ル（大阪毎日は「33 尺」、東京朝日は「10 メートル」、とそれぞれ報道）
の高度に達した。単葉機がさらに高く上がりそうになったので、森田
は、機体を降下させて着陸したが、着陸時の衝撃で着陸用橇の一部が
損傷した [33、34]。

　森田は、機体を修理し、初飛行の 3 日後の 4 月 27 日に城東練兵場
で再び試験飛行を実施したが、この際には初飛行の話を聞きつけた多
数の群衆が練兵場に集まった。森田の制止にもかかわらず、群衆は滑
走中の機体を徒歩や自転車で追いかけた。最初の 2 回の滑走中にも機
体が 1 ～ 2m 程度浮揚したが、3 回目の滑走時、一台の自転車が前を
横切り、浮揚した機体の右翼支線に接触し、自転車に乗っていた少年
が倒れて昏倒した [35、36]。

　この事件の後、家族が飛行実験の継続に反対し、森田は飛行機開発
を断念することとなった [32]。以後、森田は日本の民間航空の歴史の表
舞台から姿を消し、奈良原の飛行より 11 日早い城東練兵場での飛行
の事実とともに、森田の存在も次第に忘れ去られていった。

　一方、奈良原は、奈良原式 2 号機の初飛行後も飛行機の開発を続け、
また、稲毛海岸に民間飛行場を開いて民間パイロットの養成も行うな
ど、日本の民間航空界の功労者となるとともに、国産機初飛行の成功
者としても広く認知されるようになった。

　本章では、必ずしもよく知られていないと思われる第二次世界大戦
前の我が国の航空安全事情の一端をご紹介したが、大戦後の我が国の
航空事情については、多くの文献があり、よく知られていることから、
次章からは、再び米国の状況を中心に航空輸送の安全性向上の歩みに
ついてご説明していくこととする。

参考文献

1. 通信省航空局、「昭和 4 年度航空統計年報（第 1 回）」、1932 年（昭和 7 年）
2. Komons, N. A., "Bonfires to Beacons", Smithsonian Institute Press, Washington, D.C., 1989
3. U.S. Department of States, "International convention relating to the regulation of aerial navigation dated October 13, 1919, with the annexes to the convention and protocols of proposed amendments", U.S. GPO, 1944

4. 官報第 2176 号、1919 年（大正 8 年）11 月 5 日
5. 官報第 2399 号、1920 年（大正 9 年）7 月 31 日
6. 通信省、「通信事業史第 7 巻」、通信協会、1940 年（昭和 15 年）
7. 官報第 2586 号、1921 年（大正 10 年）3 月 18 日
8. 官報第 2613 号、1921 年 4 月 20 日
9. 官報第 102 号、1927 年（昭和 2 年）5 月 5 日
10. 東京日日新聞、「わが奈良原飛行機飛ぶ 四メートルの高さで飛行すること 六十メートル」、1911 年（明治 44 年）5 月 6 日
11. 東京朝日新聞記事、「飛行界空前の悲惨事」、1913 年（大正 2 年）3 月 29 日
12. 東京朝日新聞、「壮烈なる犠牲 武石氏」、1913 年 5 月 5 日
13. 東京朝日新聞、「島田氏は箱根山中明神ケ岳に墜死」、1923 年（大正 12 年）2 月 25 日
14. 東京朝日新聞、「太刀洗付近飛行中旅客機発火墜落す」、1931 年（昭和 6 年）6 月 23 日
15. 東京朝日新聞、「八幡市外国有林に旅客機故障で墜落す 乗組の四名惨死、一名重傷」、1932 年（昭和 7 年）2 月 28 日
16. 東京朝日新聞、「墜落旅客機の前田氏も絶命」、1932 年 2 月 28 日
17. 東京朝日新聞、「飛行中の旅客機より飛び降り自殺を遂ぐ」、1931 年 3 月 7 日
18. 航空事故調査委員会、航空事故報告書 92-4、1992 年（平成 4 年）
19. 通信省航空局、「昭和 5、6 年度航空統計年報（第 2 回）」、1933 年（昭和 8 年）
20. 東京朝日新聞、「旅客機離陸直後墜落・六名焼死す」、1939 年（昭和 14 年）5 月 18 日
21. 東京日日新聞、「飛行機二ヶ所に墜落 死傷百四十名を出す」、1938 年（昭和 13 年）8 月 25 日
22. 東京朝日新聞、「飛行惨事犠牲八十二名」、1938 年 9 月 9 日
23. 東京朝日新聞、「航空局、惨事防止に狭い空港取締り」、1938 年 8 月 26 日
24. 東京日日新聞、「空港惨事の原因 櫻井技術部長の発表」、1938 年 9 月 30 日
25. 東京朝日新聞、「空中惨事原因 櫻井航空局技術部長談」、1938 年 9 月 30 日
26. 讀賣新聞、「咫尺を弁ぜぬ濃霧 朝の予報でも発表した 気象台の談」、1938 年 8 月 25 日
27. 藤原洋、「妙高号事故 – その事故原因を推理する（1）～（3）」、風°天ニュース（航空ジャーナリスト協会誌）98 ～ 100 号、2010 ～ 2011
28. 東京日日新聞、「航空局航空官ら十三名殉職す 試験機、姉ヶ崎（千葉県）で墜落」、1940 年（昭和 15 年）12 月 29 日
29. 朝日新聞、「試験飛行中墜落 航空官ら十三名殉職す」、1940 年 12 月 29 日
30. 讀賣新聞、「試験飛行中墜落 十三氏殉職す 姉ヶ崎沖合の椿事」、1940 年 12 月 29 日
31. 朝日新聞、「旅客機墜落 搭乗者二名は即死」、1941 年（昭和 16 年）3 月 20 日
32. 佐々木秋放、「森田新造を紹介します」、<http://morita.shinzo.kei1.org/>、2016 年閲覧
33. 大阪毎日新聞、「森田式揚る」、1911 年（明治 44 年）4 月 25 日
34. 東京朝日新聞、「飛行機試験の成功」、1911 年 4 月 25 日
35. 大阪毎日新聞、「嗟やと云う一刹那 森田式飛揚の中止 = 思ひも寄らぬ妨害 = 自轉車小僧の人事不省」、1911 年 4 月 25 日
36. 東京朝日新聞、「大阪森田飛行機試験 見物人に妨げらる」、1911 年 4 月 28 日

第4章
航空企業再編、民間航空庁発足、
ICAO設立(1930年代～1940年代)

　本章では、不祥事をきかっけとした米国航空企業の再編、民間航空法の制定と民間航空庁の発足、航空機の複雑化による必要乗員数の増大、第二次世界大戦後のICAOの設立、検査試験業務の民間委任拡大、不定期航空やジェネラル・エイビエーションの勃興などの1930年代から1940年代後半までの出来事を紹介する。

［路線配分会合と航空企業再編］

　1914年にフロリダ州で行われた世界初の飛行機による定期旅客輸送は一冬の観光シーズンで終了し、1920年代前半まで米国の旅客運送事業は大きな発展を遂げることはなかったが、1925年に制定された航空郵便法により航空郵便事業が民間に委託されるようになると、航空会社は郵便収入に支えられて事業を拡大していった。

　1929年に共和党フーバー政権の郵政長官に就任したブラウンは、1930年に航空郵便法が改正されて航空郵便路線の延長・統合が郵政長官の権限で行えるようになると、後年、「利権会合（Spoils Conference）」と呼ばれる大手の航空会社のみを集めた路線配分会合を開催した[1]。この会合によって、ブラウンは、それまで1路線しかなかった大陸横断航空郵便路線を3路線とし、既存1路線を運航していたユナイテッド航空と競争させるため、新たな1路線をアメリカン航空に与え、トランスコンチネンタル航空とウエスタン航空を合併させて作った新会社のTWAにもう一つの新路線を与えた。これによって、

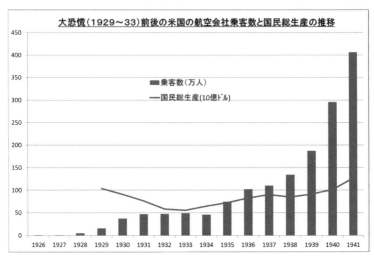

(注) 乗客数は「Statistical Handbook of Civil Aviation 1944, CAA」、国民総生産（GNP）は「National Income and Product of the United States 1929-1950, Department of Commerce, 1951」に基づく。

図 4-1　大恐慌前後の米国の航空会社乗客数と国民総生産の推移

　航空郵便路線が拡大し、各航空会社は航空郵便路線を基盤として航空旅客路線網を展開し、1929 年に始まった大恐慌で他産業が大きな打撃を蒙るなか、航空旅客輸送は成長を維持した。（図 4-1）

　しかし、航空郵便法により各路線 1 社の独占事業が保障されていた航空郵便事業とは異なり、航空旅客輸送には法的な参入規制がなかったため、激しい価格競争が始まり運賃が引き下げられるようになると、大手航空会社は、航空運送事業も鉄道事業と同様に、路線免許制を導入して運賃規制を行うべきであると主張するようになった。

　1933 年にフランクリン・ルーズベルトが大統領に就任し、政権が共和党から民主党に変わると、共和党時代に航空郵便事業の発注を受けることができなかった企業からの告発を受けて、議会の特別調査委員会による航空郵便事業発注契約についての調査が開始された。この委員会により利権会合の実態が明らかになると、ルーズベルトは全ての航空郵便契約を破棄して航空郵便輸送を航空会社から取り上げ、陸軍航空隊にその代わりをさせることにした。

しかし、航空郵便輸送は天候が悪い時や夜間にも飛行する必要があり、計器飛行や夜間飛行の能力が求められたが、陸軍航空隊のパイロットはそれらの経験がほとんどなかった。1934 年 2 月から陸軍航空隊による航空郵便輸送が開始されたが、短期間のうちに墜落事故が頻発し、訓練飛行中の事故も含めると犠牲者が 12 人（13 人という説もある。）に達する事態となった。この惨事に直面し、ルーズベルトは、航空会社に航空郵便輸送を再度行わせることを決断したが、それとともに、上下院の郵政委員長に書簡を送り、航空郵便事業発注を公正な競争入札で行い、料率の決定権は郵政省から連邦商業委員会に移管するように航空郵便法を改正することを要請した。また、ルーズベルトは、航空郵便に入札する航空会社は、他の航空会社、航空機製造会社などと関係がなく、過去に不正な方法によって航空郵便輸送を受注した会社であってはならないとする決定を行った。

　この当時、米国の航空産業は、UAT 社（United Aircraft & Transport）、ノースアメリカン社（North American Aviation）、AVCO 社（Aviation Corporation）の 3 つの持ち株会社によって支配されていたが（UAT 社は、ユナイテッド航空などの航空会社の他に、ボーイング社、プラット・アンド・ホイットニー社、シコルスキー社、ノースロップ社、ハミルトン社などの製造会社を傘下に収め、ゼネラル・モーター社などの出資によってつくられたノースアメリカン社は、イースタン航空、トランスコンチネンタル航空、カーチス航空機などを、AVCO 社は、アメリカン航空、コンチネンタル航空、ロバートソン航空機などを支配していた。）、ルーズベルトのこの決定により、持ち株会社による会社グループが分割されるとともに、航空郵便輸送契約に応札した航空会社は、受注資格を得るために社名変更を行った（アメリカン・エアウエイズはアメリカン・エアラインズ、ユナイテッド・エアラインズはユナイテッド・エアラインズ・インコーポレイティド、ノースウエスト・エアウエイズはノースウエスト・エアラインズと社名変更した。）。

　ルーズベルトが要請した航空郵便法の改正は 1934 年 6 月に成立したが、一連の出来事により航空政策全般を見直すために設立された連邦航空委員会は、航空輸送はガスや水道などと同様に公共サービスとして経済規制を受けるべきであり、不公正競争を防止するためにも免許制を導入して運賃規制を行うべきであるとし、新たに独立の航空委

員会を設けることを勧告した。

　しかし、ルーズベルトは、これ以上の新たな政府組織を設けるべきではないと考え、この勧告を退け、航空会社の安定した収入源であった航空郵便事業は競争入札の実施により費用を賄えない低価格で事業を受注する企業が出てくるようになり、航空会社の財務状態は悪化していった。そして、1936年に就航したDC-3（**図4-2**）は運航コストを劇的に引き下げ、航空会社は競って同機を導入し（1942年には米国航空会社運航機の80%を占めた[2]）、旅客輸送を拡大したが、これによって航空会社の航空郵便への依存度がさらに引き下がることになり、航空郵便法の航空郵便路線参入規制による旅客路線参入への抑止効果が薄れ、さらに激しい路線拡張競争と運賃競争が始まった。

　航空会社は航空旅客輸送に対する連邦政府の経済規制をさらに強く求めたが、議会では、航空の発展は市場に委ねるべきであり、政府の干渉により企業の自由な活動を抑えるべきではないとして、経済規制に反対する声が依然として強かった。ところが、この時期に航空会社の重大事故が発生したことにより、経済規制法案とともに安全規制強化法案が審議されることとなった。

　1935年5月6日、第2章で紹介したように、TWAのDC-2が墜落

図4-2　DC-3（Boeing）

し、犠牲者5名の中に上院議員がいたことから、航空事業局（Bureau of Air Commerce）の事故調査委員会とは別個の調査委員会が議会に設けられた。航空事業局の事故調査報告書は、TWAとパイロットに規則違反があったことを指摘したが[3]、TWAは事故の責任は航空事業局にあると主張し、議会の調査委員会も事故原因は地上の航行援助施設の故障によるものであると結論付けた。議会調査委員会の調査結果は、後年、公正さに欠けると評価されたが、この事故によって、航空事故調査のあり方などの安全問題にさらに関心が高まり、経済規制と安全規制が組み合わされた法案が可決され、1938年8月22日に民間航空法（Civil Aeronautics Act of 1938）として施行された。これにより、商務省の下にあった航空事業局が廃止され、新たに独立した民間航空庁（CAA: Civil Aeronautics Authority）が発足することとなった。

［1938年の民間航空法］

民間航空法は、航空会社の経済免許制度を創設し、免許停止、免許条件変更、届出運賃の却下、航空会社の合併承認、不公正競争排除などの広範な経済規制権限を新たに創設されたCAAに付与した。安全規制については、技能証明、型式証明、耐空性証明、製造証明などとともに、航空会社の運航免許制度を創設し、航空会社には経済免許と安全免許の2つの免許が要求されることになった。現在の米国の航空法（United States Code, Title 49 Transportation, Subtitle VII Aviation Programs Part A - Air Commerce and Safety）は、経済規制の章（Subpart II – Economic Regulation）と安全規制の章（Subpart III - Safety）を分け、航空会社の経済免許と安全免許を別個のものとしているが、これはこの民間航空法から引き継がれているものである。経済規制については、1978年の航空規制撤廃法（Airline Deregulation Act of 1978）等によって運賃規制廃止等の大幅な緩和が行われたが、安全規制体系については、1958年の連邦航空法（Federal Aviation Act of 1958）を経て、現在の米国航空法まで民間航空法の体系が引き継がれている。

一方、CAAの組織体制は問題を孕むものであった。民間航空法は、CAAは議長と副議長を含む5人の委員（member）で構成するとしたが、

政策立案を行う委員会とは別に、政策実施、航空路運営、空港調査を行う長官（Administrator）を CAA 内に置き、さらに、航空事故調査を行うために別の独立した3人の委員で構成する航空安全委員会（ASB: Air Safety Board）も CAA 内に設置した。このような複雑な組織は、3つの頭を有する制御困難なモンスターと評された[4]。

［民間航空庁（CAA）の発足］

CAA は、権限の民間委任を進め、1940 年に操縦訓練学校の教官が訓練生の技能を認定することを認める方式を導入した[3, 4]。当時、パイロット志願者が急増する一方、予算の制約から CAA の試験官を思うように増やすことができず、申請の処理に遅れが生じていたが、この制度の導入により、CAA 試験官は、個々の訓練生の試験は行わず、認定を行う教官のチェックと認定が適切に行われていることを確認するための抜き取り試験のみを行えばよくなり、申請処理が大幅に迅速化された。この方式は、その後の米国の航空における民間委任制度（designee program）の嚆矢となった（航空身体検査については、1926 年の航空事業法制定直後から指定医による検査が行われていたが、これは、業務量の問題もさることながら、医学検査という特殊性から民間医師に委任された側面が強かった。）。

安全証明や技能認定などの業務の一部を民間に委任し、国は、個別案件の試験や検査を行わず、民間が委任業務を適切に行っていることをスポット・チェックにより監督する委任制度は、この後、米国民間航空における試験・検査業務に不可欠なものとなった。

空港整備における CAA の役割も大きくなった。1926 年の航空事業法は、空港整備は地方自治体が行うべきとの考えから、緊急着陸場を除く飛行場の整備を連邦政府が行うことを認めていなかったが、航空機運航が急増すると米国全体で調和のとれた空港整備が強く望まれ、民間航空法は、空港整備への連邦政府の関わり方を検討するために空港の実態調査を行うよう CAA に命じた。調査の結果、CAA は米国の2,174 の空港の半数以上が施設や設備が不適切であると指摘し、改善のための空港整備を議会に勧告した。勧告は直ぐには実行されなかっ

たが、1940 年に入り欧州の戦況が緊迫し、空港の国防上の重要性を認識した議会は、多額の予算を割り当て、空港整備を加速させた。

CAA は、技術開発も積極的に推し進め、1939 年に技術研究施設をインディアナポリスに統合して技術開発センター〔Technical Development and Evaluation Center：現在の FAA のテクニカル・センター（William J. Hughes Technical Center）の前身〕を開設し、ILS、VOR、進入灯、失速警報装置、鳥衝突に耐える風防、防火装備など多くの安全装備の開発に貢献した。また、CAA は、1940 年代においてすでにヒューマン・ファクターの重要性に着目し、航空計器、航空管制、航空照明等に関するマン・マシン・システムの研究を推進した [5]。

［民間航空庁と民間航空委員会の分離］

CAA は、このように安全政策の立案・実施を推し進めていったが、その複雑な組織により内紛と混乱が生じ、ルーズベルト大統領は、予算局の勧告に基づき 1940 年に CAA の改組を実施し、政策立案を行っていた 5 人の委員会と航空事故調査を行っていた 3 人の委員会を統合し、統合委員会を CAA の組織から分離して民間航空委員会（CAB: Civil Aeronautics Board）とした。CAB は、航空会社の運賃・路線認可などの経済規制とともに航空事故調査や安全規則の制定を行うことになった。委員会が分離された CAA は、長官の下で Civil Aeronautics Administration として安全規制を実施することとなったが、CAA と CAB は共に商務省に下に置かれることになり、商務省からの独立性をわずか 2 年間で喪失することになった。

［オートパイロットの普及］

1913 年にローレンス・スペリーが発明したオートパイロットは、1933 年に初の単独世界一周飛行に用いられ、その有用性が広く認識されるようになった。

米国人飛行家ウィリー・ポストは、1931 年に航空士（ナビゲーター）が同乗した飛行機を操縦して当時の世界一周の最短時間記録を樹立し

図4-3　ポストのロッキード・ベガ（Jarek Tuszynski）

た後、単独飛行での世界一周に挑戦することを決意した。しかし、短距離飛行はパイロットのみで行うことができるが、長距離飛行では長時間の操縦業務を補助するために追加のパイロットや航空士を搭乗させる必要があった。そこで、ポストは、要員を追加する代わりに、スペリー社が開発したオートパイロットをロッキード・ベガ（図4-3）に装備し、1933年7月にニューヨークの空港を出発した。ポストは、出発から7日と18時間49分後、5万人の観衆が待つニューヨークに凱旋し、オートパイロットの助けによって世界初の単独世界一周飛行を成し遂げた。

　ポストの単独世界一周飛行成功を祝った当時のニューヨークタイムズの記事は、次のように予言している。「ジャイロ、可変ピッチプロペラと無線方位指示器を使って勝ち得た勝利により、ポストは紛れもなく長距離飛行の新時代を切り開いた。（中略）将来の商業飛行は自動化されたものとなるであろう[6]。」

　これ以降、長距離飛行等のパイロットのワークロードを軽減するため、オートパイロットの装備が拡大していった。

［航空機の複雑化による必要乗員数の増加］

　オートパイロットが普及する一方、飛行機の大型化・高速化が進む

につれ、複数のエンジン、引き込み式の脚、フラップなどが装備されるようになり、短距離飛行であっても、大型機のパイロットの業務量は、それまでの小型単発機とは比較にならないほど増大し複雑になっていった。

　また、複雑化する操縦業務のために、着陸時に脚を出さずに胴体着陸をするなどの操作ミスによる事故も頻発するようになった。このため、米国においては、1931年から定期路線旅客機のうち一定の乗客数又は重量を超える大型機に副操縦士の乗務が義務化され、さらに、1937年には、引き込み脚の多発機などの操作が複雑な定期路線機には乗客数や重量にかかわらず副操縦士の乗務を求める新規則が施行された[2]。このようにして、1930年代末までには米国のほとんどの旅客機には機長と副操縦士の2名が乗務するようになったが、旅客機のさらなる大型化、複雑化により、3名以上の乗員の必要性が論じられるようになった[7]。

　米国において、当初、航空機関士の乗務は国際線に限定されていたが、エンジンを4発装備した最初の与圧旅客機であるボーイング307の登場により、国内線にも航空機機関士の乗務が行われるようになった。さらに、後述するように、1947年に旅客機の事故が多発すると、CABは1948年に最大離陸重量が8万ポンドを超える全ての航空機に航空機関士の乗務を義務付ける規則改正を行った[2]。しかし、DC-6などの当時すでに就航していた8万ポンドを超える旅客機の多くは2名乗務用の操縦室で設計されており、乗員のワークロードを評価せずに重量によって一律に乗員を追加させるこの規則改正は航空業界の不評を買ったが、1965年に廃止されるまで、この規則により大型旅客機には3名の乗員が乗務することとなった。

　なお、民間航空において乗員の数が最も多かったのは、1930年代後半から1950年代前半までの国際路線機である。1930年代末に就航したパンアメリカン航空のボーイング314フライング・ボート（ヤンキー・クリッパー：図4-4）の飛行には5名の乗員（機長、副操縦士、航空士、航空機関士、無線通信士）を必要とし、ニューヨークとアイルランドを往復する運航（往路22時間25分、復路28時間45分）ではさらに4名の交代要員を追加しなければならなかったので、総勢9

図 4-4　Boeing 314 Flying Boat（Library of Congress）

名の乗員が乗務していた[7]。

　無線通信士については、無線通信がモールス信号から音声通信への移行によって、無線通信士は米国国内線からは 1957 年を最後に姿を消し、やがて国際線にも乗務しなくなった。また、航空士も、1960 年代以降に天測航法がドップラー・レーダー航法や自蔵航法にとって代わられるにつれて姿を消していった。

　一方、航空機関士については、大型機への乗務が拡大していくが、後年、その乗務対象機について激しい論争が巻き起こることとなる。
　また、客室乗務員の搭乗も 1920 年代後半から始まり（飛行船への搭乗はこれより早く、世界初の客室乗務員は、1912 年からツェッペリン飛行船に乗務し始めた Heinrich Kubis とされている。彼は、1937 年に墜落したヒンデンブルグ号にも乗務していたが、生還した。）、1930 年には女性看護師が客室乗務員として搭乗し（図 4-5）、その後、客室乗務員の多数を女性が占めていった。

［第二次世界大戦］

　1939 年に欧州で第二次世界大戦が勃発し、米国は 1941 年 12 月 7 日の日本の真珠湾奇襲攻撃により参戦した。ルーズベルトは、参戦後直ちに大統領令を発し、戦争を遂行するために必要があれば、民間航空システムのいかなる部分でも軍の支配下に置くことを認め、実際に、

図 4-5　世界初の女性客室乗務員（FAA）
（Ellen Church：パイロット資格と看護師資格を有し、当初はパイロットになることを希望していたが、1930 年にボーイング航空（Boeing Air Transport: 後のユナイテッド航空）に客室乗務員として雇用された。）

1941 年末から 1942 年にかけて CAA を陸軍航空隊（米空軍創立は戦後の 1947 年。）に編入する動きがあったが、民間の抵抗により編入は実現しなかった。戦争中、予算は軍事最優先となり、民間航空技術開発は後回しになったが、空港については、前述のように、国防上重要であるとして整備が促進された。航空管制についても、全航空路の管制の実施、進入管制の開始のほか、それまでは地方自治体が行っていた飛行場管制も CAA が行い始めた。

[ICAO の設立]

　第二次世界大戦の終結の見通しが明らかになった 1944 年末、52 カ国の代表がシカゴに集まり、戦後の国際航空の枠組みについて話し

合い、国際航空を規律する国際民間航空条約（シカゴ条約：Convention on International Civil Aviation）が採択され、国際民間航空機関（ICAO：International Civil Aviation Organization）を設立することが決定された（1945年に暫定的な機関であるPICAO（Provisional International Civil Aviation Organization）が設立され、正式機関であるICAOは1947年から業務を開始。）。

　シカゴ会議において米国は、国際的な安全基準が低い水準のものとならないように、米国基準を基本として国際基準を作成することを各国に働きかけ、各国もこれに基本的に同意し、国際民間航空条約の付属書に定められた技術基準の多くは、米国基準をベースとして原案が作成された（航空交通規則、管制規則、乗員規則、耐空性基準、通信規則、気象規則等の技術基準が米国民間航空規則（CAR: Civil Air Regulations）の各章を参考として作成された[注]。）。

（注）例えば、航空交通規則は主にCAR60（Air Traffic Rules）に基づき作成され、乗員規則及び耐空性基準はCAR20（Pilot Certificates）、CAR21（Airline Transport Pilot Rating）、CAR24（Mechanic Certificates）、CAR29（Physical Standards for Airmen）、CAR4 a（Airplane Airworthiness）、CAR13（Aircraft Engine Airworthiness）、CAR14（Aircraft Propeller Airworthiness）を参照して作成された。なお、耐空性基準については、現在の付属書は、概括的な内容となっているが、制定当初の原案は、当時のCARとは構成等で異なる点も多いが、CARと同様に具体的基準が詳細に定められていた[9]。

　なお、国際航空の経済的規制については、自国の航空会社の圧倒的な国際競争力を背景に国際航空の自由化を主張する米国と、過当競争や供給過剰を防止するために便数規制を行うべきとする英国が鋭く対立し、シカゴ会議では国際航空を経済的な面から規律する多国間条約は成立せず、その後、国際航空運送は相互に乗り入れを行う2国間の条約により規律されることになった。

［検査試験業務の民間委任拡大］

第二次世界大戦後、米国の民間航空活動は飛躍的に増大し、CAA

の検査・試験業務量も増加していったが、それを処理するための人員
増は予算の制約から厳しく抑制された。そのため、戦前から行われ
ていた検査・試験の民間委任の範囲と規模がさらに拡大された。1946
年から民間企業の検査員やパイロットなどにも CAA の業務の一部を
代行させるようになり、1948 年には CAA の監督者約 500 人に対して
民間の CAA 業務委任者は約 8,000 人に達した（この他、航空身体検
査医約 2,000 人もいた。）。また、エンジン、プロペラ以外の航空機の
装備品、部分について、1947 年から、CAA の基準に適合しているこ
とをメーカーが証明すれば承認する TSO（Technical Standard Order）
制度が取り入れられ、承認取得に要する申請者の負担が大幅に軽減さ
れた[4, 7]。（ただし、1950 年代の一時期、監督体制の不備などについて議会か
ら批判され、民間委任の規模を一時的に縮小することを余儀なくされたこと
もあった[10]。）

［不定期航空］

　戦後、軍から多数の余剰の航空機とパイロットが民間航空に転じ、
多くの不定期航空会社が出現した。当時、不定期航空会社は CAB の
規制の対象外であり、免許取得が不要とされていた。このような不定
期会社の勃興に対し、不定期会社は安全への投資を抑えてコストを引
き下げ、また定期会社のように高需要路線ばかりでなく低需要路線も
運航することはせずに高収益の得られる高需要路線のみを運航してい
る（ミルクの上層の上質のクリームのみをすくい取ることに比喩してクリー
ム・スキミングと言われた。）と定期会社は批判した[注]。CAB は、この
ような批判を受け、1946 年に免許不要な不定期会社の二地点間の運
航を月 10 往復以下に制限したが、定期会社は、定期、不定期にかか
わらず航空会社の安全基準は同一であるべきことを強く主張した（不
定期会社の事故率が定期会社より相当高い水準で推移したことから、後年、
不定期会社に対する規制が強化されることになる。）。

（注）不定期のクリーム・スキミングの批判に対しては、1951 年に上院委員会
　　　が次の趣旨の指摘を行っている。「これらの航空企業は、従来はバスや

鉄道を利用していた旅行者層の航空需要を喚起し、新しい市場を開拓した。すなわち、公衆に低価格運賃による航空旅行の経済性を知らしめることにより、全く新しいクラスの乗客を呼び寄せたのである。」そして、既存の航空会社も当初は低価格運賃に対し反発したが、その後自らも低価格運賃を導入した。

［ジェネラル・エイビエーション］

不定期以外の個人機などの小型航空機の運航は終戦直後に急激に増大したが、その後はやや停滞気味であった。なお、航空会社機と軍用機以外の個人機などの運航については、それまでは、プライベート（Private）運航、個人（Personal）運航などと呼ばれていたが、企業の自家用機運航、訓練飛行、レジャー・スポーツ航空、宣伝飛行、農業用の薬剤や種子などの散布飛行、パイプライン・パトロール飛行等の多様な運航活動からこの呼称は誤解を招くものであるとして、1950年代初め頃から CAA はこれらを幅広く一般的な航空活動を意味するジェネラル・エイビエーション（General Aviation）と呼び始め[11]、その後、この呼称が定着していった。

［1947 年の連続事故］

定期航空の事故率は長期的には低下していったが、運航便数の増加によりこの時代は年間数件の大事故が発生していた。1946 年にはロッキード・コンステレーション（**図 4-6**）が連続火災事故を起こし、一時期、飛行が停止され、翌年には DC-6 も連続空中火災を発生した。

そして、1940 年代後半で最も米国社会的に衝撃を与えたのは、1947 年 5 月末からの 2 週間のうちに発生した 3 件の航空会社機の事故で、その 3 件の事故の死者数は 141 人に達し、1947 年の年間死者数は 216 人に達した（**図 4-7**）。

この連続事故の発生を受け、トルーマン大統領は、航空安全に関する特別調査委員会を設け、同委員会は 1947 年末に報告書を提出した。

図4-6 ロッキード・コンストレーション（軍用タイプ C-69）(USAF)

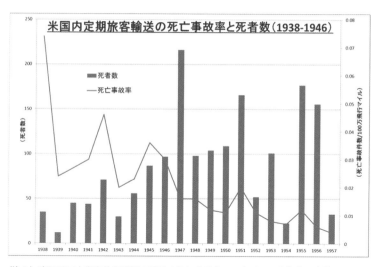

（注1）米国の国内定期旅客輸送の事故のみによるものであり、不定期等の事故によるものは含まれていない。
（注2）「FAA Statistical Handbook of Aviation 1959 Edition」のデータより作成。

図4-7 米国内定期旅客輸送の死亡事故率と死者数（1938-1946）

報告書は、航空会社は高い地位の常勤の安全監督者を置くこと、整備検査員に不当な干渉をしないこと、パイロットが懲罰の恐れなくインシデントを報告できる非懲罰的報告制度を創設すること、対地接近警報装置を装備すること、不定期会社の安全基準を定期会社並みにする

ことなど、当時としては極めて先進的な勧告を行ったが[4]、反対が強く勧告の多くは実施されなかった（対地接近警報装置については、技術がまだ実用化レベルに達していなかった。）。

なお、1947年の3件の大事故の原因については、2件が人的過誤によるもので、1件が原因不明とされた。これらの事故を含む1930〜1940年代の航空事故の原因については、当時の調査によれば、航空会社機、個人機の事故ともに人的要因が最大の比率を占めるとされている[注]（図4-8）。

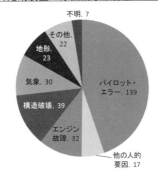

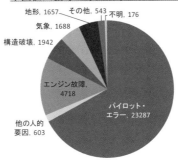

（注）「Statistical Handbook of Civil Aviation 1949, CAA」のデータより作成。

図4-8　米国内定期航空・個人機等の原因別事故件数（1938-1946）

（注）人的要因が主因とされた事例についても、後に、他の背景要因こそが根本的な問題であったと指摘されることがあることに注意を要する。そのような事例として、1970 年代の DC-8 の連続墜落事故がある。DC-8 のグランド・スポイラーがパイロットの「誤操作」により空中で展開し、3件の墜落事故が起こり多数の死傷者が生じた。禁止操作による空中展開であったため、原因は「パイロット・エラー」であるとして、製造国航空当局である FAA は、空中展開操作の禁止をマニュアルに明示することと禁止プラカードを操縦室内に付けることを命じた [12]。しかし、3 件目の事故が発生するに至り、NTSB は DC-8 の設計変更と設計基準改正を求める勧告を行い [13]、FAA は空中展開を物理的に不能にする設計変更命令を発出し [14]、最初の事故から 8 年後となる 1978 年には設計基準も改正された [15]。

［航空技術開発をめぐる CAA と軍の対立］

　第二次世界大戦後、さまざまな航空技術が発達したが、その中でも特筆すべきものは、航空電子技術の発達であろう。戦争中から開発が進められていた電子技術が民間航空にも応用されるようになると、多くの航空電子機器が民間機にも適用されるようになり、Aviation Week 誌は、「Aviation」と「Electronics」から「Avionics」という言葉を作り上げた。当時、航空電子技術を応用して開発、実用化された重要な機器には、ILS、VOR、DME、ASR などがあるが、これらの開発の過程で民間と軍との対立が生じた。

　計器着陸については、早くも 1919 年には ILS の構想があり、1930 年代初めにはその地上装置はグライド・パス、ローカライザー、マーカー・ビーコンで構成することが決定され、米国の参戦直前には航空会社機に ILS 機上装置が装備される寸前にまでなっていた。ところが、戦争によって ILS の設置が停滞している間に（民間の航空技術開発は後回しにされて資金が投入されず、1940 年に軍から CAA 長官に転じたコノリーは、米国が参戦した 1941 年時点では航空技術において CAA は陸軍に 10 年先行していたが、戦争が終結した 1945 年までには逆に 10 年遅れてしまっていたと評価している。）、軍は地上レーダー誘導による GCA（Ground

Controlled Approach）を開発した（GCA は、空港監視レーダー（ASR: Airport Surveillance Radar）と精密進入レーダー（PAR: Precision Approach Radar）から構成され、パイロットは地上で航空機の進入経路を監視している地上要員からの指示に従って着陸を行うものである。）。

　GCA は、機上機器とパイロットの訓練が不要なことから、軍ばかりでなく自家用機パイロットからの支持があり、一方、ILS は地上からの指示に頼る必要のないことから航空会社とそのパイロットが支持した。どちらの装置が優れているかを決定するための民軍合同の着陸試験も行われたが決定的な結果は得られなかった。

　この問題に決着を与えたのは、RTCA（Radio Technical Commission for Aeronautics：航空のための無線通信技術などの開発、適用などを検討するための関係政府機関、産業界の代表で構成する委員会。1935 年設立。）の航空交通管制に関する特別委員会である SC-31（Special Committee - 31）による検討結果であった。SC-31 は、将来の航空交通管制の原則、装備、手順等について調査を行い、1948 年に取りまとめられた最終報告書は、将来の航空交通システム整備のバイブルと称えられた。ILS と GCA に関する論争についての SC-31 の結論は、ILS は航空会社機の計器着陸装置として満足すべきものであるが、機上装置を装備していない航空機もあることから、PAR を補助的に使用して ASR の設置を促進することも勧告するものであった。

　この結論は民間と軍の双方に歓迎されたが、その背景には、GCA には機上装置を要しないなどの経済的利点はあるものの、ILS には GCA にはない将来の自動着陸の可能性があることが見通されており、また、予算不足から空港監視レーダーを独自に開発できなかった CAA が軍の GCA の一部である ASR の採用に積極的だったという事情もあったとされる。

［空域管理の抜本的改善へ］

　1950 年代に入ると、米国の航空界は、ニューヨーク近郊での連続事故などの重大事故に見舞われ、ヨーロッパでは世界初のジェット旅客機であるコメット機が連続墜落事故を発生するが、米国社会に特に

大きな衝撃を与えたのは、1950年代後半の連続空中衝突事故である。高速化と機数の増加は、空域のさらなる混雑をもたらし、遂には悲劇的な旅客機同士の空中衝突が1956年に発生し、1958年には民間機と軍用機との連続空中衝突事故が発生する。それまでのプロペラ機とは格段に高速のジェット旅客機の本格的な就航を目前に控えていたこの時期に発生したこれらの悲惨な空中衝突事故は、軍用機を含む全航空機に対する空域管理の抜本的改善が緊急に必要であることを全ての関係者に強く認識させることとなる。

参考文献
1. Komons, N. A., "Bonfires to Beacons", Smithsonian Institute Press, Washington, D.C., 1989
2. Briddon, A.E., Champie, E.A., and Marraine, P.A., "FAA Historical Fact Book", 1974
3. Bureau of Air Commerce, "Report of Accident Board on Aircraft Accident which occurred to Plane of Transcontinental and Western Air, Incorporated, on May 6, 1935", 1935
4. Wilson, J.R.M., "Turbulence Aloft", FAA, Washington, D.C., 1979
5. Fitts, P.M.（ed.）, "Human Engineering for an Effective Air-Navigation and Traffic-Control System", National Research Council, Washington, D.C., 1951
6. Billings, C.E., "Human-Centered Aviation Automation: Principles and Guidelines", NASA Technical Memorandum 110381, 1996
7. Komons, N. A., "The Third Man – A History of the Aircrew Complement Controversy 1947-1981", FAA, Washington, D.C., 1987
8. Seago, E. and Furman, V., "Internal Consequences of International Air Regulations," University of Chicago Law Review: Vol. 12: Issue 4, Article 3, 1945.
9. International Civil Aviation Organization, "Standards and Recommended Practices Airworthiness of Aircraft C-Draft/792", 1949
10. Rochester, S.I., "Takeoff at Mid-Century", FAA, Washington, D.C., 1976
11. Civil Aeronautics Administration, "Statistical Handbook of Civil Aviation 1953", 1953
12. Federal Aviation Administration, "Airworthiness Directive 70-25-02", 1970
13. National Transportation Safety Board, "Safety Recommendation A-73-112~113", 1973
14. Federal Aviation Administration, "Airworthiness Directive 74-04-02", 1974
15. Federal Aviation Administration, "Federal Aviation Regulation Part 25 Amendment 25-46", 1978

第5章
ニューヨーク近郊連続墜落事故、
コメット機連続墜落事故、
空中衝突事故（1950年代）

　本章では、ニューヨーク近郊の連続墜落事故による空港閉鎖、世界初のジェット旅客機であるコメット機の連続墜落事故、空中衝突事故の頻発など、1950年代の重大事故とそれらの米国社会への影響などをご紹介する。

［ニューヨーク近郊の連続墜落事故］

　1951年12月から1952年4月にかけての4か月足らずの間にニューヨーク近郊の空港を離着陸する航空機が5回も墜落し、そのうちの4回は地上の第三者にも大きな被害を及ぼすという信じられない大惨事が起きた。4回目の事故発生直後にニューアーク空港が閉鎖され、空港の立地と使用の在り方を検討する大統領委員会（Presidential Commission）が設置された。

事故1

　ニューヨーク近郊には、ニューアーク、ラガーディア、アイドルワイルド（現在のJFK）の3つの主要空港があったが、最初の事故はニューアーク空港で発生した。1951年12月16日、不定期航空会社であるマイアミ航空のカーチス・ライトC-46-F型機（**図5-1**）は、ニューアーク空港を離陸した直後に火災が発生し、空港に引き返そうとしたが、高度約200ftで失速して左に傾き、ビルに衝突した後、川に墜落した。

図 5-1　カーチス・ライト C-46（軍用型）（USAF）

56 人の搭乗者全員が死亡し、地上の 1 名が重傷を負った。

　事故調査を行った CAB（Civil Aeronautics Board: 民間航空委員会）は、右エンジンのシリンダーの 1 つが不適切に取り付けられていたため離陸直後にクランクケースから分離して火災が発生し、右エンジン出力が喪失した後、脚下げにより抗力が増大し、右プロペラが部分的にしかフェザーされなかったこともあいまって、事故機が失速して墜落に至ったものと推定した[1]。

事故 2

　1 件目の事故から 1 月も経たない 1952 年 1 月 14 日に 2 件目の事故がラガーディア空港で発生した。ノースウエスト航空のコンベア CV-240 型機（図 5-2）は、ラガーディア空港へ進入中に滑走路の 3,600ft 手前に着水し、搭乗者 33 名中 5 名が重傷を負った。CAB の事故報告書は、副操縦士の操縦で進入中に気象が悪化して地上が視認できなくなったにもかかわらず進入を継続して機体が通常の経路より低い高度に低下したが、機長が副操縦士の操縦をモニターせずに修正操作を行わなかったため事故に至ったものと推定した[2]。

図 5-2　コンベア CV-240（Logawi）

事故 3

 2 件目から 8 日後の 1 月 22 日、ニューアーク空港に進入中のアメリカン航空コンベア CV-240 型機がコースから大きく逸脱してビルに激突し、搭乗者 23 名全員と地上の 7 名が死亡した。

 コンベア機は地上レーダー（Ground Control Approach Radar）の誘導によって進入していたが、滑走路から 3.5mile の地点でコースを右に 900ft 逸脱していることを管制官に指摘され、その 4 〜 5 秒後にレーダー画面から機影が消えた。このレーダーは高度 400ft 未満の航空機を捉えることができなかったため、コンベア機は機影が消えた時点で 400ft 未満の異常な低高度に降下したものと考えられ、地上の目撃者もビルに激突する直前の同機は高度 100 〜 150ft を飛行していたと証言した。CAB は、同機がなぜコースを大きく外れて低高度で飛行したのか解析を行ったが、その原因を突き止めることはできず、事故原因は不明とされた（CAB は、鳥衝突、フラップの非対称展開、プロペラ・ピッチ・リバーサル、乗員の突発的な心身機能喪失などを原因として検討したが、それらのいずれも可能性が低いとし、キャブレター氷結後の激しいエンジン・サージの可能性はあるが、その証拠も不十分であり原因とすることはできないとした。）[3]。

事故 4

 3 件目から 20 日目の 2 月 11 日、旅客機がアパートに突っ込み、住人に犠牲者が出ると、空港周辺住民の恐怖と不安は頂点に達し、ニュー

図 5-3　ダグラス DC-6B

アーク空港が閉鎖された。

　1952年2月11日、ナショナル航空の DC-6 型機（図 5-3）は、ニューアーク空港を離陸後、上昇中に急激に高度が低下して右に傾き、空港近くのアパートに衝突し、搭乗者 63 名中の 29 名とアパートの住人 4 名が死亡した。残骸調査から、4 つあるプロペラの左から 1 番目と 2 番目のプロペラ・ブレードのピッチ角はプラスであったが、3 番目はフル・リバース（逆推力）、4 番目はフル・フェザー（最小抗力）であったことが判明した。事故機には過去にプロペラ・リバース・システムの不具合があり、飛行中に 3 番プロペラが故障によってリバース位置になったものと推定された。3 番プロペラがリバースになった後、リバースを表示する計器がなく（事故後、リバース・ピッチ表示計器を義務付ける基準改正が行われた[4]。）、状況を正確に把握できなかったパイロットが 3 番の隣の 4 番プロペラをフェザーとし、事故機は操縦不能に陥ったものと推定された[5]。CAA（Civil Aeronautics Administration：民間航空局）は、事故から 3 日後の 2 月 14 日に DC-6 型機のプロペラ・ガバナーの配線を 4 日以内に変更することを命じ、ナショナル航空は、この改修を直ちに実施し、さらにプロペラ・リバース・システムを恒久的に不作動とする措置を行った。

事故 5

　事故は止まるところを知らず、4 月に入り、今度はアイドルワイ

ルド空港で墜落事故が発生し、またも地上に大きな被害が生じると、
ニューアーク空港ばかりでなくニューヨーク地域の全空港を閉鎖せよ
との声が高まった。

　1952年4月5日、US航空が米空軍からのリース機を貨物便として
運航していたC-46-F型機（**図5-1**）がアイドルワイルド空港への着陸
をやり直すため復行中、墜落して地上のビルに衝突して機長と副操縦
士が死亡し、地上では3名死亡、5名負傷、ビル4棟破壊、車両数台
損傷という甚大な被害が生じた。残骸から、左エンジンの燃料供給バ
ルブのダイヤフラムが破損している状態で発見された。左エンジンの
オーバーホールからの飛行時間は6時間40分に過ぎなかったが、ダ
イヤフラムは劣化で硬化していた。調査の結果、ダイヤフラムはオー
バーホール時に交換される筈であったが、実際には交換されずに再取
り付けされていたことが判明し、ダイヤフラムの劣化状態の再現実験
を行ったところ、再取り付け前に使用した洗浄剤が劣化を促進したこ
とも明らかになった。これらのことから、事故機は、復行時にダイヤ
フラムが破損してエンジンが異常燃焼し、乱気流の影響も受け、急速
に高度が低下しスピンに入り墜落したものと推定された[6]。

大統領委員会

　4件目の事故発生により直ちにニューアーク空港が閉鎖され、その
9日後の1952年2月20日、トルーマン大統領は、空港の立地と使用
の在り方について検討するため、第二次世界大戦の英雄で著名な飛行
家であるドゥーリトルを委員長とし、CAA長官とマサチューセッツ
工科大学航空工学部長を委員とする大統領委員会を設置して、90日
以内に検討結果を報告するように命じた。委員会は、5月16日に「空
港とその隣人」と題する報告書を大統領に提出し、空港周辺住民の安
全確保、航空機騒音問題の軽減等のために行うべき25項目の勧告を
とりまとめた[7]。下記はその抜粋である。

・新空港の主要滑走走路には、滑走路末端に障害物のない安全地帯（少
　なくとも、長さ0.5mile、幅1,000ft）を設けること。
・新空港においては、上記の滑走路末端安全地帯からさらに先に、建

造物高さと居住を制限する台形状区域（少なくとも、長さ 2mile、外縁部幅 6,000ft）を法律により設定すること。

・民間航空法を改正し、空港が安全基準に適合していることを証明する制度を創設すること。

・混雑空港周辺の一定空域を指定し、当該空域内においては、気象条件にかかわらず全航空機が管制の指示に従わなければならないとすること[注]。

・航空交通援助施設の整備を促進すること。特に、レーダー管制システムを優先すること。

・空港におけるエンジン試運転エリアは、騒音を最小とするように配置すること。

・騒音が最小となるような進入出発方式を厳守するように運航関係者を教育すること。

・混雑空港や大都市圏での訓練・試験飛行を極力抑制すること。

・全ての乗員に対し、計器飛行及び緊急操作の訓練を頻繁に行わせること。これにはシミュレーターを活用すること。

・ヘリコプターの民間活用を促進すること。

(注) これは画期的な勧告であったが、当時の技術水準では、管制官が一定空域内の全ての航空機の位置と動きを把握して安全飛行間隔を維持する管制指示を行うことは不可能であった。これを実現するには、航空機搭載用トランスポンダの開発、地上レーダー・システムのデジタル化などの技術革新が必要であったが、その実現はまだ先のことであった。なお、現在では、空域を分類して、その分類ごとに航空機相互の飛行間隔を維持する方式が国際的に規定されている[8]。

　これらの勧告は関係政府機関に送付され、時の経過とともに空港反対運動が沈静化し、ニューアーク空港は数か月間の閉鎖の後に運航が再開されたが、この連続事故によって、空港の立地問題ばかりでなく、航空会社の運航整備体制や航空機の設計基準の問題点も指摘されることになった。

　当時は定期と不定期に適用される安全基準が大きく異なっており、

不定期の基準は緩すぎると批判が強まり（連続事故2件にかかわったC-46型機は不定期便に多数使用されていたが、民間航空規則は定期旅客輸送の飛行機の耐空類別は輸送Tと定め（CAR40.61）、普通NのC-46は定期旅客便には使用できなかった。）、不定期航空会社の整備品質が低いことも批判された。

これらの批判を受けてCAAとCABは航空会社の運航基準と型式証明基準の見直しを行っていくことを表明したが、同じ公共輸送を担いながら適用基準が異なる定期と不定期の問題についてはこの後も議論が長く継続していくことになる。

［コメット機連続墜落事故］

英国のホイットルやドイツのオハインらによって開発されたジェット・エンジンは、まず戦闘機に搭載され、1940年代に軍用ジェット機が実用化された。第二次世界大戦後、民間ジェット機の開発が進められ、英国のデ・ハビランド社がボーイング社やダグラス社などに先んじて世界初のジェット旅客機であるコメット1型機（図5-4）を1952年に就航させた。しかし、コメットは、就航間もない時期に連続墜落事故を発生し、後発のB707やDC-8にジェット時代初期の主役の座を奪われることになる。

図5-4　コメット1原型機（窓の形状に注意）

就航から丁度 1 年となる 1953 年 5 月 2 日、BOAC（英国海外航空）のコメットは、インドのカルカッタ空港を離陸して 6 分後に交信を絶ち、それとほぼ同時刻に、激しい雷雨の中を火に包まれ墜落していく航空機が地上から目撃された。やがて、墜落機の残骸が発見され、乗客乗員 43 名全員の死亡が確認された。英国の協力を得てインド政府が行った事故調査は、激しい雷雨の中を飛行中に機体構造が破壊したことが事故原因であるとしたが、構造破壊の原因については、突風や過大操作が疑われるものの、証拠が不足しており断定はできないとした[9]。

　この事故の記憶がまだ新しい 1954 年 1 月 10 日に次の惨事が発生した。ロンドンに向かってローマを出発したコメットが離陸 20 分後高度 27,000ft に到達しつつあった時に突然連絡を絶ち、乗客乗員 35 名とともにエルバ島付近の海上に墜落した。

　この事故後直ちに BOAC はコメットによる旅客輸送を自主的に中止し、英国航空当局、デ・ハビランド社、BOAC が共同で事故調査を開始した。調査の結果、フラッター、突風、油圧系統の故障等が事故原因と疑われ、機体構造に改修が加えられた。この時点でも機体構造の疲労の可能性が疑われたが、それは与圧胴体の疲労ではなく翼の疲労であった。確定的な事故原因を突き止めることはできなかったものの、原因の可能性がある全てについて対策は施されたとして、英国の運輸・民間航空大臣はコメットの運航再開を許可し、1954 年 3 月 24 日に飛行が再開された。

　しかし、そのわずか 15 日後の 4 月 8 日、南アフリカ航空チャーター便として乗客乗員 21 名を乗せてローマからカイロに向かったコメットは、離陸 38 分後高度 35,000ft 近くを上昇中にナポリ近くの海上に墜落し、搭乗者全員死亡の惨事が繰り返された。コメットの飛行は再び中止され、4 月 12 日にはコメットの英国の全ての耐空証明が停止された。

　一連の事故の重大性を認識した英国政府は徹底的に事故原因を調査することを決意し、王立航空研究所が調査を実施することになった。王立航空研究所は、2 件の事故が上昇の最終段階に近づいた時点で発生していることに着目し、胴体の与圧荷重による疲労が事故原因であ

図 5-5　水槽中での荷重試験[10]

る可能性を疑い、実機の全胴体を水槽に入れて繰り返し荷重試験を実施することを決定した（図 5-5）。

　この荷重試験において、3,060 回の与圧サイクルに相当する荷重を繰り返した時点で、胴体の窓のコーナーから疲労亀裂が発生することが認められた（コメット 1 の窓の形状は、曲率が大きく、応力集中が起きやすいものであった（図 5-4）。）。エルバ島付近への墜落機の与圧サイクルは 1,290 回、ナポリ付近への墜落機は 900 回であったが、個別機体の製作上の差異などにより疲労試験の結果には不可避的なばらつきが伴うことから、2 機の事故機は、事故当時、いずれも疲労破壊の危険性が高い状態にあったものと推定された。

　やがて、エルバ島の事故機の残骸が海中から引き上げられ、胴体の ADF 設置窓のコーナーから疲労亀裂が発生していることが発見され（図 5-6）、コメット連続墜落事故の原因は与圧胴体の疲労破壊であると断定されるとともに、疲労亀裂の予想外の早期発生には強度試験の実施方法が関与していたことも判明した[10]。

　コメットの疲労強度を実証するために行われていた与圧荷重繰り返し試験では、コメットの想定寿命である 10,000 サイクルを大きく超える 16,000 サイクルで初めて窓のコーナーから亀裂が生じ、この結果からコメットは十分な疲労強度を有すると信じられていた。しかし、この試験の供試体は、以前に静強度試験に用いられていたもの

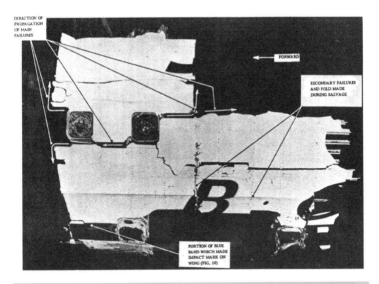

図 5-6　エルバ島事故機胴体 ADF 設置窓からの亀裂進行状況[10]

で、耐圧試験時の大きな負荷によって材料特性が変化し、疲労強度が増大していたのであった（事故後の 1956 年、英国耐空性基準（British Civil Airworthiness Requirements）が改正され、胴体与圧荷重試験には静強度試験に用いられていない供試体を用いることが規定された（D3-7、4.3.2 項）。)。

　また、胴体の窓の応力集中の程度も、開発者が考えていたよりもはるかに大きいものであった。さらに、1970 年代に行われた全機疲労試験により、胴体に曲率があることから生じる面外曲げにより胴体外板の応力は内側が外側の 1.26 〜 2.03 倍に達することが判明し、これが早期破壊に寄与したことも指摘されている[11]。

　事故後、コメットは、改修を加えられ（**図 5-7**）再就航したものの、事故による信頼の低下から完全には回復することができず、総生産機数（114 機）は後発の B707（1,010 機）や DC-8（556 機）に遠く及ばなかった。

図 5-7　コメット 4（窓が丸くなっている）(Ian Dunster)

[疲労強度基準]

　米国の民間飛行機の耐空性基準は 1937 年に CAR（Civil Aviation Regulations）の第 4 章（CAR04）に再編され、その後、大型飛行機の基準が CAR04b として定められた。その疲労強度規定は 1950 年代半ばまでごく簡単な記述に止まっていたが、コメット事故などの重大な疲労破壊事故の発生を踏まえ、CAA は、広範な飛行調査等の結果に基づき[12]、1956 年の CAR04b 第 3 次改正において、疲労強度基準として CAR04.270 項を新設し、疲労強度設計の大きな柱としてフェイル・セーフ[注]を初めて明確に規定し、疲労破壊事故防止対策を大きく進展させた。

（注）近年の工学システム設計においては、一般に、故障発生時に安全側に作動する設計方式を意味するが、ここでは、主要構造部材の一つに損傷が発生しても、検査によってその損傷が発見され修復措置がとられるまでの間は、残りの部材が荷重を受け持ち航空機の安全には支障がないようにする設計方法を意味し、1978 年の FAR25.571 改正で損傷許容設計に発展した。

　しかし、コメット機の事故原因を突き止めた全機疲労試験について

は、この改正後も長期間にわたって規定化されず、その義務化はコメット事故から 44 年後の 1998 年の FAR25.571 改正を待つことになる（全機疲労試験は、研究者や技術者の間では航空機の疲労強度を確認するために必須と考えられていたが[11]、コストの問題などにより義務化は大きく遅れることとなった。）。

　そして、コメット事故以降も与圧は航空機構造の疲労強度上の最大問題であり続け（航空機の荷重の中で、突風荷重や運動荷重については、大きな荷重の発生は稀であるのに対し、与圧荷重は、ほぼ確実に毎飛行ごとに一定レベルが胴体構造に負荷される。）、与圧胴体破壊による大事故がその後も発生することとなる。

［空中衝突事故の頻発］

　第二次世界大戦後、航空交通量が急速に増大するにつれ、空域はますます混雑し、ニアミスが頻発するようになった。1956 年頃には、ロサンゼルス、ワシントン、サンフランシスコ、ニューヨークなどの大都市の周辺を中心に米国全体ではほぼ 1 日に 4 件の割合でニアミスが報告されるまでになっていた。また、空域の混雑による航空機運航の遅延状況も耐え難い状況になっていた。このような事態をさらに深刻にさせると予想されていたのは、ジェット旅客機の就航が間近に迫っていたことである。従来の航空機とは格段に高速のジェット旅客機が就航すれば、空中衝突を防ぐために、航空機相互の飛行間隔を拡大する必要があり、これにより空域が一層混雑することが予想されていた。

　このような事態に対処するために、航空交通管制システムを抜本的に改革することが求められていたが、予算の制約や民間と軍の利害の対立などからその進捗は、はかばかしくなかった。航法援助機器の開発については、民間機と軍用機は同じ空域を飛行することから、民間と軍の地上機器は同一のものを共有すべきことが指摘されていたが、CAA と軍は、VOR/DME と TACAN とのいずれを航法のための共用機器とするかについて合意できず、これが航空交通システム改革の大きな障害となっていた。

　CAA は、航空交通システムのうち、地上から航空機に位置情報を

与える機器として VOR/DME を開発し、これを民軍共有システムの中核となるものとして位置付けていた。しかし、海軍は、VOR は大きく設置要件が複雑であることから空母には適していないと考え、TACAN（Tactical Air Navigation）を開発した。TACAN が開発されると、当初、VOR/DME を支持していた空軍も TACAN 支持に回ったが、1953 年までに、CAA は VOR/DME に 1 億ドル以上を、軍は TACAN に 2 億ドル近くを、それぞれ投資しており、互いに相手の装置を採用することのできないところまできていた[13]。

このような時期に起こったのが衝撃的な空中衝突事故であった。空中衝突事故は、それまでも小型機同士の衝突事故や、まれに一方が旅客機の衝突事故は発生していたが、1956 年に遂に旅客機同士の空中衝突が発生した。

1956 年 6 月 30 日午前 10 時 31 分、TWA のスーパー・コンステレーション（**図 5-8**）とユナイテッドの DC-7（**図 5-9**）がグランド・キャニオン上空の高度 21,000ft で衝突し、両機に搭乗していた乗客乗員 128 名（TWA70 名、ユナイテッド 58 名）全員が死亡した。

当時の航空機には飛行記録装置が装備されておらず、この空中衝突はレーダー覆域外の非管制空域において発生したことから、事故時の状況の解析は、交信の録音等の地上記録と地上関係者の証言に頼らざるを得なかった。事故調査を行った CAB は、VFR（Visual Flight Rules：有視界飛行方式）で飛行中の 2 機のパイロットがなぜ衝突回避に間に合うように相手機を視認できなかったのか、その原因を特定することはできなかったが、次のファクターが、単独で又は複合して、視認の遅れを生じさせた可能性があるとした[13]。

・視界を妨げる雲の存在
・操縦室の視認性の限界
・通常業務への意識の集中
・美しい景色を乗客に見せようとしたなど、通常業務とは無関係なことへの意識の集中
・視覚の生理的限界

図 5-8 スーパー・コンステレーション（RuthAS）

図 5-9 DC-7

・エンルート航空交通情報の提供不足（航空交通管制の設備は不適切で人員も不足）

　この事故は、民間航空機事故による犠牲者数が初めて 100 名を超えた当時の世界最大の事故であり[注]、米国社会に極めて大きな衝撃を与え、それまで遅々として進まなかった航空交通システムの改革を急速に進展させることとなった。

（注）軍用機では、これ以前の 1953 年（昭和 28 年）6 月 18 日に米空軍のダグ

ラス C124 が立川基地離陸直後に墜落、搭乗者 129 名全員が死亡し（地上 1 名重傷）、当時の航空史上最大の事故と報道された[15]。

　事故後、航空路監視レーダーや VOR の整備計画が加速され、24,000ft 以上の高空では計器気象状態における VFR 機の運航が禁止された。また、それまで手詰まりとなっていた VOR/DME 対 TACAN の民軍の対立も早期解決を迫られ、VOR と TACAN を組み合わせた VORTAC（VOR 方位情報と TACAN 距離情報を利用）を整備する妥協が成立した。なお、空中衝突防止策として、地上から回避操作を指示する必要がない機上の衝突防止装置も提案されたが、当時の技術水準では実用化に至らなかった[13,16]。

　飛行記録装置については、事故から約 1 年後に 25,000ft を超える高高度での運用が証明された 12,500 ポンドを超える航空会社機への装備義務付けが決定された（この時の装備義務化対象機は、高高度運用条件により、事実上、ターボジェット機に限定されたが、これは、装備コストに比して事故調査への効用は極めて小さいと装備義務化に強く反対する意見に配慮したものであった。）[17]。

　しかしながら、これらの対策にもかかわらず、空中衝突事故の発生は止まらず、旅客機と軍用機の連続空中衝突事故によって多くの犠牲者が生じる事態が発生した。このため、どのようにして民間機と軍用機とが安全な飛行間隔維持して飛行すべきかが大きな問題となった。

　グランド・キャニオン事故の 7 か月後の 1957 年 1 月 31 日、双方とも試験飛行中であったダグラス社の DC-7B と米空軍の F-89J がカリフォルニア州上空の高度 25,000ft で衝突した。DC-7B が中学校の校庭に墜落して乗員 4 名が死亡し、地上で学生 3 名が死亡し 70 名が負傷した。F-89J の乗員は 1 名が死亡し 1 名が重傷を負った。事故報告書は、両機がほぼ正面から高速で接近したため回避操作をする時間的余裕が小さかったと述べている[18]。

　そして、1958 年 4 月 21 日、ラスベガス付近上空の高度 21,000ft において、VFR で訓練飛行中の米空軍の F-100F が IFR（Instrument Flight Rules：計器飛行方式）で飛行中のユナイテッドの航空 DC-7 と衝突し、DC-7 の乗客乗員 47 名と F-100J の乗員 2 名が死亡した。この

事故もほぼ正面から高速で接近し衝突しており、事故報告書は、目視
回避には限界があるとするとともに、空軍と CAA が衝突の危険性を
減じるための十分な対策を行っていないことを指摘した[19]。

　さらに、その 1 か月後の 1958 年 5 月 20 日、メリーランド州上空
の高度 8,000ft において、VFR で高速飛行中のメリーランド州空軍の
T33 が、IFR で飛行中のキャピタル航空のバイカウントに左後方から
追突して両機が墜落し、バイカウントの乗客乗員 11 名と T-33 の搭乗
者 1 名が死亡し、落下傘で脱出した T-33 のパイロットが重傷を負った。
事故報告書は、T-33 のパイロットが他機を視認して回避する適切な
警戒を怠ったことが事故の推定原因であるとした[20]。

　これらの空中衝突事故においては軍用機が CAA の管制官に全く調
整を行わずに飛行していたことが問題とされ、軍は空域の管理につい
て民間側への譲歩を余儀なくされた。

　CAB（規則制定権と事故調査権を有した。前章参照。）は、1958 年 2 月
13 日に、制限空域の設定と使用に関する CAA 長官の権限を明確にす
る規則改正を行い、さらに、ユナテッド航空 DC-7 とキャピタル航空
バイカウントの連続事故直後の 5 月 28 日には、天候状況にかかわら
ず VFR 機の運航を禁止する特別管制飛行区間（Positive Control Route
Segment：高度 17,000 ～ 35,000ft の範囲内にある幅 40mile 以下の区間）
を指定できる権限を CAA 長官に付与する規則を制定した。CAA は、
この改正規則に基づき、6 月 15 日に、試験的に 5 つの特別管制飛行
区間を指定した[16]。また、軍は、20,000ft 以下で飛行する全ての非戦
術ジェット機を CAA の管制に服させること及び混雑空域での高速度
降下を止めることに同意した[13]（日本では、この 10 数年後、民間機と防
衛庁機の空中衝突事故により空域管理の改善が図られることとなる。）。

［FAA 発足へ］

　民間機と軍用機の飛行の調整については、前述の規則改正により暫
定的な解決を見たものの、民間と軍との間の空域に関する根本的な利
害の調整は未解決であった。また、民軍共用の航空交通システムにつ
いても、ILS、VORTAC などの解決はみたものの、航空路を監視するレー

ダー・ネットワークは未解決の課題であった。

　軍は、1949 年以降、SAGE（Semi-Automatic Ground Environment）と名付けた防空レーダー・ネットワークの開発に着手していた。SAGE は、全米上空の航空機をレーダーに捕え、レーダー・スコープ上に航空機を識別して表示し、迎撃機または迎撃ミサイルを敵機に向かわせるものであった。空中衝突の防止と空域の効率的使用のために RTCA の特別委員会 SC-31 は、レーダー・ビーコン（地上からの質問電波、機上のトランスポンダ、コンピューターによるデータ処理によりレーダー・スコープ上で航空機をその高度とともに識別）の構想を示したが、SAGE は、これと多くの共通点を有していた。このため、CAA は、SAGE を民間機の管制に活用するよう予算当局などから求められた。軍も、その後、ソ連が大陸間弾道ミサイルを開発し、有人機迎撃システムである SAGE の軍事的有効性に疑念が抱かれるようになると、巨額の開発費を投じた SAGE を民間航空に転用させようと CAA に圧力をかけた。しかし、迎撃、即ち、2 機の航空機を会合させるという SAGE の目的は、航空機同士を一定以上接近させないという民間機の管制の目的とは反対であり、これを克服するための技術的困難性は予想を超えるものであり、SAGE を民間航空にどのように活用していくべきかが課題となっていた。

　そして、この頃は、ちょうどジェット時代幕開け時期であり、前述したように、世界初の民間ジェット旅客機コメット機が連続墜落事故を発生し、コメットに代わってジェット時代初期の主役として B707（**図 5-10**）と DC-8（**図 5-11**）が登場した。B707 は 1958 年に、DC-8 は 1959 年に、それぞれ就航したが、就航を目前に控えたこの時期には、ジェット時代のための航空交通システムの整備体制の強化の必要性が痛感されるようになってきた。

　また、その当時、安全規則の制定は CAB、その執行は CAA と、安全運航確保の責任が分散し、迅速な安全措置の実施に支障をきたしており、航空の安全に関する権限を統合すべきとの意見も強まってきた。さらに、航空企業からは、航空界のための政策の実現のためには、1940 年に CAA と CAB が商務省の下に置かれて喪失した独立性を再び回復すべきとの声も上がってきた。このような時期に持ち上がったの

図 5-10 ボーイング 707（FAA）

図 5-11 DC-8-61（Alexcaban）

が連邦航空庁 FAA（Federal Aviation Agency）の構想であった。

参考文献
1. Civil Aeronautics Board, "Accident Investigation Report, Miami Airline, Inc. - Elizabeth, New Jersey, December 16, 1951", 1952
2. Civil Aeronautics Board, "Accident Investigation Report, Northwest Airlines, Inc. - Near La Guardia Field、New York, January 14, 1952", 1952
3. Civil Aeronautics Board, "Accident Investigation Report, American Airlines, Inc.,- Elizabeth, New Jersey, January 22, 1952", 1952
4. Civil Aeronautics Board, "Civil Air Regulations Amendment 40-9: Propeller Reverse Pitch Indicators", 1954
5. Civil Aeronautics Board, "Accident Investigation Report, National Airlines, Inc., Elizabeth, New Jersey, February 11, 1952", 1952
6. Civil Aeronautics Board, "Accident Investigation Report, U. S. Airlines, Inc. - Jamaica, New York, April 5, 1952", 1952
7. President's Airport Commission, "The Airport and its Neighbors", US GPO, 1952
8. International Civil Aviation Organization, "Annex 11 to the Convention on Civil

Aviation -Air Traffic Services, 2.6 Classification of Airspaces", 2013

9. Ministry of Civil Aviation, "Report of the Court Investigation on the Accident to Comet G-ALYV on 2nd May, 1953", Her Majesty's Stationery Office, London, 1953

10. Ministry of Transport and Civil Aviation, "Report of the Court of Inquiry into the Accidents to Comet G-ALYP on 10th January, 1954 and Comet G-ALYY on 8th April, 1954", Her Majesty's Stationery Office, London, 1955

11. Swift, T., "Damage Tolerance in Pressurized Fuselages", 14th Symposium of the International Committee on Aeronautical Fatigue, 1987

12. Dougherty, J. E., FAA Fatigue Strength Criteria and Practices, 1965

13. Rochester, S. I., "Takeoff at Mid-Century", FAA, Washington, 1976

14. Civil Aeronautics Board, "Accident Investigation Report - Trans World Airlines, Inc., Lockheed 1049A, N 69020, and United Airlines, Inc., Douglas DC-7, N 63240, Grand Canyon, Arizona, June 30, 1956", 1957

15. 朝日新聞、「米軍輸送機、都下に墜落　百廿九名（全乗員）が即死 - 航空史上最大の事故」、1953 年（昭和 28 年）6 月 19 日

16. Briddon, A.E., Champie, E.A., and Marraine, P.A., "FAA Historical Fact Book", 1974

17. Civil Aeronautics Board, "CAR Amendment 40-6 - Scheduled Interstate Air Carrier Certification and Operation Rules - Flight Recorders", 1957

18. Civil Aeronautics Board, "Accident Investigation Report - Douglas Aircraft, Inc., Douglas DC-7B, N 821OH, and U.S.A.F., Northrop F-89J, 52-187OA, Near Sunland, California, January 31, 1957", 1957

19. Civil Aeronautics Board, "Accident Investigation Report - United Air Lines, Inc., DC-7, N 6328C, and United States Air Force, F-100F, 56-3755, Collided near Las Vegas, Nevada, on 21 April 1958", 1958

20. Civil Aeronautics Board, "Accident Investigation Report - Midair Collision - Capital Airlines, Inc., Viscount, N 7410, and Maryland Air National Guard T-33, Near Brunswork, Maryland, May 20, 1958", 1959

第6章
連邦航空庁の発足、
乗員の健康管理強化、
ニューヨーク上空の空中衝突事故
(1956 ～ 1960)

　本章では、連邦航空庁（Federal Aviation Agency）の発足、乗務年齢制限等の乗員の健康管理強化、ニューヨーク上空での旅客機同士の空中衝突事故など、1956 年から 1960 年までの米国における航空安全上の重大な出来事を紹介する。

［連邦航空庁（FAA）の発足］

　1956 年 6 月 30 日にグランド・キャニオン上空で発生した TWA のスーパー・コンステレーションとユナイテッドの DC-7 との空中衝突は、民間機事故で犠牲者数が初めて 100 名を超えた当時の世界最大の民間航空事故であり、米国社会に極めて大きな衝撃を与え、それまで遅々として進まなかった航空交通システムの改革を急速に進展させた。

　しかし、空中衝突事故の発生は止まらず、グランド・キャニオン事故の翌年の 1957 年から翌々年の 1958 年にかけて、高速で VFR 飛行を行っていた軍用機が旅客機に衝突する事故が連続して発生し、多くの犠牲者が生じた。これらの事故では高速飛行における目視による衝突回避には限界があることが指摘され、事故後、VFR 機の運航を禁止する特別管制飛行区間の指定や混雑空域での軍用機の高速度降下の停止などが行われた。

これらの対策により、民間機と軍用機との空中衝突防止について一定の改善が図られたが、民間と軍との間での空域利用に関する根本的調整は未実施で、民間機と軍用機の双方を監視するレーダー・ネットワークの構築も未解決の問題であった。さらに、この時期はちょうどジェット時代の幕開けの時代でもあり、高速ジェット機の就航に適応した航空交通システムの整備が喫緊の課題となっていた。

また、その当時、安全規則の制定は民間航空委員会 CAB（Civil Aeronautics Board）、その執行は民間航空局 CAA（Civil Aeronautics Administration）と、安全運航確保の責任が分散されて迅速な安全措置の実施に支障をきたしており、航空の安全に関する権限を統合すべきとの意見が強まり、航空企業からは、航空界のための政策の実現のため、1940 年に CAA と CAB が商務省の下に置かれて喪失した独立性を再び回復すべきとの声も上がった。

このような時期に持ち上がったのが連邦航空庁 FAA（Federal Aviation Agency）の構想であった。この構想は、CAA と CAB が独立性を喪失し以来、たびたび浮上していたが、その実現性を大きく前進させたのは、2 つの委員会の勧告であった。

1955 年 5 月、アイゼンハワー大統領からの指示により、ヒューズ予算局長は、航空輸送の急速な発展とジェット機の登場による空域の一層の混雑化、民間機と軍用機との空中衝突の防止、それらに対応する空域管理の抜本的改善などの諸問題に対処するための航空政策の検討を航空に幅広い知見を有するハーディングに要請した。ハーディングは、後に第 2 代 FAA 長官となるハラビや FSF（Flight Safety Foundation）創立者のレダラーらとともに、1955 年末に、空域の効率的利用方策、航空関連研究開発の民間と軍との統合、航法援助施設整備と空域管理に責任を持つべき政府機関などについて具体的な検討を進めるべきとの勧告を取りまとめた[1,2]。

この勧告を受け、アイゼンハワーは、元空軍少将であるイーストマン・コダック社副社長のカーティスに長期的観点に立った検討の実施を依頼した。カーティス委員会は、1957 年 5 月に、アイゼンハワーに報告書を提出し、当面は、民間と軍との共通の航空交通システムの開発の指導などを行う航空路近代化委員会を設立することとするが、

最終的には、独立した連邦航空庁を設立し、そこに民間航空と軍との共通のニーズに応じられる管理機能を集約させるべきであると勧告した[1,2]。

　当面の措置として勧告された航空路近代化委員会が 1957 年 8 月に制定された法律によって設立され、その委員長には後に初代 FAA 長官となる元空軍中将のケサダが就任した。ケサダらは、連邦航空庁設立のための連邦航空法の策定にとりかかったが、独立官庁となる連邦航空庁の構想は、各方面からの反対に遭った。商務省は、航空に関する行政権限を失うことに反発し、その一方、予算局と行政組織委員会は、連邦航空庁の設立が航空ばかりでなく高速道路や海上交通などの他の交通関連部門までもばらばらに分離独立させるきっかけとなることを懸念して全ての交通部門を統合する運輸省の設立を考慮し始めた。しかし、1957 年 8 月の航空路近代化法には 1959 年 1 月 15 日までに航空官庁の組織再編法案を提出しなければならないという規定があり、全交通部門を統括する運輸省の設置法をこの期限までに制定することは実現困難であることから、運輸省設立構想は断念された。また、商務省は、運輸省構想の浮上を見て、航空以外の商務省所管の交通部門を維持する方針に転換し、航空部門の分離を受け入れることにした。

　連邦航空法策定の中で最も難しかったのは、空域に関する民間と軍との権限の調整であったが、法案審議中に発生した民間機と軍用機の連続空中衝突事故が民軍の統一管制の必要性を関係者に痛感させ、航空交通と空域に関する連邦航空庁の権限行使への軍関係者の参加を法文に明記することで調整が図られた。また、当初、CAB の権限のうちの安全規則制定と事故調査の権限を連邦航空庁に移管するとされていたが、事故調査権は安全行政当局から分離するのが長い間に確立された原則であるとする意見が強く、最終的に、安全規則制定の権限は連邦航空庁に移管するが、事故調査権は CAB が維持することで調整がついた。また、航空界にはこの機会に航空省を設立すべきとの声もあったが、航空部門のみで閣僚を出すことは無理とされ、航空省設立は断念された[1,2]。

　これら全ての調整を経て、連邦航空法（Federal Aviation Act of 1958）

が1958年8月23日に制定され、連邦航空庁 FAA（Federal Aviation Agency）は、1957年10月のソ連のスプートニク打ち上げにより最優先された NASA の設立（1958年10月1日）の3カ月後の1958年12月31日に設立された。

米国の民間航空当局は、1926年の航空事業法により商務省の内局として発足した後、1938年に民間航空法によって独立機関として民間航空庁となったが、1940年に別組織となった民間航空委員会とともに再び商務省の下に置かれて民間航空局となり、独立性をわずか2年で喪失していたが、連邦航空法によって、再度、独立機関の連邦航空庁として発足することになった（その後、1967年の米国運輸省設立に伴い、同省の内局（Federal Aviation Administration）となる。）。

FAA は、CAA の権限に加え、CAB から安全規則制定権限を移管され、航空交通と空域に関する権限行使に軍関係者を参加させることを条件に民軍双方の空域の管理の権限も付与された。これらの権限を有する FAA は、CAA の約 28,000 人の職員に加え、航空路近代化委員会の約 200 人、CAB で安全規則制定業務を行っていた 26 人、及び軍からの約 80 人を併せ擁して発足した[1]（図 6-1）。

図 6-1　官庁名プレートを CAA から FAA へ（FAA 資料）

[安全キャンペーン]

　FAA は、発足直後から初代長官ケサダ（**図6-2**）の強い指導力の下で、安全規則の強化を中心とする安全キャンペーンを開始したが、このキャンペーンは各方面からの抵抗に遭った。

　ケサダは、悪天候時に事故やニアミスが頻発していたことから、航空会社機の運航規則を改正し、気象レーダーの装備義務付けを行った[3]。気象レーダーは、ほとんどの新型機には装備されていたが、旧型機への追加装備があることから、その追加費用負担を嫌って、航空会社の団体である航空運送協会 ATA（Air Transport Association）が義務化に反対した[1]。また、CAB によってターボジェット機等（25,000ft を超える高度での運用が承認されている大型機）への装備義務化が 1958 年から実施されていた飛行記録装置[4]についても、義務化の範囲を拡大し、ターボプロップ機への義務化を図ったが、これも ATA の抵抗に遭い、

図6-2　初代FAA長官ケサダ（FAA資料）

義務化時期の延期を余儀なくされた[1, 5]。

　FAAの安全キャンペーンは、このように、航空会社からの抵抗も受けたが、最も強く反発したのはパイロットであった。航空会社パイロット協会 ALPA（Air Lines Pilots Association）は、気象レーダーなどの安全装備義務化については強く支持したが、その一方、乗員の乗務基準や健康管理の強化には激しく反対した。

　当時のFAAは、乗員が乗務基準や服務規定を遵守していないことがインシデントや事故の主な要因となっていると考え、乗務基準等の強化に乗り出したのであるが、そのひとつのきっかけとなったのが、FAA発足からまだ2か月しか経っていない時期に発生した最新鋭ジェット旅客機B707の急降下事故であった。

［B707 急降下 - 初のジェット旅客機 LOC-I］

　1959年2月3日、パン・アメリカン航空のB707は、オートパイロットを高度維持モードに入れ、パリを出発しロンドン経由でニューヨークに向かって大西洋上高度35,000ftを飛行中であった。機長が操縦席を離れて客室に移動し、操縦室には副操縦士、航空機関士、航空士及びオブザーバー席の運航管理者が残された。

図6-3　B707 操縦室（Alexander Z）

副操縦士は、航空士の指示に従い、オートパイロットのノブを回して飛行方位を変更した後、膝の上のクリップボード上の図表をチェックし始めた。暫くして、副操縦士は、機体の振動に気付き、急激な加速度の増加を感じた。慌てて計器を確認すると、水平儀が使用不能領域まで回転しており、外界に視線を向けると、夜空を星が反時計回りに急速に回転していた。この時、機体は右旋回し、ほぼ背面飛行状態に陥っていた。

　副操縦士は操縦輪をつかみ、オートパイロットの解除ボタンを押し、補助翼と方向舵を左にとって機体の回転を止めようとしたが、機体の加速度によって体の動きがままならなかった。操縦室内では様々な警報が鳴り警告灯が点滅する中で、速度超過警報音が聞こえた。

　この時、機長が加速度による体の重みに抗してようやくの思いで機長席に戻り、巡航推力のままであったパワーレバーを直ちにアイドル位置に引き下げた。計器を確認したところ、速度計は振り切れて、高度計の指針は 17,000ft の位置を急速に過ぎていくところであった。水平儀は使用不能領域を示し、傾斜計は右一杯の位置を示していた。安定板は頭下げ一杯の位置で、電動トリムは作動不能であった。雲中だったため、外界によって機体の姿勢を知ることはできなかった。

　航空士が機長の座席ベルトを固定し、機長が機体を水平方向にロールさせると、加速度が軽減されて体を動かすことができるようになった航空機関士が水平安定版のサーキットブレーカーを抜いて、ピッチトリムを手動でコントロールするホイールをアップ方向に手で回した。8,000ft を通過する時点で機長が操縦桿を引き、6,000ft で激しい振動が数秒間続いて機体の降下が止まり、上昇に転じた。B707 は、管制に状況を連絡して高度 31,000ft まで上昇し、ガンダーまで飛行を続けた。

　この急降下によって、搭乗者数名が軽傷を負い、主翼、水平尾翼などに損傷が生じた。乗員乗客は、ガンダーに空輸された代替機で目的地に向かい、機体は、シアトルに空輸されて詳細点検及び修理が行われた。

　前述したように飛行記録装置の装備が 1958 年からターボジェット機に義務化されており、この B707 にも飛行記録装置が装備されてい

た。しかし、アルミ箔テープを記録媒体とする当該装置には約150時間分の記録ができる100ftのアルミ箔テープが内蔵されているはずであったが、テープの長さが51ftしかなく、1月27日までの記録でテープが尽きていた。その後の9フライトの43時間18分については、テープ末端のわずか0.35インチの部分に間欠的な記録としてのみ残されているに過ぎなかったが、当該装置を製造したロッキード社での解析によって、35,000ftから急降下したことと速度がマッハ0.95に達していたことが記録から示された。

　事故調査の結果、機長が操縦室を離れている間にオートパイロットが解除されたが、計器を監視していなかった副操縦士は、事故機が夜の暗闇の中でゆっくりと降下旋回へ入ったことに気付くことが遅れたものと推定された。オートパイロットの解除が、機器の不具合によるものか、それとも副操縦士の意図しない操作によるものかについては、結論を得ることができなかった。事故報告書は、乗員の操縦席から離席について、残された乗員は操縦に全ての注意力を傾注すべきであり、また、長時間の離席は許容できないことも付言した[6]。

　この事故は、ジェット旅客機がLOC-I（Loss of Control in Flight）に陥った初めての事例であるとともに、自動化が関与した初期の事故事例として挙げられているものであるが[7]、当時のFAAがとった対策は、乗務規則の強化であった。

［乗務規則の強化］

　事故翌月の1959年3月末、ケサダ長官は、地方局長、飛行基準局幹部らを集めた会議の席上で、航空安全に全力を挙げて取り組み、CABより移管された安全規則制定権をフルに行使していくことを宣言した[2]。そして、その言葉どおりに、安全装備義務化などの安全規則改正を行っていくのであるが、最初に行われた規則改正は、B707急降下事故への対応として行われた乗務中の離席制限を厳格化であった。

　当時の乗務規則の規定（CAR41.62）は、航空会社の乗員は、離陸及び着陸時は必ず、巡航中は「通常業務上の必要」がない限り、シー

トトベルトを着用して着座していなければならないと定めていたが、実態上は、大半の乗員が規定を無視していた。FAA は、1959 年 4 月、この規定を廃止して新たな規定（CAR41.134）を制定し[8]、巡航中に離席できるのは「飛行機の運航に関係ある業務上の必要」がある場合に限ることを明記し[注]、FAA 職員の操縦室に立ち入り検査によって新規定の厳守を確認したが、この措置は乗員の強い反発を招いた[1]。

（注）当該規定は、その後、FAR121.543に引き継がれ、現在では、巡航中の離席は、生理的必要性がある場合及び交代要員がいる時の休息の場合にも認められている。なお、2001 年の同時多発テロの後の操縦室出入基準の大幅改正時に乗員 1 名離席後の他の要員配置等に関して運航規程審査基準が改正され、2015 年の Germanwings 事故後は世界的にも操縦室内常時乗務員 2 名配置が進んだ。

　また、FAA は、高高度を飛行するジェット機に対応するため、25,000ft 以上を飛行するタービン機のパイロットの一人は酸素マスクを使用し、他のクルーは酸素マスクを着用していつでも使用できるように準備しておかなければならないとする乗務規則を 1959 年 7 月に施行した[2]（その後、ジェット旅客機の運航実績が積まれると、規定の内容を緩和していった。）。

［自発的報告免責の中止］

　離席制限厳格化に加えて自発的ニアミス報告に対する免責措置の中止も乗員の反発を強めた。

　1956 年 2 月、CAB は、空中衝突防止に資するデータを集積するため、パイロットが懲罰の恐れなくニアミス事例を報告できるように、自発的報告に含まれる規則違反は懲罰の対象としないとする特別規則を制定した[9]。自発的安全報告制度としては、1974 年の TWA 機事故を契機として 1976 年から運用開始されている NASA の ASRS[10] が有名であるが、CAB のニアミス報告免責措置は、その 20 年も前に始められた当時としては画期的な安全推進施策であった（情報源の厳格な秘匿、他

の情報源が存在しない場合に自主的に報告された規則違反行為に対する免責
など、現在の自発的安全報告制度の根幹的要素がすでに規定されていた。)。

　しかし、ケサダ長官は、ニアミスのデータは十分に集積されたの
でこの免責措置の当初の目的は達せられたとして、CAB から移管さ
れた規則制定権を行使し、1959 年 7 月にこの免責措置を廃止する新
たな特別規則を制定した[11]。これに対し、航空会社パイロット協会
ALPA は、重要な安全情報源を遮断する暴挙であると FAA を厳しく非
難した。なお、ケサダ退任後、自発的報告の免責措置が復活する。

［乗員の健康管理 /60 歳ルール］

　このような時期にパイロットの怒りをさらに強めたのが健康管理の
強化であった。

　乗員の健康管理については、米国の航空安全規制が始まった当初か
ら、その重要性が認識され、充実が図られてきていた。FAA は、ジェッ
ト時代の幕開けを迎え、従来のプロペラ機とは比較にならない高速で
多数の乗客を輸送するジェット旅客機の安全確保のためには、乗員が
心臓発作などで心身機能喪失に陥るリスクを極力低下させるべきとの
考えから、乗員の健康管理のさらなる強化に乗り出した。

　FAA のこの方針は純粋にジェット時代の安全確保を目指したもの
であったが、乗務規律の厳格化などでパイロットとの対立が激化して
いる時期と重なってしまったため、健康管理強化に対するパイロット
の反発は極めて強いものとなった。FAA は、航空身体検査基準を改
正し、航空会社のパイロットに対し、心電図検査を毎年受検すること
を義務付けるとともに、インシュリン投与を要する糖尿病、冠動脈疾
患、精神疾患、アルコール・薬物依存、癲癇などは不合格となること
を新たに規定した[12]。

　FAA の健康管理強化は、航空会社パイロットばかりでなく、自家
用機パイロットにも向けられた。自家用機パイロットについては、戦
時の医師不足により、1945 年から、航空身体検査を指定医以外の一
般医師でも受検することが認められていたが、不合格疾患を規定する
改正と併せて、自家用機パイロットに対するこの特例制度が廃止され

た[注]。自家用パイロットは、それまでも、空中衝突防止対策のために VFR で自由に飛行できる空域を縮小されており、FAA の政策によって活動範囲の制限が強められていると考えていたところに、航空身体検査を受ける医師を自由に選択する既得権を奪われたため、自家用機操縦士協会 AOPA（Aircraft Owners and Pilots Association）の反発は激しいものとなった[1]。

（注）この廃止から半世紀以上後の 2016 年 7 月 15 日、AOPA 等の強力な運動により、一定の条件の下で非事業小型機パイロットの一般医での受検を認める規則改正を 1 年以内に行うことを FAA に命じる法律が成立した。

　そして、健康管理強化の中でも航空会社パイロットを最も憤激させたのは、1959 年 12 月に制定され翌年 3 月から施行された、航空会社パイロットの乗務は 60 歳までとする年齢による乗務規制措置であった[13]。当時、米国では高齢パイロットが増加しており、多くの高齢パイロットが最新の大型ジェット旅客機に乗務する時代の到来が間近に迫っていた。FAA は、心筋梗塞や脳卒中の発生確率は加齢とともに上昇するので、現在の医療技術で発作を確実に予見できない以上、乗務中の突発的心身機能喪失のリスクが高まる 60 歳以上のパイロットは航空会社機に乗務させるべきではないとして、年齢による乗務規制に踏み切ったのである（FAA は、将来は医学進歩により安全に乗務できる 60 歳以上のパイロットを選抜できる検査が開発される可能性があるが、そのような選抜検査がない当時の状況において当面は安全性を重視する措置をとらざるを得ないとした。）。
　これに対し、ALPA は、この規制は科学的根拠がなく不当な差別を行うものであるとして、規制の無効を訴える訴訟を起こした。この訴訟は、長年にわたって争われることとなったが、最終的には FAA の勝訴となった。なお、航空会社パイロットに対する年齢によるこの乗務制限は、その後、国際基準にもとり入れられるが、現在では、国際基準も FAA 基準も一定条件の下で制限年齢を引き上げている。

[FAA 発足直後の重大事故]

　FAA 発足直後の 2 年間には、その後の航空安全政策に大きな影響を及ぼした複数の重大な事故な事故が発生している。

　1959 年 2 月 3 日には前述した B707 の急降下事故があったが、同年 9 月 29 日と翌 1960 年 3 月 17 日には 4 発ターボプロップ機ロッキード・エレクトラが飛行中に主翼が破壊して墜落し、計 97 名が死亡する連続事故を発生した（**図 6-4**）。この連続事故は、プロペラの回転による振動が空気力と連成し、剛性が低下していた主翼のエンジン取付構造を破壊するというワール・フラッターによって発生したもので[14,15]、その後の航空機構造設計に大きな影響を与えた。

図 6-4　エレクトラ墜落現場（1960 年 3 月）（FAA 資料）

図6-5 バイカウント墜落現場（FAA資料）

　また、1960年の1月18日にはキャピタル航空のバイカウントが高度8,000ftから墜落し、搭乗者50人全員が死亡した（図6-5）。この事故は、エンジンの防氷システムを作動させる時期が遅れ、氷結によってエンジンが停止したことによって発生したものであるが[16]、この事故後、航空機の防除氷対策の検討が進み、耐空性基準の改正が行われた。
　そして、発足直後のFAAの航空交通政策に最大の影響を与え、当時の米国社会を震撼させた事故は、1960年末にニューヨーク上空で発生した旅客機同士の空中衝突事故であるが、この事故の2か月前、鳥衝突事故としては航空史上最大となる犠牲者を生じる事故が発生した。

[鳥衝突]

　近年の鳥衝突事故としては、2009年1月15日に発生したUSエアウェイズ1549便のニューヨーク・ハドソン川への不時着水事故[17]が有名であるが、航空機と鳥との衝突はそれまでも多くの事故の原因となっている。それらの鳥衝突事故の中で航空史上最大の犠牲者を生じたのが1960年10月のエレクトラ墜落事故である。
　エレクトラは、前述したワール・フラッター事故など、それまでの2年間に4件の墜落事故を発生しており、ローガン空港でエレクトラ

が墜落すると同型機を運航停止にすべきとの声が強まった。しかし、空港の滑走路上に多数の鳥の死骸があることを目撃したケサダ長官は、この事故は航空機構造の破壊によるものではなく、鳥衝突によるものであると確信し、エレクトラの運航停止を行わないことを決定した。このケサダの判断は、その後の調査で正しかったことが証明された。

　1960年10月4日、72名が搭乗したイースタン航空のエレクトラは、ボストンのローガン空港からの離陸直後に、第3エンジンを除く3つのエンジンに多数のムクドリを吸い込み、一番左の第1プロペラがエンジン出力停止によって自動的にフェザー（プロペラ・ブレード角を最小抗力位置にすること）になった。一つのプロペラがフェザーとなった場合、設計上、他のプロペラの自動フェザー機能が抑制されるため、同じく出力低下した第2、第4プロペラはフェザーされなかった。このため、総出力が低下したばかりでなく、左右の出力と抗力のアンバランスが大きくなり、同機は左に滑りながら速度が低下して左スピンに入り、ほぼ垂直にウィンスロップ湾に墜落し、搭乗者72名中、62名が死亡し、9名が重傷を負った（図6-6）。

　事故調査を行ったCABは、FAAに対して、タービン・エンジンの鳥吸込みに対する耐性を改善する研究の実施などを勧告し[18]、FAAは、

図6-6　事故機残骸（CAB資料）

この事故を契機にエンジンの鳥吸い込みに関する基準の策定に着手した。

　なお、この事故の2年後の1962年11月23日、ユナイテッド航空のバイカウント745Dが高度6,000ftを巡航中、複数の白鳥と衝突し、水平尾翼の一部が機体から分離して操縦不能に陥り墜落し、17名の搭乗者全員が死亡するという事故が発生し[19]、後年、鳥衝突に関する水平尾翼の強度基準が設定されることとなった。

［ニューヨーク上空での旅客機同士の空中衝突］

　1960年12月16日、ニューヨーク近郊のスタテン島にあるミラー空軍基地上空の高度5,000ftにおいて、ユナテッド航空のDC-8とTWAのスーパー・コンステレーションが空中衝突し、134名の犠牲者が生じた。1956年にグランド・キャニオン上空で旅客機同士の空中衝突によって128名が死亡するというそれまでの最大の航空事故が発生していたが、この事故の被害は地上にも及び、犠牲者数がグランド・キャニオン事故を上回る過去最大となった。

　グランド・キャニンオン事故後、空中衝突防止のために様々な対策が講じられてきたにもかかわらず、再び旅客機同士の空中衝突が発生し、しかも1機が市街地に墜落して地上にも甚大な被害を及ぼしたことは、米国社会に極めて大きな衝撃をもたらした。グランド・キャニオン事故では両機ともVFRで飛行していたことから、高空でのVFR飛行の制限などが実施されたが、今回の事故では両機とも管制下で飛行しており、地上からの指示と監視によって安全間隔を維持して飛行していた筈の両機がなぜ衝突するに至ったのかが事故調査の焦点であった。

　事故調査の結果、DC-8のパイロットが自機の位置を誤認し、管制官もレーダー上でDC-8の位置を確認しなかったため、DC-8が承認された空域を逸脱してスーパー・コンステレーションに後方から衝突したことが判明した。

　DC-8は、アイドルワイルド空港（現在のJFK空港）に向かって飛行中、2台のVOR受信機のうちの1台が故障した。同機は、IFRで

飛行していたが、指定された地点まで飛行する際、地上からのレーダー誘導を受けずに自機の航法装置を使用して経路を確認していたが、VOR 受信機1台のみで確認する場合には受信局を切り替えなければならないなど作業が煩雑となり、故障した VOR の代わりに ADF を使用する場合には計器指示を誤認しやすかった。事故報告書は、パイロットが ADF の計器表示を VOR の表示と誤認した可能性が高いとしている。そして、DC-8 のパイロットは、VOR1 台が故障した事実をエアリンク（ARINC：航空会社等が共同で設立した無線通信会社）経由で自社には連絡したが、管制には通報しなかった。

　ニューヨーク航空路管制センターの管制官は、DC-8 と後続機の飛行間隔を確保するために DC-8 に短縮ルートを飛行させることとし、新しい待機地点を DC-8 指示した。この待機地点は航空路管制センター管轄空域の限界地点であり、その先に飛行するには到着地のアイドルワイルド空港の進入管制官からの承認が必要で、その承認を得るまではそこで待機することとなっていた。管制センター管制官は、DC-8 の飛行経路が短縮ルートに変更されたことをアイドルワイルド進入管制官に通知しなかった。

　飛行経路短縮により、DC-8 のパイロットは、VOR1 台が故障した状態で短時間のうちに飛行経路を確認しなければならなくなり、ワークロードがさらに高まった。結果として、DC-8 は、位置を誤認して指定された待機地点を通り過ぎ、承認された空域を逸脱した。一方、管制センター管制官は、事故後の証言ではレーダー・スコープ上で DC-8 を確認していたと述べたが、事故報告書は、実際にはそのような確認は行われなかったものと推定している。

　管制センター管制官は、DC-8 にレーダー・サービスの終了を通告し、アイドルワイルド進入管制官にコンタクトするよう指示したが、その時点で DC-8 はすでに待機地点を行き過ぎていた。また、管制センター管制官は、アイドルワイルド進入管制官に DC-8 のレーダー管制を移管する手続き（レーダー・ハンドオフ）を行わず、アイドルワイルドのレーダー・スコープには DC-8 の識別表示が現れなかった。DC-8 のパイロットが管制センターの指示に従ってアイドルワイルドを呼び出す通信を行ったのは衝突の5秒前となり、それが DC-8 からの最後

の通信となった。

　一方、スーパー・コンステレーションを担当していたラガーディア空港の進入管制官は、スーパー・コンステレーションに他機が6マイル離れた位置を飛行していることを注意したが、その約40秒後、レーダー・スコープ上の機影がさらに接近していることに気付き、「貴機右手のジェット機は現在3時方向の1マイルにあり、北東に向かっているようだ。」とさらに注意したが、それは衝突の7秒前であった。

　承認された空域を逸脱して飛行を継続していたDC-8は、見通しのきかない計器気象状態の中、ラガーディア空港に着陸するために降下中のスーパー・コンステレーションに300ktを超える高速で接近して衝突した。スーパー・コンステレーションの機体は3つに空中分解し、DC-8の機体から分離した第4エンジン等とともに、空軍基地内に落下した（図6-7）。（この時の衝突の激しさは、DC-8の第4エンジン内部からスーパー・コンステレーションの乗客の遺体の一部が発見されたことにも示されている。）

　ラガーディアの進入管制官は、レーダー・スコープ上で2機の機影が重なり、次の瞬間、1つの機影は北東方向へと進行し、他方は一瞬停止した後にゆっくりと右に旋回しやがてスコープ上から消滅するのを目撃した。

　レーダー・スコープ上の機影が進行を続けたDC-8は、衝突地点か

図6-7　スーパー・コンステレーション墜落現場（FAA資料）

図 6-8　DC-8 墜落現場（FAA 資料）

ら 8.5 マイル北東のブルックリンの市街地に墜落し、多くの建物を破壊して炎上した（**図 6-8**）。後部客室から雪の塊の上に放り出された 11 歳の少年が唯一の生存者であったが、翌日、病院で息を引き取り、両機の搭乗者 128 名全員とニューヨーク住民 6 名が犠牲となった。

　事故後、FAA は、次の再発防止策を講じた。

1. IFR で飛行中のパイロットに航法通信機器の故障の通報を義務付け。
2. DME の装備を大型機に義務付け。
3. レーダー・ハンドオフの実施を拡大。
4. 待機地点から少なくとも 3 分前までに待機速度へ減速することを到着機に助言するように管制官を指導。

5. 誤認しやすい VOR の名称と識別信号を変更。

6. 目的空港から 30nm 以内、高度 10,000ft 未満では原則として 250kt 超過を禁止。

　事故原因については、CAB が作成した事故報告書は、DC-8 のパイロットが航法機器に故障があったにもかかわらず故障の事実を管制に通報せずに無理な航法を続けて承認された空域を逸脱したことが主因であり、DC-8 の空域逸脱が見落とされる結果をもたらした経路短縮の管制承認変更及び DC-8 が低空でも過大な速度を維持していたことが関与要因であるとしている[20]。

　なお、この事故調査の事実認定には DC-8 に装備されていた飛行記録装置が大きな役割を果たし、事故調査における飛行記録装置の有用性を強く認識させることとなった。

［航空管制システムの改革］

　グランド・キャニオン事故後、航空管制システムの改善が進められていたが、ニューヨーク上空での旅客機同士の空中衝突という衝撃的な事故はさらなる改革が喫緊の課題であることを痛感させ、試用段階にあった二次レーダーの実用化の加速、航空機搭載航法機器の充実、低空での航空機の速度制限などが行われていくが、その実行は、1961 年に誕生するケネディ政権下の FAA 第 2 代長官ハラビが担うこととなる。ハラビは、また、初代長官ケサダの下で悪化したパイロットとの関係の修復にも乗り出していく。

参考文献

1. Rochester, S. I., "Takeoff at Mid-Century", FAA, Washington, 1976
2. Briddon, A.E., Champie, E.A., and Marraine, P.A., "FAA Historical Fact Book", 1974
3. Federal Aviation Agency, "Special Civil Air Regulation SR-436A: Airborne Weather Radar Equipment Requirements for Airplanes Carrying Passengers", 1960
4. Civil Aeronautics Board, "Civil Air Regulations Amendment 40-6: Flight Recorders", 1957
5. Federal Aviation Agency, "Civil Air Regulations Amendment 40-27: Installation of Flight Recorders on Turbine-powered Airplanes", 1960

110　第6章

6. Civil Aeronautics Board, "Accident Investigation Report, Pan American World Airways Boeing 707, N712PA over the Atlantic between London, England, and Gander, Newfoundland, February 3, 1959", 1959
7. Billings, C.E., "Human-Centered Aviation Automation: Principles and Guidelines", NASA Technical Memorandum 110381, 1996
8. Federal Aviation Agency, "Civil Air Regulations Amendment 41-23: Absence of Flight Crew Members from Their Duty Stations", 1959
9. Civil Aeronautics Board, "Special Civil Air Regulation SR-416: Voluntary Pilot Report of Near Mid-Air ("Near-Miss") Collision", 1956
10. Reynard, W.D. et al., "The Development of NASA Aviation Safety Reporting System", NASA Reference Publication 1114, 1986
11. Federal Aviation Agency, "Special Civil Air Regulation SR-416A: Rescission of Special Civil Air Regulation SR-416", 1959
12. Federal Aviation Agency, "Civil Aeronautics Manual 29: Physical Standards for Airmen; Medical Certificates", 1959
13. Federal Aviation Agency, "Civil Air Regulations Amendment 41-29: Maximum Age Limitations for Pilots", 1959
14. Civil Aeronautics Board, "Accident Investigation Report, Braniff Airways, Inc., Lockheed Electra, N 9705C, Buffalo, Texas, September 29, 1959", 1961
15. Civil Aeronautics Board, "Accident Investigation Report, Northwest Airlines Lockheed Electra, N121US, Near Cannelton, Indiana, March 17, 1960", 1961
16. Civil Aeronautics Board, "Accident Investigation Report, Capital Airlines, Inc., Vickers-Armstrongs Viscount, N7462, Near Charles City, Virginia, January 18, 1960", 1961
17. National Transportation Safety Board, "Accident Report, Loss of Thrust in Both Engines after Encountering a Flock of Birds and Subsequent Ditching on the Hudson River, US Airways Flight 1549, Airbus A320-214, N106US, Weehawken, New Jersey, January 15, 2009", 2010
18. Civil Aeronautics Board, "Accident Investigation Report, Eastern Airlines, Inc., Lockheed Electra L-188 N 5533, Logan International Airport, Boston, Massachusetts, October 4, 1960", 1962
19. Civil Aeronautics Board, "Accident Investigation Report, United Airlines, Inc., Vickers-Armstongs Viscount, N7430, Near Ellicott City, Maryland, November 23, 1962", 1963
20. Civil Aeronautics Board, "Accident Investigation Report, United Air Lines, Inc., DC-8, N8013U, and Trans World Airlines, Inc., Constellation 1049A, N6907C, Near Staten Island, New York, December 16, 1960", 1962

第7章
航空交通管理システムの改革、空中衝突事故、空港電源の喪失、空中分解事故、燃料タンク爆発事故、客室安全基準の強化、乗員射殺事件、連邦航空規則の成立（1960 ～ 1965）

　本章では、1960 年末の空中衝突事故後の航空交通管理システムの改革、繰り返された旅客機同士の空中衝突、大規模停電による空港電源の喪失とその後の非常電源の配備、ジェット旅客機のアップセットによる空中分解事故、被雷による燃料タンク爆発事故、客室安全基準の強化、乗員射殺事件と操縦室施錠の義務化、米国連邦航空規則（FAR: Federal Aviation Regulations）の成立など、1960 年代中頃までの重要な出来事をご紹介する。

［ニューヨーク事故後の対策］

　1960 年 12 月 16 日、ニューヨーク上空でユナテッド航空 DC-8 と TWA スーパー・コンステレーションが衝突し、134 名の犠牲者が生じた。1956 年のグランド・キャニンオン上空での旅客機同士の空中衝突事故後に様々な対策が講じられたにもかかわらず、再び旅客機同士が飛行中に衝突し、1 機が市街地に墜落して地上にも甚大な被害を及ぼしたことは米国社会に大きな衝撃をもたらした。事故調査の結果、

DC-8が自機の位置を誤認して承認された空域を逸脱し、スーパー・コンステレーションに後方から衝突したことが判明した[1]。

FAAは、DME（Distance Measuring Equipment: 距離測定装置）の装備を航空会社ジェット機等に義務付け、空港周辺の低空における最大速度を250ktに制限するなど、この事故に対する直接的な再発防止策を講じるとともに、航空交通管理システムの抜本的改善に着手した。

［航空交通管理システムの改善勧告］

ニューヨーク事故から1か月後の1961年1月20日、アイゼンハワーの後任としてジョン・F・ケネディがアメリカ合衆国第35代大統領に就任し、それと同時に、FAA初代長官ケサダが辞任し、3月3日に第2代長官にナイジブ・E・ハラビが就任した。その就任早々の3月8日、ケネディ大統領は、効率的かつ安全な航空交通管制を実現するための長期的計画の策定をハラビ長官に命じ、ハラビは、この策定のための委員会（Project Beacon Task Force）を設置した[2, 3]。

当時、民間航空機の管制にもレーダーが使用されるようになっていたが、当初は、機体からの反射波による機影（一次レーダー）のみがレーダー・スコープ上に表示され、管制官は機影で航空機の位置を確

図7-1　初期のレーダー（1948年　ワシントン航空路管制センター）（FAA資料）

認していた。しかし、その機影は不明瞭で、気象条件などによっても見え方が大きく異なるものであった（図 7-1）。

　やがて、第二次世界大戦中に軍用に開発された敵味方識別装置 IFF（Identification Friend or Foe）の技術を基に、民間航空機搭載用トランスポンダーが開発され、二次レーダーによる航空機の識別と高度情報が一次レーダーの機影とともにレーダー・スコープ上に表示することが可能となり、これによって、航空管制の安全性と効率が飛躍的に向上することが期待されていた。

　このような時期に大統領の指示によって設置された委員会は、1961年 9 月 11 日にハラビに報告書（Beacon Report）を提出し、レーダー、トランスポンダー、コンピューターを活用した航空交通管理システムの開発を勧告したが、空軍が民間に共用を強く求めていた防空レーダー・ネットワーク（SAGE: Semi-Automatic Ground Environment）（第 5 章参照）については、そのレーダー部分のみの使用は推奨するが、ネットワーク全体の使用は民間には適さないとして退けた[2, 3]。

　FAA は、空港周辺のターミナル空域と航空路のエンルート空域とでは航空交通の質が異なることから、1964 年後半から両空域の管制情報処理システムの責任部門を分離し、それぞれのシステムの開発を別個に進めた。ターミナル用のシステムは ARTS（Advanced Radar Traffic Control System）、航空路用のシステムは SPAN（Stored Program Alpha-Numerics）と名付けられ[(注)]、それぞれの試作システムの実運用試験がアトランタ及びインディアナポリスで 1965 〜 66 年に実施されたが[2]、その期間中に、またも旅客機同士の空中衝突事故が発生した。

（注）ターミナル用の ARTS は、後に、<u>Automated Radar Terminal</u> System と改称され、航空路用の SPAN は、航空路レーダー情報処理システムに発展した[3]。

［錯視による旅客機同士の空中衝突］

　旅客機同士の空中衝突による死亡事故は、1956 年（グランドキャニオン上空、128 名死亡）と 1960 年（ニューヨーク上空、134 名死亡）

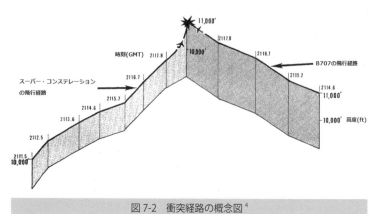

図 7-2　衝突経路の概念図[4]

に発生し、その都度、徹底的と思われる対策が講じられたが、1965年末、またも旅客機同士の空中衝突が発生した。

　1965年12月4日、ニューヨーク州上空において、TWAのB707はJFKに向かい高度11,000ftを南東方向に、イースタン航空のスーパー・コンステレーションはニューアークに向かい高度10,000ftを南西方向に、それぞれ順調に飛行していた。しかし、スーパー・コンスレテーションがニューヨーク州カーメルの無線標識上空に接近しつつあった時、同機の副操縦士は、2時方向に自機と同高度にあるように見えるB707を発見した。副操縦士は、このままではB707との衝突が避けられないと思い、「あぶない！」と叫びながら、機長とともに操縦輪を引き上げた。一方、B707の機長は、スーパー・コンスレテーションが自機に向かってくるのを発見し、右上昇旋回を試みたが、それでは衝突が避けられないと判断し、副操縦士とともに操縦輪を反転させて左降下操作を行った。

　しかし、高度約11,000ftでB707の左主翼がスーパー・コンステレーションの右垂直尾翼と水平尾翼に衝突した。B707は、左主翼の外側25ftを失ったものの操縦が可能で、JFKに着陸することができたが、スーパー・コンステレーションは、エンジン出力制御以外の操縦機能を失い、丘に不時着を試みたが、左翼が樹木に衝突して機体が大破炎

上し、機長と乗客3名が死亡した。

事故調査の結果、スーパー・コンスレテーションの副操縦士が雲の上を飛行するB707を視認した時、雲の頂きがせり上がっていたため、同機が自機と同高度にあると錯視したものと推定された[4]（図7-2）。

［ニューヨーク広域管制室の設置］

この事故は管制に起因するものではなかったが、ニューヨーク周辺空域の混雑の深刻さを改めて認識させることになり、アトランタで試験運用中のARTSを基に、ニューアーク、ラガーディア、JFKのニューヨーク主要3空港の周辺空域を共通して管制する広域管制室（Common IFR Room）をJFKに設置することが決定され、1968年からその運用が開始された[2]（図7-3）。

図7-3　New York Common IFR Room（1969年、FAA資料）

［管制情報処理システムの開発］

一方、インディアナポリスで試験運用中の航空路用システムのSPANも分解してニューヨーク航空路管制センターに送られたが、こ

ちらはニューヨークの混雑する航空交通を処理することができなかった。

　管制情報処理システム開発に関する FAA の当初の考えは、航空路管制センターが担当するエンルートの航空交通はどこでも大差はないが、ターミナルの航空交通は空港による差が大きいので、共通点が多いエンルートのシステムの開発を先に進め、その経験を基にターミナル用システムを開発していこうとするものであった。しかし、当初の予想に反し、エンルート用システムが様々な困難に遭遇して開発が遅れたのに対し、ターミナル用システムの開発は相対的に順調に進行した。また、航空交通量の急激な増加により航空機の高度と速度の情報を管制官が最も必要としていたのは、大空港のターミナル空域であった[2]。

　1950 年代の米国の航空交通における最大の問題の一つは民間機と軍用機という二つの質の異なる航空交通の重複から派生したものであったが、1960 年代に入ると、自家用小型機などの一般航空機（General Aviation）の急増により、高性能の航空会社 IFR 機と一般航空 VFR 機が混在するターミナル空域の航空交通をいかに安全に処理するかが航空管制の大きな課題となっていた。

　軍用機と民間機の空中衝突リスクはそれまでの対策により大幅に削減され、航空会社機同士の空中衝突も前述の事故以降は発生しなくなったが、航空会社機と一般航空機の空中衝突のリスクは高まっていた。1960 年代後半以降も管制情報処理システムはさらに改善されていくが、空中衝突防止に大きな貢献を果たす航空機搭載型の衝突防止装置が実用化されて義務化されるのはずっと先のこととなる（航空機搭載型衝突防止装置は、1986 年の旅客機と小型機の空中衝突事故[5]を契機として、1990 年代に段階的に義務化される。）。

［空港電源喪失と非常電源配備］

　第 2 章で紹介したように航空管制は手旗信号から始まったが、この時代になると、通信、レーダー、照明など、航空交通管理に必要な殆ど全ての重要機器が電力に依存し、電源確保が航空交通安全維持の大

前提となっていたが、航空交通が最も混雑するニューヨーク地区にその電源が喪失するという極めて深刻な事態が発生した。

1965年11月9日から11月10日にかけて、米国北東部の8万平方マイルの地域は、カナダのオンタリオ発電所でのオーバー・ロードに端を発した13時間に及ぶ大規模な停電に見舞われた。ニューヨーク市内では、夕方のラッシュアワー時に地下鉄が止まり多くの通勤客が車内に閉じ込められ、信号が消えた道路上で激しい渋滞と事故が起こった。

JFK空港に進入中のエア・カナダ機の機長は、空港照明が突然消えたため、目の前から空港が消失したように感じ、慌てて進入を中断して復行したが、空港の管制塔と連絡がついたのは、暫くしてから停波していない周波数を探し当てた後であった[2]。

幸いなことに、周辺の航空路管制センターには停電した電力会社以外からの二次電源供給があり、当日は視界が良い月夜であったこともあって、ニューヨークやボストンに向かっていた航空機は停電の影響を受けなかった空港に無事に誘導され、奇跡的に、航空関係では大規模停電による物的人的被害は皆無であった[2, 3]。

この大規模停電が発生する前は、FAAは、複数の電源が同時に失われる可能性は極めて低いので複数の電力会社からの電源供給があれば非常用発電機の必要はないと考えていた。しかし、FAAは、この大規模停電によって個別の施設に発電機を配置する必要性を痛感し、1966年3月2日、停電時に管制塔、レーダー、空港照明等に電源を供給する非常発電機を50基幹空港に配備する計画を発表し、その後、航空路管制センターに対しても同様の計画を進め、無停電発電機等の配備も行っていった。そして、1977年7月13日にニューヨークに再び大規模停電が生じるが、これらの措置が行われていたことによって、この時には、航空管制機器や滑走路照明などの空港の航空交通管理システムに電源を連続して供給することができたのである[3]。

［アップセットによる空中分解事故］

現代の大型機運航において最大の犠牲者を生じている事故形態は、

LOC-I（Loss of Control in Flight: 飛行中に機体のコントロールを失うこと。多くの場合、アップセット（異常姿勢：Upset）[注]に陥っている。）である。高度に自動化された現代の航空機でも全てのアップセット状態から自動的に回復できるようには設計されておらず、LOC-I に陥らないためにはマニュアル操縦技量の維持が重要とされ、アップセットからの回復操作（Upset　Recovery）の訓練が推奨されている。そして、ジェット旅客機がアップセットに陥った重大事故として最初に注目されたのが、次の空中分解事故である。

（注）当時はアップセットの明確な定義はなかったが、現在では、一般的に、ピッチ角＋25°／－10°又はバンク角 45°を超える機体姿勢、若しくは飛行状況に適さない速度に陥った状態を指している。（ICAO Doc. 10011 MANUAL ON AEROPLANE UPSET PREVENTION AND RECOVERY TRAINING）

　1963 年 2 月 12 日、ノースウエスト航空の B720B（**図 7-4**）は、マイアミ空港を出発してから 15 分後、高度約 19,000ft から墜落し、乗客乗員 43 名全員が死亡した。飛行記録による同機の飛行経過は、次のとおりであった。
　同機は、乱気流が予想される空域を避けるために旋回しながら上昇し、高度 17,250ft に達した。約 12 秒間の水平飛行の後、徐々に高度

図 7-4　B720B（Boeing）

が上がり、13秒間で上昇率が約9,000ft/minに達した後に上昇率が減少し始め、9秒間で上昇率がゼロとなり、最高高度19,285ftに達した。この上昇中に速度が270ktから215ktに減少したが、速度減少の途中から、垂直加速度の急激な減少が記録されていた。垂直加速度は、＋1G付近から約－2Gまで急激に減少し、さらに－3G付近にまで達した。その後、垂直加速度は、約＋1.5G付近まで増加し、再び－3G付近まで低下したが、同機の高度は低下し続け、速度は、増加し続けて最後の数秒間は記録できる限界を超えていた。高度17,250ftより上昇し始めてから記録が終わるまでの時間は、約45秒間に過ぎなかった[6]（図7-5）。

地上の目撃者は、激しい雨の中、オレンジ色の火の玉が雲の中に見えて大きな爆発音が聞こえたこと、火の玉が落下した直後に2回目の音が聞こえたこと、地面の振動を感じたことなどを証言した。残骸は、幅1.3マイル、長さ15マイルの広い範囲に散乱し、機体が空中で分解したことを示していた。

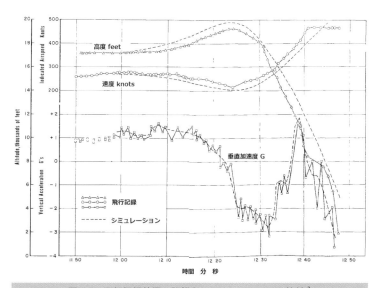

図7-5　飛行記録装置の記録とシミュレーションの比較[2]

事故発生後、直ちに調査が開始されたが、当時の飛行記録のパラメーター数は少なく、その記録のみから操縦操作や風の状況を知ることはできなかった。事故調査を行った CAB（民間航空委員会）は、飛行記録や残骸の分析を進めるとともに、NASA、FAA、ボーイング、ノースウエスト航空からの協力を得て、事故機がアップセットに陥り、そこから回復できなかった原因を解明するために様々な実験や解析を行った。

事故機が上昇から急激に降下に入った時の状況を再現するために行われたコンピューター・シミュレーションの結果、水平安定板と昇降舵を同時に機首下げ方向一杯に作動させない限り、飛行記録のような大きな負の垂直加速度は発生しないことが判明した。しかし、パイロットがそのような操作を行うことは、通常であれば全く考えられないことであった。

後退翼のジェット旅客機は、飛行中の重心位置の変化が大きく、レシプロ旅客機のような固定型の水平安定板では縦方向のモーメント制御の負担が過大となるため、可動型の水平安定板（Trimmable Horizontal Stabilizer）が採用されたが、それを昇降舵と同時に機首下げ方向一杯に操作することは想定されていなかった。CAB は、上昇気流に押し上げられて機首上げ姿勢になるとともに機速が低下したため、このままでは失速を免れないと思ったパイロットがこのような操作を行ったのではないかと推測し、また、姿勢指示器の表示にも問題があったためにパイロットが飛行状況を的確に判断できなかった可能性もあるとしている。

そして、大きな負の垂直加速度が記録されていた 8 秒間は全く操作が行われず、事故機は姿勢を回復することなく急速に降下していったものと推測された。この 8 秒間は、操縦室内では様々な警報が作動し、固縛されていない物が散乱浮揚して、乗員は、混乱するとともに、体が操縦装置から離れて浮き上がり、修正操作ができなかったものと推測された。

シミュレーションによって、ピッチ角は、上昇気流によって押し上げられていた時には機首上げ約 22°まで増加し、降下中には機首下げ90°を超えるまで減少したことが示された。また、ほぼ垂直降下の異

常姿勢となり、水平安定板が機首下げ方向一杯のトリム位置にあった
としても、早期に昇降舵を機首上げ方向に大きく操作すれば、姿勢回
復が可能であったことも示された。

　しかし、パイロットが昇降舵と水平安定板を機首上げ方向に操作し
た時は、すでに機速が極めて大きくなった後であったため、水平安定
板上に発生した衝撃波により昇降舵の利きが減じられ、また過大負荷
により作動機構がスリップして水平安定板が機首下げ位置に止まった
ため、機体姿勢が回復しなかったものと推測された。

　これらのことは、アップセットに陥らないための訓練及びアップ
セットに陥った後に早期に状況を認識して迅速に対応するための訓練
が極めて重要であることを示しているが、事故機の機長が受けていた
アップセットからの回復操作訓練内容は十分とは言えるものではな
かった。

　事故報告書は、水平安定板作動機構、昇降舵操作力、姿勢指示器、
飛行シミュレーターの再現性、気象情報の活用（出発前にパイロット
に最新の気象情報が提供されず、機上の気象レーダーも活用されてい
なかった可能性がある）などに関する問題点を指摘し、是正勧告を行
うとともに、アップセットからの回復操作の重要性にも言及してい
る[注]。

（注）1996 年 10 月 18 日、NTSB は、FAA に 対 し て 米 国 航 空 会 社 に Upset
　　　Recovery 訓練を行わせることを求める勧告 を発出し[7]、ボーイング社と
　　　エアバス社は、航空会社からの協力を得て、1998 年に機体が Upset に陥っ
　　　た場合の回復操作の訓練方法（Airplane Upset Recovery Training Aid）を開
　　　発した。この Training Aid は、その後、改訂版が発行され、現在では、世
　　　界の航空会社に広く使用されている。

［被雷による燃料タンク爆発］

　上記の事故が発生した 1963 年は、気象現象に関連した米国旅客機
の事故やインシデントが多発した年であった。同年 1 月末、バイカウ
ント機が水平尾翼の氷結によって墜落して搭乗者全員が死亡し、7 月

と11月には、B720とDC-8が乱気流に遭遇後に異常姿勢となって急降下するという上記事故と類似の重大インシデントが相次いで発生した。さらに、12月には被雷により旅客機が空中で炎上して墜落する重大事故が発生した。

1963年12月8日、パンアメリカン航空のB707（図7-6）が、フィラデルフィア空港に着陸するために高度5,000ftで待機中、左主翼に雷撃を受け、燃料タンクが爆発して左主翼の外側が分離し、炎上しながら墜落して乗客乗員81名全員が死亡した。

事故機の左主翼の外側に多数の被雷痕があったことや他機の乗員や地上の目撃者の証言などから、燃料タンク爆発に至る具体的なメカニズムは解明できなかったものの、被雷により左主翼端の予備燃料タンクが着火爆発したことが事故の発端と推定された。

同機の搭載燃料は、ケロシン系のジェットAとワイドカット系のジェットB（JP-4）が混載されており、着火点の低いジェットBを使用することの妥当性が議論となった。事故調査ではジェットBを継続使用することに問題はないとされたが、事故後、民間航空では徐々にジェットBが使用されなくなっていった。

ジェット燃料問題を含む再発防止策全般については、事故発生から間もない1963年12月17日にCAB安全局長がFAA飛行基準局長に6項目の勧告を行う書簡を送っている。同書簡は、ジェット燃料問題の検討を求めたほか、タービン機へのスタティック・ディスチャージャー

図7-6　事故機（航空会社引渡し前）

（放電索）の取付け、燃料タンク通気孔の火炎抑制器についての再検証などを求め、最後に、燃料と空気との可燃性混合気を燃料タンク内から排除する方法の検討を求め、排除の一手段として、不活性ガスの燃料タンク空隙への封入を例示した[8]。

この勧告に対し、FAA 飛行基準局長は、翌年 3 月 12 日付けの書簡の中で、ジェット燃料問題の検討に着手した他に、全てのタービン燃料使用機へのスタティック・ディスチャージャーの取付けの要請、B707/720/727 燃料タンクの改修指示、火炎抑制器の設計評価など、被雷による燃料着火防止のために様々な対策を実施しつつあると回答したが、燃料タンクからの可燃性混合気の排除についての言及はなかった[注]。そして、1967 年及び 1970 年に、大型機の耐空性基準である FAR25 に被雷による気化燃料着火を防止するための規定[9]及び被雷により破滅的影響が生じることを防止するための規定[10]がとり入れられた（B707/720 の適用基準である CAR04b には被雷に関する規定はなかった。）。

（注）1996 年に TWA800 便空中爆発事故[11]が発生し、2008 年に燃料タンク爆発防止基準が強化され、タンク内空間不活性化等が求められることとなる[12]。

［客室安全基準の強化］

ジェット機が旅客輸送の中心を占めるようになった 1960 年代に入り、旅客機の客室安全基準が抜本的に見直されることとなったが、そのきっかけとなったのは、次の事故であった。

1961 年 7 月 11 日、乗客乗員 122 名が搭乗したユナイテッド航空の DC-8 は、ネブラスカ州オハマを出発後、油圧系統に故障が生じたが、そのまま目的地のコロラド州デンバーのステイプルトン空港に向かった。油圧故障により左翼の 2 つのエンジンのスラスト・リバーサが不作動となったが、副操縦士が警告灯の点灯を確認せずに滑走路接地後にスラスト・リバーサを作動させたため、機体が右に偏向して滑走路を逸脱し、コンクリート誘導路に衝突・炎上した（**図 7-7**）。

図7-7 炎上する事故機 (FAA 資料)

　誘導路への衝突の衝撃では犠牲者が出なかったが、火災で一部の脱出口が使用できなくなり、煙が充満した機内から16名の乗客が脱出できずに一酸化炭素中毒によって死亡した。さらに、1名の乗客が脱出時の負傷が原因で死亡し、滑走路から逸脱した事故機に衝突されたトラックの運転手1名も死亡した[13]。

　この事故は、旅客機の客室の安全性について深刻な懸念を抱かせることとなり、客室安全性向上方策の検討を行うために航空会社、航空機メーカー、FAA及びCABで構成する検討委員会が設置され、客室の安全性を検証するため、1961年12月に実機を用いた初めての脱出試験が行われ[2]、1964年には計測器とカメラを搭載した実機(コンステレーションとDC-7)にダミー人形を乗せて障害物に衝突させる実験も行われた[2,3]。検討委員会の勧告と実験結果に基づき1965年に制定された新たな客室安全規則は、非常脱出試験や出発前の乗客への安全ブリーフィングなどを初めて義務化し、その後の客室安全基準の基本的枠組みを形作ることとなった[14]。

　非常脱出に関しては、それまでも大型飛行機の耐空性基準(CAR4b)の中に非常脱出口のサイズ、数、表示などに関する規定が定められていたが、新規則は、それらの規定の内容を強化するとともに、初めて、航空会社が非常脱出試験を行うことを義務付けた。非常脱出試験は航空機メーカーが行えば十分で、航空会社まで行う必要はないと反対す

る意見もあったが、FAA は、事故発生時に乗客の生命を守るためには、航空機の設計や仕様のみでなく、それを十分に使いこなせる航空会社の能力こそ重要であり、航空会社が非常脱出試験を行ってその能力を実証する必要があるとして、反対意見を退けた（後に航空会社の実証義務は大幅に緩和される。）。

　この非常脱出試験は、44 席を超える航空機を対象とし、半分の脱出口のみを使用して全乗客を 2 分の制限時間内に脱出させることを求めるものであった。この 2 分の制限時間は、当時の航空機の仕様を考慮して決定されたものであり、非常脱出スライドが自動展開されるようになると、その脱出時間短縮効果を 30 秒と見込むことによって[15]、1967 年に現在の制限時間である 90 秒に改正された[16]。

　出発前の乗客への安全ブリーフィングについては、1956 年から、洋上飛行をする場合についてのみ、洋上空域に入る前までに行うことが義務付けられていたが[17]、新規則によって、全便で出発前に口頭の安全ブリーフィングを実施することが求められた。これについても、説明カードを配布すれば十分で、非常口の場所を口頭で示すまでのことはないとする反対意見があったが、FAA は、乗客は出発前にはいろいろなことに関心を向けているので、口頭説明による注意喚起が必須であるとした。

　なお、安全ブリーフィングに関連して、飛行中に常時シートベルトを着用することを乗客に求めるべきではないかとの意見があり、FAAは、新規則の対象事項ではないとしながらも、離席時以外は常時シートベルトを緩く締めておくように出発前に乗客にブリーフィングすることを推奨する書簡を全航空会社に送付した。

　また、乗客の安全な脱出は客室乗務員に負うところが大きいので、その配置数は航空機の座席数によって決定されるべきとして、座席数に応じた客室乗務員の最少配置数も決定された。この時に規定された最少配置数は、10 ～ 44 席は 1 名で、45 ～ 99 席は 2 名、100 ～ 149 席は 3 名、150 席以上は 4 名とするものであったが、1972 年に 50 席ごとに 1 名に改正された[18]。なお、新規則案検討時に客室乗務員に対しても技能証明を行うべきとの意見も出たが、これは採用されなかった。

［乗員射殺事件と操縦室の施錠義務化］

　現代の航空機の運航においてはハイジャック等の航空機犯罪を防止するために操縦室へのアクセスが厳重に規制されているが、1960年代の米国でもハイジャック事件の頻発によって操縦室への不法侵入が問題となっていた。そのような時、多数の航空機搭乗者を道連れにした自殺行為による航空機墜落が発生し、当時の米国航空界に操縦室へのアクセス管理の重要性を再認識させることとなった。

　1964年5月7日、サンフランシスコに向かって飛行中のパシフィック航空773便、F27型機（図7-8）から管制に「…撃たれた。助けを求めている。」（通信音声が不明瞭で管制官は内容を聞き取れなかった。音声解析で内容が判明。）と連絡があった後、同機の機影がレーダーから消えた。やがて、地上で同機の残骸と搭乗者44名全員の遺体が発見され、調査の結果、機長と副操縦士が操縦室に侵入した乗客に拳銃で撃たれ、高度5,300ftから同機が墜落したことが判明した[19]。

　犯行を行った乗客は、結婚生活や金銭上の問題から精神的抑鬱状態にあり、周囲に自殺を予告しており、搭乗の前日に拳銃を購入していた。当該乗客は、事件前日にパシフィック航空の別便に搭乗し、到着した宿泊地から当該便に搭乗したものであったが、犯行前日も空港や

図7-8　事件2年前の墜落機（Jon Proctor）

宿泊地で自殺をほのめかす言動を繰り返していた。

　当該乗客が操縦室に侵入するために開けた操縦室へのドア（客室と操縦室の間にあった貨物室のドア）は、非常脱出経路になっていたことから、離着陸中には施錠されないことになっており、飛行中にそのドアを施錠するには乗員が乗務中に離席する必要があった。奇しくも、乗客の無断侵入を防止するために飛行中のドア施錠を求める規則が事件直前に制定されていたが、事件当時はまだ発効していなかった。

　事件 6 日前の 5 月 1 日に制定されたその新規則は、飛行中に乗客が無断で操縦室に侵入することを防止するため、「客室と操縦室の間のドアは施錠していなければならないが、乗客の非常脱出経路となっている場合には、離着陸中には施錠しなくてもよい。」とするものであり、その発効日は事故後の 8 月 6 日となっていた。規則改正前文には、施錠は侵入の抑止となるが、犯罪や狂気からの完全な防護はできないと述べられている[20]。

［連邦航空規則 FAR の成立］

　本書でこれまで紹介してきたように、米国の航空安全法規は、1926年の航空事業法及び航空事業規則から始まり、その後、民間航空法、連邦航空法、民間航空規則へと受け継がれてきたが、改正を重ねるごとに、体系が複雑になり冗長な規則や矛盾する箇所も出てきたことから、FAA は、1961 年に、民間航空規則 CAR（Civil Air Regulations）及びその他の航空安全に関する諸規則を整理統合し、簡潔な規則体系として連邦航空規則 FAR（Federal Aviation Regulations）を編纂することを決定した。

　この編纂は、膨大な作業を要したことから、完結したのは 1964 年末となった。この編纂過程で、小型機を使用したエア・タクシーやコミューター事業などを規制する FAR135 が創設され、最後に編纂されたのは、大型機を使用した航空運送事業を規制する FAR121 となり、1964 年 12 月 31 日に公表、翌 1965 年 4 月 1 日に発効した[3]。

　耐空性基準は、飛行機、ヘリコプター、エンジン、プロペラの基準がそれぞれ FAR の各章として再編されたが、参考として、飛行機と

128 第7章

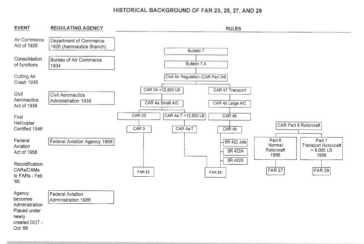

図 7-9　飛行機及びヘリコプターの耐空性基準の編纂過程 [21]

ヘリコプターの耐空性基準が FAR として編纂された過程を図 7-9 に示す。

参考文献

1. Civil Aeronautics Board, "Accident Investigation Report, United Air Lines, Inc., DC-8, N8013U, and Trans World Airlines, Inc., Constellation 1049A, N6907C, Near Staten Island, New York, December 16, 1960", 1962
2. Kent, R. J. Jr., "Safe, Separated, and Soaring", FAA, Washington, 1980
3. Briddon, A.E., Champie, E.A., and Marraine, P.A., "FAA Historical Fact Book", 1974
4. Civil Aeronautics Board, "Aircraft Accident Report, Midair Collision - Trans World Airlines, Inc., Boeing 707-131B, N748TW, and Eastern Air Lines, Inc., Lockheed 1049C, Near Carmel, New York, December 4, 1965", 1966
5. National Transportation Safety Board, "Aircraft Accident Report, Collision of Aeronaves de Mexico, S.A. McDonnell Douglas DC-9-32, XA-JED and Piper PA-28-181, N489IF, Cerritos, California, August 31, 1986", NTSB/AAR-87/07, 1987
6. Civil Aeronautics Board, "Aircraft Accident Report, Northwest Airlines, Inc., Boeing 720B, N724US, Near Miami, Florida, February 12, 1963", 1965
7. National Transportation Safety Board, Safety Recommendation A-96-120 dated October 18, 1996
8. Civil Aeronautics Board, "Aircraft Accident Report, Pan American World Airways, Inc. Boeing 707-121, N709PA, Near Elkton, Maryland, December 8, 1963", 1965
9. Federal Aviation Administration, FAR Amendment No. 25-14 "Fuel System Lightning Protection", 1967
10. Federal Aviation Administration, FAR Amendment No. 25-23 "Transport Category

Airplane Type Certification Standards", 1970

11. National Transportation Safety Board, "Aircraft Accident Report, In-flight Breakup Over the Atlantic Ocean, Trans World Airlines Flight 800, Boeing 747-131, N93119, Near East Moriches, New York, July 17, 1996", 2000

12. Federal Aviation Administration, FAR Amendments Nos. 25-125, 26-2, 121-340, 125- 55, and 129-46, "Reduction of Fuel Tank Flammability in Transport Category Airplane", 2008

13. Civil Aeronautics Board, "Aircraft Accident Report, United Air Lines, Inc., Douglas DC-8, N 8040U, Stapleton Airfield, Denver, Colorado, July 11, 1961", 1962

14. Federal Aviation Agency, FAR Amendment No. 121-2, "Regulations, Procedures, and Equipment for Passenger Emergency Evacuation; Flight Attendants; and Assignment of Emergency Evacuation Functions for Crewmembers", 1965

15. Federal Aviation Agency, Notice of Proposed Rule Making No. 66-26, "Crashworthiness and Passenger Evacuation", 1966

16. Federal Aviation Administration, FAR Amendments Nos. 21-16, 25-15, 37-14, 121-30, "Crashworthiness and Passenger Evacuation Standards; Transport Category Airplanes", 1967

17. Civil Aeronautics Board, Civil Air Regulations Part 40 Scheduled Interstate Air Carrier Certification and Operation Rules, Section 40.370 "Briefing of passengers", 1956

18. Federal Aviation Administration, FAR Amendment No. 121-88, "Flight Attendants", 1972

19. Civil Aeronautics Board, "Accident Investigation Report, Pacific Air Lines, Inc., Fairchild F-27, N277OR, Near San Ramon, California, May 7, 1964", 1964

20. Civil Aeronautics Board, Civil Air Regulations Part 40 Scheduled Interstate Air Carrier Certification and Operation Rules, Section 40.373 "Closing and locking of flight crew compartment doors", 1964

21. Federal Aviation Administration, Order 8110.4C "Type Certification", 2007

第8章
B727連続墜落事故、滑走路逸脱対策、旅客ヘリ連続墜落事故、洋上飛行間隔安全論争（1964～1969）

　本章では、B727連続墜落事故（1965～66）、滑走路逸脱対策（1964～66）、米国運輸省発足（1967）、旅客ヘリ連続墜落事故（1968）及び洋上飛行間隔安全論争（1964～69）についてご説明する。

[B727連続墜落事故（1965～66）]

　B727（図8-1）は、ボーイング社がB707/720の次に開発した中短距離3発ターボジェット旅客機で、1960～70年代に米国国内航空旅客便の主力機種として活躍し、旅客機として初めて生産機数が1,000

図8-1　B727（Aero Icarus）

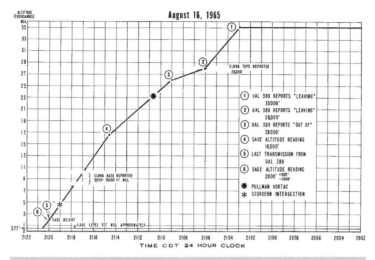

図 8-2　ユナイテッド航空 389 便の推定降下経路[3]

を超えるベストセラー機となったが（総生産機数、1,832）[1]、運航開始 1 年半後からの半年間に 4 件の連続墜落事故が発生し、当時、安全性を疑問視する声が出た[2]。

　最初の墜落事故は、1965 年 8 月 16 日に発生した。ニューヨークのラガーディア空港を出発したユナイテッド航空 389 便 B727 型機は、シカゴのオヘア空港に進入着陸するため、夜間に霧で視界が霞む中、巡航高度 35,000ft から降下を開始した。同機は、管制から高度 6,000ft で水平飛行に入るように指示を受けていたが、6,000ft に達してもそのまま降下を継続し、ミシガン湖に墜落して水没し、乗客乗員 30 名全員が死亡した。同機と管制機関との交信内容には異常を窺わせるものはなく、同機からの最後の通信は高度計規正値の復唱であった。

　機体残骸が水中から揚収されたが、飛行記録装置については、外箱の一部のみが回収され、内部の記録媒体は発見されなかった。このため、飛行記録から飛行経路を再現することはできなかったが、空軍防空レーダー SAGE（第 5 章参照）のデータ解析により、同機が管制と最後に交信した時は、すでに指示された 6,000ft を過ぎ、約 2,000ft ま

図 8-3　事故報告書に例示されている高度計表示[3]
（左は 16,000ft、右は 6,000ft の表示）

で降下していたことが判明した（図 8-2）。

　事故報告書は、指示高度 6,000ft を過ぎても降下を継続したことについては、最終的な結論としては原因不明としているものの、当時の 4 種類の航空用高度計の中で誤読率が最も高いのは同機に装備されていた 3 針式高度計（100ft、1,000ft、10,000ft の各桁を 3 本の指針で表示：図 8-3）であると述べ、乗員が高度計を誤読した可能性を強く示唆した[3]。

　この事故の 3 か月後、次の墜落事故が発生した。1965 年 11 月 8 日、ラガーディア空港を出発してオハイオ州シンシナティ空港に向かったアメリカン航空 383 便 B727 型機は、夜間の降雨により視界が急速に悪化する中、空港に視認進入しようとしていたが、空港の約 2 マイル手前にある丘に衝突し、62 名の搭乗者のうち 58 名が死亡した。

　衝突地点の高度は空港標高より 225ft 低かったが、衝突 5 秒前の同機から管制への通信には乗員が異常な低高度に気付いたことを窺わせるものは全くなく、視界が悪化する状況において乗員が視認進入中に高度計を適切にモニターしなかったことが事故原因とされた。

　事故報告書は、高度のモニターが疎かになった要因の候補として、視界悪化の他に、空港周辺地形の特性（地形特性により、地上の明かりが飛行高度正常の錯視を与えた可能性がある）、高度計の誤読(注)、

高いワークロードなどを挙げている。

　また、報告書は、B727はフラップ展開後の降下率が大きくなる傾向があり進入中の降下率が過大にならないようにマニュアルに注意されているが、それに対する訓練が実施されていないことを指摘するとともに、低高度を警告するシステムの開発促進を勧告している[4]。

(注) アメリカン航空機にはユナイテッド航空機の事故報告書で誤読率が最も高いとされた3針式高度計ではなくドラム式高度計（1,000ft単位の目盛がある回転ドラムと100ftの桁を示す1本の指針で高度を表示：**図8-4**）が装備されていたが（4件目の事故機である全日空機もドラム式を装備）[9]、事故報告書は、ドラム式も誤読の可能性があり、事故機の異常降下は高度計誤読でも説明できるとしている。その後行われたNASAの調査ではドラム式高度計は進入中の誤読率が特に高いとされ[5]、航空安全団体の研究チームは、3針式及びドラム式高度計はCFIT（Controlled Flight

図8-4　事故機高度計と同型のドラム式高度計[4]

Into Terrain：航空機の機能が正常でありながら地表面・水面に激突する事故形態。かつては大型機死亡事故の最多形態であった。）の原因になるとして、それらの使用禁止を勧告した[6]。

3件目は、2件目の3日後の11月11日に発生した。ユナイテッド航空227便、B727型機は、デンバー空港を出発し、ユタ州ソールトレイク空港に着陸を試みたが、滑走路手前335ftに激しく接地し、火災が発生した。乗員6名は全員脱出できたが、乗客41名が脱出できず、病院で死亡した2名を併せ、乗客85名中43名が死亡した（図8-5）。

事故機の操縦は、機長の監督の下で副操縦士が行っていた。副操縦士は、着陸進入中に過大な降下率を止めるためスラストレバーを前に進めようとしたが機長に制止された。その後、機長がスラストレバーを前に進めたが、エンジンの出力増加が間に合わず、事故機は滑走路手前に激しく接地した。

事故報告書は、機長が着陸進入中に過剰な降下率を止めるためにタイムリーに行動しなかったことを事故原因とし、機長資格付与のあり方、客室乗務員の配置、火災発生防止、B727の燃料配管等について勧告を行った[7]。

4件目は、翌1966年（昭和41年）2月4日に発生した羽田沖でのB727墜落事故である。同事故は133名の犠牲者を生じ、当時の世界最大の単独機事故となったが、事故の4年後に公表された事故報告書

図8-5　鎮火後の事故機（FAA資料）

は、次のように、事故原因は不明とした。

「全日本空輸株式会社のボーイング式 727 型 JA8302 は、同社の定期航空 60 便として、昭和 41 年 2 月 4 日 17 時 55 分千歳飛行場を離陸し、東京国際空港に向け飛行した。同機は、18 時 59 分ごろ千葉市上空付近で計器飛行方式を取り消し、有視界飛行方式で東京国際空港に進入中、19 時 00 分ごろ東京湾に接水して大破した。同機には旅客 126 名及び機長以下 7 名の乗組員が乗っていたが、全員死亡した。JA8302 が夜間有視界飛行方式としては異常な低高度で東京湾上空に進入し「現在ロング・ベース」と通報した後、接水するに至った事由を明らかにすることはできなかった。」[8]

この事故調査の過程で、調査委員会内部に深刻な意見対立が生じ、委員の一人が委員を辞任するという事態が生じた[9]。事故調査委員会の多数意見は、「事故原因に関連があると認められる不具合が接水前に発生したことを示す証拠は発見されなかった。」[8] としたが、辞任した委員は、残骸の分布状況等から、グランド・スポイラーが展開し主翼失速により気流が乱れ第 3 エンジンが異常燃焼して脱落したものと推定した[10]。

米国では、第 6 章で紹介したように、1958 年から大型機への飛行記録装置の装備が義務化されていたが、日本では当時まだ同装置の装備義務化が行われておらず、事故機には同装置が装備されていなかったため、事故時の客観的な飛行データがなく、意見対立は最後まで解消されなかった（操縦室音声記録装置については、米国では 1964 年に一定の大型機に義務化する規則が制定されたが、装備期限は 1967 年とされ[11, 12]、米国の事故機にも同装置は装備されていなかった。）。

B727 の運航開始 1 年半からの半年間にこれら 4 件の墜落事故が発生し、総犠牲者数が 264 名に達すると、米国議会では全ての B727 を運航停止すべきと主張する議員も出たが、FAA は、B727 には運航停止すべき安全性上の問題はないとして運航停止要求は拒否したが、大きな降下率からの回復、降下中の高度監視などについて追加訓練を課すなど、B727 の乗員訓練の改善を行った[2]。また、3 件目の事故において火災発生後の機体から脱出できなかった多数の乗客が死亡したことから、前章で紹介した非常脱出基準をさらに強化するなど、事故発

136　第8章

生時の生存率向上のための基準改正が行われた[13]。

　なお、2件目の事故についてCABが勧告を行った低高度警報装置は、1970年代に実用化・義務化され、CFIT事故防止に大きな貢献を果たすこととなる（米国航空会社機に対地接近警報装置GPWS（Ground Proximity Warning System：後にEGPWS/TAWSへと発展）の装備が義務化されるのは1974年、地上レーダーの低高度警報MSAW（Minimum Safe Altitude Warning）が米国で運用開始されるのは1976年のことである[12]。）。

［滑走路逸脱対策（1964～66）］

　1964年4月、ニューヨークの2つの空港において、わずか12時間の間に3機の旅客機が滑走路を逸脱する事態が発生し、これを重く受け止めたFAAは、航空安全団体に滑走路逸脱防止対策について調査することを依頼した。その調査の結果は、今後10年間のうちにジェット旅客機の滑走路逸脱が55件発生すると予測されるが、その防止には軍用機で使用されている航空機拘束システム（フックやバリアーなどで滑走路を逸脱しそうな機体を拘束するシステム）が有効であり、過去5年間に発生した87件の滑走路逸脱事故のうち17件はこのシステムで防ぐことができたとするものであった。しかし、FAAは、このシステムを空港に設置する費用とその滑走路逸脱防止の効果を比較検討した結果、その採用は見送り、運航規則の改正を実施することによって滑走路逸脱事例発生の抑制を図ることとした[2, 12]。

　FAAは、ニューヨークの連続滑走路逸脱事例が発生する前から、離着陸時に必要とされる滑走路長を延長する運航規則改正案を検討していたが、その検討過程で、滑走路の状態と滑走路逸脱事例の関係について調査したところ、1960～64年に発生したジェット旅客機の10件の滑走路逸脱事例のうち9件までが滑走路表面が雨で濡れるなどで滑りやすい状態の時に発生していたことが判明した。FAAは、この事実に着目し、滑走路表面が雨などで滑りやすい場合には、滑走路が乾燥している場合より長い滑走路長が必要とする航空会社運航規則の改正案を提案した。しかし、この改正案が採用されれば、着陸予定空港の滑走路長が十分に長くない場合には、雨天時等における乗客数や

搭載貨物の制限がより厳しくなるので、航空会社は改正案に強く反対した。

このため、FAA は、滑走路逸脱防止による安全性向上と航空会社の経済的損失の双方についてさらに検討を加え、最初に提案した滑走路長を 20％増加する案を修正して増加率を 15％に止め（FAA は、増加率を 15％にすれば航空会社の損失が 20％案の約半分になると試算した。）、ジェット機が湿潤滑走路に着陸する場合には乾燥した滑走路長の 115％ [注] とすることなどを規定した航空会社運航規則の改正を 1965 年に行い、翌年から新規則を適用した [14]。

（注）型式証明において認められた滑走路長は、実際の運用とは異なる条件の下で得られたものであり、実運用で余裕をもってその範囲内で離着陸できることを保証したものではない。商業航空機の運用においては、型式証明の滑走路長に一定の安全係数を乗じた必要滑走路長により離着陸の可否が決定されている。その安全係数は、航空機の種類、適用される運航規則等によって異なるが、例えば、航空会社ジェット機の着陸時の必要滑走路長は、乾いた滑走路では型式証明滑走路長の 1.67 倍（1/0.6）となっているので、滑走路が湿潤している場合には、型式証明時の滑走路長の 1.67 x 1.15 = 1.92 倍の長さが必要となる。なお、着陸時の滑走路逸脱防止に関する現在の FAA の見解は文献 15 に記載されている。

［米国運輸省発足（1967）］

第 6 章で紹介したように、連邦航空庁 FAA（Federal Aviation Agency）は 1958 年に独立官庁として設立されたが、その設立過程において、全ての交通部門を所管する運輸省を創設して FAA をその一部門にしようという構想があった。当時は関係者間の意見調整がつかず断念されたこの構想はジョンソン大統領の下で復活し、運輸省設置法（The Department of Transportation Act）が 1966 年 10 月 15 日に成立し、翌年 4 月 1 日に運輸省が発足した。

運輸省設立によって、連邦高速道路局、連邦鉄道局、沿岸警備隊（2001 年の同時多発テロにより国土安全保障省が 2003 年に設立され、沿岸警

備隊は同省に移管。）などとともに、FAA は連邦航空局（Federal Aviation Administration）として運輸省の内局となった。なお、海事部門は、造船業界と海員組合の反対により、運輸省への統合が見送られたが、その後、1981 年に連邦海事局が運輸省内局となった。

また、国家運輸安全委員会 NTSB（National Transportation Safety Board）が運輸省内に新設され、航空事故調査権限及び免許への処分行為に対する再審査権限が民間航空委員会 CAB（Civil Aeronautics Board）から NTSB に移管されるとともに、他の交通機関の事故調査権限等も NTSB に付与された。なお、NTSB は、1974 年の独立安全委員会法（Independent Safety Board Act of 1974）により、1975 年 4 月 1 日に運輸省から分離されて独立機関となった。

[旅客ヘリ連続墜落事故（1968）]

ヘリコプター実用機の開発は 1930 年代後半から本格化し、ヨーロッパでは、フランスのブレゲとドランドが設計した二重反転式ローター型機（図 8-6）が 1935 年に初飛行し、その翌年にドイツのフォッケが設計した並列ローター型機が初飛行を行った。米国では、これらにやや遅れて、イーゴリ・シコルスキーが設計した VS-300（図 8-7）が

図 8-6　ブレゲ・ドランドの二重反転式ローター・ヘリ

図8-7　VS-300（操縦者はシコルスキー）

1940年にコネチカット州ストラトフォードで初飛行した。

　シコルスキーの初飛行以降、米国におけるヘリコプターの開発は急速に進展し、1946年にはベル社の47型がヘリコプターとしてCAAの最初の型式証明を取得し、1947年にはヘリコプターの運航規則が制定され、1966年からヘリコプター・パイロットの計器飛行証明制度の運用も開始された。
　やがて、ヘリコプターによる旅客運送も始まり、1953年にニューヨーク・エアウェイズが米国初のヘリコプターによる定期旅客運送を開始し、1962年にはロサンゼルス・エアウェイズが双発のシコルスキーS-61Lで旅客運送を開始し、同社は1965年にFAAからIFRでの運航を認可された初めてのヘリコプター運航会社となった[12]。
　しかし、ヘリコプターの利用が拡大する中、1968年に旅客運送中のヘリコプターが相次いで墜落して多数の乗客乗員が死亡する連続事故が発生した。
　ロサンゼルス・エアウェイズは、ロサンゼルス空港とディズニーランドのヘリポートとの間の旅客運送飛行を1日約30回行っていたが、事故は、1968年5月22日の飛行で発生した。

ロサンゼルス・エアウェイズ 841 便、S-61L 型機は、乗客 20 名及び乗員 3 名を乗せ、カリフォルニア州アナハイムにあるディズニーランドのヘリポートを 17 時 40 分に通常どおりに離陸した。しかし、その約 10 分後、同機は、「我々は墜落している。助けてくれ。」と送信後、墜落して大破炎上し、乗客乗員 23 名全員が死亡した。

墜落現場近くには多くの目撃者がおり、その中にはヘリコプターの整備経験を有する者もいた。それらの目撃証言によれば、同機の墜落の経過は次のとおりであった。

同機は、メイン・ローターが異常な動きをしながら、速度と高度が低下し、低高度で急激に左旋回した。メイン・ローターが通常の回転面から大きく外れて胴体を叩き、メイン・ローターと胴体の一部及びテイル・ローターが機体から分離し、ほぼ垂直に墜落した。

事故調査の結果、メイン・ローター・ブレードが回転面内でローター・シャフトの回転より進んだり（リード）遅れたり（ラグ）する運動（リード・ラグ）を減衰させるダンパーの機能が失われたため、ローター・ブレードが異常な運動をしてブレードを保持している機構が破壊され、ブレードが胴体を叩いて機体を破壊したものと推定された。ただし、ダンパーの機能喪失については、減衰用液体の流失やダンパー・シャフトの破断などが疑われたが、その原因を特定することはできなかった（事故の 1 年半後、シコルスキーは、ダンパーと減衰用液体貯留槽との間にある簡易脱着装置を取り外す設計変更を行うことを決定し、NTSB は、それを是正措置として適切と評価した。）[16]。

そして、この事故から 3 ヶ月も経たないうちに、同じ会社の同型式ヘリコプター（**図 8-8**）が同一路線で墜落し、乗客乗員 21 名全員が死亡するという惨事が繰り返された。

1968 年 8 月 14 日 10 時 26 分、ロサンゼルス・エアウェイズ 417 便、S-61L 型機は、乗客 18 名及び乗員 3 名を乗せ、ロサンゼルス航空のランプ・エリアからディズニーランドのヘリポートに向かって出発した。10 時 33 分、管制（ロサンゼルス・ヘリコプター・コントロール）が同機にレーダー・サービスの終了を連絡し、同機が管制に謝意を告げたが、これが同機からの最後の通信となった。

地上の多数の目撃者は、同機が通常に飛行していた時に突然、大きな音とともにメイン・ローターの1枚のブレードがメイン・ローター・ディスクから分離し、同機が高度1,200～1,500ftから旋回しながら墜落していったと証言した。

メイン・ローターの5枚のブレードはそれぞれスピンドルによってローター・ヘッドに取り付けられていたが、そのスピンドルの1つが

図8-8　2件目の事故機（1963年撮影：R.J. Boser）

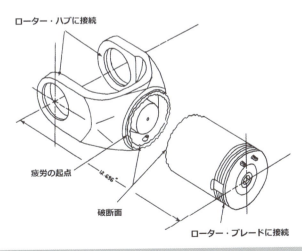

図8-9　疲労により破断したスピンドル[17]

墜落現場から約1/4マイル離れた地点で発見された。当該スピンドル
は、疲労亀裂によって破断していた（図8-9）。

　事故調査の結果、この疲労破壊は、スピンドルの材料に微細な不均
一組織があったこと、ショット・ピーニング（多数の微小金属球を吹き
付ける作業で、吹き付けられた材料表面の残留応力による疲労強度増加作用
がある）が適切に実施されなかったこと、ショット・ピーニングが行
われていない材料表面へのニッケルの鍍金が疲労強度に悪影響を与え
たことなどによって引き起こされたことが判明した。

　当該スピンドルは、メイン・ローター・ヘッドの一部として1,200
時間毎にオーバーホールされており、事故までに6回オーバーオール
されていたが、第5回目のオーバーホール時に鍍金の損傷が見つかり、
当該スピンドルを再鍍金することになった。しかし、再鍍金の作業指
示書からショット・ピーニングの項目が削除されていたため、ショッ
ト・ピーニングは実施されなかった。この削除の理由について、作業
監督者は、過去にショット・ピーニングされていたので再度実施する
必要はないと考えたと述べた。

　事故調査の一環として、当該スピンドルと同様に再生作業時に
ショット・ピーニングされなかった2つのスピンドルの疲労試験を実
施したところ、それらの疲労寿命は、再生作業時にショット・ピーニ
ングされたものの平均寿命の約1/5〜1/10に過ぎないことが判明し
た。

　事故報告書は、シコルスキー社が当該スピンドルの再生作業時に
ショット・ピーニングを行わなかったことは、顧客指示及び自社基準
から逸脱するものであったと批判している。

　また、事故の2か月前に行われた当該スピンドルの第6回目のオー
バーホールでは、ロサンゼルス・エアウェイズが磁粉探傷検査を行っ
たものの亀裂は発見されなかったが、事故報告書は、亀裂は検査時点
で発見可能な大きさになっていた筈であることも指摘している。

　このスピンドルは、型式証明においては、疲労寿命制限が課せられ
ていなかった。しかし、これは再生作業を考慮したものではなく、また、
型式証明における重要（major）な変更と軽微（minor）な変更を判別

する基準によって再生作業が軽微と分類されたため、当該作業内容は
FAA に通知されていなかった。NTSB は、FAA が再生作業内容を承知
しないまま、スピンドルの疲労寿命が無制限とされていたことを批判
し、FAA に対して、安全上重要な部品に影響を与える全ての型式証
明の変更についての監督を強化するように勧告を行った。勧告を受け、
FAA は、シコルスキー社の品質管理と修理作業を再点検するとともに、
同社に対する監督を強化した[17]。

［洋上飛行間隔の安全論争（1964 〜 69）］

　現代の安全管理の様々な分野においては、具体的な数値的安全目標
を定め、その目標が達成されるか否かを定量的解析で確認すること
が広く行われているが、このような手法が航空分野に一般的に適用
され始めたのは 1960 年代のことである。航空機設計においては、自
動着陸装置の安全性解析に関する英国耐空性基準 BCAR（British Civil
Airworthiness Requirements）の適用指針に定量的リスク評価基準がとり
入れられ、その後、FAA もこれを踏襲し、FAR 適用指針に同様の定
量的基準を導入した[18, 19]。
　一方、航空管制の分野においては、北大西洋航空路上の飛行間隔を
めぐる 1960 年代の安全論争の中で、数値的安全目標を設定し、定量
的解析によって目標達成の可否を判定する手法が確立された。この
安全論争における定量的解析による安全性評価手法の確立の過程は、
様々な分野における安全性評価一般にとって重要な示唆を含むものと
思われるので、その概要を以下にご紹介する。

横飛行間隔の短縮（120nm → 90nm）

　1950 年代後半に登場した大型ジェット旅客機は北大西洋上の航空
交通を飛躍的に増大させ、1960 年代中期には、北大西洋を横断する
旅客機は年間約 10 万便に達した。このような洋上の航空交通量の急
激な増大の一方、VOR 等の無線航行援助施設や地上レーダーによっ
て自機の位置を確認できる陸上飛行とは異なり、慣性航法や衛星航法
がなかった当時の洋上飛行では、自機の飛行位置を正確に知ることは

144 第8章

できなかったため、空中衝突を避けるためには航空機相互の飛行間隔を大きくとる必要があった。当時の北大西洋では航空路相互の横の間隔は120nm（緯度2度）が設定されていたが（垂直方向の飛行間隔は高度29,000ft以上で2,000ft、縦の飛行間隔は最低15分であった。）、航空路の混雑によって、航空機は、しばしば希望コースから北又は南に240nm離れた航空路や燃料消費率の悪い低高度を飛行することを強いられ、時にはニューファンドラント島などで途中給油せざるを得ないこともあった。

このため、航空会社団体のIATA（国際運送協会：International Air Transport Association）は、1960年代初めに、北大西洋上の横の飛行間隔を直ちに120nmから90nmに縮小し、最終的には60nmまで短縮すべきであるとICAOに提案した。この提案の根拠は、北大西洋上で航空機が航空路から横に逸脱する距離は45nmを超えることはなく、従って横の飛行間隔を90nmにしても何ら問題はないというものであった。

FAAは、この提案の妥当性を調査するため、巨額の費用を投じてニューファンドランド、アイルランド及び船上にレーダーを設置し、1962年2月から1963年9月の間、北大西洋上を飛行する航空機の航空路逸脱のデータを取得した。1964年に公表された調査結果は、1,000回の飛行のうち、30回は40nm以上、6回は56nm以上、1回は72nm以上の逸脱があるが、逸脱は速やかに認知され直ちに航空路へ復帰するので、航空路から40nm以上逸脱している時間は全飛行時間の微小部分に過ぎないとするものであった。この結果はIATAの提案の正当性を裏付けるものと解釈され、ICAOは北大西洋の横の飛行間隔を120nmから90nmに縮小することを承認した。

しかし、航空会社のパイロットは、北大西洋上で航空路を45nm以上逸脱することは頻繁に発生しており90nmの間隔は安全を確保し得ないとして、間隔縮小に強く反対した。パイロットの一部は、離陸後北大西洋上の平行航空路を割り当てられるところまで飛行したところで、管制官に自機の航空路から90nm離れた隣の航空路上の同高度に他機がいるかどうかを確認し、もしそうであればその航空路の割り当てを拒否するという抗議行動を開始した。このため、燃料消費率の悪い低高度を割り当てられて消費燃料が著しく増大し、時には途中給油

が必要となる航空機が増加した。この状況を打開するため、FAA は
公聴会を開くことを決定した。

横飛行間隔の 120nm への復帰と再調査

　1966 年 4 月に開催された公聴会では、IATA は 90nm の横間隔は
安全であると主張したが、IFALPA（航空会社操縦士協会国際連合：
International Federation of Air Line Pilots' Associations）はそれに反駁し、
FAA 調査の妥当性が議論された。議論の過程で、FAA 調査で用いら
れたレーダーの位置が不適切であり、測定できなかった航空機の中に
航空路を大きく逸脱したものが多く含まれていたのではないかという
疑問が持ち上った。FAA は調査が不十分であったことを認め、新た
な調査による結論が得られるまでは、北大西洋上の横の飛行間隔を
120nm に戻すこととなった。

　新調査には RAE（英国王立航空研究所：Royal Aircraft Establishment）
も参加し、航空機位置データの取得は、計測レーダー数を増やして、
1967 年 7 月から 1968 年 3 月の間、14,000 件以上の飛行データを取得
した。新調査では計測不能データ数がごく少数に止まり、信頼性の高
い結果が得られ、その結果、40nm 以上横方向に逸脱して飛行してい
る時間が全飛行時間の約 1％に達していることが判明した。

　実測調査が進む一方で、1965 年に設立された ICAO の NAT/SPG
（North Atlantic Systems Planning Group）において、飛行間隔の安全性
についての検討が行われることになったが、議論を始めてみると、定
性的な議論のみでは、次のような基本的な疑問にも回答を与えること
ができないことが判明した。

　その一つは、隣接する航空路が同方向である場合と反対方向である
場合のいずれが空中衝突のリスクが高いかという疑問であった。ある
者は、同方向がより危険である、なぜなら、同方向に向う 2 機は並ん
で飛行する時間が長いので接近している危険な時間が長いが、反対方
向では接近は一瞬であると主張した。一方、これに反対する者は、衝
突は横・縦・垂直の三方向の飛行間隔が同時に失われた場合に発生す
るが、反対方向に飛行する 2 機では縦の飛行間隔がすれ違う際に必ず
零になるので、この時に他の二つの飛行間隔が失われれば衝突が発生

するが、同方向に飛行する 2 機の航空機は三つの間隔が何らかの不具合によって同時に失われなければ衝突しないので、反対方向に飛行する方がより危険であると考えた。

また、別の疑問は、航空機が高度を正確に維持すればするほど空中衝突の危険が高まるのではないかという、一見逆説的なものであった。この疑問の理由は、隣接する航空路を飛行する 2 機が正確に同一高度を飛行している場合は、航法装置の故障などで 1 機が航空路を水平方向に大きく逸脱すれば、衝突の危険性は極めて大きくなるが、高度維持の精度があまり良くなければ、水平方向に 2 機が接近しても、垂直方向に高度差があるので危険性はあまり大きくならないのではないかというものであった。

さらに、最も根本的な問題は、北大西洋上では一度も空中衝突が発生していないのにその危険性をいかにして云々できるのかということであった。これらの疑問に答えるためには、定性的な議論では不十分であり、リスクを定量的に示すことのできる数学的モデルの構築が必要という認識が関係者間で共有されるようになった[20]。

航空機衝突モデルの構築

その定量的リスクを評価する数学モデルは、RAE の Reich によって開発された。Reich は、航空機が占める空間を直方体で近似し、その空間内に他の航空機が侵入する事象を空中衝突として、その発生頻度を算出する数学モデルを構築した。具体的な空中衝突リスクは、そのモデルに、航空機が航空路から逸脱する頻度、航空機同士の接近速度などのパラメーターを当てはめる必要があったが、それらのパラメーターは次のようにして決定された。

航空機の航空路からの横方向の逸脱についてはレーダーの実測データから、垂直方向の逸脱については航空機の運動方程式等から、それぞれの逸脱量の確率分布が推定された。航空機同士の接近速度については実測データ等から一定の仮定の下に算定された。

このモデルの構築において、Reich はいくつかの仮定を行っているが、その中で特に重要なものは、航空機が航空路を横方向に逸脱する量と垂直方向に逸脱する量は相互に関連がないということと、バイ

ロットの衝突回避操作の効果は考慮しないということであった[21]。この第一の仮定については、実測によりその妥当性が確認され、第二の仮定については、その正確な見積りの困難性と衝突率を安全側に見込むという観点から是認され、空中衝突リスクを評価するモデルが完成した。

　そして、ここで初めて、120nm の間隔と 90nm の間隔の安全性を定量的に評価することが可能になり、120nm の間隔では空中衝突の確率が 1,000 万飛行時間当り 0.1 回、90nm では 0.6 回と算出された。次に問題となったのは、これらの値は「安全」なものであるかどうかということであった。理想論を言えば、死亡事故の発生は皆無でなければならず、空中衝突の発生確率も零でなければならないが、その確率を零にするためには、飛行間隔を限りなく大きくするほかはない。そこで空中衝突についての安全目標が設定されることになった。

安全目標の設定

　検討された安全性評価の方法のひとつに費用効果分析があったが、空中衝突による損失の算定には人命の価格評価が必要であり、当時はその評価を行うことが困難であったことから、費用効果分析は断念された（現在は、米国の新政策の採用の可否を決める際には、このような評価が実施されている[22]。）。

　そこで、安全目標を設定するため、他の 2 つの手法が検討された。第一の方法は、航空輸送の安全性を他の社会活動の安全性と比較して目標を決定するという方法であった。比較の具体的な対象としては、地上の公共輸送機関、一般の社会生活、労働災害の三つが候補とされたが、比較対象候補の選定理由が曖昧であるなどとされ、この方法も採用されなかった。

　最終的に採用された方法は、航空輸送の過去の安全性の実績を基に目標値を設定するというものであった。この方法により、横方向の飛行間隔が失われることによる空中衝突の発生確率は、1000 万飛行時間当り 0.15 から 0.40 回またはそれ以下でなければならないという安全目標値が設定された。

　その後、この目標値は、1975 年に 1000 万飛行時間当り 0.20 回以下

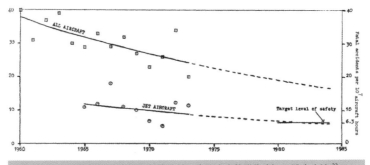

図8-10 安全目標（1975年修正値：全死亡事故発生率）の設定方法[23]

と修正されたが、その際の具体的算定方法は次のとおりである。航空事故の過去の発生傾向から、将来の死亡事故の発生率の最大許容値を1000万飛行時間当り6.3件とし（**図8-10**）、次に、過去の事故の発生状況などを考慮して巡航中の事故が全事故に占める割合を1/3と仮定して、巡航中の死亡事故発生率の許容値を1000万飛行時間当り2.1件とした。さらに、空中衝突によるものを巡航中の1/4、空中衝突のうちで横方向の飛行間隔が失われることによるものは1/3とし、最終的に、横方向の飛行間隔が失われることによる空中衝突の発生率の許容値を1000万回当り0.2回以下とした[23]。

論争の決着

横方向の飛行間隔が失われることによる空中衝突の発生確率を指標とする安全目標が1000万飛行時間当り0.15から0.40回またはそれ以下と設定されたのに対し、120nmの間隔ではその確率が1,000万飛行時間当り0.1回、90nmでは0.6回と算出されことにより、120nmでは安全目標を達成できるが、90nmは達成できないと一応の評価が下されたが、この定量的評価はどれだけ信頼できるものであったのであろうか。

この評価に当っては、関係者はできる限りの正確性を期したが、評価の過程では多くの仮定と近似がなされ（そのほとんどは安全側の仮定または近似である）、その結果の数値は決して厳密なものとは言えない。しかしながら、問題解決の過程で最も重要であったことは、航

空当局、航空会社、パイロット等の関係者が率直に意見を交換し、問題点を整理してその本質を理解しようと努めたことであり、おそらく、当時の関係者もこのリスク分析は決して完璧なものではないことを熟知しつつ、現実に選び得る最善の方法としてこれを是認し、その分析結果に従ったのではないであろうか。

いずれにせよ、この評価の結果、90nm の間隔はそのままでは受け入れることができなくなったが、その一方、120nm では航空交通の過密化に対処することはできなかった。そこで考案されたのが複合飛行間隔であった。複合飛行間隔とは、航空路の横間隔は 60nm に縮小するが、同高度にある航空路は 120nm 間隔となるように、隣接する航空路の高度を縦方向にずらした飛行間隔方式である。この方式が考案された理由は、前述の数学モデルにより、空中衝突のリスクは、横方向の飛行間隔が失われることによるもの（隣接する同高度の航空路上の二機の衝突）が垂直方向、縦方向の飛行間隔が失われることによるものよりはるかに大きく、また、航空機が航空路から垂直方向と横方向に同時に逸脱する確率は、高度制御システムと水平方向の位置制御システムの独立性から、極めて低いと評価されたことによる。この方式は ICAO で承認され、暫くの間、北大西洋航空路に適用された。

やがて、洋上の航法はロランやドップラー・レーダーの利用から INS/IRS の慣性航法、衛星航法へと進み、現在では、一定の条件を満たした航空機には洋上でも 30nm の横間隔を適用することが可能となったが、1960 年代の北大西洋上航空路の安全論争によって生み出された飛行間隔についての安全性評価の考え方の基本は現在も変更されていない。

参考文献

1. Boeing, "727 Commercial Transport Historical Snapshot", <http://www.boeing.com/history/products/727.page>, 2016
2. Kent, R. J. Jr., "Safe, Separated, and Soaring", FAA, Washington, 1980
3. Civil Aeronautics Board, "Accident Investigation Report, United Air Lines, Inc., Boeing 727-22, N7036U, In Lake Michigan, August 16, 1965", 1967
4. Civil Aeronautics Board, "Aircraft Accident Report, American Airlines, Inc., Boeing 727, N1996, Near the Greater Cincinnati Airport, Constance, Kentucky, November 8, 1965", 1966

150 第8章

5. Spady, A.A. Jr., and Harris, R.H. Sr., "How a Pilot Looks at Altitude", NASA Technical Memorandum 81967, 1981

6. Flight Safety Foundation CFIT Task Force, "Aircraft Equipment Team Final Report", 1999

7. Civil Aeronautics Board, "United Air Lines, Inc., Boeing 727, N7030U, Salt Lake City, Utah, November 11, 1965", 1966

8. 運輸省航空局、「航空機事故調査報告書 全日本空輸株式会社 ボーイング式 727 型 JA8302 東京湾 昭和 41 年 2 月 4 日」、昭和 45 年

9. 柳田邦男、「マッハの恐怖」、フジ出版、昭和 46 年

10. 山名正夫、「最後の 30 秒」、朝日新聞社、昭和 47 年

11. Civil Aeronautics Board, "Notice of Proposed Rule Making, Installation of Cockpit Voice Recorders in Large Airplanes Used by an Air Carrier or a Commercial Operator", 1963

12. Briddon, A.E., Champie, E.A., and Marraine, P.A., "FAA Historical Fact Book", 1974

13. Federal Aviation Administration, FAR Amendment No. 21-16, 25-15, 37-14, 121-30, "Crashworthiness and Passenger Evacuation Standards; Transport Category Airplanes", 1967

14. Federal Aviation Administration, FAR Amendment No.121-9, "Landing Performance Operating Limitations for Turbojet Powered Transport Category Airplanes", 1965

15. Federal Aviation Administration, Advisory Circular No. 91-79A Change 2, "Mitigating the Risks of a Runway Overrun upon Landing", 2018

16. National Transportation Safety Board, "Aircraft Accident Report, Los Angeles Airways, Inc., Sikorsky S-61L, N303Y, Paramount, California, May 22, 1968", 1969

17. National Transportation Safety Board, "Aircraft Accident Report, Los Angeles Airways, Inc., S-61L Helicopter, N300Y, Compton, California, August 14, 1968", 1969

18. Federal Aviation Administration Aviation, "Notice of a new task assignment for the Aviation Rulemaking Advisory Committee; Transport Airplane and Engine Issues", 2002

19. Charnley, C., "The RAE Contribution to All-Weather Landing", Journal of Aeronautical History Volume 1, Paper No. 2011/ 1, 2011

20. Machol, R. E., "An Aircraft Collision Model", Management Science, Vol. 21, No. 10, 1975.

21. Reich, D. G., "Analysis of long range air traffic systems separation standards", Journal of the Institute of Navigation, Vol.19, Nos. 1, 2, and 3, 1966.

22. U.S. Office of Management and Budget, "2015 Report to Congress on the Benefits and Costs of Federal Regulations and Agency Compliance with the Unfunded Mandates Reform Act", 2015

23. International Civil Aviation Organization, "Circular 120-AN/89/2: Methodology for the Derivation of Separation Minima Applied to the Spacing between Parallel Tracks in ATS Route Structures, Second Edition", 1976

第 9 章
航空機整備方式の革新、空中衝突事故、CFIT と GPWS 義務化 (1960 年代末～ 1970 年代前半)

　本章では、航空機整備方式の革新、空中衝突事故、CFIT 事故と GPWS 装備義務化など、1960 年代末から 1970 年代前半の出来事をご紹介する。

[B747 の登場と新整備方式]

　1970 年に就航した B747 (**図 9-1**) は、搭乗旅客数がそれまでのジェット旅客機の 2 倍以上の超大型機であり、航空輸送の様々な分野を大きく変革し、整備方式にも革新をもたらした。

図 9-1　B747-100 (1982 年 Eduard Marmet 撮影)

DC-3、DC-4などが航空輸送の主力機種であった時代は、「航空機構成部品の多くは、使用時間とともに故障率が増大するので、故障率が増大する前に分解検査を行い、磨耗部分などを交換すれば故障率を増大させずに信頼性を向上させることができる」という考えから、飛行時間数千〜1万数千時間ごとに機体を分解検査して部品を修理・交換するオーバーホールが行われていた。

その後、1940〜1950年代に、オーバーホール間隔が部品ごとに定められるようになり、また機体のオーバーホールも、運航休止時間を短縮し、整備員の作業量の集中を避けるため、時期をずらして機体各部を分割して検査するプログレッシブ・オーバーホールが採用されるようになったが、この頃までは整備の主体がオーバーホールであることには変わりがなかった。

ところが、オーバーホールのために装備品を取り下ろしてみると、その多くは状態が良好で継続使用が可能であったため、やがて、分解をせずに機能などを検査し、検査結果が基準を超えた場合にのみ、交換、修理などの必要な措置を行うオン・コンディション方式が導入されるようになった。

さらに、1960年代になると、航空機の部品・装備品の多くは、使用時間が進んでも、老朽期のような故障率上昇期を示さないことが判明した。

ユナイテッド航空は、航空機部品の故障率について広範な調査を実施したが、その結果は、部品全体の数パーセントを占める単純な部品は使用時間とともに故障率が増大するが、大半を占める複雑な部品は使用時間が進んでも故障率が顕著には増加しないというものであった（図9-2）。

使用時間にかかわらず故障率が変わらないのであれば、整備を行って新造期の状態に復しても故障率は改善されないことになり、定期的な整備を行う意義がないことになる。このため、使用時間が進んでも故障率が増大しないと考えられる部品については、定期的な検査・修理・交換などを行わず、故障発生率などのデータをモニターし、故障率が増大する傾向がみられるなどの変化があった場合に必要な措置を

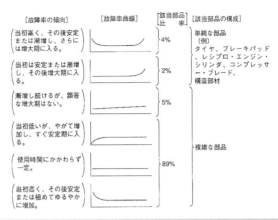

図 9-2 使用時間に対する航空機部品の故障率の推移
（文献 1 のデータより作成）

講じるコンディション・モニタリング方式を適用してもよいのではないかと考えられるようになった[注1]。

これらの新しい知見に基づき、1968 年、米国航空輸送協会（Air Transport Association of America）の航空機整備方式検討チーム（Maintenance Steering Group；主要航空会社及び機体とエンジンのメーカーで構成され、航空安全当局、米海軍なども協力）は、B747 の整備方式の指針として MSG-1[2] を作成し、1970 年には DC10、L-1011 等の整備方式の指針となる MSG-2[3] も作成し、航空機整備方式の新しい時代を切り開いた[注2]。

（注1）ただし、この方式の対象部品は、故障するまで使用することが許容されることになるので、多重化などにより故障しても安全性に影響しないものなどに限定される。また、複雑なものは使用時間が進んでも故障率が増大しないとされるのは、主にシステム構成部品について当てはまることであり、機体構造では、腐食・応力腐食などの環境劣化や疲労損傷の発生の可能性が使用とともに高まる。構造の重要な部位は、偶発損傷、環境劣化及び疲労損傷のそれぞれについて評価を行う必要があるが、これら 3 種類の損傷のうち、発生率が使用時間に対し一定

であるのは偶発損傷のみである。

（注 2）その後、1980 年に B757/767 等のために MSG-3[4] が作成された。MSG-1、
2 では、定期的な分解検査・修復・交換などを行うハード・タイム（オー
バーホール）方式、定期的な機能検査の結果により継続使用の可否を
決めるオン・コンディション方式、定期的な整備を行わず故障率など
のデータをモニターするコンディション・モニタリング方式の 3 つの
整備プロセスによって整備作業を分類したのに対し、MSG-3 では、整
備作業を整備タスク（給油、検査、修復、廃棄等）で分類し、故障の
発見可能性や安全性への影響度合いにより、当該部品に適用する整備
タスクを決定するロジックを設定している。構造については、MSG-3
もシステム部品とは別の評価方式を適用しており、重要構造部位を偶
発損傷、環境劣化及び疲労損傷のそれぞれについて評価している。

［旅客機と小型機の空中衝突］

米国では、1956 年のグランド・キャニニオン上空での旅客機同士
の空中衝突事故後も 1960 年及び 1965 年にニューヨーク上空で旅客機
同士が空中衝突するなど、様々な対策にもかかわらず、重大な空中衝
突事故が引き続いた。

1966 年以降は旅客機同士の空中衝突は発生しなくなったが、当時
の米国では自家用機などの一般航空機（General Aviation）が急増し、
IFR（Instrument Flight Rules: 計器飛行方式）で飛行する高性能の航空
会社機と VFR（Visual Flight Rules: 有視界飛行方式）で飛行する一般航
空機が空港周辺空域で混在し、航空会社 IFR 機と一般航空 VFR 機と
の空中衝突のリスクが高まっていた。

空中衝突やニアミスを防止するための航空管制システムの改善は進
んでいたが、空中衝突防止の切り札となる航空機搭載型の衝突防止装
置はまだ実用化されておらず、1960 年代後半から 1970 年代初めの時
期にも多数の犠牲者を生じる重大な空中衝突事故が発生した。

1967 年 3 月 9 日、オハイオ州デイトン

1967 年 3 月 9 日、オハイオ州デイトン空港に着陸するために降下中の TWA の DC-9 が小型双発機（ビーチクラフト B-55）と空中衝突し、両機の搭乗者 26 名全員が死亡した。

デイトン空港の管制官は、VFR 飛行を行っていた小型機の存在を事前に把握しておらず、また、小型機にはトランスポンダーが搭載されていなかったためレーダー画面上には小型機の識別記号が表示されていなかった。しかし、管制官は、レーダー画面上に低速度で移動する機影があることに気付き、衝突の 18 秒前、「右前方 1 マイルの距離に低速度機あり。」と DC-9 に警告した。

衝突の 14 秒前、DC-9 の機長は「了解。」と回答したが、回避操作は行われず、DC-9 は小型機に左後方から追突し、小型機は空中分解し、DC-9 は操縦不能となって墜落した。衝突直前の DC-9 の速度は 323kt、降下率は 3,500ft/min であった。事故後、操縦室の音声記録を調べたところ、DC-9 の乗員が小型機を視認した形跡はなかった。

事故報告書は、事故原因については、DC-9 の乗員が小型機を視認して回避しなかったことを主因、DC-9 の過大な速度等を関与要因とするとともに、衝突防止装置については、実用化されれば航空の安全に大きく寄与するものと考えられるが、現状はまだ実験的開発段階であると述べている [5]。

1967 年 7 月 19 日、ノースカロライナ州ヘンダーソンビル

1967 年 7 月 19 日、ピードモント航空の B727 と小型双発機（セスナ 310）がノースカロライナ州ヘンダーソンビル上空の高度 6,132ft で空中衝突して墜落し、両機の搭乗者 82 名全員が死亡した。

当時、B727 はアッシュビル空港を出発して上昇しながら左旋回を行っており、小型機は同空港に向かって水平飛行中であった。両機とも IFR で飛行中であり、事故原因は、小型機が承認された飛行経路を逸脱して B727 に割り当てられていた空域に侵入したこととされた。事故報告書は、小型機の経路逸脱の理由は特定できなかったとしながらも、小型機が管制の指示について誤解又は混乱した可能性があるとしている。

小型機は、シャーロッテ空港からアッシュビル空港に向かって出発し、飛行中にアトランタ航空路管制センターからアッシュビル VOR まで飛行する許可を得た際に、アッシュビルでは ILS 進入となるだろう（expect ILS approach at Ashville）と告げられていたが、アッシュビルの管制官は小型機を ADF 進入させる予定としていた。

その後、小型機の管制はアトランタ航空路管制センターからアッシュビルのアプローチ・コントロール（入域管制）に移管されたが、小型機がアプローチ・コントロールに最初にコンタクトした時には進入方式についての指示はなく（FAA の当時の規定では、入域管制機関が着陸機に進入方式を伝える時期は、最初の無線交信時又はその後のできるだけ早い時期とされていた。）、アプローチ・コントロールが小型機に ADF 進入になると通知したのは衝突直前の 1 分 16 秒前であり、その通知の了解が小型機からの最後の通信となった。

事故報告書は、進入方式伝達の遅れが小型機の管制指示についての誤解又は混乱に関与したのではないかとして、管制承認の復唱（リードバック）の義務化、飛行経路承認に係る管制用語の改正を勧告するとともに、レーダーの設置促進を勧告した（アッシュビル空港には空港監視レーダーが設置されておらず、管制官が離着陸機の飛行状況を十分に監視できていなかった。）[6]。

1969 年 9 月 9 日、インディアナ州フェアランド

1969 年 9 月 9 日、アルゲニー航空の DC-9 と小型単発機（パイパーPA-28）がインディアナ州フェアランド付近の上空で空中衝突し、両機の搭乗者 83 名全員が死亡した。DC-9 は管制のレーダー誘導を受けながら降下飛行を行っており、小型機は訓練生が単独で VFR 飛行を行っていたが、両機は高度約 3,550ft において衝突した。

事故報告書は、この空中衝突の原因として、IFR 機と VFR 機が混在する空港周辺空域においても空中衝突防止を目視回避に依存していること、レーダーの航空機探知能力には限界があることなどを挙げている。

DC-9 は管制の指示により高度 6,000ft から 2,530ft まで降下する途中であったが、その降下経路には、高度 4,000ft 付近まで視界を妨げる

雲があり、DC-9 が雲から抜け出てから高度 3,550ft で小型機に衝突するまでの時間は 14 秒程しかなかったものと考えられている。事故報告書は、DC-9 と小型機の乗員が全ての注意力を外部監視に向けていたとしても、相手機を視認して回避するための十分な余裕時間はなかったとしている。

　一方、地上で航空機を監視していたレーダーとしては、インディアナポリス航空路管制センターの航空路監視レーダーとインディアナポリス空港の空港監視レーダーの 2 台があったが、そのいずれも小型機の機影を探知できず、DC-9 に小型機の存在を事前に警告できなかった。事故報告書は、2 基の独立したレーダーが小型機の機影を捉えることができなかった理由について、次のように述べている。

　航空路監視レーダーは、当時、逆転層（通常は高度が上がるにつれて低下する気温が逆に上昇している大気の層）があったため、異常な表示が出ないように出力を下げて運用していた。低出力では、異常表示が抑制される一方、探知能力も下がるため、小型機を捕捉できなかったものと考えられ、事故後に行われた検証実験でも低出力では同型機を探知できなかった。一方、空港監視レーダーは普通の出力で運用されており、通常であれば小型機の機影が表示された筈であったが、事故報告書は、逆転層がレーダーの探知能力を低下させていたか又は管制官の注意がレーダーから逸れていたため、このレーダーでも小型機を発見することができなかったとしている[7]。

［旅客機と軍用機の空中衝突］

　空中衝突を防止するため、レーダーや管制情報処理システムの整備、空域の改善などが図られ、さらに、1972 年にはそれまで大型機と一部の小型機のみに義務化されていた衝突防止灯が原則として全ての動力機に義務化され[8]、1973 年には飛行高度を送信する機能を有するトランスポンダー（モード C）の装備が必要な空域を指定・拡大することも発表された[9]。しかし、衝突防止装置はまだ実用に至らず、1970 年代以降も旅客機を巻き込む重大な空中衝突事故が発生することとなる。

また、FAA 発足によって民間機と軍用機の飛行空域の調整管理が改善されたにもかかわらず、再び民間機と軍用機の重大な空中衝突が発生した。

1971年6月6日、カルフォルニア州ドゥワーテ

1971 年 6 月 6 日、ソールトレイクに向かってロサンゼルス空港を出発したヒューズエアウエストのDC-9は、カルフォルニア州ドゥワーテ付近の高度約 15,150ft において、ロサンゼルス航空路管制センターの指示を受けて上昇中、VFR 飛行中の米海兵隊の戦闘機（F-4B）（図 9-3）と空中衝突し、DC-9 の全搭乗者 49 名と戦闘機のパイロット 1 名が死亡した。戦闘機にはパイロットの他に機上レーダー操作員が搭乗していたが、射出装置で脱出し、生還した。

戦闘機は、事故の前々日にカリフォルニア州の海兵隊航空基地から 2 機編隊で訓練飛行に出発したが、出発直後にトランスポンダーが故障し、さらに酸素供給システムの故障とレーダーの機能低下も発生した。経由基地ではこれらの故障を修復することができず、酸素供給システムの故障のため、低空を飛行することになった。

事故当日、戦闘機は、天候や空域の混雑状況を考慮して予定経路より東を飛行していたが、飛行中に 360°エルロン・ロール（補助翼の操作で 360°の横転を行う曲技飛行）を行い、その約 1 分 20 秒後、DC-9 と衝突した。

生還した機上レーダー操作員は、衝突時の状況について、次のように証言した。

図 9-3　McDonnell F-4B Phantom II（1968 年 RGSchmitt）

「機上レーダーは機能が低下していたため下方の地形を表示する
モードで使用しており、DC-9を機上レーダーで探知することはでき
なかった。衝突の約3〜10秒前にレーダー画面から目を離して頭を
上げたが、その時に右下方にDC-9を発見し、パイロットに大声で警
告した。パイロットはすでに回避操作を始めていたが、間に合わなかっ
た。DC-9は回避操作を行っていなかった。衝突後、機体が激しく横
方向に回転し、機内では多数の警報灯が点灯した。5秒待ってから、
射出装置を作動させて脱出し、パラシュートで地上に降下した。」

　事故後の調査により、パイロットも脱出を試みたが、射出装置の故
障で脱出できなかったことが判明した。同型機の射出装置には、後部
座席が先に射出されると前席が射出されない不具合が報告されてお
り、同型機全機に改修が予定されていたが、当該機の改修は未実施で
あった。

　事故報告書は、双方の乗員が相手機を視認・回避できなかったこと
を事故原因とする一方、当時の状況では実際に回避するのは困難で
あったとも述べている。事故報告書によれば、機体の単純な大きさか
らは衝突の35秒前から相互に相手機を発見することも可能であった
が、相手機の位置が視界の周辺部にあり、また、その相対位置がほと
んど変化しないまま高速で接近していたため、DC-9は、戦闘機を発
見することが遅れて回避操作ができず、戦闘機のパイロットは、衝突
の約8〜10秒前にDC-9を発見したが、状況判断に数秒を要して回
避操作を開始したのは衝突の約2〜4秒前であった。

　戦闘機が衝突前に曲技飛行を行っていたことについては、事故報告
書は、曲技飛行中は他機を視認する能力が低下することは明らかであ
り、曲技飛行用の空域の外で曲技飛行を行ったことは無分別な行為で
あるものの、曲技飛行実施時には両機が約13マイル離れていたこと
から、曲技飛行と衝突との間には直接の因果関係はなかったとしてい
る。

　一方、地上では、ロサンゼルス航空路管制センターがDC-9の飛行
を地上レーダーで監視していたが、戦闘機のトランスポンダーが故障
していたためレーダー画面には戦闘機の識別記号が表示されず、その
機影も表示されなかったため、管制センターからDC-9に事前の警告

が与えられることはなかった。機影が表示されなかった理由としては、戦闘機の小さなレーダー反射断面積（物体がレーダー電波を反射する尺度）、逆転層の存在が挙げられている。

　事故報告書は、事故発生に関与したその他の要因として、IFR 機と VFR 機との間に安全な飛行間隔を設定できない空域において IFR 機と VFR 機を混在させていたこと、トランスポンダーが故障していたにもかかわらず戦闘機の乗員が地上レーダーからの支援（アドバイザリー・サービス）を求めなかったことなどを挙げている [10]。

　事故発生から 12 日後の 1971 年 6 月 18 日、FAA は、空中衝突防止のために軍用機の VFR 飛行を最小限とする軍との共同プログラムを発表した。これにより、軍の固定翼機はできる限り IFR で飛行することとされた [11]。

　そして、この事故から 2 か月足らずの後、日本で旅客機と自衛隊機との空中衝突が発生した。

1971 年 7 月 30 日、岩手県雫石

　1971 年（昭和 46 年）7 月 30 日、岩手県雫石町上空において全日空 B727-200 型機と航空自衛隊 F-86F-40 型機が空中衝突し、B727 の搭乗者 162 名全員が死亡した。この事故は、当時、犠牲者数において世界最大であった。

　B727 は、計器飛行方式による飛行計画で東京国際空港へ向け、千歳飛行場を離陸し、管制承認に従ってジェットルート J11L を高度 28,000ft で水平定常飛行していた。

　一方、F-86F は、訓練飛行のため VFR による飛行計画で、教官機および訓練機の 2 機編隊により松島飛行場を離陸し、横手訓練空域の北部をその一部として含む臨時の訓練空域に向かった。岩手山付近上空において、教官機は 180 度の右旋回をしたのち若干の直進を行ない、さらに左旋回を開始し、訓練機が教官機のこの行動に追従した。教官機が左旋回を続行し、訓練機が教官機に追従していた時、全日空機と訓練機が接触し、両機は操縦不能となり墜落した。訓練生は、訓練機がきりもみ状態になって墜落中、緊急脱出のため射出レバーを引とうとしたが、手がとどかず脱出できなかったが、風防が離脱しているの

に気がついたので安全ベルトをはずし、自力で機体から脱出して落下
傘を開傘させ、降下した[12]。
　事故報告書は、この空中衝突の推定原因について、次のように述べ
ている。

「第1の原因は、教官が訓練空域を逸脱してジェットルート J11L の中
に入ったことに気がつかず機動隊形の訓練飛行を続行したことであ
る。このことは、教官が指揮した機動隊形の旋回訓練には、上下、左
右、前後に非常に大きな飛行空間を必要とするものであるにもかかわ
らず、比較的狭い訓練空域で高々度において地文航法のみによって訓
練を行なったため、正確な機位の確認ができなかったためと考えられ
る。

　第2の原因は、
(1) 全日空機操縦者にあっては、訓練機を少なくとも接触約7秒前か
　ら視認していたと推定されるが、フライト・データ・レコーダの
　接触前の記録に機体の反応が示されていなかったことからみて、
　接触直前まで回避操作が行なわれていなかったことである。この
　ことは、全日空機操縦者が訓練機と接触すると予測しなかったた
　めと考えられる。
(2) 教官にあっては、訓練生が全日空機を視認する直前に訓練生に対
　し接触回避の指示を与えたが、訓練機の回避に間に合わなかった
　ことである。このことは、教官が全日空機を視認するのが遅れた
　ためであると考えられる。
(3) 訓練生にあっては、接触約2秒前に自己機の右側やや下方に全日
　空機を視認し、直ちに回避操作を行なったが、接触の回避に間に
　合わなかったことである。このことは、訓練生が機動隊形の旋回
　飛行訓練に経験が浅く、主として教官機との関係位置を維持する
　ことに専心していて、全日空機を視認するのが遅れたためである
　と考えられる。」[12]

　事故報告書は、空中衝突の再発を防止するため、姿勢を頻繁に変更

する飛行等の航空交通管制区・管制圏における原則禁止、操縦者の見張り義務の法的明確化、特別管制空域及びレーダー管制空域の拡大[注]や管制情報処理システムの導入などによる航空路のポジティブコントロールの徹底、トランスポンダーの搭載促進、衝突回避装置の開発などを勧告するとともに、航空事故原因の公正かつ迅速な究明のため、独立した常設の事故調査委員会の設置を勧告した[12]。

　事故発生から 8 日後の 8 月 7 日、中央交通安全対策会議（会長：内閣総理大臣）において、事故後に設けられた「航空交通管制連絡協議会」（総理府、外務省、運輸省、防衛庁等の関係省庁で構成）で策定された「航空交通安全緊急対策要綱」が正式に決定され、民間空港空域・航空路と自衛隊機訓練試験空域との完全分離、VFR 訓練飛行等の高度制限、特別管制空域の新設・拡大、航空路・航空交通管制区を横切る自衛隊機専用回廊の設定などが行われることとなった。

　また、事故後に日本の管制システムを調査した FAA の専門家は、管制官等の増員及び訓練の充実、空域管理の改善、特別管制空域の設定及び同空域内でのトランスポンダー搭載義務化、レーダーの整備促進[注]などを勧告した[13]。

（注）当時、日本の民間航空用長距離レーダー（航空路監視レーダー）は 2 基のみであった。

［CFIT と GPWS］

　現在の民間ジェット機の最大死亡事故形態は、LOC-I（Loss of Control in Flight: 飛行中のコントロールの喪失）であり、近年では、LOC-I の犠牲者数が CFIT（Controlled Flight into Terrain: コントロール可能状態での地表面等への衝突）を大きく上回っている（**図 9-4**）[14]。しかし、かつては CFIT が最大の死亡事故形態であった。

　CFIT 事故は、1970 年代以降、減少に転じたが、その最大の功績は GPWS（Ground Proximity Warning System: 対地接近警報装置）にあるとされる（**図 9-5**）[15]。そして、その装備が義務化されるきっかけとなったのは、米国における 1970 年代前半の一連の CFIT 事故であった。

163

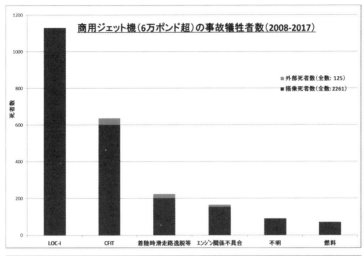

図 9-4　商用ジェット機事故の犠牲者数
(2008 〜 2017：ボーイング・データ[14] による)

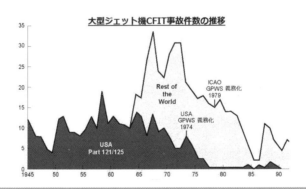

図 9-5　大型ジェット機 CFIT 事故件数の推移[15]

1971 年 2 月 17 日、ミシシッピ州ガルフポート

　1971 年 2 月 17 日、サザン航空の DC-9 は、ミシシッピ州ガルフポート空港への着陸進入中、送電線に接触して機体を損傷したが、復行して無事着陸することができた。進入中、操縦を行っていた副操縦士は霧で視界が遮られる中で滑走路を視認しようと懸命になり、機長も

チェックリストに気を奪われて高度計をモニターしなかった。同機の高度計には設定高度以下に降下すると警報を発する機能を有していたが、それも故障していた。

事故調査を行った NTSB は、FAA に対して、進入中に降下率が過大となった場合や意図せずに最低降下高度又は決心高以下に降下した場合に警報を発する GPWS の開発を行うように勧告した[16]。

NTSB は、これ以前も高度低下を警報する装置について勧告を行っていたが、「地表面接近（Ground Proximity）」の警報と明示した勧告はこれが初めてであり、この勧告後、1972 年前半にさらに 2 件の CFIT 事故[17,18]（その 1 件は、この事故以前の 1970 年 11 月 14 日に発生したサザン航空 DC-9 の CFIT 事故（75 名死亡）であるが、勧告発出は後になった。）に関して GPWS 装備を求める勧告を発出した。

そして、1972 年末、当時の最新鋭機であったロッキード L-1011 型機が墜落し、多数の犠牲者を生じる CFIT 事故が発生した。

1972 年 12 月 29 日、フロリダ州エバーグレイズ

1972 年 12 月 29 日、乗客 163 名乗員 13 名が搭乗したイースタン航空 401 便ロッキード L-1011 型機（図 9-6）は、マイアミ国際空港の西北西 18.7 マイルの地点に墜落し、乗客 94 名乗員 5 名が死亡した（その後、さらに 2 名が墜落時の負傷が原因で死亡。）（図 9-7）。

図 9-6　事故機（1972 年 Jon Proctor）

図 9-7 墜落現場（FAA 資料）

　同機は、ニューヨークの JFK 空港を出発後、順調に飛行を続けてマイアミ国際空港へ進入を開始した。しかし、進入中に前脚が下げ位置に固定されていることを示す表示灯が点灯しなかったため、機長は、進入を中断して高度 2,000ft まで上昇し、前脚の状態を確認することにした。事故当時、視界は良好であったが、月明かりのない暗闇の中の飛行であった。操縦室には、機長、副操縦士及びセカンドオフィサー（航空機関士の業務を行う操縦士）が乗務し、ジャンプ・シートに整備士が着席していた。

　前脚の状態を確認するために高度 2,000ft に上昇してから墜落するまでの最後の 7 分間の飛行経過は、CVR、DFDR、管制交信記録等から、次のように推定された（**図 9-8**）[19]。

- 23 時 35 分、同機は、上昇後、2,000ft で水平飛行に入り、管制の指示で、旋回して方位 360°に向かった。
- 23 時 36 分、副操縦士は、機長の指示によりオートパイロットを作動させた。同機は、管制の指示で、方位 300°へ左旋回した。副操縦士は、前脚位置指示灯のレンズ・アセンブリーを取り外したが、元に戻す時に引っかかって、なかなか戻すことができなかった。
- 23 時 37 分、機長は、セカンドオフィサーに前方電気室に降りて前脚の状態を確認するように指示した。同機は、下方への 0.04G の加速

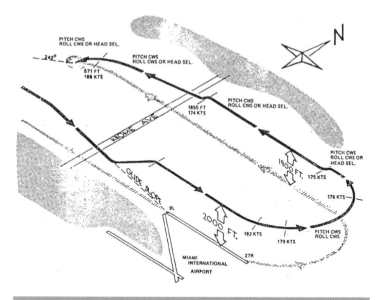

図 9-8　事故機の推定飛行経路 [19]

度が生じて 100ft 降下したが、機首上げ操作で降下が停止した。同機は、管制の指示で、方位 270°へ左旋回した。

23 時 38 分、機長は、戻ってきたセカンドオフィサーに、再度、前方電気室に降りて前脚の状態を確かめるように指示した。

23 時 39 分～41 分、機長と副操縦士は、前脚位置指示灯について議論を行っていた。

23 時 40 分、設定高度から 250ft 逸脱したことを知らせる警報音が 0.5 秒間鳴動したが、修正操作は行われなかった。

23 時 41 分、セカンドオフィサーが操縦室に頭を出して、「何も見えない。真っ暗闇で、少し光を当てたが、何も分からない。」と言った。乗員と操縦室に同乗していた整備士が前脚格納室の照明について議論を行い、整備士はセカンドオフィサーを助けるために電気室に降りていった。マイアミ空港の管制官は、同機の高度表示が 900ft になっていることに気付いたが、高度表示の一時的変化はよくあることなので同機の安全は心配しなかったが、同機が自分の管轄空域の

境界に近づいてきたため、「イースタン401、そっちはどうなっているんだ？」と問いかけた。401便は、「オーケー、旋回して戻る。」と返答し、管制官は、「イースタン401、方位180に左旋回せよ。」と指示した。401便は、指示を了解し、左旋回を開始した。

23時42分05秒、副操縦士が「高度がおかしい。」と言い、機長が「何だ？」と応じた。

23時42分07秒、副操縦士が「我々はまだ2,000ftにいる筈では？」と聞くと、機長が「おい、ここで何が起こっているんだ？」と叫んだ。

23時42分10秒、電波高度計の警報音が鳴動した。

23時42分12秒、事故機は、左に28°傾いて地上に激突した。

　事故報告書は、乗員が気付かないままに事故機の高度が低下し続けたことについて、次のように推定している。

　同機は、進入を中止して高度2,000ftまで上昇し、オートパイロットによって高度が維持されていたが、23時37分頃、約100ft降下した。この降下のタイミングは、機長がセカンドオフィサーに電気室に降りて前脚の状態を確認させる指示を行った時期と一致しており、機長がセカンドオフィサーに話しかけようと振り向いた時に操縦輪を押してオートパイロットの高度維持モードを解除した可能性がある。

　乗員は高度維持モード解除に気付かず（モード解除自体の表示は目立つものではなかった）、さらに、最後の4分間、全ての乗員が前脚の不具合に集中して誰も高度計等の計器をモニターしていなかったため[注]、高度低下が継続して墜落に至ったものであり、事故報告書は、自動化の進展によって乗員はオートパイロットを過信するようになり計器表示によって飛行状況を監視することが疎かになってきたと述べ、自動化への依存傾向に警鐘を鳴している。

(注) 飛行状況のモニターなどの操縦室内業務の適切な配分については、この事故の6年後のユナイテッド航空DC-8の墜落事故（乗員間のチームワークの欠如による燃料枯渇が原因）を契機にCRM（Cockpit/Crew Resource Management）訓練の義務化が図られることとなる。

また、管制官が、事故機の高度表示が低下したことに気付きながら適切な対応ができなかったのは、事故機から直ぐに応答があったことに加え、レーダーの誤表示はよくあるので、直ちに危険となる状況ではないと思い込み、担当していた他の4機への対応を続けたことによるものであった。NTSBは、当時のレーダー・システムには航空機が地表面に異常接近した場合に警報を発する機能がないことを指摘し、異常降下時に管制官が乗員に助言できるプログラムを開発するようFAAに勧告している（この勧告に対しては、航空機が地上に異常接近した場合に警報が出るレーダー・システムの機能（MSAW: Minimum Safe Altitude Warning）が開発され、1976年からその運用が開始されることとなる[11, 20]。）。

　一方、前述の1971年の事故で勧告されていたGPWSについては、この事故の報告書が取りまとめられた1973年6月にはGPWSを大型機に装備義務化させる規則改正作業がすでに着手されていたので[21]、NTSBはFAAにその改正作業を迅速に行うよう求めた。しかし、GPWS義務化前にCFIT事故がさらに続き、1974年9月11日、地上の霧で視界が遮られる中、ノースカロライナ州シャーロットの空港に進入中のイースタン航空DC-9が滑走路手前3.3マイルに墜落し、71名が犠牲となった（事故の29日後、さらに1名が死亡）[22]。

　そして、この事故の翌日、1974年9月12日、GPWSを航空会社のタービン機に装備義務化する案が発行されたが[23]、その3か月後、またも旅客機が地表面に激突して多数の犠牲者を生じる事故が発生した。

1974年12月1日、バージニア州ベリービル

　TWAのB727は、乗客85名乗員7名を乗せ、オハイオ州コロンバス空港を出発し、ワシントン・ナショナル空港に向かったが、強い横風のためナショナル空港には着陸できず、目的地をダレス国際空港に変更した。

　TWA機がダレスに向かって降下し、高度7,000ftに達したことを管制に通報すると、管制官は、「TWA514便、滑走路12へのVOR/DME進入を許可する（TWA514, you're cleared for a VOR/DME approach to runway 12.）」と告げた。この許可について、機長は、初期進入高度の

1,800ft までの降下開始の指示と解釈したが、管制官は、航空機側の責任で航行の安全を確保しながら進入してよいという許可に過ぎないと考えていた。

　この許可には高度に関する指示が含まれていなかったが、機長は、管制から初期進入高度までの許可が出たのだから、その高度までの安全は確保されている筈と思い込み、雲で視界が悪く風が強い中、高度1,800ft まで降下した。

　TWA 機が降下していった区間の最低安全高度は 3,400ft であり、その高度は運航チャートの平面図（plan view）に記載されていたにもかかわらず、機長がなぜ 1,800ft まで降下する判断をしたのかが事故調査の焦点となった。事故報告書は、機長の判断に影響を与えた可能性のあることとして、3,400ft の最低高度が運航チャートの平面図には記載されていたが側面図（profile view）には記載されていなかったことを挙げ、また、レーダー誘導（レーダー・ベクター）においては乗員が参照する運航チャートに記載された最低高度より低い最低誘導高度（Minimum Vectoring Altitude: レーダー誘導時に管制官が航空機に指定できる最低高度）への飛行が指示されることがあるので、機長がそのような指示を受けたと誤解した可能性などを挙げている。

　一方、当時の FAA の管制規則には、「地形等のために制限なく降下することができない場合は、管制官は、① 制限がなくなるまでは進入許可を発出しないこと、若しくは、② 何時又はどの地点で制限なく降下できるかを明示して進入許可とともに高度制限を通知すること。」と規定されていた（事故後の公聴会において、FAA は、当時の TWA 機は自らの責任において航行していたのであるから、この規則は適用されないと主張した。）。

　TWA 機 1,800ft まで降下したが、その前方には高さ 1,764ft の丘があった。高度 1,800ft を維持できていればかろうじて丘を越えることができたが、乱気流等のためか、TWA 機は高度 1,800ft から 100 〜 200ft 沈下した。電波高度計の警報が鳴り、機長が推力増加を指示した直後、TWA 機は山腹に激突し、機体は大破して搭乗者全員が死亡した（**図 9-9、図 9-10**）。

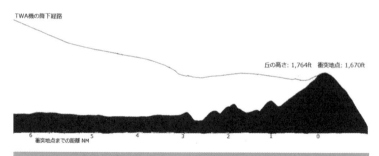

図9-9 TWA機の降下経路（事故報告書の図を一部加工）

図9-10 飛行方向から見た衝突地点（NTSB資料）

　事故調査を行ったNTSBでは、事故の主因について委員の間で意見が分かれ、事故報告書には、3名の委員による多数意見の推定原因とともに、2名の少数意見が付記されている[24]。

　3名の委員による多数意見は、乗員が進入区間に達する前に1,800ftに降下する決断を行ったことが主因であるとしながらも、乗員がこのような決断を行ったのは、航空管制の手続きが不適切かつ不明瞭であったためにパイロットと管制官がお互いの責任範囲について誤解した結果であるとし、FAAがこのような問題を数年前から知っていながら放置していたことなどを関与要因とした。

　一方、2名の委員は、主因を乗員側にのみ求めた3名の委員の多数意見に強く反対し、主因は管制官と乗員の双方にあるとした。少数意

見によれば、管制官が VOR/DME 進入を許可した際に高度制限を付さなかったこと及び乗員が運航チャートに記載されていた最低高度を遵守しなかったことが相俟って、乗員が早まって 1,800ft へ降下するに至ったものであるとしている。

　管制官の措置が主因の一部であるか否かについて意見が分かれた最大の理由は、TWA 機の降下がレーダー管制下にあったか否かについての見解が一致しなかったことである。

　事故後の公聴会で FAA は、当時はレーダー管制下にはなかったと証言したが、航空会社の乗員は、レーダーでモニターされ指示を受ければレーダー管制下である筈と述べた。当時の FAA の管制規則の定義が曖昧であったため、TWA 機は管制の指示の下に飛行していたのか、それとも TWA 機は自らの責任で地表面との安全間隔を維持しなければならなかったのか、関係者間の意見が分かれたのであった。

　このように、事故の主因については意見が分かれたものの、管制用語の解釈の混乱が安全上の大きな問題となっていることについては委員の意見が一致し、NTSB は FAA に対して管制用語の明確化等に関する 14 件の勧告を行い、FAA は関連規則の改正等を行った。

安全報告制度の発足

　TWA 機事故によって、多くの安全対策が実施されることとなったが、安全報告制度の発足もそのひとつである。

　TWA 機事故の 6 週間前、ほぼ同一の場所で他社機が管制から滑走路 12 へ VOR 進入の許可を得て 1,800ft まで降下する事例が発生していた。同機は無事着陸したが、着陸後に乗員が進入経路を確認したところ、最低高度以下に降下していた事実が判明した。機長は、進入許可を直ちに進入高度へ降下せよという指示と解釈し、最低高度を見落として 1,800ft に降下していた。機長は、所属会社がその年の 1 月から始めていた匿名の社内安全報告制度を利用し、この事例を会社に報告した。

　同社の担当者は、ダレス空港の FAA 担当者にこの事例を報告したものの、進入機はレーダーでモニターされることと、当該進入経路のチャートを見せた数人の乗員の中には高度制限を見落とす者はいな

かったことから、FAA に是正措置を求めなかった。

　その一方、同社内の乗員には、進入許可の意味や降下開始前に全ての高度制限を確認することなどについて注意を喚起する文書を配布した。

　事故報告書は、同社の安全報告制度を高く評価する一方、この事例が事故発生前に TWA 等の他社に共有されなかったことは痛恨の極みであると述べ、また、事故調査の公聴会では、潜在的危険性を孕んだインシデント情報が共有されない根源的理由は懲戒の恐れであることが指摘され、その恐れのない航空界全体での安全報告制度の確立を強く望む意見が述べられた [24]。(ニアミス報告については、1956 年以降、自発的安全報告制度が断続的に運用されていたが（第 6 章参照）、ニアミス報告以外では非懲罰的な安全報告制度はなかった。)

　FAA は、事故後の 1975 年 5 月に「航空安全報告プログラム（Aviation Safety Reporting Program）」と題するアドバイザリー・サーキュラーを発行し、非懲罰的な匿名の安全報告制度を開始した。しかしながら、乗員等への懲戒権を有する FAA 自身が運用する同制度は、FAA が懲戒は行わず匿名性も保たれると保証したにもかかわらず、報告件数が極めて少数に止まった。

　このため、FAA は、中立第三者機関である NASA に同制度の運用を委ねることとし、名称も ASRS（Aviation Safety Reporting System）と改められた安全報告制度が 1976 年 4 月 15 日から運用開始され [25]、その後、多くのインシデント等の潜在的危険性を有する情報が同制度に報告され、航空界に広く共有されていくこととなった。

GPWS の装備義務化

　TWA 機の事故が発生した当時、FAA は、その 9 か月前にパリ郊外に墜落したトルコ航空 DC-10 の事故について厳しい批判に晒されている最中であった。TWA 機の墜落によって、米議会は、FAA の安全対策に対する批判をさらに強め、早急に GPWS の装備義務化を図ることを FAA に迫り、FAA も規則改正作業を加速させ [11, 26]、TWA 機事故から半月余りの 1974 年 12 月 18 日、米国航空会社のタービン機に GPWS を装備義務化する規則が制定された [27]。なお、当初、装備期限は、

1975 年 12 月 1 日までとされていたが、技術的問題等により 1976 年末まで延長された[28]。

　GPWS は、運用開始当初は誤警報などがあり、乗員の信頼を十分に得ることができない時期もあったが、改良によって信頼性が向上し、CFIT 事故防止に多大の貢献を果たした。GPWS 装備義務化は国際基準にも採用され[29]、またその装備義務化対象機も拡大されるとともに、近年では、地形情報等も組み入れて、従来型 GPWS の弱点とされていた切り立った地形等にも対応できる機能拡張型の EGPWS/TAWS（Enhanced GPWS / Terrain Awareness and Warning System）に発展している。

参考文献

1. Nolan, F.S. and Heap, H.F., "Reliability-Centered Maintenance", U.S. Department of Commerce, 1978
2. Air Transport Association 747 M Steering Group, "Handbook - Maintenance Evaluation and Program Development – MSG-1", 1968
3. Air Transport Association R&M Subcommittee, "Airline/Manufacturer Maintenance Planning Document – MSG-2", 1970
4. Air Transport Association, "Operator/Manufacturer Scheduled Maintenance Development – ATA MSG-3, Revision 2002.1", 2002
5. National Transportation Safety Board, "Aircraft Accident Report, Trans World Airlines, Inc., Douglas DC-9, Tann Company Beechcraft Baron B-55, In-Flight Collision, Near Urbana, Ohio, March 9, 1967", 1968
6. National Transportation Safety Board, "Aircraft Accident Report, Piedmont Aviation, Inc., Piedmont Airlines Division, Boeing 727, N68650, Lanseair Inc., Cessna 310, N3121S, Midair Collision, Hendersonville, North Carolina, July 19, 1967", 1968
7. National Transportation Safety Board, "Aircraft Accident Report, Allegheny Airlines, Inc., DC-9, N988VJ and Forth Corporation, Piper PA-28, N7374J, 4 miles northwest of Fairland, Indiana, September 9, 1969", 1970
8. Federal Aviation Administration, "FAR Amendments 23-11; 25-27; 27-6; 29-7; and 91-90, Anticollision Light Standards", 1971
9. Federal Aviation Administration, "FAR Amendments 71-8; 91-116, ATC Transponder and Automatic Pressure Altitude Reporting Equipment Requirements", 1973
10. National Transportation Safety Board, "Aircraft Accident Report, Hughes Air West DC-9, N9345, and U.S. Marine Corps F-4B, 151458, Near Duarte, California, June 6, 1971", 1972
11. Briddon, A.E., Champie, E.A., and Marraine, P.A., "FAA Historical Fact Book", 1974
12. 全日空機接触事故調査委員会、「航空事故報告書、全日本空輸株式会社ボーイング 727-200 型 JA8329、航空自衛隊 F-86F-40 型 92-7932、雫石町上空、昭和 46 年 7 月 30 日」、昭和 47 年

174 第9章

13. 運輸省航空局、「米連邦航空庁フレナー報告書 要約および勧告」、昭和46年

14. Boeing Commercial Airplanes, "Statistical Summary of Commercial Jet Airplane Accidents, Worldwide Operations, 1959–2017", 2018

15. ICAO/FSF CFIT Task Force, "Controlled Flight Into Terrain Education and Training Aid", 1998

16. National Transportation Safety Board, "Aircraft Accident Report, Southern Airways, Inc., Douglas DC-9-15, N92S, Gulfport, Mississippi, February 17, 1971", 1971

17. National Transportation Safety Board, "Aircraft Accident Report, Southern Airways, Inc., DC-9, N97S, Tri-State Airport, Huntington, West Virginia, November 14, 1970", 1972

18. National Transportation Safety Board, "Aircraft Accident Report, Northeast Airlines Inc., McDonnel Douglas DC-9-31, N982NE, Martha's Vineyard, Massachusetts, June 22, 1971", 1971

19. National Transportation Safety Board, "Aircraft Accident Report, Eastern Air Lines, Inc., L-1011, N310EA, Miami, Florida, December 29, 1972", 1973

20. FAA Response dated 5/31/77 to NTSB Recommendation A-73-046

21. Federal Aviation Administration, "Advance Notice of Proposed Rule Making, Ground Proximity Warning Devices", 1973

22. National Transportation Safety Board, "Aircraft Accident Report, Eastern Air Lines, Inc., Douglas DC-9-31, N8984E, Charlotte, North Carolina, September 11, 1974", 1975

23. Federal Aviation Administration, "Notice of Proposed Rule Making, Ground Proximity Warning Systems, Turbine-Powered Airplanes", 1974

24. National Transportation Safety Board, "Aircraft Accident Report, Trans World Airlines, Inc., Boeing 727-231, N54328, Berryville, Virginia, December 1, 1974", 1975

25. Reynard, W.D., and et al, "The Development of the NASA Aviation Safety Reporting System", NASA, 1986

26. Preston, E., "Troubled Passage", FAA, 1987

27. Federal Aviation Administration, "Final Rule, Ground Proximity Warning Systems, Turbine-Powered Airplanes", 1974

28. Federal Aviation Administration, "Special Federal Aviation Regulation No. 30, Ground Proximity Warning Systems, Turbine-Powered Airplanes", 1975

29. International Civil Aviation Organization, "Amendment 13 to Part 1 of Annex 6 to the Convention on International Civil Aviation", 1978

第 10 章
与圧構造破壊事故（1971 〜 1974）

　本章では、1970年代前半に欧州と米国で発生した一連の与圧構造破壊事故とそれらの背景についてご説明する。これらの事故は JAL123 便事故等のその後の与圧構造破壊事故にも関わりがある。

[与圧機の登場]

　1930年代までの旅客機は与圧システムを装備していなかったために5,000ft 〜 10,000ft の低高度の不安定な大気の中を飛行しなければならなかったが、1940年代に与圧客室を備えた旅客機が登場し、空の旅の快適性と定時制が大きく向上した。世界初の与圧旅客機は、B-17 爆撃機をベースに開発されたボーイング307（図 10-1）であり、1940年にパンアメリカンと TWA の路線に就航し、その後、ロッキード・コンステレーションなどの与圧旅客機が相次いで登場した。

　与圧は客室の快適性を大いに高めたが、その一方、機体構造に大きな負担を与え、1950年代に世界初のジェット旅客機であるデ・ハビランド・コメットが与圧胴体構造の疲労破壊による連続墜落事故を発

図 10-1　B307（Boeing）

生した（第5章参照）。そして、1970年代前半、再び与圧構造破壊による重大事故が欧州と米国で相次いで発生した。

［バンガードの墜落］

1971年10月2日、ロンドンからザルツブルクに向け飛行していたBEA（British European Airways）のビッカース・バンガード951は、巡航高度19,000ftに到達して数分後に突然操縦不能になり、垂直に降下中であることを告げる緊急通信を管制に送信し、その54秒後に地上に激突して乗員乗客63人が死亡した。

墜落現場には機体の主要部分が埋まった約6mの深さの穴が開き、その周囲約300m半径の範囲に残骸が散乱した（**図10-2**）。事故機は初飛行から12年が経過した経年機であり、後部圧力隔壁には腐食から亀裂が進行していた。左右の水平尾翼と昇降舵は、空中で機体から分離し、墜落現場から数km離れた場所で発見された。

事故後の残骸調査と検証実験によって、後部圧力隔壁で徐々に進行

図10-2　墜落現場（穴の周辺に残骸が散乱）[1]

していた亀裂が一定の長さに達したところで、与圧荷重により破壊が一気に拡大し（図10-3）、隔壁が破壊して与圧空気が水平尾翼内に侵入し、水平尾翼構造が損傷して水平尾翼と昇降舵が空中で機体から分離したことが判明した。事故報告書は、与圧構造（後部圧力隔壁）破壊による与圧空気の非与圧区域（水平尾翼内部）への流入について、次のように述べている[1]。

「当該尾翼の設計基準は、空気力学的荷重により生じるもの以外は、尾部構造の内部に相当程度の差圧が生じる可能性を考慮していなかった。本事故以前の経験と知識からは、尾部構造内部に内圧が生じることを想定するのは困難であったものと考えられる。」

これは、この事故以前には与圧空気が非与圧区域である尾部の内部構造に侵入して内圧によって構造が破壊されることを予見することは困難であり、設計基準もそのようなことは想定していない事実のみを

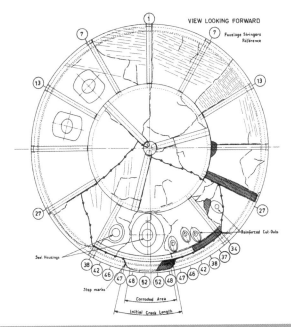

図 10-3　後部圧力隔壁の亀裂の進行
（図下部の上の矢印が腐食の範囲、下の矢印が事故前までに進行していた亀裂の範囲で、飛行中に一気に隔壁中心部まで亀裂が拡大。）

178　第 10 章

述べたものであり、事故報告書は、事故機と同様に客室（与圧区域）
と尾部（非与圧区域）とを隔壁で隔てている他の旅客機についての事
故防止策に踏み込むことはなく、与圧空気流入に対する非与圧区域の
防護に関する勧告等は行われなかった。

［アメリカン航空 DC-10 の急減圧］

　1972 年 6 月 12 日、アメリカン航空の DC-10 -10 は、乗客乗員 67 名
を乗せてデトロイト空港を離陸したが、5 分後に高度 11,750ft を上昇
中、操縦系統に異常が生じ、機体が右に偏向した。機内に減圧が生じ、
中央エンジンと方向舵が操作不能となり、昇降舵の操作も困難となっ
たが、乗員は協力して機体を無事着陸させることに成功した[2]。
　事故後の調査で、出発前に作業員がロックされていない貨物ドアを
無理やり押し込んで閉め、貨物室ドアが不完全なロック状態で出発し
たため、飛行高度が 11,750ft に達したところで機内外の圧力差でドア・
アクチュエーターの取付けボルトが破断してラッチが外れ、貨物室ド
アが引きちぎられ（**図 10-4**）、貨物室内が急減圧して客室との間に生
じた圧力差により客室床面が崩落し、床面の下を通っていた操縦系統
ケーブル（**図 10-5**）が損傷したことが判明した。

　貨物室ドアのハンドルは、ロックされていなければ閉位置にできな
い筈であったが、強い力でハンドルを押し込んだのでハンドルに連結
している棒が変形したものであった。
　NTSB は、事故から 1 か月足らずの 1972 年 7 月 6 日に FAA 長官に
対して次の勧告を行った。

①貨物室ドアが完全にロックされない限り、操作ハンドルとベント・
　ドア[注] が物理的に閉位置とならないような改修を実施させるこ
　と。（注：貨物室ドアが完全にロックされない場合、ベント・ドアが開
　いたままとなり、作業員に不完全ロックを気付かせるとともに、操縦室
　の警告灯を点灯させる筈であった。）
②貨物室が急減圧した場合の客室床面の荷重ができるだけ小さくな

図 10-4 引きちぎられた貨物室ドア（FAA 資料）

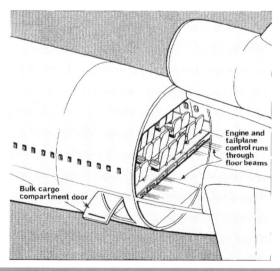

図 10-5 床面下を通る操縦系統ケーブル[3]

るように、客室と後部貨物室の間に圧力解放口（リリーフ・ベント）を設置させること。

　これら2つの勧告のうち、貨物室ドアの改修は、ドアが空中で誤って開放しないことを確実にしようとするものであって、即応的対策であった。これに対し、圧力解放口の設置は、NTSB勧告が「いかなる原因による貨物室の急減圧であっても、飛行の安全が危険に曝されることがあってはならない。」[2]と述べているように、ドアの誤開放以外の原因であっても、急減圧が生じた場合に床面が崩落することを防止しようとするもので、より根本的な対策であった。

　しかし、FAA長官は、勧告の翌日の7月7日、貨物室ドアの改修はマクダネル・ダグラス社のサービス・ブリテンに従って航空会社が実施する見込みであるが、圧力解放口の設置は実施困難であると回答した。

　このように、この時点では根本的対策の実施は見送られたが、即応的対策である貨物室ドアの改修のみでも確実に実施されていたならば、急減圧の再発は防げた筈であった。しかし、この貨物室ドア改修も、後述するように、FAA長官とメーカー・トップとの話し合いによって耐空性改善命令による義務化が回避され、実施作業にミスが生じて急減圧の再発を防止することはできなかった。

［トルコ航空 DC-10 の墜落］

　1974年3月3日、トルコ航空のDC-10-10は、パリ・オルリー空港からロンドンに向かって離陸したが、上昇飛行中、高度約12,000ftにおいて急減圧が発生して操縦不能となり、パリ郊外のエルメノンビルの森に墜落して乗客乗員346名全員が死亡した（**図10-6**）。

　それまでの航空事故による最大の犠牲者数は1973年のヨルダン航空B707の事故による176名であり、その倍近い犠牲者を生じたこの事故の発生は世界に大きな衝撃を与えた。なお、犠牲者の中には日本人48名が含まれており、この事故に対する日本国内の関心は極めて高かった。

図 10-6　墜落現場

　事故調査が始まると、すぐに、この事故は2年前のアメリカン航空機事故と共通点が多いことが判明した。どちらも、不完全に閉められた貨物室ドアのラッチが機内外の圧力差を受けて外れ、貨物室が急減圧したため、貨物室と客室との間に生じた圧力差により客室床面が崩落して操縦系統ケーブルが損傷したことに至るまで全く同じであった。

　ただ異なっていたことは、アメリカン航空機では乗客数が少なく床面の荷重が小さかったのに対し、トルコ航空機は乗客が多く床面荷重が大きかったことであった。このため、トルコ航空機では床面が広範

第 10 章

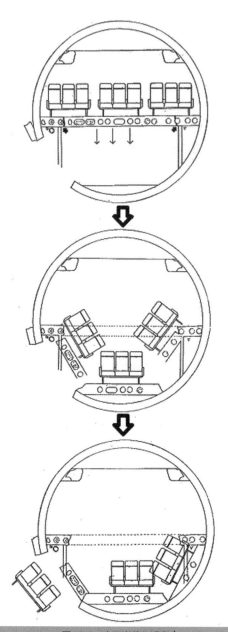

図 10-7　床面崩落の過程 [4]

囲に崩落し、操縦系統ケーブルが切断されて操縦不能となり、6名の乗客が座席とともに機外に吸い出され（図10-7）、6名の遺体と貨物室ドアが発見されたのは機体墜落現場から約15km手前の地点であった[5]。

貨物室ドア改修作業のミス

アメリカン航空機事故の後、前述のとおり、貨物室ドアが不完全なロック状態のまま出発することを防止するため、メーカーのサービス・ブリテンに従って貨物室ドア改修が実施されていた筈であったが、事故機の残骸を調べてみた結果、改修作業にミスがあったことが判明した。

アメリカン航空機事故では、地上作業員が無理に強い力でハンドルを押し込み、ハンドルに連結している棒が変形したため、不完全なロック状態でドアが閉められてしまったので、無理に閉めようとする場合にはさらに大きな力が必要となるようにロック・ピンの取付け位置を変更した上で、連結棒に変形止め金具を取り付ける改修がサービス・ブリテンで指示された。これにより、不完全なロックのまま貨物室ド

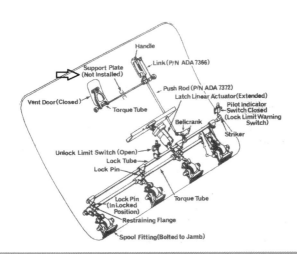

図10-8 貨物室ドア[5]
（変形止め金具（Support Plate）が取り付けられていない状態（矢印））

アを閉めることは不可能となる筈であった。

　事故機の製造記録ではこの改修が実施されたことになっていたが、残骸を調べてみたところ、貨物室ドアの連結棒の変形止め金具（**図 10-8**）が取り付けられておらず、ロック・ピンの取付け位置の調整も不良で（**図 10-9**）、貨物室ドアが完全に閉められてなくてもハンドルは少しの力で押し込むことができたことが判明した。

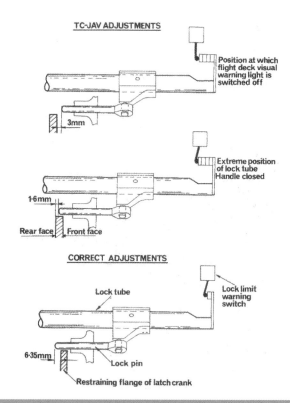

図 10-9　警告灯スイッチとロック・ピンの調整位置[5]
（上の2図は事故機の調整位置、最下図は正しい調整位置（閉位置）。最上図ではロック・ピンがフランジ面3mm手前ですでにスイッチが作動、中間図では閉位置でもロック・ピンはフランジ面から1.6mmしか出ていない。）

これらのことから、次のようにして、事故機は貨物室ドアが不完全に閉められたまま出発したものと推定された[5]。

・貨物室ドアを閉める電気モーターが途中で止まり、ラッチのリンク機構は、押し戻す力が働いても逆回転しないオーバー・センター位置まで動かず、ドアのロック・ピンもかからなかった。
・連結棒変形止め金具がなく、ロック・ピンの取付け位置の調整も不良のため、作業員は少しの力でハンドルを閉位置にすることができ、ロックされていなければ与圧がかからないように開いたままとなる筈のベント・ドアも閉まった。
・作業員はのぞき窓でロックを確認しなかった。（作業員は、その確認を自分でしたことはなく、その目的も知らなかった。また、作業員は英語圏の人間ではなかったため、ハンドルの近くあった英語の注意書きを読めなかった。なお、文献6によれば、本来、この確認作業は彼の職務ではなかった。）
・操縦室の警告灯は、貨物室ドアがロックされていなければ点灯し続け、ロック・ピンがかかるとスイッチが作動して消灯するように調整されている筈であったが、作動位置の調整不良でロック・ピンがかかる手前でスイッチが作動し、消灯した。

事故報告書は、事故機の離陸後については次のように推定している。

貨物室ドアのロック・ピンがかからず、アクチュエーターはオーバー・センター位置まで伸びていなかった。このため、機内外の圧力差によってドアにかかる力がラッチを通じてアクチュエーターの取付けボルトにかかった（**図 10-10**）。

事故機がアメリカン航空機の貨物室ドアが開いた高度とほぼ同じ約12,000ft に達した時、取付けボルトが破断してラッチが外れ、貨物室ドアが機体から分離し、貨物室が急減圧した。客室と貨物室の間に生じた圧力差により客室床面が崩落し、床面の下を通過していた操縦系統ケーブルが損傷し、事故機は操縦不能に陥って墜落した。

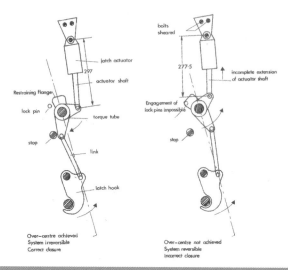

図 10-10　貨物室ドア・アクチュエーター [5]
（左が正常に閉められた状態。右が事故機の状態で、ロック・ピンがかからず、アクチュエーターがオーバー・センターしていないので、取付けボルトに力がかかり破断した。）

事故報告書は最後に、「これらのリスクは、アメリカン航空機事故が発生した 19 ヶ月前に全て明らかとなっていたが、何らの有効な是正措置もとられなかった。」と結んでいる。

発行されなかった AD

また、事故報告書は、安全勧告の中で、アメリカン航空機事故の再発防止のための改修措置が耐空性改善命令（AD: Airworthiness Directive）によって義務化されずに推奨措置に止まったことにより、関係者のしかるべき関心を呼ばなかったことを指摘し、「財政的に如何なる影響があろうとも、安全が重大な危険に曝されるおそれがある場合には必ず AD という強制手続きを選択すべきである。」と述べている。

現在の国際民間航空条約第 8 附属書は、航空機の設計・製造国は耐空性維持に必要な措置を AD として通知しなければならないこと規定しているが（Part II, 4.2 Responsibilities of Contracting States in respect of continuing airworthiness, 4.2.1 State of Design)、当時の第 8 附属書では、設計・製造国のこの責務はまだ発効していなかった[7]。しかしながら、当時の米国連邦航空規則（FAR39）には、不安全な状態が同じ設計のものに発生する可能性が高い場合には AD を発行することがすでに規定されており、貨物室ドア改修に対しては AD が発行されるべきであった。

　では、なぜこの改修措置は AD 化されなかったのであろうか。この経緯については、当時の FAA 西部地方局長バスナイトが覚書を残し[6]、また米議会調査委員会でも証言を行っている。それらによれば、当時のシェーファー FAA 長官は、マクダネル・ダグラス社ダグラス部門のマクゴーエン社長に対し、電話で、改修は「紳士協定」で行えばよいので AD は発行しないと約束を行い、FAA 西部地方局で作成作業が進んでいた AD 草案を廃棄するように指示した。廃棄された AD 草案は再発防止策の一部のみを対象としていたものであったが、FAA 長官の指示があった後、FAA 西部地方局は、DC-10 貨物室ドアに関する一切の AD の発行を断念した。この結果、DC-10 貨物室ドアに対して AD が発行されるのは、トルコ航空機事故発生後となったのである。

事故後の貨物室ドア改善

　このようにして、事故の 1 年 8 か月前に発出されていた NTSB 勧告（ドアが完全にロックされない限り操作ハンドルとベント・ドアが物理的に閉位置とならないような改修）は、事故後に発行された貨物室ドアに対する AD によってその実施が義務化された。

　義務化された改修により、強い力を加えると変形したハンドルとベント・ドア間の連結棒がなくなり、ハンドル操作の伝達経路が単一になって、ハンドルを下げてロック・ピンがかかってからベント・ドアが閉じることになり、ロックがかかっていないのにハンドルとベント・ドアを閉位置にすることが物理的に不可能となった（**図 10-11**）。なお、これはボーイングがすでに採用していた方式であった。

　さらに、運航中の機体に対する AD による対策に加え、型式証明をこれから申請する大型機に適用される設計基準が 1980 年に改正され、ドアの空中開放を防止するために、外部ドアのロックの直接目視確認、

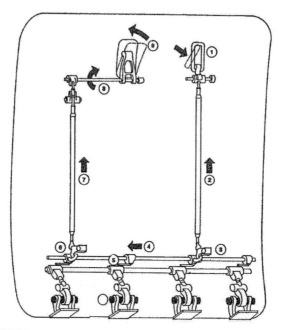

図 10-11　SB52-49 による改修[5]
(①のハンドルを下げると⑤のロック・ピンが左に動く。ロック・ピンがロック位置まで移動しなければ①のハンドルと⑨のベント・ドアは閉位置にこない。)

完全にロックされていない場合の乗員への警報と加圧防止などに関する規定が FAR25.783 に追加された[8]。

(注) トルコ航空機事故の後にもドアの空中開放による重大事故が発生している。1989 年、ユナイテッド航空の B747 の前方貨物室ドアが空中で開き、9 名の乗客が機外に吸い出され、死亡したものと認定された。NTSB は、最初の報告書では、ドアは不完全に閉められていたものとしたが、貨物室ドアを海中から回収して再調査した結果、ドアは一旦ロックされたがスイッチ又は配線の不具合によりラッチが開方向に駆動されたと修正する報告書を公表した[9]。この事故などにより、2004 年に FAR25.783 は抜本的に改正され、ドア操作システムの部品の組立・調整誤りの防止策も講じられた[10, 11]。)

急減圧への対応

　一方、アメリカン航空機事故後に NTSB が根本的対策として勧告した圧力解放口（リリーフ・ベント）については、FAA は、勧告直後には設置に否定的な回答を NTSB に対して行ったものの、その後、マクダネル・ダグラス社に文書で圧力解放口を追加することを検討するように求めた。しかし、同社は、そのようなことは産業界全体が考えるべきことなので同社のみで検討することは拒否すると回答したが、その回答が行われたのは、トルコ航空機事故発生のわずか数日前のことであった。

　なお、貨物室の急減圧に対応するための圧力解放口は、事故当時のDC-10 にも全くなかったのではなく、小規模のものは設置されていた。トルコ航空機事故を調査した米議会委員会において、マクダネル・ダグラス社のダグラス部門の当時の社長であったブリゼンダインは、DC-10 の後方貨物室の圧力解放口の面積は前方に比し小さく、後方の能力は貨物室ドアの数分の一の開口にしか対応できないものであったという趣旨の証言を行っている[4]。同社長はこのような設計となった理由については述べていないが、それは次のようなものであった可能性が考えられる。

　DC-10 に適用された設計基準では、与圧室に複数の区画がある場合は、ドア等の故障等（発生確率が微小と証明されるものを除く）によって開口がどの区画に生じても、飛行・地上荷重を受け持つ構造は開口による急減圧に耐えられなければならないと規定されていたが、想定すべき開口面積についての具体的基準はなかった。このように、設計時においては、貨物室の急減圧を想定するべきであることは規定されていたものの、どのような規模の減圧に対応すべきかについての明確な基準がなかったため、設けることにした圧力解放口の面積については、床面周辺の構造強度に余裕のなかった後方は前方に比して小さくせざるを得なかったのではないかと思われる。

　すなわち、具体的基準のないものはコストや重量管理などの既定の要件から許される範囲で付け足されるに過ぎなかったのではないだろうか。そして、いったん設計が固定化された後では、1972 年にアメリカン航空機の減圧事故が発生し、NTSB の勧告を受けてもなお、構

第 10 章

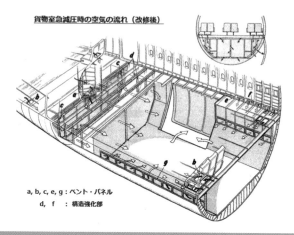

図 10-12　AD による B747 の改修 [12]

造の大幅な変更を伴う改修が拒否され続けることになったのである。

　事故後、広胴旅客機（DC-10、L-1011、B747、A300）に対し、1975〜6 年に AD が発行され、貨物室急減圧時の対応能力を高める改修の義務付けが行われた。航空会社は、コストと重量のペナルティが大き過ぎるとして AD に強硬に反対したが、今回は FAA も反対を押し切って AD を発行し、これらの広胴旅客機に改修が実施された（**図 10-12**）。

設計基準の改正
　さらに、型式証明をこれから申請する大型機に対し、1980 年に設計基準が次のように改正され、想定すべき開口面積が明確化された [8]。

FAR25.365（e）（改正要旨）
与圧室内の仕切り、隔壁及び床は、次の 3 つのどの状態が発生しても、それから生じる圧力の急激な解放に耐えるように設計されなければならない（発生する荷重は終極荷重[注]としてよい）。
　（1）エンジンの分解、飛散による客室の貫通

（2） 客室、貨物室の開口（胴体与圧部最大断面積から算定される面積（最大 20ft^2））

（3） 発生確率が極小と証明されない故障による最大開口

（注） 終極荷重とは、運用中予想される最大荷重（制限荷重）に安全係数（通常、1.5）を乗じたもの

この規定については、次のような経緯がある。

ドア開放による急減圧による最も初期の事故の一つとして、1952年のパンアメリカンの B377 の事故がある。この事故では、不完全に閉められた客室ドアが飛行中に開き、ドア近くの座席に座っていた乗客が吸い出され行方不明になった[13]。

この事故の後、当時の米国の大型機設計基準である CAR 4b の 1953年版の 216（c）（4）項に、

「与圧室が隔壁、床で 2 区画以上に区分されている場合は、主要構造は、外部ドア、窓のある区画における急激な圧力解放に耐えられるように設計されなければならない。これについては、区画に生じる最大開口による影響を検討すること。区画間の差圧を解放する設備がある場合は、その効果を考慮してもよい。」

との趣旨の規定が追加された。この規定は、CAR が 1965 年に FAR に再編纂された時に FAR25.365（e）（f）に受け継がれ、1980 年に上記の改正が行われたものである。

そして、1985 年に発生した JAL 123 便事故の再発防止策として 1990年に当該規定の適用範囲が尾部等の非与圧区域に拡大されることとなるのであるが、この 1980 年改正においては、適用範囲は与圧区域に限定されたままとされ、1971 年のバンガード事故のような、与圧構造（圧力隔壁）の破壊による与圧空気の非与圧区域（尾翼内部）への流入による重要系統の破壊による事故を防止する措置までは講じられなかった。

トルコ航空機事故とバンガード事故とを考えあわせることができたとしたらならば、与圧区域が損傷すれば、噴出空気が非与圧区域に流

入して、そこにある構造、配線、配管等を損傷し、飛行の安全が脅かされ得ることに気付くことができた可能性はあったのかもしれない。しかし、1980年改正ではそこまでの配慮はなされず、急減圧時の非与圧区域の安全性確保を求める設計基準改正は、JAL 123便事故発生後のこととなる。

予見されていた事故の発生

　トルコ航空機事故後、犠牲者の家族は損害賠償を求めて民事訴訟を起こすが、その裁判の過程で、事故の発生がメーカー内部で予見されていたという驚くべき事実が明るみに出た[6]。

　遺族が提起した民事訴訟（ホープ対マクダネル・ダグラス）の裁判には、トルコ航空、マクダネル・ダグラス、その製造下請け会社、FAA等から膨大な証拠資料が提出された。そして、原告側弁護士は、その中にアメリカン航空機事故の発生直後に作成された次の文書が含まれていることを発見した。

　DC-10の胴体はマクダネル・ダグラス社の基本仕様に従って下請け会社であるコンヴェア社が細部設計を行っていたが、そのコンヴェア社の生産技術部長のアップルゲイトは、アメリカン航空機事故の15日後に次のようなメモを上司に送り、DC-10の設計上の問題に対する根本的解決策の実施をマクダネル・ダグラス社に求めることを強く訴えた。

［アップルゲイトのメモ（抜粋）］
1972年6月27日
題：DC-10の将来の事故責任
　いくつかの理由によりDC-10に関し当社に長期的責任が生じる可能性があることが私の懸念を増大させてきている。（略）
　1970年の地上試験で貨物室が爆発的減圧に曝された時に、この飛行機が本質的に破滅的損壊を生じ易いことが実証された。（略）
　1970年7月、ダグラス社は格納庫内でDC-10の2号機の加圧試験を実施した…しかし、前方ドアのラッチが十分にかからなかった。…、客室圧力が3psiに達した時に、前方ドアが激しい勢いで開いた。爆

発的減圧により、客室床が崩落し、床を通っている尾翼操縦索、配管、電線等が不作動となった。この破壊モードは、水平・垂直尾翼と中央エンジンが操作不能となる破滅的なものである。我々は、この是正措置をダグラス社とともに非公式に研究し議論した。それらには、客室床にブローアウト・パネルを設置して、尾翼と中央エンジンが操作不能となることなく、貨物室の爆発的減圧に対処…することも含まれていた。マーフィーの法則が教えるように、今後20年間のうちにDC-10の貨物室ドアが開くことが予見されたので、我々にはそのような措置を行うことが賢明と思えた。

しかし、同時期にダグラス社は自社内で別の是正措置を検討し、貨物室ドアにベント・ドアを付けるという一方的な決定を行った。このようなその場しのぎでは、客室床崩壊というDC-10固有の破滅的破壊モードを是正できないばかりか、ベント・ドア変更の詳細設計は、…元の貨物室ドアのラッチの安全性をさらに低下させるものとなっていた。（略）

1972年6月12日にデトロイトで、…、DC-10が高度12,000ftに到達する前にドアが激しい勢いで開いた時、客室床が崩落し、尾翼と中央エンジンの大部分の制御が失われた。同機が墜落しなかったのは単なる偶然に過ぎない。ダグラス社は再び是正措置の検討を行い、さらなるその場しのぎを行おうとしているように思われる。（略）

貨物室ドアを真にフール・プルーフにして、客室床はそのままにしておけばいいのではないか、という疑問はもっともである。しかし、ラッチをフール・プルーフにすることが可能であったとしても、それはこの飛行機の根本的な欠陥を解決できない。貨物室は、テロ、空中衝突、可燃物の爆発などの多くの原因によって、爆発的減圧を生じ得るのである。（略）

来る20年間のうちにDC-10の貨物室ドアが開くことは不可避であり、それは通常は航空機の墜落という結果になると私は考える。この根本的な破壊モードは、ダグラス社とコンヴェア社の双方の組織の内部で、過去に議論され、現在も再び議論されている。しかし、ダグラス社は、我々か航空会社に費用を支払わせることを期待し、政府の指示又は規則制定を待ち望んでいるように思われる。（略）

根本的な客室床の破滅的破壊モードを是正する改修を DC-10 に施す決定を直ちに行うよう、ダグラス社を説得するために、最高経営レベルで交渉開始することを勧告する。（略）
F.D. アップルゲイト
生産技術部長

　この勧告に対し、アップルゲイトの上司は次のように回答している。

［アップルゲイトの上司の返信（抜粋）］
1972 年 7 月 3 日
発信：J.B. ハート
題：DC-10 の将来の事故責任
参照：F.D. アップルゲイト・メモ、1972 年 6 月 27 日付
　私はアップルゲイト・メモに記された事実又は懸念に異論を唱えない。しかし、本件を考慮する上では別の観点から物事を見る必要がある。（略）
　我々の技術者と FAA の専門家の意見によれば、この設計思想、貨物ドア構造、及び当初のラッチ機構設計は FAA 基準を満足しており、従って本機は理論的には安全で型式証明取得可能である。（略）
　私は、アップルゲイト・メモに的確に示された懸念に基づき、床の圧力解放装備を真剣に検討するようにダグラス社担当部門に勧告することを考慮したが、…、そうしないこととした。（略）
　ダグラス社はそのような勧告を、当初の設計思想に当社が同意したことは誤りでその後に発生した全ての問題と是正措置に責任があったと当社が暗黙に認めたものと直ちに解釈すると私は確信する。（略）
　本件に関するダグラス社との全ての直接の話し合いは、発生する費用の全て又は相当部分を当社が負担しなければならない立場に追い込まれる結果になり得るとの前提に基づくべきであると私は考えている。
J.B. ハート
DC-10 支援事業本部長

つまり、この上司は、アップルゲイトの指摘の技術的正しさを認め
ながら、その指摘をマクダネル・ダグラス社に伝えれば、改修費用は
コンヴェア社の負担になることを懸念したのである。この件を検討す
るコンヴェア社の会議が副社長も出席して行われたが、自社の経済的
負担の増大を懸念するこの上司の見解が支持され、アップルゲイトの
勧告は、却下され、受け入れられることはなかった。

そして、アップルゲイトの予見は 20 年以内の墜落であったが、現
実には、そのわずか 2 年後にトルコ航空機が墜落したのである。

このように、トルコ航空機事故には回避できるいくつものチャンス
があったが、それらはいずれも生かされることなく、346 名が犠牲と
なった。

参考文献

1. Civil Aeronautics Administration, Belgium, "Report on the Accident to BEA Vanguard G-APEC on 2 October 1971", 1972
2. National Transportation Safety Board, Aircraft Accident Report, "American Airlines, Inc., McDonnel Douglas DC-10-10, N103AA, Near Windsor, Ontario, Canada, June 12, 1972", 1973
3. Flight International, 14 March 1974 Article, "DC10: door suspected"
4. Godson, J., "The Rise and Fall of the DC-10", David McKay Publications, 1974
5. Commission of Inquiry, Secretariat of State for Transport, France, "Accident to Turkish Airlines DC-10 TC-JAV in the Ermenonville Forest on 3 March 1974", 1976
6. Eddy, P., Potter, E. and Page, B., "Destination Disaster", Hart-Davis, MacGibbon, 1976
7. International Civil Aviation Organization, Annex 8 to the Convention on International Civil Aviation, Sixth Edition - July 1973, Part II, 4.2, "Information Related to Continuing Airworthiness of Aircraft", 1974
8. Federal Aviation Administration, FAR25 Amendment No. 25-54, "Airworthiness Review Program", 1980
9. National Transportation Safety Board, Aircraft Accident Report, "Explosive Decompression - Loss of Cargo Door in Flight, United Airlines Flight 811, Boeing 747-l 22, N4713U, Honolulu, Hawaii, February 24,1989", 1992
10. Federal Aviation Administration, FAR25 Amendment No. 25-114, "Design Standards for Fuselage Doors on Transport Category Airplanes", 2004
11. F Federal Aviation Administration, AC 25-783-1A, "Fuselage Doors and Hatches", 2005
12. Flight International, 4 Dec. 1976 Article, "Floor-venting the wide-bodies"
13. Civil Aeronautics Board, Accident Investigation Report, "Pan American World Airways, Inc. - Near Rio de Janeiro, Brazil, July 27, 1952", 1952

第 11 章
ウインドシア事故、航空史上最大の事故（1974 ～ 1977）

　本章では、1970 年代のウインドシアによる事故とその防止策及び航空史上最大の事故であるテネリフェでのジャンボ機同士の地上衝突事故についてご説明する。

[ウインドシア]

南太平洋サモアでの B707 墜落
　1974 年 1 月 30 日、オークランド発ロサンゼルス行きのパンアメリカン航空の B707（図 11-1）は、経由地の南太平洋アメリカ領サモアのパゴパゴ空港への着陸進入中、空港の 3,665ft 手前に墜落して機体が大破炎上し、搭乗者 101 名のうち 95 名が死亡した。

　事故の約 10 か月後に公表された事故報告書は、乗員が計器を適切にモニターせず降下率の増加に気付くのが遅れたことが事故原因

図 11-1　事故機（Mike Freer）

であると結論付けたが、この事故調査においては、FDR（Flight Data Recorder）記録の詳細な解析は行われず、事故原因への気象の関与も論じられなかった[1]。

　しかし、墜落直前のFDR記録は、静穏な大気中を降下しているB707の性能データに整合するものではなく、事故機が墜落直前に激しい気流の変化に遭遇していたことを示すものであったが、この事故調査では、その分析が行われなかった。事故機がウインドシア（風速や風向の急変）に遭遇していたことが明らかになり、再調査が実施されるのは、この事故の翌年に発生したイースタン航空機事故の調査の過程で、低高度での気流の急変が進入中の航空機に与える深刻な影響が解明された後のことであった。

ダウンバーストの発見

　1975年6月24日、イースタン航空のB727は、激しい雷雨の中をニューヨークJFK空港に着陸しようとしたが高度が低下し、数本の進入灯支持塔に次々と衝突して空港手前を通過している道路上に墜落し（**図11-2**）、搭乗者124名中113名が死亡した[2]。

　事故発生当時、激しい雷雨があったことから、すぐに気象が事故に関係していることが疑われたが、事故機の直前に同じ滑走路に着陸を試みた航空機の中には、激しい気流の変化により着陸を断念した航空機もあれば、さほどの困難もなく無事着陸した航空機もあり（**図11-3**）、短時間のうちに激しく変化した当時の気象状況の解明は容易ではなかった。

　このような時、事故調査に参加していたイースタン航空の機長が気象学者の藤田哲也に助力を求めた[4]。藤田は、1953年にシカゴ大学気象学教授バイヤーズに招かれて渡米し、1965年から同大学教授に就任していた。藤田は、竜巻の強度を表す尺度（F-Scale：近年、その改良スケール（米国、カナダではEF-Scale、日本ではJEF-Scale）が開発されている。）を考案するなど竜巻の研究で有名であったが、その研究過程において地表面で放射状に拡散する強い下降気流現象を発見した（**図11-4**）。

　バイヤーズと藤田は、狭い範囲で発生するこの急速な下降気流を通

第11章

図11-2 墜落現場(FAA)

着陸時間	航空機	着陸時の状況
15 時 44 分	B747	報告するほどではない軽微なウインドシア
15 時 46 分	B707	500ft から推力増加させて通常に着陸
15 時 48 分	DC-9	降雨中、接地前に下降気流に遭遇
15 時 49 分	B707	通常に進入着陸
15 時 51 分	B747	接地時にわずかな降雨
15 時 52 分	B747	報告するほどではないウインドシア
15 時 54 分	B707	200ft で左に 8°偏向
15 時 56 分	DC-8	機体が大きく沈下した後、強い横風に遭遇
15 時 57 分	L-1011	機体が右に偏向しながら沈下し、着陸断念
16 時 02 分	小型機	機体が沈下したが出力増加し、通常着陸
16 時 05 分	B727	400ft で強烈な下降気流に遭遇（事故機）
16 時 07 分	B727	事故発生により着陸できず

図 11-3　事故前後の着陸機の状況（文献 3 より作成）

図 11-4　ダウンバーストにより放射状になぎ倒された木（Fujita）

常の下降気流と区別するため、1975 年にダウンバーストと名付けた[3]。なお、この命名には、地表面に到達すると外向きに爆発的に拡散する（burst outward）強い下降気流（downdraft）を表す趣旨もあったとされる[4]。

　藤田は、その後、被害区域の範囲が 4km を超えるものをマクロバースト（macroburst）、4km 未満のものをマイクロバースト（microburst）（**図 11-5**）と名付けた。マイクロバーストは、その範囲が滑走路の長さに近く、航空機が進入若しくは復行中に向い風から背風に変化する風を

図 11-5　マイクロバースト（FAA）

受ける可能性があり、着陸進入中の航空機にとって大きな脅威となる。

　イースタン航空 B727 の調査を開始した藤田は、衛星画像を含む複数の気象データ、飛行記録、事故機の前後に着陸したパイロットの証言などの多くの証拠から、事故現場付近では、当時、3 つのダウンバーストが発生していたことを突き止めた。これら 3 つのダウンバーストの広がりは 3 マイル未満の狭い領域であり、一つのダウンバーストと次のダウンバーストとの間は比較的に穏やかな気象状態であった。このため、**図 11-3** に示すように、「15 時 45 分〜 49 分」、「15 時 52 分〜 59 分」、「16 時 02 〜 07 分」の 3 つの時間帯のそれぞれの中頃に着陸困難な状況が発生していたのであった。

　15 時 57 分に 2 番目のダウンバーストに遭遇した L-1011 は、高度 400ft までは通常に進入していたが、急に激しい雨に突入して視界がゼロとなった。機体が沈下するとともに右に偏向し、速度が 120kt 付近まで低下したため、着陸を断念して復行操作を開始したが、機体は沈下を続けた。機首を高く上げ推力をほぼ最大にして、100ft 未満の高度でようやく上昇に転じた（**図 11-6**）。

　一方、事故機は、その 7 分後の 16 時 04 分に 3 番目のダウンバーストに遭遇した。約 500ft で雨と向い風が強まり、向い風成分の増加に

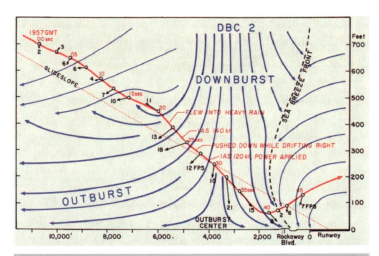

図 11-6　2番目のダウンバーストに遭遇して復行した航空機（L-1011）の飛行経路[2]
（図中の GMT（国際標準時）と現地時間（東部標準時夏時間）との差は 4 時間）

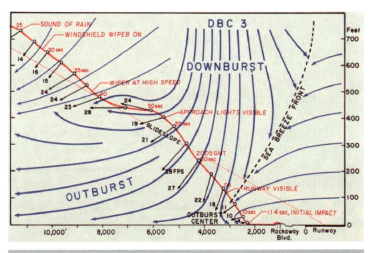

図 11-7　3番目のダウンバーストに遭遇して墜落した事故機（B727）の飛行経路[2]

より飛行経路が上方にずれた。グライドパスに戻ろうとして推力と機体姿勢角が減らされたが、向い風成分が急激に減少するとともに強い下向きの風となり、事故機は急速に降下するとともに速度も急激に低下した。150ft で機長が「ランウェイ・イン・サイト」とコール中も急速な降下は継続し、その数秒後に操縦を行っていた副操縦士が「テイクオフ・スラスト！」とコールした直後、滑走路進入端から約 2,400ft 手前にある進入灯支持塔に衝突した。機体は炎上大破し、空港手前の道路（ロッカウェイ・ブルーバード）上で停止した（**図 11-7**）。

L-1011 及び事故機は、いずれも、向い風が強まる中を飛行した後に向い風成分の減少を伴う下降気流に遭遇したが、当初の向い風及びその後の下降気流の強さは、藤田教授の解析では事故機の方が大きいことが示されている。

ダウンバーストとの遭遇では、当初、向い風の増加を受けて飛行経路が上方に変化するが、飛行経路を元に戻そうとして推力と機体姿勢角を減少させると、次にやってくる向い風成分の減少（さらには、背風へと変化）を伴う強烈な下降気流への早急な対応が困難となる。

事故報告書は、滑走路を視認しようとして視界が悪い外界に目を奪われて計器監視が疎かになって飛行経路の低下に気付くのが遅れたと乗員の対応を批判している。しかし、イースタン航空が乗員向けに発行していた低層ウインドシアに関する通知文書には、ウインドシアに遭遇した場合については、進入速度を増加させること以外、具体的対応方向は記述されていなかった（ハイドロプレーニングのおそれがある場合は速度増加を過大にしないこととされており、機長は滑走路状態を確認した上で、進入速度を 10 〜 15kt 大きくしていた。）。また、事故後に行われたシミュレーター検証実験に参加した B727 パイロット 10 人のうちの 8 人までが実際に当時の状況に遭遇すれば自分も墜落した可能性があると述べている。シミュレーター検証結果等を踏まえ、事故報告書は、事故原因の記述の中で、乗員の対応への批判の後に続けて、事故時の気象状況は極めて厳しかったのでたとえ迅速な対応が行われたとしても安全な着陸は困難であった可能性があると付言している。

また、事故機報告書は、事故機の前に着陸したパイロットが管制に対して滑走路の運用を見直すように強く進言したにもかかわらず、同

じ滑走路を使い続けた管制の対応も批判している。これに対し、管制官は、地上で観測されていた風向が運用中の滑走路方向とほぼ同じであったことから、パイロットの進言にもかかわらず別の滑走路へ運用を変更するつもりはなかったと述べている。また、当時の JFK 空港は混雑のピークにあり、管制官は、パイロットの進言を上司に報告していなかったが、その上司もまた、パイロット進言の報告を受けても地上観測の風向から滑走路運用は変更しなかっただろうと述べている。

　これらの証言は、当時の観測体制では短時間で激変する気象現象を的確に把握することが困難であったことを示しており、事故報告書は、ウインドシアの地上観測装置の充実を勧告し、この事故を契機としてウインドシア地上観測体制が抜本的に強化されていった。

　また、事故報告書は、ウインドシアを的確に予知できるようになるまでは、乗員及び管制官への教育訓練の強化が必要であるとして、ウインドシアに関する知識を乗員及び管制官に付与すること及び乗員にウインドシア対応操作の訓練を受けさせることを勧告した。ウインドシアを機上から探知して回避する装置の開発も勧告されたが、その実用化には多くの時間を要することとなった。

サモア事故の再調査

　イースタン航空機事故の調査によって低層ウインドシアが航空機に及ぼす影響が解明されたことは、すでに調査が終了し報告書が公表されていたサモア事故の再調査への道を開くことになった。

　イースタン航空機事故の報告書が公表されてから 2 か月後の 5 月 6 日、米国航空会社操縦士協会 ALPA は、サモア事故の再調査を求める請願書を NTSB に提出した。NTSB は、イースタン航空機事故調査等によって新たな知見が得られたとし、ALPA の再調査の請願を認め、サモア事故の再調査を開始することを決定した[5, 6]。

　FDR 記録を再精査したところ、墜落直前の事故機の飛行パラメーターは静穏な大気中を降下している B707 の性能データに整合せず、次のように、事故機が低高度で激しい気流の変化に遭遇していたことが明らかにされた。

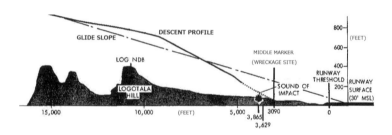

図 11-8　サモア事故機の降下経路（文献 1 の図を一部修正）

　事故機は、墜落の約 50 秒前から約 25 秒前までは、向い風成分が増大する上昇気流に遭遇して、機速が増加し飛行経路が上方にずれた。機速増加と経路上昇を修正するために推力が減らされたが、向い風と上昇気流が止むと、推力不足に陥り、墜落の約 16 秒前から、事故機は約 1,500fpm（feet per minute）の降下率で急速に降下し始めた（図 11-8）。乗員は、この降下率増大に気付かず、墜落を回避できなかった。

　乗員が降下率増大に気付かなかったことについて、事故報告書は、飛行地域が光のない暗闇で前方の空港には激しい雨が降っていたため、視覚情報が乏しく、降下率増加に気付くことは不可能ではなかったとしても極めて困難であったのではないかとしている。
　しかし、事故報告書は、事故当時、困難な状況にあったことを認めながらも、乗員が全ての情報を活用して降下率増大に気付き、タイムリーな行動をとり事故発生を防止することは可能であったと結論付け、降下率増大に乗員が気付くのが遅れてタイムリーな修正操作を行うことができなかったことを事故の推定原因とした。
　ただし、この推定原因については、NTSB の内部から異論があった。NTSB の事故報告書の大半は委員全員が同意して議決されたものであるが、時には委員の意見が一致しない場合がある。そのような場合には、多数の委員の意見とともに少数の委員の意見も併せて公表される。この事故はまさにそのようなケースであり、上記の推定原因は 4 人の委員のうちの 3 名の委員による多数意見によるものであり、1 名の委員（委員長代行）は、この多数意見に反対し、次の趣旨の少数意見を

述べている。

「私は、多数意見の推定原因に反対する。本事故の主因は、ウインドシアと記すべきと考える。（中略）事故の推定原因を決定するに当たっては、全体像を見るべきであると考える。（中略）このケースでは、まずウインドシアがあったという事実から全体の推論を始めるべきであり、当該状況下において適切な対応がなかったことは、その後に述べるべきことである。」[5]

もうひとつのウインドシア事故の再調査

1970 〜 80 年代の米国においてはウインドシアによる事故が多発し、ニューヨークにおけるイースタン航空機事故から約 5 か月後の 1975 年 11 月 12 日にも、イースタン航空の B727 がノースカロライナ州ローリー・ダーラム空港の滑走路手前に墜落して搭乗者 8 名が負傷する事故が発生した。

事故の半年後に公表された最初の調査報告書は、激しい降雨のために低高度で滑走路を視認できなくなったにもかかわらず機長が着陸をやり直さなかったことが事故原因であるとしたが[7]、ALPA は、重要な事実の見落としがあるなどとして、1978 年 10 月 3 日に NTSB に再調査を請願した。

NTSB は、請願書に添付された 10 項目に及ぶ ALPA の指摘事項を検討した結果、その一部について同意するとともに、新たな事実が明らかになったとして、再調査を開始することを決定した。再調査の結果、1983 年 9 月に公表された新報告書は、事故機が 100ft 未満で激しい雨と下降気流を伴うウインドシアに突然遭遇したことが事故原因であるとし、機長には降下率の増加を食い止める余裕がなかったことを認める内容となった[8]。

［テネリフェ事故］

1977 年 3 月 27 日、スペイン領カナリア諸島のテネリフェ空港の滑走路上で KLM の B747（**図 11-9**）とパンアメリカン航空の B747（**図 11-10**）が衝突し、両機の搭乗者 644 名中 583 名が死亡するという航

図 11-9 KLM 事故機 (Clipperarctic)

図 11-10 事故機と同型のパンナム機 (M.Gilland)

空史上最悪の事故が発生した。

　事故調査には、事故発生地国のスペイン、両機の運航国であるオランダと米国から多数の事故調査官、航空会社関係者等が参加し、事故翌年の 1978 年にスペインの事故調査委員会から事故調査報告書が公表された[9]。

　このスペインの報告書は、事故の主因は KLM 機長にあるとしたが、KLM 機の運航国であるオランダの事故調査委員会は、KLM 機の乗員ばかりではなく管制官とパンアメリカン機の乗員の判断や行動も事故

の発生につながったとして、同報告書に対する意見書の中でスペインの見解に強く反論している（現在の航空事故調査国際基準には事故調査実施国の報告書案に対する関係国意見の処理手続きが具体的に定められているが[10]、当時はまだ具体的手続きが標準化されておらず[11]、オランダは、スペイン報告書公表の翌年に独自の報告書をスペイン報告書への意見という形で公表した[12, 13]。なお、1980年に発行されたICAO航空事故ダイジェストは、スペイン報告書とともに同意見書も収録している[14]。)。

　もうひとつの当事国である米国の航空会社操縦士協会ALPA（Airline Pilots Association）も独自の事故調査報告書を公表しているが、その内容は、基本的にはスペイン報告書に同意するものとなっている[15]。

　事故原因については関係国間で意見の相違があるが、事実関係については争いがないので、以下に、3つの文書（スペイン報告書、オランダ意見書、ALPA報告書）に基づき、事故発生に至る経過を記す。

事故発生の経過

　KLMのB747（KLM機）はアムステルダムのスキポール空港から、パンアメリカン航空のB747（パンナム機）はロサンゼルス空港からニューヨークJFK空港を経由して、それぞれ、グラン・カナリア島のラス・パルマス空港に向かっていたが、両機の飛行中に同空港で爆弾が爆発し、さらに次の爆破予告もあったため、同空港が閉鎖された。このため、両機ともテネリフェ島のロス・ロデオス空港（テネリフェ空港）にダイバートした。

　テネリフェ空港は、滑走路1本とそれに平行する誘導路1本のみの空港であり（**図11-11**）、事故発生当時、霧と低層雲によって視界が悪く、地上監視レーダーが設置されていなかった同空港の管制官は滑走路上の航空機の位置を確認できなかった。

　KLM機は誘導路端部の待機場所に駐機し、後から着陸したパンナム機はその後方に駐機した。KLM機の乗客は一旦降機した後、テネリフェに残った1名を除いて全員が再搭乗した。パンナム機の乗客は全員が機内に留まった。

　やがて、ラス・パルマス空港が再開され、乗客を機外に降ろさず待

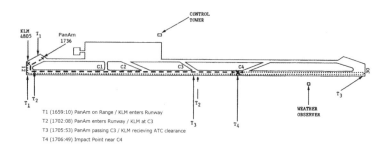

図 11-11　KLM 機とパンナム機の走行経路[15]

機していたパンナム機が離陸のため滑走路へ移動しようとしたが、給油中の KLM 機が邪魔になり移動することができず、KLM 機が先に駐機場を出ることになったが、多数のダイバー機による混雑で、第 1、第 2 取付誘導路（C-1、C-2）からの滑走路への出入りができなくなっていた。

　以下に、KLM 機が駐機場を出た後の主な出来事を時系列（GMT）で示す。

1656：KLM 機が管制に走行の許可を求める。
1658：管制は KLM 機に滑走路を逆走して離陸開始地点に向かうように指示。
1609：KLM 機が滑走路に入る。
1702：パンナム機が管制に滑走路上の走行許可を求め、管制は走行を許可するとともに第 3 取付誘導路（C-3）で滑走路を離脱するよう指示し、パンナム機が滑走路に入る。
1703：KLM 機が第 4 取付誘導路（C-4）を通過したことを管制に報告し、管制は、「滑走路端で 180 度旋回し、ATC クリアランス（管制承認）を受ける準備ができたら報告すること。」と KLM 機に告げる。
1703：パンナム機が管制に滑走路を離脱する場所の確認を求め、管制が 3 番目の出口（インターセクション）であることを告げる。
1705：パンナム機が C-3 を通り過ぎる。

1705：KLM 機が「離陸準備が完了し、ATC クリアランスを待っている。」と管制に告げ、管制が初期上昇経路について次のクリアランスを与える。「KLM eight seven five uh you are cleared to the papa beacon, climb to and maintain flight level niner zero…right turn after take-off proceed with heading zero four zero until intercepting the three two five radial from Las Palmas VOR.」

1706：KLM 機は、クリアランスを復唱した後、「We are now at take-off.」又は「We are now taking off.」（この離陸通告の音声記録は聞き取りづらく、どちらの言葉を使用したか確定できなかった。）と管制に告げる。

1706：KLM 機の通告に対し、管制は次のように応答。「O.K.（1.89 秒の間隙）Stand by for take-off, I will call you.」

1706：KLM 機と管制のやりとりを傍受していたパンナム機は、自機がまだ滑走路上を走行中であることを知らせる送信（we're still taxing down the runway）を行うが、この送信が管制の応答の後半「Stand by for take-off, I will call you.」と重なったため、KLM 機内では、その部分に雑音が入った。

1706：管制がパンナム機をそれまで使っていたコールサイン「Clipper」ではなく「Papa Alpha」で呼びかけ、滑走路を離脱したら報告するように求め、パンナム機が報告すると回答。

1706：この時点で KLM 機はすでに離陸滑走を開始していたが、管制とパンナム機のやりとりを聞いた KLM 機の航空機関士が「パンナム機はまだ滑走路を離脱していないのではないか？（Is hij er niet af, die Pan American?)」と疑問を表明するが、機長と副操縦士は、「（離脱）しているさ！（Jawel!)」と応答。

1706：霧の中から接近してくる KLM 機に気付いたパンナム機は、推力を最大に上げ、早急に C-4 から滑走路を離脱しようとする。KLM 機は、一刻も早く浮揚してパンナム機を飛び越えようとして尾部を滑走路に接触させながら離陸滑走を続ける。しかし、間に合わず、浮揚した KLM 機の機体下部が左旋回中のパンナム機の機体上部に激突。

1706〜：パンナム機は、機体上部が破壊され、爆発炎上（**図 11-12**）。

図11-12　炎上するパンナム機

図11-13　事故後の滑走路（手前がKLM機残骸）[9]

　一時空中に浮揚したKLM機は、衝突地点から約150m先に墜落し、さらに滑走路を約300m滑って爆発炎上（**図11-13**）。

　この事故によってKLM機搭乗者248名全員及びパンナム機搭乗者396名中335人が死亡し、犠牲者総数が583名に達する航空史上最大の惨事となった。

スペイン報告書による事故原因

　スペイン報告書は、事故の根本原因は KLM 機長の次の 4 つの行為にあるとした。

1. クリアランスがないのに離陸したこと。
2. 管制の「離陸を待機せよ」との指示に従わなかったこと。
3. パンナム機がまだ滑走路上にいると送信した時、離陸を中断しなかったこと。
4. パンナム機が離脱に関する航空機関士の疑問に離脱済みと強く答えたこと。

　スペイン報告書は、経験豊かな KLM 機長がこれらの基本的ミスを犯した理由として、オランダの乗務時間制限が厳格化されたために早急に離陸しなければ制限時間を超過するのではないかという不安があったところに、気象が急速に悪化し、懸念がさらに増大したことなどを挙げ、離陸待機の指示がパンナム機からの送信と重なって雑音が入り、その指示が明瞭に聞き取れなかったことも影響したとしている。
　また、機長は、KLM の首席飛行教官であり、社内で権威ある立場にあったことから、機長に意見具申を行いにくい雰囲気がコックピット内にあったとしている。

　スペイン報告書は、上記の根本原因のほかに事故発生に関与したこととして、次の 3 つ要因を挙げている。

1. 不適切な用語の使用（KLM 機の副操縦士が ATC クリアランスを復唱した後に「we are now at take-off」と述べたこと、及び、管制官がその内容を理解せずに、「stand by for take-off」の前に「O.K.」と述べたこと）。ただし、管制官の通信の 6.5 秒前に KLM 機がすでに離陸を開始していたので、管制官の不適切な用語は事故発生には関与していない。
2. パンナム機が C-3 で滑走路を離脱しなかったこと。ただし、パンナム機は滑走路を走行中であることを 2 回通報しているので、事故

発生への関与は大きくない。

3. 異常な混雑のため、管制が滑走路上走行を指示せざるを得なかったこと。これは規定に反するものではなかったが、標準的なことではなく、危険性を孕むものであった。

オランダ意見書による事故原因

オランダ意見書は、音声記録から KLM 機の機長が緊張したり急いだりしている様子は窺えないとしている。また、管制送信の背景音にサッカー試合放送音があることから、管制官がテレビ又はラジオの試合中継で注意力散漫となっていた可能性があるにもかかわらず、スペイン報告書は、その分析を行っていないと批判している。

KLM 機の離陸開始については、クリアランスについての管制とKLM 機との相互の誤解によるものとしている。オランダ意見書によれば、KLM 機は、「離陸準備が完了し、ATC クリアランスを待っている。」と離陸許可を待っていることを管制に告げた直後にクリアランスを受け取り、また、その後の KLM 機の離陸通告に対する管制の応答は、後半が雑音で聞き取れず、前半の「O.K.」のみが聞こえたことから、KLM 機乗員は離陸許可を得たものと確信し、その一方、管制は KLM 機の離陸通告をよく理解できずに同機はまだ待機中と信じており、一連の交信が KLM 機と管制との間の誤解をもたらしたとしている。

また、滑走路からの離脱場所が C-3 であることを確認するパンナム機と管制との交信（1703）が C-3 に入る直前の最終確認という印象を与え、KLM 機乗員はパンナム機が離脱済みと思い込んだとしている（この点については、ALPA 報告書も同趣旨を述べている。）。

オランダ意見書は、パンナム機が C-3 を行き過ぎなかったら事故は発生しなかったと述べ、この事故は、KLM 機乗員のみでなく、管制官、パンナム機乗員を含む全関係者の不適切な行動によって引き起こされたとしている。

ALPA 報告書

米国 ALPA の報告書は、基本的にはスペイン報告書に同意する内容

となっているが、次のような見解も述べている。

パンナム機が C-3 を行き過ぎたことについては、C-3 から離脱するためには、左に 148 度旋回して幅 73.8ft の C-3 に入り、さらに C-3 と同じ幅の平行誘導路に出るため、右に 148 度旋回しなければならず、図面による検証の結果、大型の B747 がこのような旋回を繰り返してC-3 から離脱するのは事実上不可能であったとしている（ただし、オランダ意見書は、スキポール空港で B747 を使ってテストした結果、C-3 からの離脱は十分可能であったとしている。）。このため、パンナム機乗員は、35 度の左旋回ですむ C-4 からの離脱指示が管制官の意図に違いないと確信したとしている。

KLM 機が離陸許可を得たと誤解したことには、管制からの ATC クリアランスに「離陸（Take-off）」という用語が含まれていたことが関与した可能性があるとしている。

パンナム機が未離脱ではないかという KLM 機の航空機関士の疑問については、その疑問の発端となった管制とパンナム機の交信において、管制がそれまで使っていた「Clipper」ではなく「Papa Alpha」でパンナム機を呼び出したため、航空機関士もパンナム機の未離脱を確信するまでに至らなかったとしている（オランダ意見書も、航空機関士がパンナム機の未離脱を確信していたら、航空機関士の権限内であるスラストレバーを引き戻す離陸中断操作を行った筈としている。）。

再発防止策

上記の 3 つの文書は、再発防止策として、管制交信において誤解が生じないように改善を図ること、地上監視レーダーを設置すること、滑走路出口標識の改善を図ること、操縦室内の意思疎通を改善する訓練を実施することなどを勧告している。

これらの再発防止策の中でも 3 つの文書が共通して強調していることは管制交信用語の使用の改善であり、特に、テイクオフ・クリアランス（離陸許可）ではない ATC クリアランス（管制承認）においては「Take-off」を使用するべきではないことは 3 文書とも勧告している。

現在では、管制指示に関する国際基準[16]や米国基準[17]において、「Take-off」は離陸許可の発出又は取消の時のみに使用し、他の場合に

214　第 11 章

離陸に言及する場合は「Departure」等の用語を使用することが規定
されている。我が国においても、2008 年に離陸許可以外で「Take-off」
が使用されて乗員の誤解を招く一因となった事例があり [18]、現在では
離陸許可の発出又は取消以外では「Take-off」を使用しないことが規
定化されている [19]。

　なお、事故調査の過程で議論となった乗員間の意思疎通等について
は、本事故の翌年に発生した米国航空会社機の燃料枯渇による墜落事
故を契機として CRM（Cockpit/Crew Resource Management）訓練が実施
されていくこととなる。

参考文献

1. National Transportation Safety Board, Aircraft Accident Report, "Pan American World Airways, Inc., Boeing 707-321B, N454PA, Pago Pago, American Samoa, January 30, 1974", 1974
2. National Transportation Safety Board, Aircraft Accident Report, "Eastern Air Lines, Inc., Boeing 727-225, N8845E, John F. Kennedy International Airport, Jamaica, New York, June 24", 1975
3. Fujita, T. T., "Spearhead Echo and Downburst near the Approach End of a John F. Kennedy Airport Runway, New York City", NASA-CR-146561, 1976
4. Wilson, J.W. and Wakimoto, R.M., "The Discovery of the Downburst: T. T. Fujita's Contribution", Bulletin of the American Meteorological Society, Vol. 82, No. 1, January 2001, pp 49-62
5. National Transportation Safety Board, Aircraft Accident Report, "Pan American World Airways, Inc., Boeing 707-3215, N454A, Pago Pago, American Samoa, January 30, 1974", 1977
6. Flight International, 5 November 1977, "NTSB amends Pago Pago report"
7. National Transportation Safety Board, Aircraft Accident Report, "Eastern Air Lines, Inc., Boeing 727, N8838E, Raleigh, North Carolina, November 12, 1975", 1976
8. National Transportation Safety Board, Aircraft Accident Report, "Eastern Air Lines, Inc., Boeing 727-225, N8838E, Raleigh, North Carolina, November 12, 1975", 1983
9. Comisión de Investigación de Accidentes e Incidentes de Aviación Civil, A-102_103/77, Technical Report, "Collision of Aircraft K.L.M. Boeing 747 PH-BUF and Pan Am Boeing 747 N736PA in Los Rodeos (Tenerife) on 27 March 1977 (English Translation) ", 1978
10. International Civil Aviation Organization, Annex 13 to the Convention on International Civil Aviation, Aircraft Accident and Incident Investigation – Tenth Edition, Chapter 6. Final Report, "6.3 Consultation", 2013
11. International Civil Aviation Organization, Annex 13 to the Convention on International Civil Aviation, Aircraft Accident and Incident Investigation – Fifth Edition, Chapter 6. Reporting, "6.12 Consultation (Recommendation) ", 1979
12. Flight International, 21 July 1979, "Tenerife crash: Dutch inquiry result soon"

13. Flight International, 11 August 1979, "Never say 'take off unless' …"
14. Netherlands Aircraft Accident Inquiry Board, "Comments of the State of Registry
    (Kingdom of the Netherlands) on the Spanish Report", ICAO Circular 153-AN/98
    Aircraft Accident Digest No.23, pp.57-68, 1980
15. Air Line Pilots Association, "Human Factors Report on the Tenerife Accident", 1979
16. International Civil Aviation Organization, Doc 9432, "Manual of Radiotelephony, 2.8.3
    Issue of clearance and read-back requirements", 2007
17. Federal Aviation Administration, Order 7110.65V, "Air Traffic Control, 4-3-1.
    Departure Terminology", 2015
18. 運輸安全委員会、航空重大インシデント報告書「株式会社日本航空イン
    ターナショナル所属 JA8904　株式会社日本航空インターナショナル所属
    JA8020」、平成 21 年
19. 国土交通省航空局、「航空保安業務処理規程、第 5 管制業務処理規程、Ⅲ
    管制方式基準、(Ⅲ) 飛行場管制方式、1 通則、(2) 走行地域における指示等、
    c」、平成 24 年

216　第 12 章

第 12 章
両エンジン停止後の道路上不時着事故、
米国最大の空中衝突事故、
燃料枯渇墜落事故と
CRM 訓練義務化 (1977 ～ 1978)

　本章では、両エンジンが停止した旅客機が道路上への不時着を試みた事故（1977 年）、空中衝突事故としては米国航空史上最大の犠牲者を生じた旅客機と小型機の空中衝突（1978 年）、及び CRM 訓練が義務化されるきっかけとなった燃料枯渇による旅客機墜落（1978 年）についてご説明する。

［激しい降雨による両エンジン停止］

　1977 年 4 月 4 日、サザン航空 242 便 DC-9-31 は、アラバマ州ハンツビル空港を出発し、アトランタに向かって飛行していたが、激しい雷雨に突入し、大量の水分を吸い込んだ 2 基のエンジンが停止した。推力を失った同機は、高度 14,000ft から滑空状態に入った。乗員は、当初、ダビンス空軍基地に着陸することを目指したが、途中で同基地に到達することを断念し、近くの小規模飛行場への緊急着陸を検討したものの、それもできないと判断し、最終的に州道への不時着を試みた。しかし、接地直前に両翼が道路沿いの木や電柱に次々と衝突し、同機は道路の左側に逸脱して胴体が 5 つに分断され、残骸が長さ 1,900ft、幅 295ft にわたって散乱した（**図 12-1、12-2**）。この事故によって、搭乗者 85 名中 63 名が死亡したほか、地上にも大きな被害が生じ、地上

図 12-1 残骸が散乱した州道 (NTSB)

図 12-2 尾翼部分の残骸 (NTSB)

の9名が死亡し、建物や自動車が損壊した[1]。

　事故後の調査により、DC-9が遭遇した雷雨は、米国国内で過去3年間に発生した最も激しい気象現象の一部であり、記録的な高速で移動していたことが判明した。この気象現象の情報は、DC-9がハンツビル空港を出発する時点で気象観測当局は把握していたが、情報伝達が適切に行われず、DC-9の乗員には伝わらなかった。

　DC-9は、15時54分頃、ハンツビル空港を出発し、飛行前方の気象状況を気象レーダーで確認しながら飛行を行っていた。機長は、強い降雨の表示がレーダー画面上に現れたことを見て、16時03分48秒に「雨が強く、通過できそうにない。(Looks heavy, nothing's going through that.)」と言ったものの、結局、その空域に入っていった (図 12-3)。事故報告書は、一旦は迂回することを考えた機長が強い降雨域に入っ

ていった理由について、事故機に搭載されていた気象レーダーの特性が影響した可能性を指摘している。

航空機搭載用気象レーダーの電波は、近くに降雨があるとそれより遠くにある降雨からの反射波が減衰し、前方の降雨域の背後にさらに強い降雨域があっても、その表示が微弱となることがある（図12-4）。また、降雨によりレーダーの覆い（レドーム）上に水膜ができても電波が減衰する。事故報告書は、DC-9が降雨域に入り、機長が降雨の影響を受けたレーダー表示の解釈を誤り、迂回を止めた可能性があるとしている。そして、DC-9は、稀に見る強い降雨域（図12-3の［1606〜1608］付近）に突入していった。

この空域に突入したDC-9は、雹を伴う激しい降雨に遭遇してウインドシールドが破損し、大量の水を吸い込んだエンジンの回転数が低下した。この時点ではエンジンはまだ完全には停止していなかったが、操縦を行っていた副操縦士がスラスト・レバーを操作したため、エンジンが異常燃焼してエンジン内部が損傷し（低圧圧縮機第6段動翼が激しい失速により前方に変形して第5段静翼に接触して破壊）、両エンジンとも完全に停止した（図12-3の［1610］付近）。

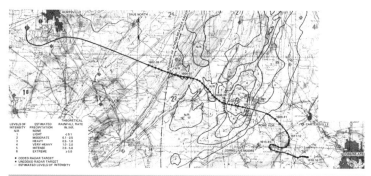

図12-3　飛行経路[1]（左上から右下へ飛行。経路上の数字は時刻（東部標準時）。経路途中の等高線（N/R（0）、1〜6）はレーダー解析による降雨の強さ。右下のダビンス空軍基地（Dobbins AFB）への手前に2つの小規模飛行場（Cartersvilleと Cornelius Moore）がある。）

図 12-4　気象レーダーの減衰表示[2]（事故機搭載レーダーではなく、現代のレーダーで例示。前方の強い降雨域により背後の空域からの反射波が減衰され、実際には非常に強い降雨域（矢印）が微弱表示になっている。）

　機長と副操縦士はエンジンを再起動しようとしたが成功せず、補助動力装置（APU: Auxiliary Power Unit）を起動して、必須機器への電力を確保した。DC-9 はアトランタ空港の管制官に両エンジンが停止したことを通報し、管制官は、アトランタ空港より手前にあるダビンス空軍基地に直線進入する経路への誘導を開始した。

　しかし、DC-9 は、ダビンスの近くまで来ていながら、なぜか途中でほぼ 180°右旋回してダビンスとは逆の方向に向かった（図 12-3 の ［1611:12］付近）。この旋回を開始した時点では、両エンジンが停止し APU がまだ起動していなかったため、操縦室音声記録装置（CVR: Cockpit Voice Recorder）が停止中であり、乗員がどのような判断から旋回を行ったのか断定することはできなかったが、事故報告書は、CVR 停止前後の機長と副操縦士との会話やレーダー記録などから、DC-9 は、両エンジン停止後、視界が開けた空域に入り、緊急着陸が可能な場所を探していた乗員が着陸場所の確認のために視界が維持できる空域内に止まろうとして旋回を行った可能性があるとしている。

その後、DC-9 は、左旋回して再びダビンス方向へ向かったが、高度が低下したため、ダビンスへの到達を断念し、16 時 16 分頃、ダビンスより近いところに着陸できるところはないかと管制に尋ねた。管制官はカータースビル飛行場があることを知らせ、乗員は同飛行場への誘導を求めた。

なお、この時点でカータースビルよりさらに近い位置にコーネリアス・ムーア飛行場があったが（**図 12-3**）、同飛行場はアトランタ空港の管轄外であったため、管制官のレーダー画面に表示されておらず、管制官はその存在を知らなかった。ただし、コーネリアス・ムーアは、滑走路長が 4,000ft と短く、消火救難設備もなかったことから、事故報告書は、当時の同飛行場の気象状態も考え併せると、そこに緊急着陸した場合の結末は評価し難いとしている。

管制官はカータースビルへの誘導を指示し始めたが、乗員は、そこへの到達も断念して付近の空き地を探し始め、16 時 17 分頃、州道（State Spur Highway 92）を見つけ、16 時 18 分頃、その直線部分への着陸を試みた。しかし、DC-9 は、脚が道路に接地する前に左翼が道路脇の木に接触した後、次々と道路沿いの木や電柱に衝突し、道路の左側に逸脱して大破炎上し、犠牲者は、同機の搭乗者及び地上の第三者を併せ、72 名に達した。

事故報告書は、両エンジンの出力の喪失は、DC-9 が激しい雷雨に突入し、大量の水と雹がエンジン内に吸い込まれ、さらにスラスト・レバーが操作されたことにより、圧縮機（コンプレッサー：Compressor）が失速（ストール：Stall）してコンプレッサーが破損したことによるものと推定した。事故報告書は、さらに、事故発生に関与した要因として、航空会社の運航管理者や管制官が最新の気象情報を乗員に伝達できなかったこと、及び機長が気象レーダーに依存して雷雨域に突入してしまったことを挙げ、気象観測体制や気象情報提供のあり方を改善するように勧告を行った。

なお、DC-9 のエンジン（Pratt and Whitney JT8D-7A）の型式証明基準（Civil Air Regulations Part 13 Aircraft Engine Airworthiness）には雨や雹を吸い込んだ場合の基準が設定されていなかった（その後のエンジンの型式証明基準（Federal Aviation Regulations Part 33 Airworthiness

Standards: Aircraft Engines）には関連基準が規定されている [3, 4]。）。

［米国航空史上最悪の空中衝突事故］

　1978 年 9 月 25 日、カルフォルニア州サンディエゴ国際空港の北東約 3nm の上空において、視界良好の中、パシフィック・サウスウエスト航空 182 便 B727-214- 型機と訓練飛行中のセスナ 172M 型機が空中衝突し、両機の搭乗者 137 名全員及び地上の 7 名が死亡するという米国航空史上最悪の空中衝突事故が発生した [5]（144 名の犠牲者数は、翌年 5 月 25 日にシカゴでアメリカン航空の DC-10 が墜落し 273 名の犠牲者が出るまでは米国航空事故史上最悪であった。）。

　セスナは、訓練教官と訓練生の 2 名を乗せて 8 時 16 分にモンゴメリー飛行場を出発し、サンディエゴ空港で ILS 進入訓練を 2 回行った後、北東に向かって上昇し、9 時 00 分頃、サンディエゴのアプローチ・コントロール（進入管制）から 3,500ft 以下の高度を維持して方位 70° に向かって飛行するように指示された。

　一方、B727 は、8 時 34 分に乗客乗員 135 名を乗せてサンディエゴ空港に向かってロサンゼルス空港を出発した。同機の操縦は副操縦士が行い、操縦室には機長、副操縦士、航空機機関士の他に非番の操縦士がオブザーバー席に座っていた。同機は、8 時 53 分にサンディエゴの進入管制から視認進入の許可を得て、サンディエゴ空港への進入を行っていた（**図 12-5**）。

　以下に、8 時 59 分頃から両機が衝突して墜落するまでの主な音声記録等を示す。

8 時 59 分 30 〜 35 秒：進入管制官が B727 に「12 時方向 1 マイルに北に向かう航空機あり。」と告げ、B727 が「視認中。」と応答。

8 時 59 分 39 〜 50 秒：進入管制官が B727 に「12 時方向 3 マイル、空港のすぐ北を北東に向かう他の航空機あり。セスナ 172、1,400ft から VFR で上昇中。」と告げ、11 秒後、副操縦士が「OK、12 時方向の他機を確認。」と応答。

9 時 00 分 34 〜 38 秒：B727 がサンディエゴ空港管制塔の管制官に現

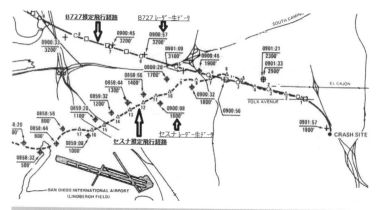

図12-5　B727とセスナの推定飛行経路（文献5の図を一部加工）

　　在位置を通報し、管制官が「12時方向1マイルにセスナ。」と通報。
9時00分42～43秒：機長が「それは見ている航空機か？」と尋ね、副操縦士が「そうだが、今は見えない。」と答える。
9時00分44～50秒：B727が管制官に「OK、1分前にそれをそこで確認。」、「彼は我々の右へ通過したと思う。」と告げる。
9時00分52～53秒：機長が「彼は1分前に右のそこにいた。」と言い、副操縦士が「そうですね。」と応じる。
9時01分11～20秒：副操縦士が「我々はあのセスナから十分に離れているのだろうか？（Are we clear of that Cessna?）」と尋ね、航空機関士が「そう思う。（Suppose to be.）」、機長が「多分。（I guess.）」、オブザーバー席の非番操縦士が「そう願う。（I hope.）」と応じる。
9時01分21秒：機長が「そうだ、ダウンウインドに入る前、約1時方向に彼を見た、多分今は我々の後ろだ。」と言う。
9時01分31秒：副操縦士が脚下げをコール。
9時01分28秒：サンディエゴ進入管制所で、B727とセスナの飛行経路が衝突の危険性がある警戒領域に入ったことを知らせる警報（コンフリクト・アラート）が作動。
9時01分38～39秒：副操縦士が「1機下にいる。」、「そこにあれを見ていたんだ。」と言う。

9時01分47秒：B727とセスナが空中衝突。ほぼ同時刻、進入管制官がセスナに「貴機の近くに他機あり、PSA（パシフィック・サウスウエスト航空）ジェットが貴機を視認、同機はリンドバーグ（サンディエゴ空港）へ降下中。」と送信。

9時01分47秒〜9時02分05秒：衝突後、墜落していくB727の中で絶望的な状況を認識した乗員の最後の言葉（"Ma, I love yah"「母さん、愛してる」）が記録されている。

衝突の直前、B727が降下しながら上昇中のセスナに後方から接近し、9時01分47秒、高度約2,600ftにおいて、B727の右翼がセスナに衝突した。セスナは空中分解して爆発し、B727は右翼から炎を生じながら、機首を大きく下げて右に傾きながら降下を続け（図12-6）、9時02分07秒、サンディエゴ空港の北東約3マイルにある住宅街に墜落した。この事故によって、両機の搭乗者137名と地上の7名が死亡し、22件の住宅が損壊した。

空中衝突を防止するために定められた航空交通ルールは、後方から追い越そうとする航空機が前方の航空機を回避しなければならない

図12-6 墜落していく事故機（NTSB）

と定めており、このケースでは明らかに B727 にセスナを回避する義務があったが、B727 の乗員は、一旦は視認したセスナを見失った後、確証のないままセスナは自機の後方にいると考えて飛行を続け、その結果、実際にはまだ前方にいたセスナに追突することになった。

B727 がセスナを見失ったことについて、事故報告書は、両機の飛行経路の解析から B727 の操縦室の窓の中心近くに見えていたセスナが徐々に窓の下方へと移動したと推定しており、パイロットが座席を標準位置より後方の低い位置にしていたとすれば、セスナの姿は窓枠の下になって見えなくなったと推測している（パシフィック・サウスウエストでは、計器の視認性と操縦装置の操作性から、座席を標準位置よりやや後下方で使用することが一般的であった。）。また、見えていたとしても、B727 とほぼ同じ方向に飛行していたセスナの機体は、B727 からは短縮して小さく見え、ほとんど動きもなく、背景の地上市街地に溶け込み視認しにくくなっていた可能性があった。

一方、管制官は、B727 にセスナの位置と高度を通報し（本来は、飛行方向も通報しなければならなかった。）、また、B727 からはセスナを視認しているとの通報を受けていたため、レーダー・スコープ上で 2 機が接近することを確認していたものの、B727 がセスナとの安全間隔を目視確認しながら飛行しているものと信じ込んでいた。レーダー表示装置には、接近して重なった 2 機の表示を分離し、それぞれの高度を確認できるようにする機能が備わっていたが（重なった表示を自動分離する機能もあったが、その作動が停止されていた。）、安全間隔が保たれていると信じていた管制官は、両機の高度を確認するための表示分離操作を行なわず、コンフリクト・アラートが作動しても回避指示を行わなかった（コンフリクト・アラート機能は運用開始されたばかりで誤警報が多かったという事情も存在した。）。

事故原因については、調査を行った NTSB の 4 人の委員の間で意見が分かれた。3 名の委員は、B727 の乗員がセスナを見失ったことを管制に通報せずに安全間隔を維持できなかったことが事故原因であり、レーダーによる安全間隔維持ができるにもかかわらず潜在的な衝突の危険性がある 2 機に対して目視による安全間隔維持を許容していた管制方式が関与要因であるとした。しかし、1 名の委員は、主因は乗員

にあり管制は関与要因に過ぎないとする3名の見解に強く反対し、原因は乗員と管制の双方にあると主張した。この委員は、3名の委員が退けた第3の未知の小型機の存在も肯定し、B727の乗員がセスナと第3の小型機を取り違えたことも事故発生に関与した可能性があるとした。

そして、3名の委員の多数意見を事故原因とする事故報告書が1979年4月に公表されたが[5]、それを不服とするALPA（米国航空会社操縦士協会）がNTSBに事故原因の見直しを求める請願を提出し[6]、1982年8月にNTSBは事故原因を改正する決定を行ったが、その内容は概ね1名の委員の主張に沿うものとなった[7, 8]。

空中衝突再発防止策については、事故報告書は、VFR機へのレーダー情報提供空域の拡大、ターミナル空域における目視による安全間隔維持のあり方の見直しなどの勧告を行ったが、この事故から8年後に再び旅客機と小型機の重大な空中衝突事故が発生し[9]、空中衝突事故の再発防止策が根本的に見直されることとなる。

［燃料枯渇による墜落事故 – CRMの義務化］

1978年12月28日、ユナテッド航空173便DC-8-61型機がオレゴン州ポートランド国際空港への進入中に燃料が枯渇して墜落し、乗客乗員189名中10名が死亡し23名が重傷を負った。

事故原因は、機材トラブル処理に集中していた機長が燃料量を適切に監視していなかったことであるが、事故調査を行ったNTSBは、それに加え、機長が他の乗員の助言に耳を傾けず、他の乗員も機長に自らの懸念を機長に効果的に伝えなかったことを事故の要因として挙げ、操縦室内のリソース・マネジメントの訓練を義務化するようFAAに勧告を行った[10]。

事故の経過

DC-8はコロラド州デンバー空港を出発する際に46,700lbsの燃料を搭載したが、この量は目的地のポートランドまでの消費燃料に飛行時間65分（当時の規則による45分と社内規定による20分）の予備燃料を加

えたものであった。

　副操縦士の操縦によりポートランド空港近くまで飛行してきたDC-8が高度8,000ft付近を降下中、脚下げ操作が行われたが、異音が生じて機体が右に偏向し、脚下げ指示灯は、前脚が緑になったものの、他の脚は点灯しなかった。

　17時12分、DC-8は管制に脚にトラブルが発生したことを通報して高度5,000ftに留まることを求め、管制はDC-8に高度5,000ftで周回する経路を指示した。DC-8が周回経路を飛行中、乗員は脚の状況や非常着陸についての議論や準備を行って時間を費やしていった（図12-7）。

　17時38分、機長はユナイテッド航空の整備管理センターに連絡をとり、脚トラブルの状況等を説明し、燃料は7,000lbs残っているのであと15〜20分待機するつもりだと述べた。

　17時47分、副操縦士が航空機関士に「燃料はどれぐらいあるのか？」

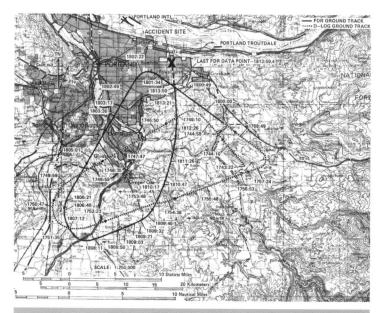

図12-7　墜落に至るまでの飛行経路[10]

と尋ね、航空機関士が「5,000（ポンド）」と答えた。

　17時49分、副操縦士が機長に「今、燃料計の読みは？」と尋ね、機長が「ファイブ（5,000）」と答え、副操縦士が「ファイブ（5,000）」と繰り返した。

　17時50分、機長が航空機関士に15分後の着陸重量を計算するように指示し、副操縦士が「15分後？」と聞き返した。機長が「そう、（着陸重量は）ゼロ燃料重量プラス3〜4,000ポンドだろう。」と言うと、航空機関士が「十分はない。15分経てば本当にここで燃料が少なくなってしまいます。」と言い、着陸データー・カードに記入する数値として3,204ポンドと告げた。

　18時02分、航空機関士が「燃料は約3,000、それだけです。」と告げた。

　18時03分、ポートランドの進入管制がDC-8にいつ進入を始めるのかと尋ね、機長が「客室の準備が終わるところだ。あと、3、4、5分と思う。」と答えた。進入管制が搭乗者と残燃料量を尋ね、機長が「約4,000、いや、燃料は3,000ポンド、それに172（名）と幼児6を加える。」と答えた。

　その後、18時06分まで、乗員は機体の状況について話し合っていた。機長が操縦室に入ってきた先任客室乗務員に客室の状況を尋ね、先任が準備はできていると答え、機長が「OK、今から行く。約5分で着陸するだろう。」と言った。この発言とほぼ同時に、副操縦士が「第4（エンジン）がだめになった…」と言い、続けて、航空機関士に「クロス・フィードを開くか何かした方がよい。」と告げた。

　副操縦士が機長に「エンジンがひとつだめになります…」と告げ、機長が「なぜだ？」と聞き返し、副操縦士が「エンジンがひとつだめになります。」と繰り返し、機長も「なぜだ？」と繰り返し聞いた。副操縦士が「燃料です。」と答えた。この後、乗員の間で燃料に関して混乱したやりとりがあり、18時07分、副操縦士が「フレーム・アウトしました。」と言った。ここで初めて機長が進入を許可するように管制に求め、管制が直ちに滑走路への誘導を開始した。

　18時07分過ぎ、航空機関士が「第3エンジンも間もなく止まります。」、「（第3エンジンの燃料計が）ゼロです。」と言うと、機長が「1,000ポンドあっただろう。あった筈だ。」と言ったが、航空機関士が「（全

タンクで）5,000 あったが…なくなりました。」と答えた。その後、燃料タンク間の移送バルブを開けて停止したエンジンの再起動を試みたが、18時09分、航空機関士が「全タンクの燃料量が1（1,000ポンド）になりました。2番（タンク）は空です。」と告げた。

18時13分過ぎ、航空機関士が残っていた第1、第2エンジンも停止したことを告げ、機長が「全部止まった。トラウトデール（小規模飛行場：図12-7の「PORTLAND TROUTDALE」）まで行くこともできない。」と言い、副操縦士が「何もできません。」と言った。

機長が副操縦士に緊急事態宣言を指示し、副操縦士が管制に「ポートランド・タワー、こちらユナイテッド173、メーデー（危難が生じたことを知らせる遭難信号[11]）。我々は…エンジンが停止した。我々は落ちていく。我々は空港に到達できない。」と通報を行い、これがDC-8からの最後の通信となった。

18時15分、DC-8は空港から南東に約6nmの木が生い茂る地点に墜落し（**図12-8**）、乗客乗員189名中10名が死亡し23名が重傷を負った。火災は発生しなかったが、住人のいない2軒の家屋が破壊され、電話線と電線が損傷した。

図12-8　墜落機
（機体前方は激しい損傷を受けたが後方の損傷は比較的に少なかった）（FAA）

繰り返されてきた乗員間の連携の破綻

　事故後の調査により、DC-8 が進入を中断したきっかけとなったトラブルは、部品の腐食のため右主脚が自由落下により脚下げされた時に脚位置指示灯の作動回路が損傷したことによるものであったことが判明した。また、脚下げ時の機体の偏向は、正常に下がった左主脚と自由落下した右主脚との脚下げ時間のずれにより、空気抵抗が一時的に左右非対称となったためであった。

　しかし、問題であったのは脚のトラブルそのものではなく、機長がその処理に集中して燃料量を適切に監視せず、また、他の乗員も機長に自らの懸念を機長に効果的に伝えなかったことであった。トラブル発生時の操縦室内のマネジメントとチームワーク（乗員間の連携）の破綻はそれまでの事故でも繰り返されてきたことであり、それに陥らないためには乗員間の職務の適切な配分が重要であり、懸念や気付きを効果的に伝え、意見を明確に表明することを全乗務員に訓練すべきであると事故報告書は述べている。

CRM 訓練の義務化

　目前の問題に集中するあまり飛行の進行状況を適切にモニターできなくなる、あるいは、他の乗員から提供された情報が機長にうまく伝わらないなど、乗員が全体として適切に機能しなかったことは、この事故以前にも複数の重大事故の要因となってきた。

　NTSB は、そのような重大事故の例として 1972 年のイースタン航空 401 便ロッキード L-1011 型機墜落事故（第 9 章参照）を含む 5 件の事故を挙げて乗員が利用できるリソース[注]を活用することの重要性を強調し、航空会社乗員に操縦室内リソース・マネジメント訓練を行うように FAA に勧告を行った[12]。

[注] NTSB は、勧告文の中で、「リソース」には、計器等のハードウェアや地上からの運航支援サービスのみならず、同僚乗員からの助言等も含まれると述べており、現行の FAA のガイドラインは、「リソース」には、人的リソース、ハードウェア、情報が含まれるとしている[13]。

230　第12章

この勧告を受け、FAA は、1979 年 11 月に航空会社指導基準の改正
を行い、航空会社乗員の訓練科目に CRM 訓練を入れることとした[14]（連
邦航空規則による義務付けは 1996 年[15]）。

乗員の訓練は、それまではほとんど操縦技術等の技術的なスキルの
みについて行われてきたが、NASA 等が重大事故の要因を分析したと
ころ、技術的スキルの問題より、意思の伝達、状況認識、リーダー
シップ等の非技術的なスキルの問題に起因するものが多いことが判明
し[16]、事故防止のためには非技術的スキルの訓練を強化すべきである
という認識が航空関係者に広まった。

そして、CRM 訓練は、その内容が深化していくとともに[17]、対象
も客室乗務員、運航管理者、整備士、管制官などへと拡大し、さらに
は航空分野を超え、他の交通機関、医療、救急等の分野へとその適用
範囲を広げていった。

参考文献

1. National Transportation Safety Board, Aircraft Accident Report, "Southern Airways, Inc., DC-9-31, N1335U, New Hope, Georgia, April 4, 1977", 1978
2. Airbus, Flight Operations Briefing Notes, "Adverse Weather Operations – Optimum Use of the Weather Radar", 2007
3. Federal Aviation Administration, FAR 33, Amendment No. 33-6, "Aircraft Engines, Certification Procedures and Type Certification Standards", 1974
4. Federal Aviation Administration, FAR 33, Amendment No. 33-19, "Airworthiness Standards; Rain and Hail Ingestion Standards", 1998
5. National Transportation Safety Board, Aircraft Accident Report, "Pacific Southwest Airlines, Inc., Boeing 727-214, N533PS, Flight 182, Gibbs Flite Center, Inc., Cessna 172, N7711G, San Diego, California, September 25, 1978", 1979
6. United Press International, Nov. 14, 1980 Article, "The pilot of a mystery 'third airplane' that might..."
7. United Press International, Aug. 12, 1982 Article, "Report amended on 1978 San Diego air crash"
8. Federal Aviation Administration, FAA Historical Chronology, 1926-1996, "Sep 25, 1978: A midair collision over San Diego"
9. National Transportation Safety Board, Aircraft Accident Report, "Collision of Aeronaves de Mexico, S.A. McDonnell Douglas DC-9-32, XA-JED and Piper PA-28-181, N4891F, Cerritos, California, August 31, 1986", 1987
10. National Transportation Safety Board, Aircraft Accident Report, "United Air Inc., McDonnel-Douglas DC-8-61, N8082U, Portland, Oregon, December 28, 1978", 1979
11. International Civil Aviation Organization, Annex 10 to the Convention on International Civil Aviation, Volume II, "5.3 Distress and urgency radiotelephony",

2014
12. National Transportation Safety Board, Safety Recommendation A-79-47 issued on June 13, 1979
13. Federal Aviation Administration, Advisory Circular 120-51E, "Crew Resource Management Training", 2004
14. Federal Aviation Administration, Air Carrier Operations Bulletin 8430.17, change 11, dated 11/3/79, p.495
15. Federal Aviation Administration, FAR Amendments 121-250 and 135-57, "Air Carrier and Commercial Operator Training Programs", 1995
16. Cooper, G.E., White, M.D., and Lauber, J.K., eds., NASA CP-2120, "Resource Management on the Flightdeck", 1980
17. Helmreich, R.L., Merritt, A.C., and Wilhelm, J.A., "The Evolution of Crew Resource Management Training in Commercial Aviation" International Journal of Aviation Psychology, 9 (1), 19-32., 1999

第13章
疲労による構造破壊事故と
疲労強度基準の変遷(1956〜1978)、
米国航空史上最大の事故 (1979)

　本章では、1950年代からの疲労強度基準の変遷、1970年代後半の2つの重大な航空機構造破壊事故とそれらを契機とする航空機構造設計基準の見直し、米国航空史上最大の事故である1979年のDC-10墜落事故などについてご説明する。

［フェイル・セーフ設計］

　航空機の歴史が始まって以来、航空機構造の疲労破壊事故によって数多くの人命が失われ、その防止は航空安全上の最重要課題の一つとなっているが、1950年代前半までの米国の大型飛行機の耐空性基準（CAR4b: Civil Aviation Regulations Part 4b）における強度規定のほとんどは静強度に関するもので、疲労強度については、応力集中に注意して疲労破壊の可能性を最小限にすることという趣旨のごく簡単な一項目が置かれていただけであった[1]。

　しかし、疲労強度の問題は応力集中のみではないことが理解されるようになり、コメット機連続墜落事故（第5章参照）もあり、1956年のCAR4bの改正時に4b.270項「疲労評価（Fatigue Evaluation）」が新設され、疲労強度設計の2つの柱であるセーフ・ライフ（Safe Life：安全寿命）とフェイル・セーフ（Fail Safe）が確立され、大型機はこのどちらかの方法に従って設計しなければならないと定められた[2]。

　この2つの設計方法のうち、セーフ・ライフは、定められた運航寿

命の範囲内では疲労破壊が発生しないように十分な安全率をとって設計するというものであり、もう一つの方法であるフェイル・セーフは、主要構造部材の一つに損傷が発生しても、検査によってその損傷が発見され修復措置がとられるまでの間は、残りの部材が荷重を受け持ち航空機の安全には支障がないようにする設計方法であった。

　フェイル・セーフ設計基準の成立は民間航空機の疲労破壊防止対策を大きく進展させたが、1977年に至りアフリカのザンビアでフェイル・セーフ設計の信頼性を揺るがす事故が発生し、1978年にフェイル・セーフ設計基準は損傷許容（Damage Tolerance）設計基準へと発展するが、その基準は、米空軍が 1972 〜 74 年に民間に先行して制定していたものであるので、米空軍基準成立の経緯からご説明する。

［米空軍機の疲労強度基準］

　1950年代後半、コメット機の連続墜落事故に匹敵する重大な疲労破壊事故が米空軍機 B-47（**図 13-1**）に発生し、米空軍機の疲労強度基準が抜本的に見直されることになった。

図 13-1　Boeing B-47 Stratojet

米空軍 B-47 連続墜落事故（1958）

1950年代は米ソ冷戦時代であり、米国の安全保障政策の根幹は、核攻撃を受けたら直ちに大量核報復攻撃を行える能力を維持することよって相手国の核攻撃を抑止するというものであった。当時、この核報復攻撃能力を担っていたのが長距離戦略爆撃機 B-52 と中距離戦略爆撃機 B-47 であり、仮にこれらが運用できなくなるような事態が発生すれば、それは直ちに米国の安全が保障されなくなることを意味していた。

1958年、この米国の安全保障政策に重大な懸念を与える事態が突如として発生した。まず、3月13日、フロリダ州ホームステッド空軍基地から飛び立ち急上昇していた B-47B が高度 15,000ft において、右主翼下面の胴体接合部付近が破壊して墜落する事故が発生した。この機体の飛行時間は 2,077 時間 30 分であった。同じ日、訓練型機である TB-47B がオクラホマ州タルサ上空 23,000ft において、左主翼下面外板の胴体接合部付近が破壊し、左主翼が機体から分離して二番目の墜落事故が起こった。この機体の飛行時間は 2,418 時間 45 分であった。

さらに、同年 3月 21日には飛行時間 1,129 時間 30 分の B-47E がフロリダ州エイボンパーク付近で空中分解、4月 10日には飛行時間 1,265時間 30 分の B-47E がニューヨーク州ラングフォード付近で空中爆発、4月 15日には飛行時間 1,419 時間 20 分の B-47E がフロリダ州マッジル空軍基地から離陸して間もなく空中分解した。

連続事故の原因は、操縦士の過大操作によると思われる 1 件以外は、疲労による構造破壊が疑われた。B-47 には、疲労の原因となり得るいくつかの要素があった。それらは、設計時の想定を上回る重量増加、エンジン推力増加、離陸補助のためのロケット使用などであったが、最も影響が大きいと思われたのは、運用方法の変更であった。

B-47 は、設計時には高高度での運用が想定されていたが、ソ連の地対空ミサイル配備に対抗するため、1957 年後半より、低高度で侵入して急上昇中に核爆弾を投下し離脱する攻撃を想定する訓練が行われるようになった。急激な引き起こしは機体構造に高荷重を与え、また低高度飛行中の乱気流遭遇による荷重増大もあった。

米政府は B-47 の連続事故を国家の安全保障を脅かす極めて重大な

事態と認識し、全力で事故原因の究明に着手した。ただし、B-47 の運用を停止して国家の安全保障上の問題を引き起こすことを恐れ、原因究明は秘密裏に行われ、疲労損傷発生が疑われる部位を点検・改修するとともに、速度制限、運動荷重倍数制限、低空飛行禁止などの高荷重を避けるための飛行制限の下に B-47 の運用は継続された。

　機体の点検・改修が進められるとともに、対策の有効性を確認するため、実機 3 機を使用してボーイング、ダグラス、NACA（National Advisory Committee for Aeronautics: NASA の前身）で疲労試験が行われた。疲労試験の結果、追加された改修もあったが、それまでの対策の有効性が概ね確認された。これにより、B-47 の構造健全性回復作業は一応完了することとなったが、B-47 の連続事故は米空軍に他機の安全性にも目を向けさせることになり、ASIP（Aircraft Structural Integrity Program）が制定され、米空軍機の構造健全性維持のための総合的対策が開始されることとなった [3]。

米空軍 F-111 墜落事故（1969）

　ASIP 制定により、米空軍機には全機疲労試験に基づくセーフ・ライフ設計が適用されるようになり [4]、米空軍機の疲労強度問題はこれで解決されたかに思われた。米空軍のセーフ・ライフ設計は、民間機基準（CAR 4b）と同様に、定められた運航寿命の間には疲労破壊が発生しないように、疲労試験で得られた飛行回数を安全係数で除した値をその寿命としたものであった。当初、用いられた安全係数は概ね 2 〜 4 であったが、これによって製造のばらつきなどもカバーできると考えられていた。しかし、現実には、セーフ・ライフ設計によっては疲労破壊を解消することはできなかった。

　1969 年 12 月 22 日、ネバダ州で米空軍の可変翼戦闘機 F-111 が訓練飛行中に主翼が折れて墜落し、乗員 2 名が死亡した。F-111 の主翼構造は、16,000 時間の疲労試験を完了しており、安全係数を 4 とすれば、4,000 時間の寿命がある筈であった。しかし、事故機の飛行時間はわずか 107 時間であり、事故時の荷重も制限荷重以下であった。

　事故調査の結果、可変後退の左主翼のピボット金具（**図 13-2**）に高強度材料として用いられた D6AC 鋼に製造時の初期欠陥（**図 13-3**）

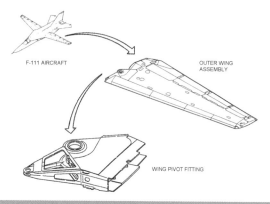

図 13-2　F-111 の可変後退翼ピボット金具 [5]

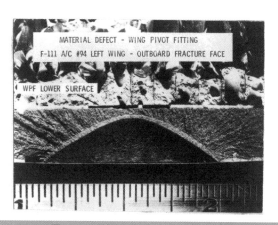

図 13-3　破壊の起点となった初期欠陥 [6]
（下のスケールの目盛（1、2）はインチ）

があり、それが起点になって破壊が起こったことが確認された。このような初期欠陥は、ASIP のセーフ・ライフ設計では想定されていなかったものであった。

　この事故に加え、大型輸送機 C5-A 主翼の疲労問題もあったことから、米空軍は、航空機構造に製造時の初期欠陥が存在しても運用中の安全性が確保されるように、初期欠陥の存在を前提とする損傷

許容 設計基準を制定することとし、1972 年に MIL-STD-1530「Aircraft Structural Integrity Program, Airplane Requirements」を発行して ASIP の中で損傷許容性の基本要求を定め、1974 年にはその詳細要求を定めた MIL-A-83444「Airplane Damage Tolerance Requirements」を発行した[3]。

このように、1956 年にセーフ・ライフとフェイル・セーフという疲労強度基準を導入した米民間に比し、B-47 の連続事故以前には明確な疲労強度基準がなく遅れをとっていた米空軍は、1958 年から 1974 年にかけてセーフ・ライフ設計基準と損傷許容設計基準を相次いで導入し、この分野で民間に先行することになった。

［B707 水平尾翼疲労破壊事故（1977）］

一方、民間機の分野では、1977 年 3 月に FAA が疲労強度基準を抜本的に見直すために国際会議を開催したが、その会議からまだ間もない 1977 年 5 月 14 日、アフリカのザンビアでフェイル・セーフ設計の信頼性を揺るがす事故が発生した。

ザンビア航空から国際貨物便の運航の委託を受けた英国ダンエア社の B707 はロンドンのヒースロー空港から、アテネ、ナイロビを経由して、ザンビアのルサカ空港に向かって飛行中であった。B707 がルサカ空港に進入中に地上高約 800ft で突然、右側の水平尾翼と昇降舵が機体から分離し、急激に機首下げ状態となり、滑走路の 2nm 手前に墜落し、搭乗者 6 人全員が死亡した（図 13-4）[7]。

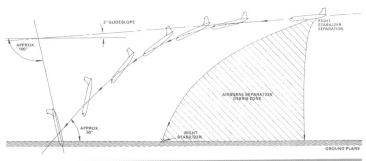

図 13-4　右水平尾翼分離後の B707 墜落経路[7]

同機は、1963年に製造されたB707-321C型機で、1976年まで米国で旅客輸送に使用された後にダンエアが運航し、総飛行時間は47,621時間、着陸回数は16,723回に達していた。飛行中に分離した水平尾翼は後桁の3本のコード（Chord: 弦材）が破断し、そのうちの最上部のトップ・コードは翼根取付部から約36cmのところで破断していた（図13-5）。その破断面には疲労亀裂があり、起点はトップ・コードの前方フランジの11番ファスナー・ホールであった。そこから始まった亀裂は後方と下方に向かって進行を続け、トップ・コードの断面の過半部分に疲労亀裂が及んだ後、トップコードの残されていた部分が急激に破断した。

　亀裂発生からこの破断までの飛行回数は約7,200回、トップ・コード破断から水平尾翼分離までは100飛行以内と推定された。水平尾翼スキンに対しては1,800飛行時間毎に外部から目視点検が行われていたが、トップ・コード破断前に進行していた亀裂を目視検査で発見することは困難であり、またトップ・コード破断後から水平尾翼分離までの間には検査機会がなく、最後まで亀裂が発見されることはなかった。

図13-5　水平尾翼後桁の破壊 [7]

軍用のKC135を母体に開発されたB707系列型機はB707-100シリーズから始まったが、その開発時に行われた疲労試験では、24万回の飛行に相当する繰り返し荷重まで水平尾翼後桁のコードに亀裂が生じなかった。B707-300は、B707-100に比べ水平尾翼のスパンが延長されたが、飛行試験の結果、昇降舵の応答特性が悪いことが判明した。これは水平尾翼の捩り剛性の不足が原因だったので、捩り剛性を増加させるため、水平尾翼の内側の下面スキンのアルミ合金材を2重にするとともに、対応する上面スキンの材質をステンレス・スチールに変更した（図13-6）。

ステンレス・スチールの高い剛性は上面スキンの荷重を高め、翼根近くの後桁トップ・コードのファスナー荷重を高めることは設計変更時に認識されていたが、面圧応力を減らすためにファスナー径を大きくするとエッジ・マージンが不足するので、径を大きくすることはできなかった。しかし、B707-100の水平尾翼後桁は上下2本のコードしかないのに対し（図13-7）、B707-300の水平尾翼後桁は中間にフェイル・セーフ性を付加するセンター・コードが追加されたことから（図13-8）、水平尾翼上面の設計変更には問題はないとされた。これが、この事故に至る誤りの始まりだった。

B707-300水平尾翼後桁に追加されたセンター・コードは、トップ・コードが破断した場合にその荷重を受け持つためのもので、トップ・コード破断までの通常運用時には疲労損傷を受けないように、曲げ応

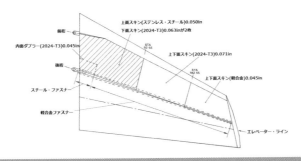

図13-6　B707-300の水平尾翼[7]

240　第13章

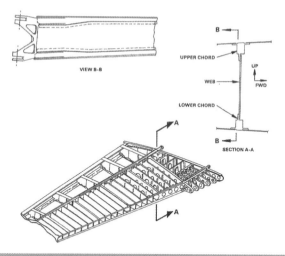

図 13-7　B707-100 水平尾翼後桁[7]

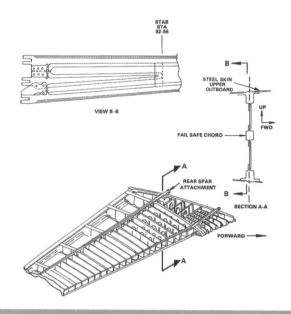

図 13-8　B707-300 水平尾翼後桁[7]

力が生じない後桁の中立軸に置かれていた（**図 13-9** 上図）。

　ところが、事故発生時の実際の荷重の流れは設計時の想定と異なったものとなり、センター・コードによるフェイル・セーフ性は機能しなかった。設計時の想定では、トップ・コードは破断すれば剛性を失うので、その荷重はセンター・コードに受け持たれ、トップ・コードの取付け部には荷重がかからないとされていた（**図 13-9** 中図）。しかし、事故後の試験解析の結果、トップ・コード破断後、破断部の内側のトップ・コードとトップ・ウェブは相当の剛性を持つ片持ち梁として働くことが判明した（図 13-9 下図）。

　このため、センター・コードの応力はスパン方向だけでなく垂直方向にも大きな成分を持つことになったが（**図 13-9** 下図の拡大図）、押

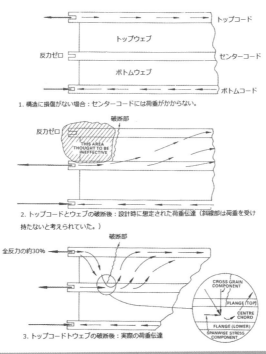

図 13-9　水平尾翼後桁の荷重の流れ[7]
（上図：通常運用中、中図：設計時想定、下図：事故時）

し出し材であるセンター・コードは垂直方向の応力に弱く、センター・コードも破断し、さらに水平尾翼全体が破断するに至った。

このように、B707-300 はフェイル・セーフ機として型式証明を受けていたにもかかわらず、実際には、その水平尾翼後桁はフェイル・セーフ性がなかったのである。

前述したように、原型機である B707-100 の水平尾翼は 24 万回飛行に相当する疲労試験が実施されたが、B707-300 の水平尾翼は疲労試験が行われなかった。米国の設計基準では試験を必ず実施しなければならないとはされておらず、メーカーも設計変更後の水平尾翼にはフェイル・セーフ性があると解析のみによって判断し、試験によってフェイル・セーフ性を確認することはしなかった。（当時の英国耐空性基準（BCAR Section D）は、米国基準同様、明確に疲労試験を要求する規定はなかったが、疲労の観点から重要な部分についてはセーフ・ライフ性又はフェイル・セーフ性を実証するための荷重試験を要求する項目があった。しかし、英国当局は、米国での証明を受け入れ、追加試験を要求しなかった。）

また、事故報告書は、設計時に考慮されていなかった着陸時のスポイラー使用による振動荷重が亀裂進行速度を増大させたこと、1977年 6 月時点における B707-300 シリーズの全機である 521 機の 7％に当たる 38 機に水平尾翼後桁の亀裂が存在し、そのうちの 4 機は桁の交換を要したことも指摘している。

［損傷許容設計基準の成立（1978）］

ダンエア B707 の事故は、疲労強度基準の見直しの必要性を再認識させることとなり、FAA は、1977 年 3 月の国際会議の検討結果も踏まえ、1978 年に民間大型機の耐空性基準（FAR 25）の疲労強度規定（FAR 25.571）に損傷許容設計基準を採り入れる決定を行った[8, 9]。

損傷許容設計は、構造の一部に損傷が発生してもそれが発見修復されるまでは残りの構造部分が荷重を受け持つので安全が保たれるという基本的思想はフェイル・セーフ設計と同じである[注]が、発生する損傷が定例の目視検査ですぐに発見されるものとは仮定せずに、損傷の進行速度や発見可能性の評価を求めた。このように、損傷許容設計

においては、損傷を発見するための検査方法、初回検査時期及び繰返し検査の間隔が極めて重要な役割を果たすこととなった。

（注）1978年の改正では、損傷許容性とフェイル・セーフの基本思想の共通性を示すように損傷許容性の評価方法を定めた FAR 25.571（b）項のタイトルが「損傷許容性（フェイル・セーフ）」と表記されたが、同項が 1990年に改正された際には、損傷許容性とフェイル・セーフは同義ではないという理由で、その表記が削除された[10]。

　1978年の基準改正により、疲労強度設計は、原則として損傷許容設計を適用し、それが困難な構造部分についてのみセーフ・ライフが認められることになった。（損傷許容設計の適用が困難な例としては、生じた損傷が検査によって発見することが困難な小さなうちでも、運用中予想される最大荷重を受けた場合、急激に破壊するおそれのある高張力鋼を使用している着陸装置などがある。）

　また、疲労に加えて腐食や偶発的損傷を考慮すること、同時多発損傷（MSD: Multiple Site Damage）を評価の対象に入れること、フェイル・セーフ荷重（損傷発生後に残りの部材が耐えられる荷重）の引き上げなどの改正も併せて行われた。

　ただし、この改正においても、コメット機の事故以降、その重要性と必要性が幅広く認識されてきた全機疲労試験（実機の全構造を使って行う疲労試験）の義務付けは見送られた。改正案に寄せられたコメントにもその義務付けを要望するものがあったが、FAA は、全機疲労試験は必ずしも実運用と同じ結果をもたらすものではない、安全性は他の規定で担保されるなどの理由を述べて、その要望を退けた。FAA がこの姿勢を翻し、全機疲労試験の義務化に踏み切るのは、この 20 年後に広域疲労損傷（WFD: Widespread Fatigue Damage）防止を規定する 1998 年の改正時となる（FAA は、その改正の提案時は、一転して全機疲労試験の必要性を述べるとともに、近年はメーカーが自主的に試験を実施しているので義務化に伴う追加コストはごく僅かになると強調しており[11]、1978 年改正時の義務付け見送りの真の理由はコストであったことを窺わせている。）。

なお、耐空性基準改正は、原則として、改正後に型式証明を申請する新型機に適用されるものであることから、この改正は、運航中の既存機に直接適用されるものではなかったが、ダンエア B707 の事故は、既存の経年航空機の安全性についての懸念を深めることとなり、次のように、既存の経年機への対策も実施されることとなった。

［経年航空機に対する検査プログラム］

ダンエア B707 の事故発生を受け、1978 年に英国航空局（CAA: Civil Aviation Authority）は耐空性に関する通報（Airworthiness Notice No.89）を発出し、フェイル・セーフ機についても、型式証明時に想定されていた運航目標飛行回数に近づきつつあるものに対しては、特別の検査プログラムを実施しない限り、運航寿命制限を課する方針を表明した[12]。

英国航空局は、同通報の中で、フェイル・セーフ機の型式証明においては構造部材の損傷は安全上支障を生ずる前に定例整備で容易に発見されることを前提としていたが、損傷発見のためには特別の点検が必要な場合があることなどが判明したとして、重要構造部分に発生し得る損傷の進行速度や発生確率などの評価結果に基づき、損傷が安全上支障となる前に確実に発見できる検査指示書が発行されるならば、この運航寿命制限を撤廃すると述べた。

英国航空局のこの考え方は、その後、ICAO 及び FAA に踏襲され、設計時の想定飛行回数を超える運用が予想されるフェイル・セーフ機に対し、損傷許容設計基準に従って機体構造を見直して必要な検査、修復措置等を行う検査プログラム（SSIP: Supplemental Structural Inspection Program）が設定されることとなった[13,14]。

［アメリカン航空 DC-10 墜落事故（1979）］

1979 年 5 月 25 日、アメリカン航空の DC-10-10 は、シカゴ・オヘア空港の滑走路から通常どおりに離陸滑走を開始したが、リフト・オフのため機体が引き起こされた時、突然、左エンジンがパイロン（Pylon: 発動機架）とともに機体から分離し、左主翼の上を通過して地上に落

図 13-10　墜落直前の DC-10（M. Laughlin）
（左主翼損傷部から燃料等が霧状に流出）

下した。左エンジンを失った機体は、リフト・オフの 20 秒後に高度約 325ft まで上昇したところで左に傾き始め、主翼が垂直を超えるまで横転して失速し（図 13-10）、リフト・オフから 31 秒後に滑走路端から北西に約 4,600ft の地点に墜落した。

地上との激突により機体は爆発し、搭乗者 271 名と地上の 2 名が死亡し、この事故は米国航空史上最大の事故となった（テロを除けば、未だに米国航空史上最大事故である。）。

事故発生 7 ヵ月後に公表された事故調査報告書は、次のように、DC-10 の整備と設計に関する多くの問題点を明らかにした[15]。

左エンジン・パイロンの亀裂

DC-10 の左右のエンジンはパイロンによって主翼に吊り下げられ（図 13-11）、パイロン（図 13-12）は主翼構造に前後のバルクヘッド（bulkhead: 隔壁）と金具（スラスト・リンク・フィッテング）で取り付けられていたが（図 13-13）、事故機の左パイロンの後方バルクヘッドには約 13 インチの亀裂があった。左エンジンとパイロンの脱落は、その亀裂によって強度が低下していたバルクヘッドが機体引き起こし荷重によって破断したことによるものであった。

約 13 インチの亀裂のうち約 10 インチは、事故の 8 週間前にエンジンとパイロンを主翼から取り外す作業を行った時に発生し、残りの約

246　第13章

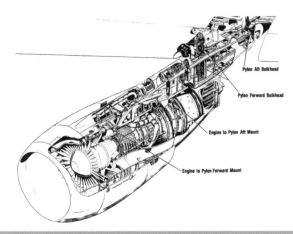

図 13-11　DC-10 のエンジンとパイロン[15]

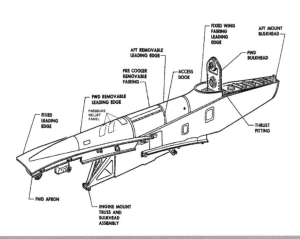

図 13-12　パイロン

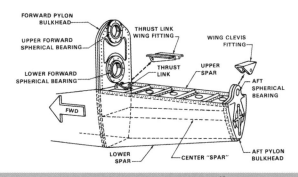

図 13-13　パイロンの主翼接合部 [15]

3インチは、運航中の荷重によってそこから進行した疲労亀裂であったが、最初の約10インチの亀裂は、次項で説明するような不適切な作業によって発生したものであった。

　なお、事故後に他のDC-10のパイロンにも亀裂が発見されたため、事故から12日後の6月6日に同機の型式証明が停止され、6月26日には米国領空内での全てのDC-10の運航が禁止されたが、事故機の亀裂は不適切な作業によって生じたものであることが判明したことから、7月13日に型式証明の停止が解除された。

不適切なエンジン・パイロンの取外し取付け作業
　パイロンの前後のバルクヘッドには計3点のスフェリカル・ベアリングが取り付けられていたが、これらに不具合があり、マクダネル・ダグラス社は、交換を指示するSB（Service Bulletin）を発行した。この交換を実施するためには、エンジンとパイロンを機体から取り下ろす必要があったが、その手順については、メンテナンス・マニュアルにエンジンを外した後にパイロンを取り外すことが規定されていた。
　ところが、アメリカン航空は、作業時間短縮のため、フォークリフトを使ってエンジンとパイロンを一体で取り外す手順を考案した。しかし、エンジンを外した後に主翼からパイロンのみを取り外す場合と比べ、エンジンとパイロンを接合したままでの取外しは、重心が主翼

前方にあるエンジンの大きな重量のため、作業が格段に難しくなるものであった。アメリカン航空から意見を求められたマクダネル・ダグラス社は、パイロンと主翼との接合部の間隙が小さいことを懸念し、その手順は推奨できないと回答した。しかし、アメリカン航空は、それに従わず、エンジンとパイロンを一体で取り外し、ベアリング交換後、また一体で取り付ける作業を行うことを決定した。

　その作業手順書には、前方バルクヘッドの下の取付け部を外してから上の取付け部を外し、次に、スラスト・リンク、最後に、後方バルクヘッドを外すという順序で作業項目が記載されていた。しかし、1979 年 3 月末に行われた事故機の作業では、その作業順序とは異なり、最初に後方バルクヘッドのスフェリカル・ベアリングのボルトから取り外されたため、エンジン重量のために前方取付け部まわりに後方バルクヘッドが主翼側に押し上げられるモーメントが働くことになった。そして、ここで作業シフトが交代した。

　次のシフトの整備士が作業現場に来てみると、後方バルクヘッドの上部が主翼のクレビス（U 字金具）と接触していたが、エンジンを支えるスタンドの位置がずれており、すぐには前方バルクヘッドを取り外すことができなかった。フォークリフトを動かしてエンジンとパイロンの位置を修正し、ようやく前方バルクヘッドを分離し、エンジンとパイロンを取り外したが、この時のクレビスとの接触によって、後方バルクヘッド上部フランジに亀裂が生じたものと考えられている（図 13-14、13-15）。

　事故後の調査により、米国航空会社の DC-10 の 175 台のエンジンにこの SB 作業が行われ、そのうちの 76 台がフォークリフトによるエンジン・パイロン一体作業が行われ、その 76 台中の 9 台のパイロンに損傷が発生していたことが判明した（図 13-16）。他社でもアメリカン航空と同様の手順で作業を行い、パイロンに損傷が発生していたが、いずれも単純な作業ミスとされ、通報を受けたマクダネル・ダグラス社は原因の探求や再発防止策の検討を行わず、この件は FAA に報告されなかった。

249

図 13-14　事故機の後方バルクヘッド（dの部分にクレビスに押された接触痕があり、そこから両側に亀裂が生じている。）[15]

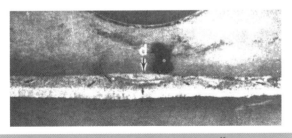

図 13-15　クレビス接触痕の拡大図[15]

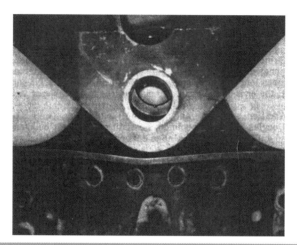

図 13-16　損傷があった他機の後方バルクヘッドでクレビス接触を模擬した写真[15]

油圧と警報装置電源の喪失

　エンジン・パイロン交換作業とともに事故調査の焦点となったのは、1つのエンジンが喪失しただけで、なぜ墜落に至ったのかということであった。旅客機は、離陸中に1つのエンジンの推力が全面的に失われても運航の安全には支障がないように設計されており、1つのエンジンの脱落だけでは墜落する筈がなかった。しかし、この事故では、左エンジンがパイロンとともに脱落して左エンジンの推力が失われただけではなく、左主翼前縁の一部が引きちぎられて周囲の油圧配管と電気配線が損傷し、飛行に重大な支障が生じていた。

　油圧配管の損傷により、油圧作動油が失われ、左外側（アウトボード）の前縁スラットが引き込まれ、左右の主翼にアンバランスが生じた。さらに、電気配線の損傷により、第1ジェネレーター・バス（母線）の電力が失われた。DC-10が飛行中の主要AC電源は3台のエンジン駆動発電機からそれぞれ電力を供給される3つのバスであり、いずれかの発電機が故障した場合にはバス間の連結回路を通じて他のバスから電力が供給されることになっていた。しかし、事故発生時、バス故障時に自動的に作動する保護機能により連結回路が遮断され、他のバスから第1バスへの電力供給が行われなかった。他のバスからの

電力供給を復活させる手動操作手順はあったが、事故当時の状況では
乗員にその操作をする余裕はなく、操縦室の警報装置への電力供給が
失われた。

事故のシミュレーション

事故機を模擬し、左エンジンが失われ、油圧系統と電源系統の一部
が不作動となり、左主翼外側前縁スラットが風圧で引き込まれるシ
ミュレーション実験が行われた。

スラットが展開されている時の失速速度が124ktであるのに対し、
外側スラットが引き込まれた事故機の左翼の失速速度は159ktであっ
た。事故機は、V_2（離陸安全速度）+6ktの159ktでリフト・オフした後、
高度140ftで172ktまで加速したが、高度約325ftで159ktまで減速さ
れていた。この減速は、フライト・ディレクターの指示に従った機体
姿勢をとったことによるものと考えられた。この減速により、事故機
は、左翼から失速し、左に横転して墜落に至った。

シミュレーションに参加したパイロットがDFDR（飛行記録装置）
に記録されていた事故機のパイロットの操作どおりの操縦をした場合
と、フライト・ディレクターのピッチ・コマンドに従って操縦した場
合は、いずれも、ことごとく事故機のように墜落した。一方、機体が
左に横転を開始した直後に、機首を下げ加速して失速を防止し、安全
に飛行を継続させることに成功したパイロットもいたが、彼らには事
故機の状態が事前に知らされていた。

しかし、実際の事故機では、左右のスラットが非対称になっている
ことの警報灯や失速警報装置などは電源が失われて不作動になってお
り、また、操縦室からは左エンジンが見えず、機体がどのような状態
に陥っているかは事故機のパイロットには把握できなかった。事故報
告書は、このような条件下では、事故機のパイロットが通常のエンジ
ン故障時の操作手順どおりに操縦し、結果的に事故機を失速に陥らせ
たことは責めることはできないと結論付けた。

設計上の問題点

事故調査では、DC-10設計上の問題点も指摘された。航空機の設計

基準については、型式証明申請時の基準が適用され、DC-10 には 1978 年に制定された損傷許容設計基準は適用されていなかった。同基準では、疲労に加えて偶発的損傷も考慮すべきとされていることから、仮に同基準が適用されていれば、事故原因となった整備作業中の損傷も考慮された筈で、この事故は回避されたのではないかとも考えられた。

これに対して、マクダネル・ダグラス社は、同基準上の偶発的損傷とは、貨物の搬入、搬出中の貨物室ドアへの接触のような定例作業中の損傷や工具落下のような定例整備中の損傷に限定されるべきで、事故原因となった作業の損傷は、定例整備中に発生したのではないので、対象外であると主張した。

偶発的損傷に何を含ませるかは基準の解釈によるが、事故原因となった作業もその範疇とした場合、設計の変更が必要となるのか、それとも検査の強化で対応できるのかが問題となった。

FAA は、マクダネル・ダグラス社にパイロンを新しい損傷許容設計基準に基づいて再評価することを求め、同社は、後方バルクヘッドのフランジの亀裂は 3 インチになる前に目視検査で発見できるとする前提で再評価を実施した結果、DC-10 パイロンの設計は新基準にも適合するとした。これに対し、NTSB は、パイロンの設計が強度基準には適合していることは認めたものの、パイロン部品間の間隙が小さく整備作業中に損傷を受け易いなどの問題点があることを指摘した。

事故発生 7 か月後の 1979 年 12 月 21 日に公表された NTSB の事故報告書は、DC-10 が型式証明基準に適合していることは認めたが、パイロンとスラットの設計上の問題点、整備・検査方法や不具合情報の報告・周知に関する問題点などを指摘し、これらに関する多くの勧告を行った。

また、パイロンの設計ばかりでなく、航空機構造設計全般の安全性保証のあり方も問題となった。この事故では、エンジン・パイロンの脱落により左主翼の前縁部分が損傷し、左外側前縁スラットへの油圧が失われ、重要警報装置への電力供給も断たれたため、パイロットが失速を防げず、墜落に至った。構造破壊により重要システムの機能が喪失して重大な事態を招いた点は、本事故や 1974 年のトルコ航空 DC-10（第 10 章参照）の事故ばかりではなく、この後に発生する

1985 年の JAL747 の事故、1989 年のユナイテッド航空 DC-10 の事故に
も共通している。

　この問題に関しては、次に述べるように FAA の耐空証明制度に関
する委員会で検討が行われ、また、事故報告書の勧告でも、「重要シ
ステムが通る区域の主要構造が損傷した場合に起こり得る故障の組合
せについて、型式証明において考慮すること」が求められた。

［FAA の耐空証明制度に関する報告書（1980）］

　事故後、米国運輸長官は、米国科学アカデミーに対して FAA の耐
空証明制度について評価を行うように要請し、レンセラー科学技術
大学学長の George M. Low（元 NASA 副長官）を委員長とする委員会
（Committee on FAA Airworthiness Certification Procedures：通称、「Low 委
員会」）が発足した。Low 委員会は、1980 年 6 月に型式証明、製造、整備、
不具合情報などに関する 17 項目の勧告を列記した「Improving Aircraft
Safety」と題する報告書を運輸長官に提出し、設計基準について次の
趣旨の指摘と勧告を行った [16]。

・複雑な技術的システムの本質として、設計によってあらゆるリスク
　を予想して防止することは不可能である。ほとんどの安全基準は、
　過去の誤りと事故の経験から導き出されてきたものである。
・したがって、現在の基準によって製造された航空機は、本質的に、
　過去に発生した種類の問題には対処するように設計されている。し
　かし、死亡事故の多くは、設計の想定外の稀な出来事の組合せが関
　与している。
・安全上重要な構造は、セーフ・ライフ又はフェイル・セーフのどち
　らかで設計されている。また、操縦系統のような安全上重要なシス
　テムは故障発生確率が極微（10 億飛行に 1 回未満）であることが
　求められている。ただし、重要システムの故障解析では、システム
　の周囲にあるセーフ・ライフ又はフェイル・セーフで設計された構
　造の破壊を考慮することは求められていない。

ここで指摘されているのは、油圧や電気などの重要システムの故障
解析では周囲の構造の破壊までは考慮されず、したがって、構造破壊
による2次的故障も考慮されていないということである。構造破壊に
よって重大なシステム故障が引き起こされることは稀であるが、同報
告書は、現実の重大事故は想定外の稀な事象の組合せによって起こっ
ていることを指摘し、構造破壊による2次的故障を考慮しない解析方
法に疑問を投げかけ、そのような想定外の事態が起こった実例として
アメリカン航空 DC-10 事故を挙げた。

・シカゴのアメリカン航空 DC-10 の事故では、起こりそうになかっ
　たフェイル・セーフ構造の破壊によって、発生確率が10億分の1
　未満であった筈の重要操縦システムの故障が発生した。

　前述の NTSB 勧告（重要システムが通る区域の主要構造が損傷した
場合に起こり得る故障の組合せについて、型式証明において考慮する
こと）は、このような事態について検討することを求めたものである
が、同報告書は、さらに踏み込んで、次のような具体的な設計基準改
正の勧告を行った。

・主翼の分離破壊のように破壊そのもので飛行が不可能となる場合を
　除き、構造破壊の後にも飛行の継続を可能とする設計基準を定める
　よう、当委員会は FAA に勧告する。

同報告書は、続けて次のように述べている。

・勧告した基準改正案の考え方は一般にはまだ適用されていないが、
　その適用の先例が2つある。1つは、ワイドボディ機の急減圧発生
　時の圧力解放措置 (注) の例であり、もう1つは、セーフ・ライフ設
　計されているにもかかわらず飛散した場合の措置が講じられている
　エンジン部品の例である。（注：第10章で紹介した1974年のトルコ航
　空 DC-10 事故の再発防止策として行われた1980年の FAR 改正。）

なお、設計基準改正は、改正後に型式証明が申請される新開発機にのみ適用されることから、同報告書は、既に型式証明されて運航中の航空機についても基準改正案に適合することを求めた。

・既に型式証明されている航空機についても、本勧告によって制定される基準に適合するか否かを評価し、適合しない場合には AD の発行を検討すべきである。

　しかし、次に述べるように、これらの勧告が実施されることはなかった。

［構造設計基準改正案の撤回（1983 ～ 1985）］

　FAA は、1983 年に Low 委員会の勧告に応え、次の設計基準改正原案（ANPRM: Advance Notice of Proposed Rulemaking）を公表し、これに対する一般からの意見を求めた[17]。

・航空機設計においては、破壊することが起こり得ないと証明された構造については、それがシステムに及ぼす影響を考慮する必要がないとされている。
・しかしながら、Low 委員会の報告書は、設計の想定外の事態が発生し、破壊し得ないとされた構造が破壊することがあり得ることを指摘している。

　公表文は、このように Low 委員会の報告書を引用した後、FAA としても同委員会の評価に基本的に同意することを述べ、次の設計基準改正原案を提案した。

［基準改正原案］

　FAR25.571（b）に次の趣旨の規定を追加する。

　「非現実的と証明された場合を除き、残留強度評価には、少なくとも、発生確率が如何に微小と考えられても、全ての主要構造部材（

principal structural element ）について破壊（効果的な亀裂進行止めがある大きな外板については、明白な部分破壊）を想定すること。」

これに加え、FAR25.573 として、次の趣旨の規定を追加する。

「発生確率が如何に微小と考えられても、全ての主要構造部材について破壊（大きな外板については、直ちに明白となる部分破壊）を想定し、さらにその破壊によって引き起こされる可能性の高い他の構造、装備、システム及び設備の二次的損傷が発生した場合であっても、航空機は安全に飛行が完了できるように設計されなければならない。」

この改正原案は、Low 委員会の勧告を正面から受け止め、アメリカン航空 DC-10 事故のように、構造設計基準によって安全が担保された筈の構造が破壊し、その破壊自体では航空機は墜落に至らないが、構造破壊による重要システムの二次的破壊によって航空機の機能が喪失されて破滅的な事態に陥ることを防止しようとするものであった。

しかし、この改正原案に対しては、航空機メーカー、航空会社等から多くの反対意見が寄せられ、FAA は、1985 年 6 月 7 日に改正原案を撤回する決定を行った。それらの反対意見の主な理由は、この改正原案に従って設計される航空機は重く高価なものになるが、安全への寄与はそれに見合ったものとはならないとするものであった[18]。

改正原案は、全ての主要構造部材を対象とし、破壊の原因も限定していなかったことから（トルコ航空機事故再発防止策では、一定事象による急減圧と原因を特定していた）、適用範囲が膨大となり、実際の適用に当たってどのように解釈して運用するかも容易なことではなく、また、その適用の仕方によっては広範な構造の多重化などにより機体重量が大幅に増大するおそれがあったものと考えられる。

反対意見を述べたメーカーや航空会社は、このようなことを踏まえて、改正原案が防止しようとしている事故が起こる可能性は極めて低いので安全上のメリットは大きくないのに対し、構造が相当に重くなって機体価格や運航費が増大して経済的負担が不当に大きくなると考えたのではないだろうか。

しかし、反対意見が主張するようにそのような事故の発生が稀なことは事実であるが、Low 委員会の次の指摘も真実であり、そのような

事故がこの撤回の直後に発生することとなる。

・想定の範囲では破壊しないように設計された構造は、時々、想定の
範囲外で破壊する。そのような例には、整備による損傷、製造時品
質管理の欠陥等が含まれる。多数の航空機の長期間にわたる数百万
回の運航中にこのような破壊が発生しないとは誰も保証できない。
（Low 委員会報告書 p9）

参考文献

1. Civil Aeronautics Board, Civil Air Regulations Part 4b Airplane Airworthiness - Transport Categories, As amended to December 31, 1953, 4b.306 "Material strength properties and design values" (d)
2. Civil Aeronautics Board, Civil Air Regulations Amendment 4b-3, 4b.270 "Fatigue Evaluation", 1956
3. Neggard, G. R., "The History of the Aircraft Structural Integrity Program – ASIAC Report No. 680.1B", 1980
4. Lincoln, J. W., "Aging Systems and Sustainment Technology", 2000
5. Weller, S. and McDonald, M., "Stress Analysis of the F-111 Wing Pivot Fitting", 2000
6. United States Air Force, "Handbook for Damage Tolerant Design", 2009
7. Accidents Investigation Branch, Department of Trade, Aircraft Accident Report No. 9/78, 1979
8. Federal Aviation Administration, NPRM No. 77-15, "Transport Category Airplane Fatigue Regulatory Review Program; Fatigue Proposals", 1977
9. Federal Aviation Administration, FAR 25 Amendment No.25-45, "Transport Category Airplane Fatigue Regulatory Review Program Amendments", 1978
10. Federal Aviation Administration, FAR25 Amendment No. 25-72, "Special Review: Transport Category Airplane Airworthiness Standards", 1990
11. Federal Aviation Administration, NPRM No. 93-9, "Fatigue Evaluation of Structure", 1993
12. Civil Aviation Authority, Airworthiness Notice No. 89, "Continuing Structural Integrity of Transport Aeroplanes", 1978
13. Federal Aviation Administration, Advisory Circular No. 91-56B, "Continuing Structural Integrity Program for Airplanes", 2008
14. International Civil Aviation Organization, Doc 9760: Airworthiness Manual, Third edition, 2014
15. National Transportation Safety Board, Aircraft Accident Report, "American Airlines Inc., DC-10-10, N110AA, Chicago - O'Hare International Airport", 1979
16. Committee on FAA Airworthiness Certification Procedures, National Research Council, "Improving Aircraft Safety - FAA Certification of Commercial Passenger Aircraft", 1980
17. Federal Aviation Administration, Advance Notice of Proposed Rulemaking No. 83-8 "Flight after Structure Failure", 1983

258 第13章

18. Federal Aviation Administration, "Withdrawal of Advance Notice of Proposed Rulemaking Flight after Structure Failure", 1985

第 14 章
DC-10 南極観光飛行事故、航空史上最大の火災事故、火災対策基準強化（1979 〜 1983）

　1979 年の南極における DC-10 墜落は、257 名が犠牲となった大事故であるが、組織的要因が事故原因と指摘されたことでも知られている。1980 年のサウジアラビア航空 L-1011 の火災事故は、犠牲者が 301 名に達する航空史上最大の火災事故であり、その後の航空機火災対策に大きな影響を与えた。本章では、これらの事故などについてご説明する。

［DC-10 南極観光飛行事故］

　ニュージーランド航空は 1977 年から南極を上空から観光する飛行を始めていたが、1979 年最後のフライトとして 11 月 28 日にオークランドを出発した DC-10-30（**図 14-1**）が南極ロス島（**図 14-2**）に墜落した。

図 14-1　事故機（Eduard Marmet）

事故現場付近では、当時、雲底 2,000ft の雲があり、また、有視界飛行での最低安全高度が 6,000ft に設定されていたが、DC-10 は、ロス島の手前で旋回を行いながら降下して雲の下に出て、高度 1,500ft で水平飛行に入り、ロス島最高峰エレバス山（標高 12,450ft）の山腹に激突した（**図 14-3**）。この事故によって、日本人旅客 24 名を含む搭乗者 257 名全員が死亡した。

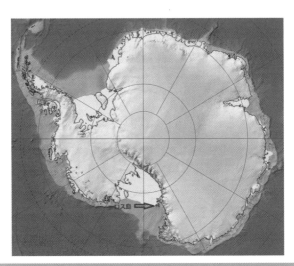

図 14-2　南極ロス島（Alexrk2 の図に加筆）

図 14-3　南極雪原に散乱した残骸[1]

航空事故調査委員会の調査

　事故発生後、直ちに南極の事故現場で捜索が行われ、飛行記録装置、音声記録装置、旅客が撮影していた映像記録等が回収され、事故から約半年後の 1980 年 6 月 12 日に航空事故調査委員会の報告書が公表されたが、その結論は、概ね次のとおりであった[1]。

　事故機の乗員は、航空機関士 1 名以外は以前に南極を飛行した経験がなく、機長及び副操縦士が飛行の 19 日前に事前説明と訓練を受けた。しかし、その時点で会社が使用していたロス島の無線標識（マクマード TACAN）の経度データが 2 度 10 分西にずれており、事前説明で配布された資料にもその誤ったデータが記載されていた。さらに、飛行経路の概略を示した地図には、本来のルートがエレバス山の直上を飛行するものであったにもかかわらず、ロス島の西側の海上を飛行するかのような誤解を与えるルートが示されていた。無線標識の経度の誤りは、他便のパイロットが気付いて会社に指摘していたが、修正されずに 14 か月放置されていたもので、修正されたのは DC-10 出発の 6 時間前であり、しかも、その修正の事実は乗員に知らされなかった。

　飛行前、乗員は、地上職員が用意したデータに従って DC-10 の INS（Inertial Navigation System: 慣性航法装置）に通過地点の緯度、経度を入力し、問題の経度についても、それが修正された事実を知らず、そのまま入力した。

　DC-10 は降下地点付近まで INS によって飛行し、降下開始時には DC-10 はロス島のすぐ手前に来ていたにもかかわらず、乗員はロス島の西側の海上を飛行していると誤認していた。事故報告書は、飛行中に INS の位置情報を適切にモニターしていれば自機の位置を確認することが可能であったと乗員を批判する一方、経度データの誤りがこの位置誤認の原因である証拠は見出せなかったとしたが、この事故調査委員会の評価は、後述する王立委員会報告書によって厳しく批判されている。

　なお、ロス島の米軍マクマード基地にはレーダーがあったが、地形の影響でそのレーダーは DC-10 を捉えることができず、機上の距離測定装置（DME: Distance Measuring Equipment）も地上局を捕捉できな

かった。

　事故報告書は、機長以外の乗員の飛行位置の認識については、VHF通信設定に忙殺されて飛行状況をよく監視していなかったとして副操縦士を批判する一方、航空機関士が雲に覆われた地域への降下に対する不安を述べているとして、航空機関士は飛行位置が誤っている可能性を認識していたとしているが、この点についても王立委員会報告書が反論を行っている。

　DC-10 は位置を誤認したまま降下を続けたが、雲の下に出た後は視界が良好であった。事故調査の焦点の一つは、視界良好にもかかわらず、なぜ乗員が目前の山岳に気付かずに水平飛行を継続して衝突に至ったのかであったが、事故報告書は、その理由はホワイトアウトによるものではないかとしている。ホワイトアウトは、遠近感が失われて地表面と地平線の境界を明瞭に認識できなくなる気象現象であり、雪に覆われている極圏では特に発生頻度が高く、地表が白の単色で覆われているところに影を生じない散乱光があれば生じ得るとされている。降雪や霧がなく澄んだ大気の中でも発生し、雲が低く光が十分にあれば視界の中に立木などの小さな物体があっても発生する。事故報告書は、事故当時、ホワイトアウトが生じやすいこのような状態にあったとしている。

　事故報告書は、結論として、自機の位置に確信を持てないまま地表面と地平線の境界がはっきり見えない地域に向かって低空飛行を継続した機長判断が事故原因であるとした[1]。

王立委員会の調査

　一方、この事故については、航空事故調査委員会による調査とは別に裁判所判事による調査も行われた。英連邦の一員であるニュージーランドの当時の法律（Commissions of Inquiry Act 1908）には、公衆に死傷又はそのおそれがあった事故について王立委員会（Royal Commission）に調査を行わせる権限を総督に付与する規定があり、1972 年から 1981 年の間、当該規定に基づき、王立委員会による 15 件の調査が実施されていた[2]。

　ニュージーランド政府は、航空事故調査委員会報告書公表前の

1980 年 3 月に、本事故に対して王立委員会を設置することを決定し（正式決定は事故調査委員会報告書公表日の前日となったが、実質的決定は 3 月に行われた。）、その主催者としてマホン（Mahon）高等法院判事を指名した[3]。

　王立委員会は、航空事故調査委員会報告書公表から 10 か月後の 1981 年 4 月に報告書をとりまとめたが、こちらの結論は、乗員の過失を否定し、航空会社が事故直前に乗員に告知せずに行った経度データの修正を事故原因とし、さらに、調査過程においてニュージーランド航空が証拠隠滅を図ったとして、同社に課徴金の支払いを命じた。これに対し、ニュージーランド航空は、課徴金支払い命令を不服として訴訟を起こし、課徴金支払いを免除する判決を得たが、マホン判事は、さらに英国枢密院に上告した[注]。

（注）当時のニュージーランドの裁判所は、地方裁判所、高等法院、控訴院及び枢密院司法委員会（Judicial Committee of the Privy Council）で構成され、英国枢密院が最終審としての機能を有していた。なお、現在では、その後の司法制度改革により最高裁判所が最終審となっている[4]。

　枢密院における裁判では、ニュージーランド航空が証拠隠滅を行ったという王立委員会報告書の主張についてはその証拠がないとして退けられたが、事故原因については争われなかった。

　このように、この事故の調査は、2 つの報告書の併存と調査内容に対する訴訟という極めて異例の展開を辿ったが、以下に、2 つの報告書の主な相違点をご紹介する。

　航空事故調査委員会報告書は、前述したように、DC-10 が降下を開始した時に乗員が自機の位置を誤認していたことが経度データの誤りによって引き起こされた証拠は見出されなかったとしていた。しかし、王立委員会の調査において、機長の家族から新たな証拠の提出と証言があり、それによって、飛行位置の誤認は経度データの誤りに起因するものであることが明らかになった。

　機長は、出発前日に個人所有の地図上に飛行ルートをプロットしていたが、それは事前説明で与えられた誤った経度データに基づくもの

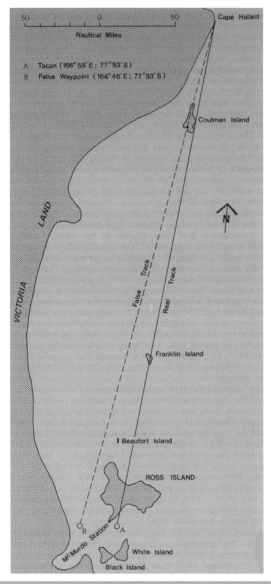

図 14-4　誤った経度データによるルート[3]

であり、エレバス山の直上を通る経路ではなくロス島の西側の海上を通るルートであった。

航空事故調査委員会の調査で、DC-10は南極ビクトリア・ランドのハレット岬（Cape Hallett）まで計画どおりのルートを飛行し、そこからマクマードTACAN方向に飛行していた事実が判明していたが、マクマードTACANの経度を事前説明資料のデータに従って西に2度10分ずらすと、そのルートはロス島の西の海上に到達することになり、機長が飛行前日に地図上にプロットして確認していたのは、まさにこのロス島西側海上の障害物のない地域に到達するルートであった（図14-4の破線）。

機長は、降下を開始した時には下方には障害物がないと信じ、雲の下に出た後には、ホワイトアウトによって衝突の直前までエレバス山に気付くことができなかったのである。

そして、航空機関士が位置誤認の可能性を認識していた根拠として事故調査委員会報告書が挙げていた音声記録については、再精査を

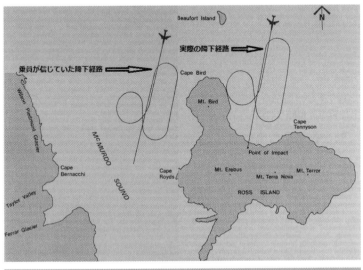

図14-5　乗員が信じていた降下経路[3]

行った結果、王立委員会は、事故調査委員会の音声記録解析には誤りがあり衝突の直前まで乗員全員が海上の障害物のない地域を飛行していたと信じていたことが事実であるとしている。

王立委員会報告書は、これらのことから、事故原因は乗員にはなく、飛行直前に乗員に知らせずに経度データを修正したことこそが真の原因であると断じ、そのような誤りの源は、それを行った個人ではなく、誤りの発生を許容した会社組織の欠陥にあると指摘した。

王立委員会主催者である判事の名前から「マホン・レポート」と称されるこの報告書は、航空会社が意図的に証拠隠滅を行ったとする記述など議論の余地がある部分もあるが、後世、組織的要因を事故原因と指摘した嚆矢とする高い評価を得ている[5]。

[サウジアラビア航空 L-1011 火災事故]

1980年8月19日、サウジアラビア航空163便ロッキード L-1011(図14-6)は、乗員14名乗客287名を乗せ、リャド空港からジェッダに向かって出発したが、離陸上昇中に後方貨物室に火災が発生し、空港に引き返して誘導路上で停止したが、非常脱出が行われずに搭乗者301名全員が死亡し、犠牲者数において史上最大の航空機火災事故となった。

図 14-6　事故機(Mztourist)

事故の経過

　事故報告書[6]によれば、事故の経過は、次のとおりであった（報告書本文と報告書添付音声記録が一致していない箇所については、音声記録を優先した。）。

　機長、副操縦士及び航空機関士の 3 名が乗務した L-1011 は、18 時08 分（国際標準時）に離陸したが、その約 7 分後の 18 時 14 分 54 秒に後部の C-3 貨物室に煙が発生したことを示す警報が発生した。警報が本物であることを確かめるのに 4 分 21 秒を費やした後、機長はリャドへ引き返すこと決定した。航空機関士が客室の状況を確認して操縦室に戻って来た後、18 時 20 分 17 秒に副操縦士がリャド空港の管制に空港に引き返す意図を伝えたところ、理由を尋ねてきたので、客室に火災が発生していることを告げて消防車の準備を依頼した。この時点で L1011 は空港から 78nm の位置であった。

　18 時 24 分 16 秒にまた煙検知装置の警報があり、機長の問いかけに対して航空機関士が「今は、大丈夫と思う。」と答え、乗員 3 名は着陸準備のチェックリストを行ったが、18 時 24 分 41 秒にも警報音が鳴り、航空機関士は「A の作動だ（煙検知装置には A 及び B の 2つの検知回路（loop）があった。）。」と言った。18 時 25 分 26 秒、スロットル・レバーが固着したので No.2（中央）エンジンを停止するつもりであると機長が他の乗員に告げた。その後、客室乗務員が客室に火災が発生し、客室内が混乱していること、客室後部に煙が立ち込めていることなどを次々に報告に来たが、機長は着陸の準備に専念していた。

　18 時 29 分 34 秒、航空機関士は、煙検知装置のシステム・テストを行い、警報音が鳴った後、「オーケー、A 及び B とも回路は正常に働いている。煙は検知されていない。」と言ったので、機長が聞き返したところ、航空機関士は、（検知装置では）煙は検知されていないが、客室後部では煙が充満していると答えた。18 時 29 分 59 秒、煙検知装置がまた警報を発し、航空機関士が「また、A だ。」と発言した。

　18 時 30 分 45 秒、機長がファイナル・チェックリストをコールし、客室では客室乗務員が乗客を静めようとしていた。18 時 31 分 30 秒、客室乗務員が機長に緊急脱出を行うのか尋ねたが、機長は「何？」と

答えたので、再度尋ねたが、機長は直接の答えをしなかった。

　機長は、18時32分52秒にNo.2エンジンを停止すると発言し、18時33分31秒に脚下げをコールした。最終の着陸チェックリストを完了した後、18時34分44秒、航空機関士が「A、B回路ともアウトになった。」と発言した。18時35分17秒、航空機関士が、緊急脱出を行うのか客室乗務員が知りたがっていると機長に言ったが、機長は、これに答えず、航空機関士が再度質問すると、フラップ33をコールした。18時35分25秒、また煙検知装置の警報が鳴り、航空機関士が「また、Aだ。」と言った直後、電波高度計が対地高度500ftを知らせ、18時35分57秒、機長が「緊急脱出するなと彼等（客室乗務員）に言え。」と発言した。

　着陸の直前に音声記録装置が作動を停止し、L-1011は18時36分24秒に滑走路に着陸した後、通常に滑走を続けて滑走路端で180°右旋回し、誘導路に入っても通常に走行して着陸から2分39秒後の18時39分03秒に誘導路上で停止した。滑走中、L-1011は管制に機体後部に火災が発生していないか尋ね、管制は消防車に確認後、火災は生じていないと返答した。18時39分06秒、管制がL-1011にランプに向うのか、それともその場でエンジンを停止するのかと尋ねたところ、L-1011は「オーケー、エンジンを今停止して緊急脱出する。」と回答し、ほぼ同時に、消防隊から管制に、火災が広がっているのでエンジンを停止するよう乗員に要請して欲しいと連絡してきた（L-1011と消防との直接連絡用周波数は設定されていなかった。）。18時40分33秒、L-1011は管制から機体後部に火災が発生していると連絡を受け、「了解、今、緊急脱出を試みている。」と最後の通信を行った。

　18時42分18秒、誘導路上で機体が停止してから3分15秒後にエンジンが停止された。救助隊員が客室内に入ろうとしたがドアを開けることができず、機体が停止してから約26分後（エンジン停止からは約23分後）の19時05分頃、右側のドアが開けられたが、その時には機内に生存者は皆無であった（**図14-7**）。

図 14-7　機体上部が消失した事故機（FAA）

乗員の対応

　事故発生から 1 年 5 か月後に公表された事故報告書は、火災発生に迅速に対応せず、また数々の不適切な判断を行った乗員に対しては、次のような厳しい批判を行っているが、客室乗務員の対応については、火災に対して客室内で対応できる措置を行い、乗客の鎮静化に努めるとともに、機長から脱出許可を得ようと何度も試みており、その対応は称賛に値すると述べている。

　機長は着陸後、可能な限り速やかに停止して緊急脱出を開始すべきであったが、着陸後、誘導路まで走行し、貴重な時間を無駄に費やした。ブレーキを最大限に使い滑走路上で停止すれば約 2 分短縮できたはずであり、この 2 分の間に客室内では新鮮な空気が失われ、有毒ガスと可燃性ガスが増加した結果、瞬時のうちに火災が広がり、乗務員は緊急脱出を実施することが不可能となった。また、機長は着陸前に危険な状況が存在していることを示す数々の明確な兆候を得ながらも、その行動には危険を認識していた形跡がなく、状況を重大なこととして受け止めることを拒否していたように見えるが、その理由を明らかにすることはできなかった。

　非常脱出操作が行われなかったことには、機長が脱出するなと言ったことが影響したのかもしれない（その指示が客室乗務員に伝えられたかは不明である。また、客室乗務員は緊急時には脱出を開始する権限があったが、

脱出開始を決意したとしても機体停止後も機長がエンジンを暫く作動させていたことが脱出開始を妨げたと考えられる。）。また、パニック状態となった乗客がドアに殺到したためドア操作ができなかったのかもしれないが（機体残骸から発見された乗客の遺骸は、火災が発生した機体後方には皆無で、客室前方に集中していた。）、瞬時に広がった火災によって客室乗務員が動けなくなった可能性が高い。

　事故報告書は、乗員の経歴として、機長（38歳）、副操縦士（26歳）及び航空機関士（42歳）が全てL-1011の乗務経験が少なかったこと（L-1011の飛行時間は、機長が388時間38分、副操縦士が125時間、航空機関士が157時間）、3名とも訓練中に不合格となったことがあること、航空機関士は機長資格審査で不合格となった後に解雇されてから航空機関士として再雇用されたことなどを記述している。また、事故報告書は、航空機関士は難読症（Dyslexia）であったと述べている。
　事故調査を行ったサウジアラビア航空局は、サウジアラビア航空に対して、乗員訓練及び操作手順を改善すること、乗務経験を勘案して乗員を組み合せること、能力不足によって解雇された乗員の再雇用を行わないことなどを勧告した。

消防の救助活動
　消防による救助活動も適切ではなかった。機体停止後に直ちに機内に入る行動をとれなかったのは、エンジンがすぐに停止されなかったことや消防隊と乗員との直接交信手段が設定されていなかったこともあったが、事故報告書は、機体停止からドア開放まで約26分もかかったことは許容されることではなく、消防隊員各個人が最大の努力を行ったことには疑いの余地はないが、消防隊員は十分な訓練を受けておらず、装備も満足できるものではなかったとしている。

貨物室の設計
　火災が最初に発生した場所は、次の事実から、3つの床下貨物室のひとつのC-3貨物室（**図14-8**）であった可能性が高いとされている。

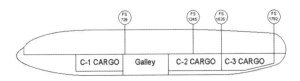

図 14-8　L-1011 の貨物室配置（FAA）

- 最初に作動した煙検知装置は C-3 貨物室のものであった。
- 事故後の実験で、グラスファイバー材は火炎が貫通しなかったのに対し、C-3 貨物室の内張り材であるノーメックス（ポリアミド系難燃性材料）は短時間で火炎が貫通した。また、C-3 貨物室の火災を模擬した実験で、マッチや煙草から発生した小規模火災でも貨物室内の温度が、ノーメックス内張りが貫通する温度に容易に達した（図14-9）。
- No.2 エンジンのスロットルのケーブルが C-3 貨物室の上方を通っており、事故時に発生したスロットル・レバーの固着は火災の熱による合成樹脂製ケーブル付属部品の溶解によるものであったと考えられる。

これらのことから、具体的な発火物は特定されなかったが、火災発生場所は C-3 貨物室であったものと推定された。L-1011 に適用された型式証明基準では大型機の貨物室は防火方法によって A 〜 E のクラ

図 14-9　火炎で貫通した貨物室内張り（FAA）

スに分類されていたが[7,8]（現在の基準では、Dが削除されてFが追加され、A、B、C、E、Fのクラスに分類されている[9]。）、L-1011の貨物室はクラスDで、次の当時の基準を満足しているとされていた。なお、L-1011の貨物室は、当時の基準では要求されていない煙検知装置が装備されており、前述のとおり、その検知装置によって火災が発見されていた。

［クラスDの基準[8]（L-1011型式証明適用基準）］
（1）機体・搭乗者に危険を及ぼさず、発生した火災を貨物室内に完全に閉じ込めること。
（2）危険な量の煙・火炎・有毒ガスの乗務員・乗客使用室への侵入防止手段があること。
（3）発生が予想されるいかなる火災も安全限界を超えないように各貨物室内の換気及び通風が制御できること。
（4）耐火性材料の内張りがあること。
（5）貨物室内の熱の隣接重要部品への影響を考慮すること。$500ft^3$ 以下の貨物室に対しては空気流量 $1,500ft^3/hr$ を許容する。（FAR25の以前の基準であるCAR4bには、より大きな貨物室に対してはより少ない空気流量を適用するとの注があったが[10]、FAR25ではそれが削除された。）

　上記のクラスD基準の考え方は、火災を密閉し酸素を消費させて自己消火させるまでの間は機体及び搭乗者に危険が及ばないようにするというものであった。しかし、本事故においては、C-3貨物室（$700ft^3$）の中で火が消えずに内張りに穴が開き、その穴を通じて新たな酸素が供給されて火災が拡大することとなった。事故後、L-1011貨物室の内張りがノーメックスからグラスファイバーに交換され、さらに、貨物室内張りの耐火性試験方法に関するFAR25の基準が改正され、米国航空会社機に対してはその一部の遡及適用も行われた。
　一方、NTSBは、その勧告の中で、大型機の大容量貨物室には火災を一定時間継続させる酸素が存在することから、クラスDの考え方そのものに疑問を呈していた[12]。しかし、FAAが大型航空機の貨物室の耐火性基準の抜本的見直しを行い、クラスDの廃止に踏み切るのは、1996年にバリュー・ジェットDC-9の貨物室火災事故によって搭

乗者110名全員が犠牲となった後のこととなる[13, 14]。

［エアカナダ DC-9 火災事故］

　史上最大の航空機火災事故となったサウジアラビア航空 L-1011 の事故から約 3 年後に再び旅客機の空中火災事故が発生し、緊急着陸した航空機から脱出できなかった多数の乗客が犠牲となる惨事が繰り返された。

　1983 年 6 月 2 日、乗員 5 名乗客 41 名が搭乗したエアカナダ 797 便 DC-9-32 は、カナダのトロントに向かって米国テキサス州ダラスを出発したが、19 時 03 分頃、高度約 33,000ft を飛行中、客室乗務員が左後方トイレから煙が出ていることに気付いた。19 時 08 分頃、機長は管制に非常事態発生を通報して緊急降下を行い、19 時 20 分、DC-9 はシンシナティ空港に着陸した。機体停止後、直ちに緊急脱出が開始されたが、脱出口が開けられてから約 60 〜 90 秒後に火災が一気に広がり、41 名の乗客のうち 23 名が脱出できずに犠牲となった[15]。

火災の過小評価による初期対応の遅れ

　19 時頃、乗客から異臭の苦情があり、客室乗務員が後方トイレを覗くと煙が充満していた。19 時 02 分 40 秒、客室乗務員が機長にトイレ火災が発生と報告した。機長は副操縦士にトイレを調べるように命じたが、副操縦士は防煙ゴーグルや携帯酸素ボトルを持たずに客室後方に向かったので、煙でトイレに近づくことができなかった。

　19 時 04 分に先任客室乗務員が、乗客を前方に移したが事態は改善しているので心配する必要はないと機長に告げ、副操縦士も「今は煙が消えつつあります。」と言って、ゴーグルを着けて再度トイレに向かった。19 時 06 分 52 秒、先任客室乗務員が、煙は消えつつあると機長に再び告げ、機長は、消火すると思い、この時点では降下しないことにしていた。

　しかし、19 時 07 分 11 秒、操縦室に戻った副操縦士が機長に「降下した方がよいと考えます。」と告げ、その様子から機長は、火災が制御不能となったと知り、直ちに降下することを決断した。

緊急降下から着陸まで

　19時07分41秒、電源が喪失したことを示す警告灯が点灯し、姿勢指示器の表示が不安定となったので、電源がバッテリーに切り替えられた。姿勢指示器は回復したが、交流電源が失われたので水平安定板トリムが不作動となった。19時08分12秒、DC-9は管制に非常事態発生を通報し、シンシナティ空港への誘導を要請した。

　トランスポンダーが非常事態発生コードにセットされたが、電源が失われていたために地上レーダーには何も表示されず、DC-9は計器不作動のため自機の飛行方向を管制官に通知することもできなかったが、管制官がDC-9に左旋回を指示し、19時14分03秒、レーダー画面上で左旋回を行った機影で管制官は同機を確認した。

　降下中、客室に充満した煙が操縦室に侵入し、機長と副操縦士は、酸素マスクを着用したが、着陸間近には煙で計器がよく見えず、前かがみになって計器を確認しなければならなかった。客室では、客室乗務員が乗客を客室前方に移動させ、非常脱出手順の説明と濡れたナプキンの配布を行い、また、翼上の脱出口を開ける乗客を指名してその開け方を説明した。なお、濡れたナプキンの配布は、会社のマニュアルに記載されていたものではなく客室乗務員の判断によって行われたものであったが、生還者の脱出に貢献することになった。

　高度3,000ftを通過した後、副操縦士は、空調システムによって火勢が増長されていると考えて空調システムを停止したが、これは、結果的に煙の滞留につながった。また、副操縦士は、操縦室から煙を排除しようとしてスライド式の窓を開けたが、騒音のためすぐに閉じ、その後、数回開け閉めを行った。

　機長は、滑走路を視認した後に脚下げを行い、水平安定板が不作動だったので段階的にフラップとスラットを40°まで下げて140ktで着陸した後、直ちに最大ブレーキを掛けた。電源喪失のためにアンチ・スキッドが不作動だったので主脚の4つのタイヤが破裂したが、19時20分頃、DC-9は滑走路上で停止した。

非常脱出と消火活動

　降下中に客室内は天井から膝の高さまで黒い煙で満たされ、目の前

の自分の手も見えないようになっていた。事故後の証言によれば、生還した乗客の全てが、濡れたナプキン又は布を口に当て、姿勢をできるだけ低くしていた。事故報告書は、生還者が脱出に成功した要因として低い姿勢と濡れたナプキン（煙の粒子や有毒ガスをフィルターする効果があった。）を挙げるとともに、視界が妨げられて脱出口の位置確認が困難となり姿勢を低くして場所を確認したという乗客の証言を踏まえ、脱出経路を表示する非常照明を床面高さの低位置に配置すべきとしている。

また、客室乗務員が事前に適切な身体能力のある男性乗客を選び、翼上脱出口の開放を行うように依頼していたことも乗客の生還に貢献した。機体が停止すると直ちに、左右の前方ドアと翼上脱出口が客室乗務員と事前説明を受けていた乗客によって開放され、19 時 21 分頃、脱出スライドを使って客室乗務員 3 名と乗客 18 名が脱出した。機長と副操縦士は、乗客の脱出を手助けしようと客室に向かったが、激しい煙と熱に押し戻され、操縦室のスライド式窓から脱出した。

一方、地上で待機していた消防隊も消火救助活動を開始し、機体に消火剤を散布するとともに、乗客の脱出を手助けしたが、機内に突入して消火活動を行うとする試みは煙と熱によりうまくいかなかった。そして、客室乗務員 3 名と乗客 18 名が脱出した後、開放されたドアから新たな空気が流入した客室内で火災が一気に燃え広がり、23 名の乗客が脱出できずに死亡した。消防隊は消火に努めたが、機体の火勢が激しく、鎮火したのは消火活動開始から 56 分後の 20 時 17 分であった（図 14-10、14-11）。

図 14-10　鎮火後の事故機（NTSB）

事故報告書

　事故調査を行った NTSB は、出火源を特定することはできなかったが、後方トイレ（**図 14-12**）で始まった火災が 15 分間発見されず、発見後も火が収まりつつあるとする報告が機長の対応を遅らせることになったとして、火災の過小評価と火災の進行状況についての誤った情報を事故の原因とし、火災の状況を把握して緊急降下を行うまでに時間を要したことを事故の関与要因[注]とした。

図 14-11　焼尽した客室内（FAA）

図 14-12　出火場所の後方トイレ（FAA）

（注）事故の 1 年 2 か月後に公表された最初の報告書は、緊急降下の決断の遅
　　　れを関与要因としたが[16]、ALPA（Airline Pilots Association: 米国航空会社
　　　操縦士協会）は、機長に与えられた情報を考慮すれば他の乗員であって
　　　も緊急降下の決断には同程度の時間を要したと考えられるので、「決断
　　　の遅れ」は適切な表現でないとして、表現の修正を求める請願を行った。
　　　NTSB は、請願の一部を認め、内容を一部修正した報告書を 1986 年 1 月
　　　31 日に再公表した。

　NTSB は、火災事故再発防止のためにそれまでにも多くの勧告を
行ってきたが、本事故の発生を受け、トイレへの煙探知器と自動消火
装置の装備、乗務員用消火装備の配備、機内材料の難燃性化、非常脱
出経路表示の改善等の新たな 18 の勧告を発出した[17, 18, 19]。

火災対策基準の強化

　FAA は、1961 年のユナッテッド DC-8 の事故を契機に客室安全基
準を抜本的に改正し、非常脱出試験の義務化等を行った（第 7 章参
照）。その後、非常脱出試験実施中の負傷事故発生等により 1978 年及
び 1981 年に航空会社の試験実施義務が緩和されたが[20, 21]、航空機火
災対策全般としては、火災発生防止と被害拡大防止のために運航基準
や設計基準の強化が図られてきた。

　そのような時に米国内で多数の乗客が犠牲になった本事故の発生
は、米国航空界に大きな衝撃を与えた。FAA は、1978 年に航空機火
災に関する特別調査委員会（Special Aviation Fire and Explosion Reduction
（SAFER）Advisory Committee）を設置して航空機の防火対策と火災発
生後の生存率向上の検討を行っていたが、本事故の発生を受けて、同
委員会の検討結果[22]及び NTSB の勧告を踏まえ、座席クッション耐火
性基準[23]、床面近接非常脱出経路標識[24]、トイレへの煙探知器と自動
消火装置の装備[25, 26]、乗員用消火装備の配備[27]などの多くの防火及び
生存率向上のための新たな基準を設定した。

参考文献

1. Office of Air Accidents Investigation, Ministry of Transport, Wellington, Aircraft Accident Report No. 79-139, "Air New Zealand, McDonnel -Douglas DC10-30 ZK-NZP, Ross Island, Antarctica, 28 November 1979", 1980
2. Privy Council of the United Kingdom, Judgments of the Lords of the Judicial Committee of the Privy Council Delivered the 20th October 1983, "The Honourable Peter Thomas Mahon (Appellant) v. Air New Zealand Limited and Others (Respondents) from the Court of Appeal of New Zealand", 1983
3. Royal Commission, "Report of the Royal Commission to Inquire into the Crash on Mountain Erebus, Antarctica of a DC10 Aircraft operated by Air New Zealand Limited", 1981
4. 矢部明宏、「諸外国憲法事情 3 ニュージーランドの憲法事情」、国立国会図書館 調査及び立法考査局、2003 年
5. International Civil Aviation Organization, Circular 247-AN/148, Human Factors Digest No. 10, "Human Factors, Management and Organization", 1993
6. Presidency of Civil Aviation, Jeddah, Saudi Arabia, Aircraft Accident Report, "Saudi Arabian Airlines, Lockheed L-1011, HZ –AHK, Riyadh, Saudi Arabia, August 19th 1980", 1982
7. Federal Aviation Administration, Type Certificate Data Sheet A23WE, Revision 19, 2010
8. Federal Aviation Administration, FAR 25.857, "Cargo Compartment Classification", 1964
9. Federal Aviation Administration, FAR 25.857, "Cargo Compartment Classification", 2016
10. Civil Aeronautics Board, Civil Air Regulations Part 4b – Airplane Airworthiness Transport Categories, "4b.383 Cargo Compartment Classification, (d) Class D, Note", 1953
12. National Transportation Safety Board, Safety Recommendations A-81-12 through 13, 1981
13. National Transportation Safety Board, Aircraft Accident Report, "In-Flight Fire and Impact with Terrain, Valujet Airlines Flight 592, DC-9-32, N904VJ, Everglades, Near Miami, Florida, May 11,1996", 1997
14. Federal Aviation Administration, 14 CFR Parts 25 and 121 Amendment Nos. 25-93 and 121-269, "Revised Standards for Cargo or Baggage Compartments in Transport Category Airplanes", 1998
15. National Transportation Safety Board, Aircraft Accident Report, "Air Canada Flight 797, McDonnell Douglas DC-9-32, C-FTLU, Greater Cincinnati International Airport, Covington, Kentucky, June 2,1983", 1986
16. National Transportation Safety Board, Aircraft Accident Report, "Air Canada Flight 797, McDonnell Douglas DC-9-32, C-FTLU, Greater Cincinnati International Airport, Covington, Kentucky, June 2,1983", 1984
17. National Transportation Safety Board, Safety Recommendations A-83-47 through -48, 1983
18. National Transportation Safety Board, Safety Recommendations A-83-70 through -81, 1983
19. National Transportation Safety Board, Safety Recommendations A-84-76 through -78, 1984

20. Federal Aviation Administration, 14 CFR Parts 23, 25, 27, 29, and 121, Amendment Nos. 23-23, 25-46, 27-16, 29-17, and 121-149, "Airworthiness Review Program Amendment No. 7", 1978

21. Federal Aviation Administration, 14 CFR Part 121 Amendment No. 121-176, "Emergency Evacuation Demonstration", 1981

22. Federal Aviation Administration, FAA-ASF-80-4, "Special Aviation Fire and Explosion Reduction (SAFER) Advisory Committee Final Report Volume I", 1980

23. Federal Aviation Administration, 14 CFR Parts 25 and 29 Amendment Nos. 25-59, 29-23, "Flammability Requirements for Aircraft Seat Cushions", 1984

24. Federal Aviation Administration, 14 CFR Part 25 Amendment No. 25-58, "Floor Proximity Emergency Escape Path Marking", 1984

25. Federal Aviation Administration, 14 CFR Part 121 Amendment No. 121-185, "Airplane Cabin Fire Protection", 1985

26. Federal Aviation Administration, 14 CFR Part 25 Amendment No. 25-74, "Airplane Cabin Fire Protection", 1991

27. Federal Aviation Administration, 14 CFR Part 121 Amendment No. 121-193, "Protective Breathing Equipment", 1987

第 15 章
遠東航空 B737 空中分解事故、JAL123 便事故、アロハ航空 B737 胴体外板剥離事故（1981 ～ 1988）

　本章では、航空史上最大の単独機事故である 1985 年の JAL123 便事故、それに先立つ与圧構造破壊事故である 1981 年の遠東航空 B737 空中分解事故、及び米国の経年機対策が抜本的に見直されるきっかけとなった 1988 年のアロハ航空 B737 胴体外板剥離事故についてご説明する。

［遠東航空 B737 空中分解事故］

　1981 年 8 月 22 日、台湾の遠東航空 B737-200 型機は、台北松山空港から乗員乗客 110 名を乗せて高雄に向け離陸したが、高度 22,000ft 付近で空中分解し、搭乗者全員が死亡した[1]。搭乗者には作家の向田邦子さんを含む日本人乗客 18 名が含まれており、本事故は日本でも大きく報道された。

　事故機は、1969 年に製造され、総飛行時間 22,020 時間、総飛行回数 33,313 回の経年機であり、機体残骸から前方貨物室胴体下部に激しい腐食があることが発見された（**図 15-1**）。特にストリンガー（縦通材）26L、27L、26R、27R（L、R は胴体の左右を示す）に沿った部分が激しく腐食し、一部のストリンガーやフレーム（円框）が欠損していた（**図 15-2**）。腐食の激しい部分が米国に送られて詳細な分析が行われた結果、次のような事実が判明した。

- 前方貨物室の胴体外板は、広範に腐食し、結合部間が腐食堆積物で盛り上がっていた。
- 腐食箇所を補修するための当板があったが、補修されず穴が開いている箇所があり、補修されていない外板の多くは損傷が補修限界値である板厚10%（0.004in）を超えていた。
- 相当の期間、防食剤が適切に塗布されていなかった。
- 腐食損傷が最も激しかったのは、ストリンガー27LのBS432〜472[注]の部分で、事故前の相当の期間、補修限界値を超える状態であった。

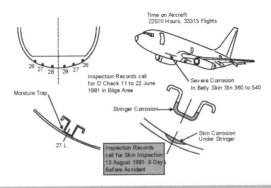

図 15-1　腐食箇所（文献2の図を一部修正）

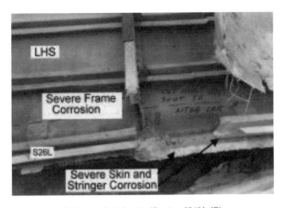

（フレームとストリンガーの一部が欠損）

図 15-2　左胴体下部の激しい腐食[2]

（注）BS は Body Station の略で、機体前後方向の位置表示である。機首部
　　 Section41 は BS130 ～ 360、前方胴体部 Section43 は BS360 ～ 540。

　腐食箇所を詳細に分析したボーイング社は、事故機胴体の破壊の進
行を次のように推定した。

・破壊は、下部胴体 BS432 ～ 472 の最も激しい腐食領域から急速に後
　方に向かい、BS477 ～ 494 のもうひとつの激しい腐食領域に進行し、
　その後、これらの領域から急速に前方及び後方に向かい、他の腐食
　領域へと進行したものと推定される。

　この分析に基づき、台湾航空局の事故報告書は、事故機の胴体下部
には広範な腐食の他におそらくは与圧の繰り返しによる亀裂も存在
し、与圧による内外差圧によってこれらの損傷箇所から急速に破壊が
進行し、事故機が空中分解したものと推定した。

与圧胴体構造のフェイル・セーフ性 （注）

（注）民間航空機のフェイル・セーフ（Fail Safe）設計基準は、第 13 章で説明
　　 したように、1978 年に損傷許容（Damage Tolerance）設計基準に発展したが、
　　 ここでは、B737 の型式証明時の基準に従って「フェイル・セーフ」と表
　　 記する。
　与圧胴体構造に対しては、1950 年代のコメット機事故（第 5 章参
照）以後、大亀裂が生じても破壊しないことを証明するために、ギロ
チンやハープーンなどと言われる大きな金属の刃で貫き、亀裂が一定
範囲に止まることを確認する試験が実施されていた。ボーイング社は、
B707 からこのテストを開始し、B737 では 12 インチの幅のギロチン 2
枚を使ったテスト（**図 15-3**）の結果、B737 の与圧胴体構造は、通常
の差圧に対しては外板に長さ 40 インチを超える亀裂があっても耐え
られるフェイル・セーフ性を有することが証明されていた[3]。

　しかし、このフェイル・セーフ性は腐食や疲労などによる広範な損
傷が存在する場合には必ずしも有効ではなく、遠東航空 B737 の下部

(胴体上部に打込まれた 2 枚のギロチン)

図 15-3　B737 のギロチン・テスト[3]

　胴体構造には設計時の想定を超える広範な損傷があった可能性が高い。事故報告書に添付されたボーイング社のレポートは、B737 の胴体外板に腐食があっても代替荷重伝達構造に腐食が殆どない場合には 32 インチを超える亀裂に耐え得るので、事故機にはこれを上回る損傷が存在していた可能性があるとしている。

　遠東航空 B737 の事故調査では、広範な損傷が与圧胴体のフェイル・セーフ性に及ぼす影響についてはこれ以上論じられることはなかったが、この後に発生する JAL123 便とアロハ航空機の事故ではこの問題が大きく取り上げられることになった。

フラッピング

　民間航空機の構造分野におけるフェイル・セーフ性とは、構造の一部に損傷が発生してもそれが発見修復されるまでの間は残りの構造部分が荷重を受け持ち安全は保たれるとするもので、発生する損傷が容易に発見されて修復されることが求められていた。

　与圧胴体については、外板に亀裂が生じても一定以上に拡大することなく、外板がめくれ上がるフラッピング（Flapping）という現象により、亀裂は小範囲に止まるとされた[(注)]。

(注) フラッピングの起こる理由は、亀裂の進展による与圧胴体外板の応力分

布の変化である。与圧胴体は、円筒殻構造となっており、内圧と釣り合うために、外殻に円周方向の引張り応力を生じる。外殻に亀裂を生じると、亀裂は、当初、最大応力方向である円周方向と直角の円筒軸方向に進行するが、亀裂により外殻が膨れて応力分布が変化し、亀裂が一定の長さに達すると進行方向が屈曲し、円筒の外殻はめくれ上がる。単なる円筒では、亀裂の進行の屈曲は、亀裂が相当大きくなるまで起こらないが、円筒殻にフレーム、ティア・ストラップなどの円周方向の補強材があれば、円周方向の応力はそこで低下するので、屈曲は亀裂が小さいうちに起こる[4]。

めくれ上がった外板は発見が容易であるとともに、亀裂が小範囲で止まれば開口面積が小さく穏やかな減圧（Controlled Decompression）が生じる。この穏やかな減圧は、安全かつ損傷の存在を明白にするとされ、与圧胴体外板には特別な検査は必要がないと考えられていた[5]。

しかし、このようなフラッピングが成立するのは、後に、アロハ航空機事故調査報告書でNTSBが指摘するように、広範な損傷が存在せず接着剥離もないなど、亀裂発生以外は胴体構造が健全であることが前提となっており、JAL123便事故における後部圧力隔壁破壊によってその妥当性に疑いがもたれることとなった（"With the failure of the JAL B-747 aft pressure bulkhead, the likelihood of controlled decompression for that design of pressure bulkhead came under question."）[6]。

遠東航空機事故から2年後の1983年、経年航空機に対して構造の健全性を確保するための検査プログラム（Supplemental Structural Inspection Program: 第13章参照）に従って、B737に検査指示書（Supplemental Structural Inspection Document）が発行されたが、与圧胴体外板は、フラッピングにより、特別の検査は不要と分類され、その検査対象から外されたが、この分類方法は、後述するように、JAL123便事故及びアロハ航空機事故に関するNTSB調査において是正が勧告されることになる。

［JAL123便墜落事故］

1985年8月12日、JAL123便B747SR-100型JA8119は、18時12分

に羽田空港を離陸して上昇中、18時25分頃、異常事態が発生して操縦不能に陥り、約30分間飛行した後、群馬県上野村の山中に墜落し、搭乗者524名中520名が死亡する史上最大の単独航空機事故が発生した[7]。

航空事故調査委員会は約2年間の調査の後、1987年6月に事故調査報告書を公表した。以下の事故概要は、同報告書に基づくものである。

1978年の後部胴体接地事故

墜落事故の約7年前、JA8119は大阪伊丹空港で後部胴体を接地する事故を起こしていた。

1978年6月2日、JA8119はJAL115便として羽田空港を出発し、大阪空港に向かった。同機は15時1分に大阪空港の滑走路32Lに接地し、その時の速度は126ktとほぼ正常であったが、姿勢角は約9°と通常より約3°大きく、また操縦輪も引かれたままであったため、同機は再浮揚した。接地前にスピードブレーキ・レバーがアーム位置とされていたことにより、接地により、グランド・スポイラーが自動的に作動し、スピードブレーキ・レバーがアップ位置になったが、再浮揚後、グランド・スポイラーが自動的に引き込まれ、スピードブレーキ・レバーもダウン位置となった。この後、スピードブレーキ・レバーがアーム位置へと操作されたが、誤って、アーム位置を越えてさらに後方に操作されたため、再浮揚中にスピードブレーキが作動し、同機は急速に揚力を失って、姿勢角約13°の機首上げ状態で落下着地した。この事故により、乗客2名が重傷、乗客23名が軽傷を負い、同機の後部胴体、脚等が損傷を受けた[8, 9]。

後部圧力隔壁の修理作業

JA8119は、大阪空港で仮修理を行い、羽田空港に空輸された。同機の修理は、羽田空港のJAL格納庫内で1978年6月17日から7月11日の間、ボーイング社が実施し、後部圧力隔壁の修理作業は6月24日から7月1日に行われた。

第 15 章

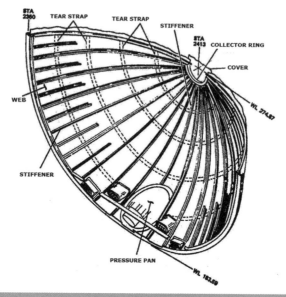

図 15-4　後部圧力隔壁[10]

　B747 の当時の後部圧力隔壁は、18 枚の扇形のウェブ（web：薄板材）を並べ、同心円状に 4 枚のティア・ストラップ（tear strap：亀裂止め帯板）、放射状にスティフナ（stiffener：補強材）を配した、端部の直径 456cm、曲率半径 256cm、曲面の張り高さ 139cm の半球状構造であった（**図 15-4**）。

　後部圧力隔壁の下半分は、損傷を受けていたため新しいものと交換し、既存の上半分と結合することになった。新しい下半分を胴体に取り付けた後、リベットを打つ前に、上半分の既存のリベット孔の位置に合わせて、下半分にリベット孔が開けられたが、作業後の検査によって、下半分の左側（機体後方から前方を見て）の結合部に、リベット孔のエッジ・マージン[注]が構造修理マニュアルの規定値より小さい箇所があることが発見された。

（注）板材をリベットで結合する場合、リベット孔が板の端部に近過ぎると、疲労等により板材に亀裂が生じるおそれがあるので、リベット孔と板材の端部との間には一定の間隔を置く必要がある。この間隔をエッジ・マー

ジンと言い、航空機の整備作業の基本を記述したFAAのハンドブックではリベット径の2倍以上の長さを推奨しているが[11]、航空機メーカーもそれぞれの構造修理マニュアル等に、リベットの径、材質や結合する板材の厚さ、材質などに応じて規定値を定めている。

エッジ・マージンが不足していない箇所では、上半分と下半分が2列リベットで直接結合されていたが（図 15-5（a））、ボーイング社の修理チーム技術員は、エッジ・マージンが不足している箇所は、その箇所のウェブを切り取り、その代わりに、中間にスプライス・プレート（splice plate: 継板）を挟み、それを介して、上下が2列リベット結合となるように指示した（図 15-5（b））

しかし、実際の作業は、指示とは異なり、1枚の連続したスプライス・プレートではなく、中間で2枚に分断された板材（報告書は、下の長い方の板材をスプライト・プレート、上の短い板材をフィラ（filler: 穴埋め材）と呼称）が、上半分と下半分の間に挿入されてしまった(注)。この結果、上側のウェブとスプライス・プレートは1列リベット結合となった（図 15-5（c））。

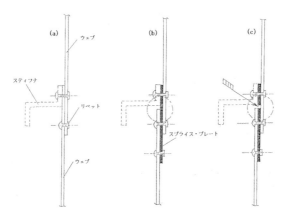

(a)：エッジ・マージン不足のない箇所の通常結合
(b)：エッジ・マージン不足箇所の作業指示
(c)：エッジ・マージン不足箇所の実際の作業

図 15-5　隔壁の上下の結合方法のイメージ図[12]

このような隔壁左側の1列リベット結合は、隔壁を円周状に補強している4本のティア・ストラップのうち外から数えて1番目のストラップと3番目のストラップとの間の全範囲にわたり（**図 15-6**）、この範囲の結合部の強度は、本来の2列リベット結合の70％程度の強度に低下することとなった。そして、この結合部の縁が密封剤（フィレット・シール）で覆われたため、作業完了後、指示と異なる作業が行われたことが発見されなかった。

（注）刑事訴追を懸念した米側の拒否により日側は作業関係者からの事実確認ができず、事故報告書は指示と異なる作業が行われた原因について触れていないが、2002年に発行された旅客機の安全性に関するFAA調査報告書は、「一枚の部材の取付け作業が難しかった時、当該部材に設計で意図された安全性が維持できない変更が加えられた。」（When difficulty was experienced in installing a part, that part was altered in a manner that did not maintain the integrity of the design.[13]）としている。

1列リベット結合部の疲労亀裂進行

　隔壁には差圧により引張応力が生じるが、上側ウェブの1列リベッ

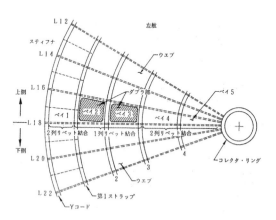

（スティフナとストラップに囲まれた区画（ベイ）のうち、ベイ2とベイ3にへこみがあったため、ダブラ（補強材）が当てられた。）

図15-6　隔壁左側の上下接合部[7]

ト結合部には設計時の想定をはるかに上回る応力が各飛行の与圧サイクルごとに加えられ、多くのリベット孔の縁から疲労亀裂が進行することになった。修理作業から事故発生までの約7年間の飛行回数は12,319回であり、ほぼこの回数の与圧負荷が繰り返されたものと考えられる。

事故後に回収された隔壁を調べたところ、ベイ2（リベット孔番号：31～56）の上側ウェブの疲労亀裂の進行が特に著しく、隣接するリベット孔の間が疲労亀裂で殆どつながっている箇所もあり、ベイ2の上側ウェブの全長（リベット孔を除く）の56%までに疲労亀裂が及んでいた（**図 15-7**）。

修理作業から事故発生までに、隔壁後面全体の目視検査を行う複数の整備機会があったが、事故報告書は、それらの整備機会時にリベット孔縁に生じていた疲労亀裂を発見することが可能であったか否かについては明らかにできなかった（一定の仮定の下に、発見できた確率を14～60%程度と計算）としている。

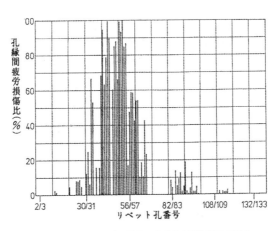

縦軸：孔縁間のウェブの長さに占める疲労亀裂長の割合
横軸：リベット孔番号（30～83：1列リベット結合部）

図 15-7　隔壁リベット孔縁間の疲労亀裂進行状況[7]

後部圧力隔壁の破壊

　JA8119のCVR（Cockpit Voice Recorder：操縦室音声記録装置）には、JA8119が上昇を続けて巡航高度24,000ftに到達する直前の18時24分35秒に「ドーン」というような音が記録されていた。また、その直後の24分37秒から約1秒間、客室内気圧が約10,000ftの高度の気圧まで低下したことを示す客室高度警報音が鳴り、その数秒後から客室でパーサーが乗客に「酸素マスクをつけてください」と繰り返しアナウンスしていることがCVRに記録されていた。（客室内の酸素マスクは、客室内気圧高度が約14,000ft以上に上昇すると落下するように設定されていた。また、後日、酸素マスクが落下している客室内を撮影した写真も公表されている。）

　これらの事実と生存者の証言などから、18時24分頃に大きな音の発生とともに機内に減圧が生じたことは確実と考えられた。

　一方、事故後に回収された後部圧力隔壁から、上側ウェブの1列リベット結合部がリベット孔をつなぐように破断し、スプライス・プレートが当てられていない通常結合部では、上のリベット列に沿って破断していることが発見された（図15-8）。

　事故報告書は、巡航高度24,000ftに達する直前に差圧が最大設定値近くの約8.66psiに達した時点で^(注)、全長の56%までに疲労亀裂が及んでいた上側ウェブのベイ2の1列リベット結合部が破断、その後、

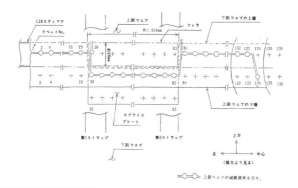

図15-8　隔壁上側ウェブ結合部の破断状況[7]

ベイ2全体とその周囲の構造も次々と破断、さらに隔壁の左側の上下結合部全体が破断して隔壁に開口が生じたと推定している。

(注)疲労損傷が進行していた与圧構造が最終的に差圧で破壊された事故においては、疲労亀裂が及んでいない部分が最大差圧に耐えられなくなった時点で破壊が生じている。1954年のコメット機、1988年のアロハ航空B737、2002年の中華航空B747など、疲労損傷による他の与圧構造破壊事故でも、いずれも差圧が最大レベルの巡航高度到達直前又は直後に破壊が発生している。

与圧空気の尾部への流入

隔壁に開口が生じると、客室内の与圧空気が尾部に流入することになる。与圧室内の壁には断熱材が取り付けられていたが、残骸から回収された後部胴体や垂直尾翼にこれらの断熱材が付着していることが発見された。図15-9は、隔壁より後方にある胴体のリベット孔から吹き出ている断熱材の写真で、断熱材を巻き込んで隔壁後方の胴体内部に流入した与圧空気がリベット孔から胴体外部へと噴出したことを示している。

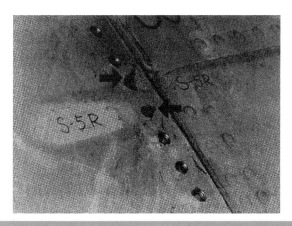

図15-9 隔壁より後方にある胴体のリベット孔から吹き出ている断熱材[7]

後部胴体、垂直尾翼の内圧の上昇

　与圧機では一般に、後部圧力隔壁より後方の胴体尾部、尾翼等は非与圧区域であるので、与圧構造に負荷される差圧に耐えられる構造とはなっておらず、内圧が一定以上に高まると、構造に損傷が発生する。このような損傷を防止するため、B747 の後部胴体にはプレッシャー・リリーフ・ドア（水平安定板ジャック・スクリュー点検用のドアを兼ねる）が設けられ、後部胴体内の圧力が外気圧より 1.0 ～ 1.5 psi 高くなった時に開き、内部の空気を外に放出するようになっていた。

　ただし、B747 の後部圧力隔壁は、亀裂が生じても、ティア・ストラップのところで亀裂の進行が屈曲してウェブがめくれ上がり（flap）、開口はティア・ストラップとスティフナに囲まれた 1 区画（1 ベイ）に止まるものと想定されていたため、プレッシャー・リリーフ・ドアの面積は、隔壁の開口がそれより大きいものとなった場合には内圧の過大な上昇を防ぐことはできないものであった。（1974 年のトルコ航空DC-10 事故においても、圧力解放口の面積が小さく、急減圧による床面崩壊を防止できなかった。第 10 章参照）

　しかし、後部圧力隔壁の 1 列リベット結合部は 2 つのベイに及び、隔壁全体が破断した後の開口面積は 1 つのベイの面積（最大約 0.14m²）をはるかに超えるものとなった（事故報告書は、開口面積を 2 ～ 3m² 程度と推定している。）。この結果、内圧は、垂直尾翼構造、胴体尾部にある APU の支持構造が耐えられる限界を超えて上昇した。

垂直尾翼、APU 支持構造の損壊

　JA8119 が減圧を生じて異常な飛行状態に陥った後、奥多摩上空を垂直尾翼の大半を欠損した状態で飛行しているところが地上から撮影されている（**図 15-10**）。また、機体後部にある APU の一部も垂直尾翼、ラダーの一部とともに海上で回収され、これらの部分が空中でJA8119 から分離したことが明らかとなった。

　事故報告書は、垂直尾翼が異常状態発生の後にどのような状態になったかは必ずしも明らかではないが、**図 15-11** のような垂直尾翼の欠損状態が異常状態の後の機体の運動を一番よく説明できるとして

図 15-10　奥多摩町上空を飛行中の JA8119[7]

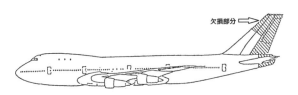

図 15-11　垂直尾翼等欠損推定図[7]

いる。

　このような垂直尾翼と胴体尾部の損壊がどのように発生したかについて検証するため、構造強度計算と垂直尾翼構造破壊試験が行われ、その結果などから、後部圧力隔壁の開口後の数秒間に、次のような順序で損壊が進行したと推定された。

・後部圧力隔壁の開口部から後部胴体に流入した空気は、一部がプレッシャー・リリーフ・ドアから外部へ放出されたが、後部胴体内の圧力の上昇が続き、差圧が 3 〜 4psi 程度で APU 防火壁、支持構造が損壊し、APU が分離、落下した。
・垂直尾翼構造の下部にある点検孔から垂直尾翼内部に与圧空気が流入し、差圧が 4psi 程度に上昇した時に垂直尾翼構造の破壊が始まった。

・垂直尾翼構造が破壊すると、それに支持されていたラダーが脱落し、
ラダー操縦系統、油圧配管が損壊した。

垂直尾翼損壊後の飛行

　B747型機の油圧系統は、安全性を高めるために4重化され、いず
れかの油圧系統が生きていればラダーを制御できるように4系統全て
が垂直尾翼内構造を通ってラダー駆動装置に配管されていた。このた
め、垂直尾翼の損壊によって4系統の油圧配管が全て破断して油圧作
動液が流失し、ほとんど全ての操縦機能が失われた。

　垂直尾翼一部欠損により方向安定性と偏揺れ減衰が低下するととも
に、ラダーの脱落によりヨー・ダンパー機能が失われ、機体は横揺れ
と偏揺れが連成したダッチロール運動に陥った。また、油圧機能が喪
失されたことにより、水平安定板が固定され、エレベーターは浮動状
態となって、縦の姿勢制御機能が失われ、縦の長周期運動であるフゴ
イド運動が生じた。

　機体を制御するために残された手段は、エンジン出力制御、電動に
よるフラップ操作のみとなり（脚を下げることは可能であった。）、フ
ゴイド運動とダッチロール運動の抑制が困難となり、事故報告書は、
安全に着陸・着水することはほとんど不可能であったと結論付けてい
る。

　JA8119は、後部圧力隔壁破壊から約30分間不安定な飛行を続けた
後、18時56分頃、群馬県上野村山中の稜線に墜落した。

NTSBの勧告

　以上が事故の約2年後に公表された事故報告書に基づく事故の概要
であるが、航空機製造国として事故調査に参加していた米国NTSBは、
事故発生の約4カ月後の1985年12月に、その時点までにNTSBが把
握した事実に基づき、B747の設計・製造に監督責任を有するFAAに
対し、8項目の勧告を行った[14, 15]。

1985 年 12 月 5 日付勧告前文（要旨）

FAA 長官 Donald D. Engen 殿

　JAL123 便 B747SR-100 の墜落事故については日本政府が調査を継続しているところであるが、これまでの調査で、当該機は 24,000ft 近くで減圧を発生し、その後に垂直尾翼の相当部分と油圧全 4 系統の機能を喪失したことが判明している。初期段階の証拠は、後部圧力隔壁が破裂して与圧空気が与圧されていない尾部に流入したことを示している。

　B747 の尾部は、過大な差圧に曝された場合、構造が損傷する前に通気ドアが開いて圧力を軽減するように設計されている。しかし、当該ドアの大きさは、隔壁が突然大きく開口した場合に生じる高い圧力の軽減には不十分であり、そのような場合には、高い差圧によって構造破壊が生じることになる。そのような状況の下で、ラダーが取り付けられている垂直尾翼アフト・トルク・ボックスが破損し、方向の安定性と操縦性が損なわれた。

　同様の事例が発生するおそれがあることから、NTSB は、隔壁損傷の後の圧力上昇による破滅的破壊から尾部を保護する設計変更を行うべきであると信じる。

　垂直尾翼損壊部分を油圧全 4 系統が通過していたため、油圧全機能が失われた。油圧が 4 つに分離・独立した系統となっているのは、油圧に故障が発生しても安全に飛行を継続し着陸できる多重性を備えることを目的としたものである。

　NTSB は、その多重性を確保し、全機能が失われるような脆弱性を解消するため、尾部における油圧系統の設計を変更すべきであると信じる。

　B747 後部圧力隔壁のフェイル・セーフ設計では、亀裂が生じてもティア・ストラップによって進行方向が変えられ、1 つのベイのみがめくれ上がり（flap open）、隔壁の後方に過大な圧力上昇が生じることなく、客室の与圧が穏やかに解放されることを想定する 1 ベイ・フラッピングを基礎としている。しかし、当該ティア・ストラップは、想定されたようには亀裂の進行方向を変えることができなかった。NTSB は、これには不適切な修理が影響したと信じるものの、適正に

組み立てられた隔壁の基本的フェイル・セーフ設計についても懸念を有している。

　NTSB は、フラッピングの考え方が妥当であることを確認するため、B767 にも適用されている当該基本設計について解析と試験を行うべきであり、承認された修理方法についても検討を行うべきであると信じる。

　また、NTSB は、目視検査手順についても懸念を有している。目視検査ではリベット頭部の下の小さな疲労亀裂を発見することができない。亀裂の進行を 1 ベイに食い止める筈のフェイル・セーフ設計において、多数の小亀裂が発見されずに進行し得るとすれば、その妥当性が失われる可能性がある。

　NTSB は、疲労損傷が生じている場合にはその範囲を判別できるように後部圧力隔壁の検査間隔を設定することを、FAA がボーイング社に求めるべきであると信じる。

（中略）

NTSB 委員長 Jim Burnett

（注）上記は 1985 年 12 月 5 日に NTSB が FAA に対して行った勧告の前文の要旨であり、この前文の後に 5 項目の具体的勧告が記載されているが、それらの趣旨は上記の前文にほぼ尽くされているので、それらの記述は省略した。なお、同月 13 日に 3 項目の追加勧告が行われ、FAA は、そのうちの修理作業に関する 2 項目に対する措置として、修理作業手順を再確認するとともに、修理作業の承認手続きに関する内部通達を発行した[16]。

事故調査委員会の初勧告

　一方、航空事故調査委員会は、1987 年 6 月 19 日に事故報告書を公表するとともに、運輸大臣に対して次の勧告（日本の事故調査委員会の初勧告）と建議（緊急、異常事態における乗員の対応能力を高める方策の検討、及び目視点検による亀裂の発見に関する検討を求めるもの）を行った。

［勧告第 1 号：要旨］

1. 航空機の大規模な修理が製造工場以外の場所で実施される場合、修

理を行う者に対して、修理作業の計画及び作業管理を特に慎重に行うよう、指導の徹底を図ること。

2. 航空機の大規模な修理が行われた場合、航空機 使用者に対して、必要に応じて特別の点検項目を設け継続監視するよう、指導の徹底を図ること。

3. 大型機の与圧構造部位の損壊後における周辺構造・機能システム等のフェイル・セーフ性に関する規定を耐空性基準に追加することについて検討すること。

与圧空気流入によるシステム破壊の防止

事故調査委員会の耐空性基準に関する勧告とNTSBの尾部と油圧系統の設計変更に関する勧告はいずれも、与圧構造に開口が生じて与圧空気が非与圧区域の構造と重要システムを破壊することを防止することを目的としたものであった。

まず、NTSBの勧告に対応して、B747の垂直尾翼内に与圧空気が流入しないように垂直尾翼の下部開口部に覆いが取り付けられ（FAA AD 86-08-02により義務化）、また、尾部が破壊しても全油圧が喪失しないように第4油圧系統配管に作動油流失防止装置（hydraulic fuse）が装備され（FAA AD 87-12-04により義務化）、新造機については、油圧系統の配管を分散配置する設計変更も行われた。

ただし、NTSBのこの2つの勧告（A-85-133、134）は、対象機種をB747、対象部位を尾部、対象システムを油圧系統と、それぞれ対象を限定していたが、JAL123便に発生した事態（油圧配管が集中する区域の構造破壊による全油圧機能の喪失）と類似の事態（システム配線・配管が集中する区域の構造破壊による当該システム全機能の喪失）は、他機種の他部位、他システムにも起こり得るものであり、それは、1989年のユナイテッド航空DC-10の事故で現実のこととなる。

一方、与圧構造部位の損壊後におけるフェイル・セーフ性に関する規定を耐空性基準に追加することを検討するように求める航空事故調査委員会の勧告は、対象機種等を限定することはなく、この勧告の趣旨は、1990年のFAR25.365の改正に反映された。この基準改正により、与圧区域に開口が発生して減圧が生じた場合にその影響を評価しなけ

ればならない範囲が非与圧区域にも拡大され、非与圧区域にあるシステムや装備品などに対する減圧の影響も評価されることとなった[17]。

後部圧力隔壁の設計、検査の改善

　後部圧力隔壁の設計の見直しを求める NTSB の勧告に対応して、ボーイング社は、隔壁の試験、解析を行った結果、2本のティア・ストラップ及び中央部と下部のダブラーを追加した強化型隔壁を開発して新造機に取り付け、新型の B747-400 の隔壁にはさらに上部にダブラーを追加した（**図 15-12**）。

　また、目視検査見直しに関する NTSB の勧告を受け、B747 の非強化型の後部圧力隔壁に対する詳細目視検査と非破壊検査の設定が行われた。

多発損傷への対応 / フラッピング依存見直し

　ボーイング機の与圧胴体外板と後部圧力隔壁のフェイル・セーフ設計においては、遠東航空機事故の説明で述べたように、亀裂が生じても小範囲で外板がめくれ（flap）、与圧空気は穏やかに解放され（controlled decompression）、危険が生じないうちに損傷の発生が明らかになるとして、損傷発見のための特別な検査を設定する必要はないとされていた。

　NTSB は、1985 年 12 月 13 日の勧告においては、後部圧力隔壁につ

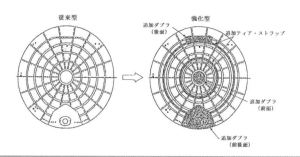

図 15-12　強化型隔壁（B747-400）

いてのこの設計思想を妥当なものとして受け入れたものの、より高い信頼性を得るための検証が必要であるとした[15]。

　これを受け、FAA は、疲労亀裂が多発した場合にフラッピングと "controlled decompression" に依存したフェイル・セーフ設計思想の妥当性を検討するための委員会を立ち上げた。同委員会が調査した航空機製造者の中ではボーイング社のみが "controlled decompression" を考慮に入れて構造検査（SSID）を設定しており（"It was noted that of the four manufacturers whose airplanes had been reviewed, only Boeing considers and accounts for controlled decompression in their supplemental structural inspection programs."）、同委員会[(注)] は、ボーイング機の後部圧力隔壁に検査を追加する等の勧告を行った[6]。

　しかし、同委員会は、フラッピングに依存した構造検査設定そのものの是非については明確な結論を出さず、その結論は、1988 年のアロハ航空 B737 事故の再発防止策の策定時まで持ち越された。

(注) 同委員会中心メンバーのひとりである Thomas Swift は、修理ミスに起因する同時多発損傷により後部圧力隔壁が破壊した可能性を最初に指摘した人物である。同氏は、ダグラス社の設計技術者を経て、航空機構造疲労強度の世界的権威として FAA の技術顧問（National Resource Specialist）となり、JAL123 便事故調査支援のため FAA より日本に派遣されていた。同氏は、トルコ航空 DC-10 墜落事故（第 10 章参照）等の与圧構造破壊事故についての深い知識があり、修理ミスがあった事実を知ると、疲労強度低下による同時多発損傷の発生、後部圧力隔壁の破壊、非与圧区域である後部胴体への与圧空気流入による垂直尾翼構造破壊の可能性を直ちに指摘した。

［アロハ航空 B737 胴体外板剥離事故］

　アロハ航空 B737-200 は、ハワイのヒロ空港を 1988 年 4 月 28 日 13 時 25 分にホノルルに向かって出発したが、巡航高度 24,000ft に到達した 13 時 46 分に突然、前方胴体の床上の外板が長さ約 18ft にわたって機体から分離し、客室乗務員 1 名が機外に吹き飛ばされて行方不明

図 15-13　着陸後のアロハ航空 B737（FAA）

となった。同機は、緊急降下を行い、13 時 59 分、マウイ・カフルイ空港に緊急着陸した（**図 15-13**）。この事故により、乗員乗客 95 名中、行方不明となった 1 名の客室乗務員の他に 8 名が重傷、57 名が軽傷を負った。事故機は、1969 年製造され、飛行時間 35,496hr、飛行回数 89,680 回であり、当時、B737 では世界で 2 番の経年機であった[18]。

事故後、整備や設計に関する様々な問題点が明らかとなり、この事故を契機として米国の経年機対策が抜本的に見直され、型式証明における全機疲労試験の義務化（1998 年）、広域疲労損傷（WFD: Widespread Fatigue Damage）防止規定（2011 年）などの重要規則が制正されることとなった。

胴体外板の疲労亀裂

胴体外板の剥離範囲は、縦方向には搭乗口後方から主翼手前までの約 18ft、胴体周りには左床面から右窓まで及び（**図 15-14**）、胴体外板以外も、床桁が大きく損傷し、左エンジンのコントロール・ケーブルが破断するなど、機体の各部が損傷していた。B737-200 の胴体は、4 つのセクション（区画）で構成され、各セクション相互は、Butt Joint（突き合わせ継手）によりフレームで結合されていた。各セクションの外板は、複数のパネルで構成され、外板パネル同士は、Lap Joint（重ね合わせ継手）で結合されていた。

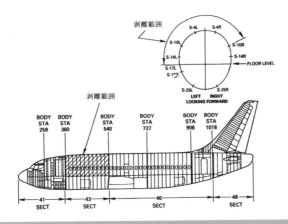

図 15-14　胴体外板剥離範囲[16]

　剥離したセクション 43 の外板パネルの Lap Joint は、それぞれストリンガーに結合され、291 号機までの初期製造機では、外板パネル同士を接着剤で常温接着（Cold Bond）し、さらに 3 列リベットで結合しており、152 号機であった事故機の Lap Joint も常温接着されていた（図 15-15）。しかし、B737 の運航開始後、常温接着の Lap Joint は湿気が入り込み接着部が剥離する不具合が生じることが判明したため、292 号機以降では、常温接着をやめて気密性の高い Fay Surface Seal 方式に変更されていた。

　Lap Joint 部における与圧荷重は、リベットではなく主に接着部によって伝達されることを想定して設計されており、常温接着部に剥離が生じると、荷重は 3 列リベットで受け持たれ、沈頭リベット孔の鋭角部（Knife Edge）に応力集中が生じ、疲労亀裂が起こり易い状態になった（図 15-16）。疲労亀裂が最も発生し易いリベット列は、このような鋭角部がある上側パネルにおいて最大応力を受ける上のリベット列となる。このリベット列孔縁には小さな複数の疲労亀裂が生じ易く、それらが発見されずにいると、やがて合体して大きな亀裂となるおそれがあったが、そのことは当時よく認識されていなかった。

　ボーイング社では、常温接着部の不具合と腐食によって B737 初期

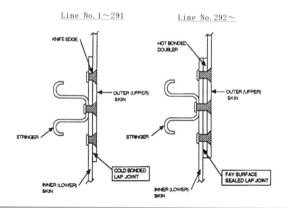

図 15-15　Section43 の外板パネルの Lap Joint[18]

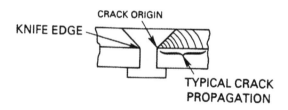

図 15-16　沈頭リベット結合応力集中部[18]

製造機の胴体外板に亀裂が生じたとの報告を受け、1972 年にそれらの胴体外板の検査を航空会社に求める SB（Service Bulletin: 作業指示書）を発行していたが、さらに 3 機の B737 の上側パネルに複数の疲労亀裂が発生したとの報告を受け、1987 年 8 月 20 日にこの SB を緊急性の高い Alert SB として再発行していた。

機体の整備

　ボーイング社は B737 の MPD（Maintenance Planning Document: 整備計画規程）の中で詳細な構造検査が行われる D 点検の間隔を飛行時間 20,000hr 毎と推奨し、アロハ航空ではその間隔を 15,000hr と MPD の推奨時間より短く設定していたが、MPD では 1hr 当たり 1.5 回の飛

行を想定していたのに対し、アロハ航空では平均して 1hr 当たり約 3 回飛行しており、飛行回数に関連する項目については、アロハ航空機は飛行高度が低く与圧が小さいことを考慮しても、MPD 推奨時間より実質的に相当長くなっていた。

　また、機体構造の検査間隔は、飛行時間、飛行回数のみで決められるべきものではなく、腐食等の環境劣化については歴年月も考慮すべきであり、ボーイング社では D 点検は 6 ～ 8 年毎で行われることを想定していたが、アロハ航空では 8 年毎となっていた。アロハ航空のように塩分に曝される機会が多い運航環境では、腐食には特に配慮する必要があったものと考えられ、接着剥離発見、腐食対策等の観点からは、8 年は長過ぎるものであった。

　このように構造検査間隔に問題があったばかりでなく、アロハ航空は、ボーイング社が推奨する防食プログラムも実施していなかった。事故後、NTSB がアロハ航空に他の B737 を検査させたところ、ほとんど全ての機体の Lap Joint 部に腐食の徴候が確認された。

　これらに加え、NTSB は、アロハ航空が機体の稼働率を上げるために D 点検を 52 分割して実施していることも問題とし、このように細分化しては機体の状態を総合的に評価することができないとし、それを認可した FAA も批判した。（アロハ航空に対する FAA の監督については、現場で整備を監督する FAA の担当検査官が、他の業務に忙殺され、アロハ航空の実情を把握していなかったばかりでなく、B737 の経年化に関するボーイング社とアロハ航空の情報交換の場から排除されていた事実も指摘されている。）

不適切な AD

　FAA は、事故前の 1987 年 11 月、Lap Joint 部に疲労亀裂が生じて急減圧が生じることを防止するため、Lap Joint 部の詳細目視検査を行い、亀裂が発見されれば、亀裂が発見されたパネル全体を渦電流検査することを求める AD（Airworthiness Directive: 耐空性改善命令）を発行した。しかし、AD の基となったボーイング社の Alert SB では、S-4、S-10、S-14、S-19、S-20、S-24 の各ストリンガーの Lap Joint を検査すべきとなっていたが、AD では、検査すべき Lap Joint は S-4L/R のみに限定された。

アロハ航空は、Alert SB で求められていた各 Lap Joint の検査はせずに、AD に従って S-4L/R の Lap Joint のみを検査したが、その検査も確実に実施されたのか疑わしかった。AD は、目視検査で亀裂が発見されればパネル全体にわたって Lap Joint を渦電流検査することを求めていたが、目視検査で亀裂が発見されたパネルに渦電流検査が実施された記録は残されていなかった。

　この AD は、検査範囲が不適切なばかりでなく、亀裂が発見された場合の指示も不明確であった。指示の本来の趣旨は、亀裂が発見されたパネルの上側リベット列全体を沈頭型から頭部突起型に交換せよとするものであったが、アロハ航空は、リベット交換は修理を行う場合にその一環として行われるものと理解し、S-4R Lap Joint の上側リベット列の交換は亀裂発生孔リベットのみ行い、他のリベットは交換しなかった。

B737 与圧胴体のフェイル・セーフ設計

　遠東航空機事故で説明したように、B737 与圧胴体構造は、通常の差圧に対しては、外板に長さ 40 インチを超える亀裂があっても耐えられるものであることが証明されていた。また、フラッピングによって、外板に亀裂が生じても、一定以上に拡大することなく、客室に穏やかな減圧が生じ、損傷の発生が明白になるので、与圧胴体外板には特別な検査は必要がないものとされてきた。

　しかし、このフェイル・セーフ性は、腐食や疲労などによる広範な損傷が存在する場合には必ずしも有効ではないことが遠東航空機事故及び JAL123 便事故で示されており、NTSB は、本事故の調査報告書において、接着剥離や腐食によってフラッピングが成立しない可能性があることを改めて指摘した。

　また、NTSB は、B727 の型式証明の疲労試験では全胴体構造が用いられたが、B737 の疲労試験では全胴体ではなく「かまぼこ兵舎形（Quonset）」と言われる半胴体の構造が使用された事実を指摘し（**図15-17**）、機体の全構造を用いて予想運航寿命の少なくとも 2 倍に相当する疲労試験を行うことを型式証明基準において要求すべきであるとした。

図 15-17　B737 胴体疲労試験供試体 [3]

推定原因

　NTSB は、アロハ航空の整備プログラムが接着剥離と疲労損傷を発見できなかったため、S-10L 沿いの Lap Joint の外板に発生していた多数の疲労亀裂が運航中に合一して胴体上部の分離が生じたものと推定した。関与要因としては、NTSB は、アロハ航空の経営の整備部門への不適切な監督、FAA のアロハ航空整備プログラムへの不適切な監督、ボーイング社の Alert SB が全ての Lap Joint の検査を求めていたにもかかわらず FAA AD では一部しか検査を義務付けなかったこと、ボーイング社及び FAA が常温接着部に対する恒久的対策を講じなかったことを挙げている。

勧告及び再発防止策

　NTSB は、本事故に関し、整備、設計等に関する 21 件の勧告（A-89-53 ～ 73）を行い、一部を除き(注)、それぞれ改善策が講じられた。主な勧告に対する改善策は、次のとおりである。
（注）飛行回数と飛行時間の関係が MPD 想定と大きく異なる航空会社整備について是正を求める勧告（A-89-54）に対する FAA の改善策については、NTSB は不十分で受け入れられない（Unacceptable）としている。

306 第 15 章

[腐食対策]

　総合的な腐食対策を求める勧告（A-89-59）に対しては、B707/720/727/737/747、DC-8/9/10、L-1011、A-300 等に総合的な腐食対策プログラム（CPCP : Corrosion Prevention and Control Program）を義務付ける AD が発行された。FAA は、他の大型機にも CPCP を義務付ける規則改正案を 2002 年に提案したが、整備方式作成の指針（MSG-3）が CPCP を考慮するように改正されており、新しい型式機の整備方式には CPCP が組み込み済みとの理由で改正案を 2004 年に撤回した。

[フラッピングに依存しない構造検査]

　NTSB は、リベット列に亀裂が多発した状態では、フラッピングが成立しないことは明らかであるとし、「経年機に対する特別検査指示書（SSID: Supplemental Structural Inspection Document）において、胴体外板を『発生損傷は明瞭』と区分することを止めること。さらに、発生損傷が明瞭とされている他の全ての重要構造部材を特別検査プログラムに入れるべきか検討すること。」との勧告（A-89-68）を行った。この勧告に対し、FAA は、特別検査の設定において胴体外板を「発生損傷は明瞭」と区分することを取り止めることに同意し、SSID からこの区分が削除され、JAL123 便に関する勧告（A-85-135/138）についてもようやく最終的な結論が得られた。

[広域疲労損傷防止規定]

　民間大型機の疲労強度要件（FAR25.571）は、1978 年の基準改正により、疲労強度設計は、原則として損傷許容設計を適用し、それが困難な構造部分についてのみセーフ・ライフが認められることになり、疲労に加えて腐食や偶発的損傷を考慮すること、同時多発損傷（MSD: Multiple Site Damage）を評価の対象に入れることなどの改正も併せて行われたが、1978 年改正においても、コメット機の事故以降、その重要性と必要性が幅広く認識されてきた全機疲労試験（実機の全構造を使って行う疲労試験）の義務付けは見送られていた（第 13 章参照）。

　NTSB は、本事故発生を踏まえ、経済運航寿命 2 倍以上に相当する

全機疲労試験を義務付け、その試験結果等に基づき、同時多発損傷に対する検査プログラムを製造者に策定させるよう、FAA に勧告（A-89-67）を行った。これに対して、FAA は、1998 年に同時多発損傷（MSD）に代わって WFD（Widespread Fatigue Damage: 広域疲労損傷）の概念を導入し[注]、設計運用目標（Design Service Goal）までは WFD が生じないことをその 2 倍以上の全機疲労試験によって証明しなければならないとする規則を制定した。

[注] WFD は、構造部材が FAR 25.571（b）の残留強度要件に適合しなくなるほどの大きさと密度を有する複数箇所に同時に生じた疲労亀裂である。WFD の発生源は、同一構造部材の複数箇所に同時に生じる疲労亀裂（MSD）、及び近接した複数の構造部材に同時に生じる疲労亀裂（MED: Multiple Element Damage）である（FAA AC 25.571-1D）。

　これらの施策により経年航空機の構造健全性維持対策は大きく前進したが、アロハ航空機事故から 14 年後の 2002 年に不適切な修理による広範な疲労損傷により中華航空の B747 が空中分解して搭乗者 225 人全員が死亡するという重大な与圧構造事故が再び発生することとなる。

参考文献

1. Civil Aeronautics Administration, Taiwan, Aircraft Accident Investigation Report, "Far Eastern Air Transport, LTD. Boeing 737-200, B-2603, August 22, 1981", 1982
2. Tiffany, C. F., Gallagher, J. P., and Bash, C. A., USAF ASC- TR-2010-5002, "Threats to Aircraft Structural Safety, including a Compendium of Selected Structural Accidents/Incidents", 2010
3. Maclin, J. R., NASA CP-3160, pp.67-74, "Performance of Fuselage Structure", 1992
4. Swift, T., "Damage Tolerance in Pressurized Fuselages", 14th Symposium of the International Committee on Aeronautical Fatigue, 1987
5. Goranson, U. G. and Rogers, J. T., "Elements of Damage Tolerance Verification", 1983
6. Federal Aviation Administration, "A Report on the Review of Large Transport Category Airplane Manufactures' Approach to Multiple Site Cracking and the Safe Decompression Failure Mode", 1986 (Republished as Appendix J of NTSB/AAR-89/03 in 1989)
7. 運輸省航空事故調査委員会、航空事故調査報告書、「日本航空株式会社所属ボーイング式 747SR-100 型 JA8119　群馬県多野郡上野村山中　昭和 60 年 8 月 12 日」、昭和 62 年（1987）
8. 運輸省航空事故調査委員会、航空事故調査報告書、「日本航空株式会社所属ボーイング式 747SR-100 型 JA8119 に関する航空事故報告書」、昭和 53 年（1978）

9. 運輸省航空事故調査委員会、航空事故調査報告書、「日本航空株式会社所属 ボーイング式 747SR-100 型 JA8119 に関する航空事故報告書（一部修正）」、 昭和 54 年（1979）

10. Boeing Commercial Airplane Company, "747 Structure Repair Manual", 1981

11. Federal Aviation Administration, AC65-15A, "Airframe & Powerplant Mechanics Airframe Handbook", 1976

12. 運輸省航空事故調査委員会、「日本航空株式会社所属　ボーイング式 747SR-100 型 JA8119 に係る航空事故調査について（経過報告）」、昭和 60 年（1985）

13. Federal Aviation Administration, "Commercial Airplane Certification Process: An Evaluation of Selected Aircraft Certification, Operations, and Maintenance Processes", 2002

14. National Transportation Safety Board, Safety Recommendations A-85-133 through -137, 1985

15. National Transportation Safety Board, Safety Recommendations A-85-138 through -140, 1985

16. Federal Aviation Administration, Action Notice 8110.7, "Approved Data", 1986

17. Federal Aviation Administration, 14 CFR Part 25, Amendment No. 25-71, "Improved Structural Requirements for Pressurized Cabins and Compartments in Transport Category Airplanes", 1990

18. National Transportation Safety Board, Aircraft Accident Report, "Aloha Airlines. Flight 243, Boeing 737-200, N73711, Near Maui, Hawaii, April 28, 1988", 1989

第 16 章
ウインドシア事故とウインドシア警報装置の義務化（1982〜1988）、空中衝突事故と衝突防止装置の義務化（1986〜1989）

　ウインドシアや空中衝突による大型機の事故は現在では稀となったが、過去にはこれらの事故により多くの犠牲者が生じていた。これらの事故の近年の減少には、地上からの監視体制の充実強化と共に、機上警報装置の開発と装備義務化が大きく貢献している。本章では、ウインドシア警報装置と衝突防止装置が大型機に義務化されるきっかけとなった 1980 年代のウインドシア事故と空中衝突事故についてご説明する。

［ウインドシア］

パンアメリカン航空 B727 の墜落事故（1982）
　1982 年 7 月 9 日、パンアメリカン航空の B727-235 型機（**図 16-1**）は、乗員乗客 145 名を乗せ、ニューオリンズ空港から離陸したが、浮揚直後の高度約 95 〜 150ft から降下し始め、滑走路端から 2,376ft 先の木に衝突し、さらに他の木や家屋に衝突しながら 2,234ft を飛行して、滑走路端から 4,610ft 先の住宅街に墜落した。この事故により搭乗者全員 145 名と地上の 8 名が死亡した[1]。

　事故調査を行った NTSB は、離陸中にマイクロバースト（**図 16-2**：

図16-1　事故機の同型機（Peter Duijnmayer）

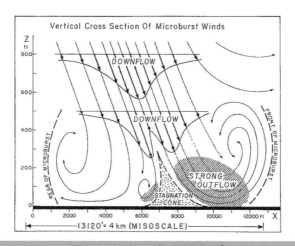

図16-2　マイクロバースト概念図[2]

影響を及ぼす区域が直径4km未満の急速な下降気流）（第11章参照）と遭遇したことが事故原因であるとし、FAAに対して、マイクロバーストの観測体制の強化等を勧告した。

デルタ航空 L-1011 の墜落事故（1985）

　パンアメリカン機の墜落から約3年後の1985年8月2日、デルタ航空のL-1011-385-1型機（**図16-3**）がテキサス州ダラス・フォートワー

図 16-3　事故前年の事故機（Andrew Thomas）

ス空港に進入中にまたもマイクロバーストに遭遇して滑走路手前約 6,300ft の地点に墜落し、搭乗者 163 名中 134 名と地上 1 名が死亡し、事故から 30 日を超えてさらに搭乗者 2 名が死亡した（現米法は、事故から 30 日以内（以前は、7 日以内）の死亡を当該事故による死亡と定義。）[3]。

L-1011 墜落までの飛行経過

　L-1011 は、フロリダ州フォートローダーデールを出発して順調に飛行を続け、管制の許可を得てダラス・フォートワース空港に向かって降下を開始した。空港周辺では、L-1011 が近づく直前まで大きな気象の変化はなかったが、L-1011 が最終進入経路に入る頃、空港の北側に積乱雲が急激に成長し始めていた。しかし、丁度その頃、フォートワース航空路管制センターの気象担当者が食事のためにレーダー室を離れていたため、管制センターは気象の急変に気付かなかった。

　やがて、雷雲からマイクロバーストが生じ、滑走路北側に激しい下降気流が吹き下ろした（図 16-4）。

　このマイクロバーストは、直径が 3.4km、水平方向の風速差が少なくとも 73kt、上昇気流と下降気流の最大風速がそれぞれ 14.8kt 及び 29kt に達し、その中に多くの渦を含み、上下左右に気流が激しく変化していた（図 16-5）。

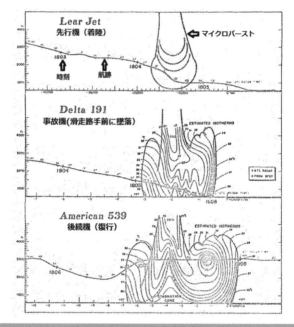

図 16-4 事故直前に発生したマイクロバーストの変化
（先行機、事故機、後続機の航跡）[4]

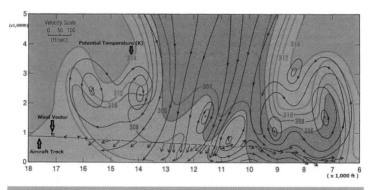

図 16-5 マイクロバースト中を飛行した事故機の航跡 [5]

17時59分47秒、操縦を行っていた副操縦士が前方の降雨域を視認して「機体がずぶ濡れになりそうだ。」と発言し、18時04分20秒頃、副操縦士が機長に雷光が前方に見えることを告げた。

18時05分14秒、L-1011は高度約1,000ftにおいて、直前に発生したマイクロバーストの北端に突入し、向い風によって機速が173ktに増加したため、進入速度150ktを維持しようとして推力がフライト・アイドル近くまで減らされた。

18時05分19秒、高度800ftで激しい降雨域に入り、次の10秒間、向い風が25kt減少し、機速が44k低下して129ktとなったため、スラスト・レバーが最前方に進められた。

しかし、ここで突然、向い風が増加に転じ、推力増大と向い風増加が相俟って、機速が129ktから147ktまで急増し、18時05分31秒に推力が減少された。

その4秒後に機速が140ktに低下した時、激しい渦の中に入り、次の1秒間に3軸方向全てで気流が大きく変化した。機速が140ktから120ktに急減し、40ft/secの下降気流が20ft/secの上昇気流に転じ、横方向にも強い突風を受けた。

機体は大きく右に傾き、迎角が6°から23°に増加してスティックシェーカーが作動し、副操縦士は反射的にコントロールコラムを前に倒したところで上昇気流が再び下降気流に転じ、L-1011は急速に降下し始めた。

18時05分44秒に地上高420ftでL-1011の降下率が3,000ft/minとなったが、強い下降気流を受けて降下率がさらに増大し、GPWS（対地接近警報装置）が警報を発し、18時05分46秒に地上高280ftで降下率が5,000ft/min近くに達した。

機長が「TOGA」（Takeoff / Go-Around）をコールし、フライトディレクターが離陸復行モードに入れられ、引き起こし操作によって降下率が低下した。しかし、ここでスティックシェーカーが再び作動し、副操縦士はコントロールコラムを引く力を弱め、18時05分52秒、滑走路の手前約6,300ftの地点に車輪が接地した。

L-1011は、接地後に再浮上したが、空港の北側を東西に走る高速道

図 16-6　焼け残った尾部と散乱した残骸 [3]

路上の車に左エンジンを衝突させ、車の運転手が即死した。L-1011 は、さらに高速道路の照明灯に衝突し、左主翼の付根付近から出火して左に傾きながら空港の水タンクに衝突して回転しながら大爆発を起こして炎上し、尾部以外の機体が焼失した（**図 16-6**）。

事故調査を行った NTSB は、事故原因として、雷光を伴う積乱雲を視認しながらも乗員が進入を続行したこと、ウインドシアを回避・離脱するための具体的指針や訓練が定められていないこと、及びウインドシアのリアルタイム情報がないことを挙げた。

ウインドシア事故の再発防止策

NTSB は、1970 年以降に低層ウインドシアが関与した事故は 18 件あり、そのうちの 7 件で 575 名が犠牲になったとし、それまで発出してきた 36 件のウインドシア関連勧告に加え、新たに 17 件の勧告を行い（この他、緊急救助対策等、ウインドシアに直接関係しない勧告も行った。）、本事故後、次のようなウインドシア事故防止策の強化が図られた。

ウインドシアに関する訓練については、事故当時も航空会社乗員への義務付けはあったが、シミュレーター訓練はまだ義務付けられていなかった。事故後、ウンイドシアを発見して回避・離脱するシミュレーター訓練が航空会社乗員に義務付けられた [6]。

ウインドシアの予報については、事故当時、空港周辺に LLWAS（Low

Level Windshear Alert System: 低層ウインドシア警報システム）と名付けられたウインドシアを警報するための風向風速計測システムが配備されていたが、このシステムが警報を発したのは事故発生後であり、短時間で急速に発生したマイクロバーストを事故前に検知することができなかった。

降水粒子の動きを検知することによって風向風速の変化を捉えるドップラーレーダーは、事故当時、まだ空港に配備されておらず、NTSB は、LLWAS の改善とともに、ドップラーレーダーの開発促進を勧告し、事故後、ドップラーレーダーが主要空港に配備されていった。さらに、降水粒子より小さい空気中の微粒子の動きを捉えて、降水を伴わない空気の乱れを検知できるドップラーライダー（Doppler Lidar）も開発配備された。また、音波で大気の乱れを検知するドップラーソーダ（Doppler Sodar）などの開発も進められた。

ウインドシアをリアルタイムで乗員に警報する航空機搭載型装置については、事故当時、ウインドシアに突入した後にその存在を検知するタイプが実用化の段階に入っていたが、前方のウインドシアを検知して回避する予知型の警報装置はまだ開発されていなかった。NTSB は、航空機搭載型警報装置の開発促進を勧告し、1988 年に米国航空会社ジェット機にその装備が義務化された[6]。さらに、予知型の警報装置の開発の見通しが明らかになると 1990 年の規則改正によって予知型の警報装置に関する規定が追加され[7]、1998 年には国際民間航空条約第 6 付属書にも予知型装置の装備を推奨する規定が追加された[8]。

これらの措置によってウインドシア事故防止対策が大きく進展し、近年では、技術進歩によりに観測装置や警報装置の信頼性と精度の改善がさらに進み[(注)]、ウインドシアによる重大事故の発生頻度は過去に比して極めて低くなっている。

(注) デルタ航空 L-1011 の事故から約 9 年後の 1994 年 7 月 2 日、US エアの DC-9 がノースカロライナ州シャーロット・ダグラス国際空港において着陸復行時にマイクロバーストに遭遇し、墜落して乗客 37 名が死亡した[9]。NTSB は、不要警報抑制のために感度が下げられていたウインドシア警報装置のソフトウェアによって警報が適切に発せられなかったこと

が事故発生に関与したとしてFAAに改善勧告を行い[10]、1996年にウインドシア警報装置の技術基準が改正された[11]。

> [空中衝突]

ロサンゼルス上空での空中衝突（1986）

1986年8月31日、アエロメヒコ航空のDC-9と小型機がロサンゼルス近郊の市街地上空で空中衝突し、両機の搭乗者67名と地上の15名が死亡した[12]。この事故は、それまでも指摘されてきた目視に依存する空中衝突回避の限界を再認識させることとなり、米国航空会社機に衝突防止装置が義務化されるきっかけとなった。

図16-7　パイパー同型機（Stahlkocher）

図16-8　アエロメヒコ航空の同型機（RuthAS）

空中衝突までの経過

1986 年 8 月 31 日 11 時 41 分、単発小型機のパイパー PA-28-181（**図 16-7**）は、機長他 2 名が搭乗してカリフォルニア州トーランスを出発した。パイパー機は、飛行計画では VFR（有視界飛行方式）によりロングビーチとパラダイスを経由してビッグベアに向かうことになっていたが、離陸直後のトーランス管制塔への通信を最後に管制とは一切の交信を行わず、進入許可が必要なロサンゼルス空港上空の空域に無許可で侵入した。

一方、アエロメヒコ航空 498 便 DC-9-32（**図 16-8**）は、乗員 6 名乗客 58 名が搭乗し、11 時 20 分にロサンゼルスに向かってメキシコのティフアナを出発し、11 時 47 分にロサンゼルス進入管制からロサンゼルス空港に着陸進入する許可を得た。11 時 51 分 04 秒、管制官は DC-9 に速度を 190kt に落とすように指示するとともに、6,000ft までの降下を許可した。11 時 51 分 45 秒、管制官は DC-9 に現在の速度を維持するように指示し、11 時 52 分 00 秒、DC-9 は 190kt を維持すると応答したが、これが DC-9 からの最後の通信となった。

11 時 52 分 09 秒、DC-9 とパイパー機は、カリフォルニア州セリトス市上空の高度 6,560ft において衝突し、両機の搭乗者 67 名が死亡するとともに、両機が市街地に墜落したことによって地上にも甚大な被害を及ぼし、家屋が破壊されて 15 名が死亡した（**図 16-9**）。

事故当時、視界は良好であったが両機ともに相手機を回避する操作は行っておらず、また管制官も両機の接近に気付かなかった。

ロサンゼルス TCA

パイパー機が無許可で侵入したロサンゼルス空港上空の空域は、TCA^(注)（Terminal Control Area）と呼ばれ、1970 年代初頭から全米の大空港周辺に空中衝突防止を主目的として設定されていた空域のひとつであった。

(注) 日本の「TCA」とは異なる。

第 9 章で紹介したように、1960 年代の米国では自家用機などの一

図16-9　墜落現場（NTSB）

般航空機（General Aviation）が急増し、IFRで飛行する高性能の航空会社機とVFRで飛行する一般航空機が空港周辺空域で混在し、空中衝突のリスクが高まっていた。航空管制システムの改善は進んでいたが、空中衝突防止の切り札となる航空機搭載型の衝突防止装置はまだ実用化されておらず、ニアミスが多発し、時には多数の犠牲者を生じる重大な空中衝突事故も発生した。

　このため、FAAは、ニアミスが多発している大空港周辺に新たな空域を設定し、その空域内での飛行に対しては管制の承認を求めるとともに、速度制限、トランスポンダー装備義務などを課する計画を1968年3月7日に公表した。しかし、この案は、大空港周辺空域から一般航空機を締め出すものと受けとめられ、小型機を運航する個人

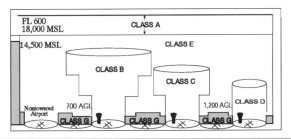

図 16-10　現在の米国空域の概念図[18]
（当時の TCA は Class B に相当）

及び団体からの強烈な反対を受けた。FAA は、これらの関係者と協議を重ね、当初の規制案を一部緩和して、1970 年 5 月に大空港周辺に新たな空域である TCA を設置する規則改正を行った[13, 14, 15, 16]。

　TCA は、各空港周辺空域の実状に合わせて形状を決定したため、空港ごとに形状が異なったが、空港に出入する航空機の運動及びレーダー誘導に必要な空間を確保するため、ウェディング・ケーキを逆さまにしたような基本形を有していた。

　なお、航空機の飛行空域に関する現在の国際基準においては、VFR機の飛行の可否、管制間隔設定対象機等により空域を A ～ G にクラス分けしているが[17]、当時の TCA は、現在のクラス B（IFR 機及び VFR 機とも飛行が許可され、その中の全ての航空機相互間に管制間隔が設定される空域。）に相当するものであった（図 16-10）。

　このような経緯で設置された TCA 内においてはニアミス発生頻度が減少するなど、当時、TCA は空中衝突防止に一定の効果を挙げ、この事故が発生するまでは米国 TCA 内では航空会社機が巻き込まれた空中衝突は発生していなかった。

事故調査
　事故調査においては、パイパー機はなぜ TCA に無許可侵入を行ったのか、また、視界良好の中で DC-9 とパイパー機のパイロットはなぜ相手機に気付かず、レーダーによる監視下で管制官もなぜ両機の接近に気付くことができなかったのかが調査の焦点となった。

パイパー機のパイロットの検視で冠動脈閉塞による心筋の壊死が発見され、パイロットが飛行中に心臓発作を起こして機体のコントロールが不能となってTCAに突入したことが疑われたが、レーダー記録から飛行方向及び飛行速度が安定していたことが判明し、心臓発作の可能性は否定された。

一方、パイパー機の操縦席から、広げてあったロサンゼルス周辺空域のチャートが見つかり、また、パイパー機のパイロットが飛行前に他のパイロットから高速道路を地標として自機の位置を確認してTCAを迂回する方法を聞いていたことも判明し、NTSBは、高速道路の誤認によってパイロットが誤ってTCAに入ってしまったものと結

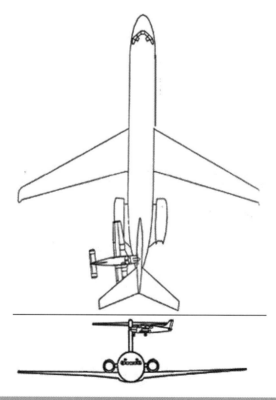

図16-11　衝突時の両機の位置関係[9]

論付けた。

　TCA に誤進入したパイパー機は、高度 6,560ft を降下中であった DC-9 の左側から接近し、両機とも衝突回避操作を行うことなく、パイパー機が DC-9 の垂直尾翼に衝突した（**図 16-11**）。DC-9 は、垂直尾翼の中にある水平安定板支持構造が破壊され、水平安定板が機体から分離して操縦不能に陥って住宅街へと墜落していった（**図 16-12**）。一方、パイパー機は、DC-9 の水平安定板によって客室上部がもぎとられ、学校の校庭に墜落した。

　両機が衝突した時の視程は 14mile あり、なぜ両機のパイロットが相手機を視認できなかったのかを調査するために、視認可能時間とそ

図 16-12　墜落していく DC-9（NTSB）

れに基づく視認確率の解析が行われた。その解析によれば、両機は少なくとも1分13秒間は相手機パイロットの視野の中にあり、パイパー機のパイロットがDC-9を視認できた確率は高いと評価された。その一方、DC-9の操縦席から見たパイパー機の位置はあまり変化せず（「コリジョン・コース」にあった。）、パイパー機のサイズが小さいこともあって、DC-9パイロットがパイパー機を視認できた確率は低いと評価された。

　また、レーダーで捕捉されていた筈の両機の接近になぜ管制官が気付かなかったのかも大きな謎であった。事故後、管制官は、パイパー機はレーダー画面上に表示されていなかったと証言したが、レーダー記録を解析したところ、パイパー機のトランスポンダーからの応答信号の記録があり、少なくともトランスポンダー応答による二次レーダー表示はあった筈であった。NTSBは、管制官がこの表示を見落とした理由として、次のような可能性を検討した。

　そのひとつは、パイパー機がDC-9に接近している時に他の小型機がTCAに進入してきたため、管制官の注意が逸れた可能性であった。この可能性以外にも、パイパー機はTCAに進入する意図を持っていなかったので、パイパー機のトランスポンダーにはTCA進入の条件であった高度情報応答機能がなく、パイパー機がレーダー画面上に表示されていたとしても、その位置がTCAの立体空間内にあるか否かは平面上の位置のみでは判別できず、管制官が無意識のうちにTCAには入っていないとして意識の外においた可能性もあった。また、逆転層（気温が通常とは逆に上で高くなっている大気の層）の存在によって一次レーダー表示（機体反射波による表示）がなくなっていたか、または弱くなっていた可能性もあった。

　NTSBは、これらの可能性を検討したものの、最終的には、管制官がパイパー機の表示に気付かなかった理由を特定できなかった。

　なお、ロサンゼルスのターミナル管制情報処理システム（ARTS: Automated Radar Terminal System）には航空機同士の異常な接近を警報する機能もあったが、この機能はトランスポンダーからの高度情報に依存していたので、管制官にその警報が発せられることはなかった。

　以上のことから、NTSBは、管制システムの衝突防止能力には限界

があることが事故を防止できなかった原因であり、パイパー機が意図せずに TCA に無許可で進入したこと及び異常接近時の衝突防止を視認回避に依存していることが事故発生を助長した要因であるとした。

　NTSB は、1967 年以来、空中衝突に関する 116 件の勧告を発出していたが、本事故の発生により、FAA に対し、航空機搭載型衝突防止装置である TCAS [注]（Traffic Alert and Collision Avoidance System）の開発促進と義務化を改めて求めるとともに（TCAS の開発促進と義務化を求める勧告は、1984 年に発生した別の空中衝突事故に関して、1985 年にすでに発出されていた [19]。）、高度情報応答機能付きのトランスポンダーを義務化する空域をさらに拡大することなどを勧告した。

（注）航空機搭載型衝突防止装置の国際基準上の一般的呼称は ACAS（Airborne Collision Avoidance System）とされている [20]。

TCAS の装備義務化

　航空機搭載型の衝突防止装置の開発の歴史は古く、1955 〜 1965 年にはマクダネルダグラス、ハネウェル、RCA などの航空関連企業が試作品を製造したが、いずれも同じ機器を相手機も搭載していることが作動条件となっており、当時は全く実用化のめどが立たなかった。

　1974 年頃、FAA は、トランスポンダーを衝突回避に利用する研究を開始し、やがて、異常接近を警報するのみの TCAS I、警報に加えて垂直方向への回避操作を指示する TCAS II、警報並びに水平及び垂直方向への回避操作を指示する TCAS III の 3 種類の衝突防止装置の構想にたどりついた（その後、TCAS III の開発は、事実上、断念された。）。

　ロサンゼルス上空でこの空中衝突事故が発生した当時、すでに TCAS の試作品が航空会社機に装備されて実用試験が行われていたが、この事故発生を受けて、FAA は TCAS の装備を航空会社機に義務化する規則改正案を 1987 年 8 月に公表したが [21]、同年末、米国議会は 1991 年末までに客席数が 30 を超える全ての航空会社機に TCAS II を装備させることを求める法案を可決成立させた [22]。

　外国航空会社機にも TCAS 装備を求めるこの規則改正案に対して

は、多くの外国当局が、米国規則のみを先行させるのではなく国際基準の改正を待つべきであるとするなどの反対意見を述べた。しかし、FAAは、1991年末までに乗客席数30を超える航空会社機（米国空域内を運航する外国航空会社機を含む）にTCAS IIの装備を義務付けるなどの規則改正を1989年1月に成立させたが[23]、その翌年、米議会が装備期限の2年間延長を認める法案を可決し、この期限は1993年末に延長された[24]。（なお、2003年に規則が改正され、現在では、TCAS装備対象機の要件が変更されているので、現行基準については、最新のFAR121.356等を参照のこと。）

その後の改善

その後、国際基準にもACAS装備を義務化又は推奨する規定が導入され[25]、TCASの大型機への装備が世界的に拡大し、航空交通管制システムの改善と相俟って、航空交通量の増大による空域混雑化にもかかわらず、現在では大型機を巻き込んだ空中衝突の発生は極めて稀となっている[26]。

しかし、かつては、TCASの大型機への装備義務化後も暫くの間、様々な運用上の問題があった。特に、TCASが回避指示を発出していることを知らない地上の管制官がTCASと異なる指示を行った場合に

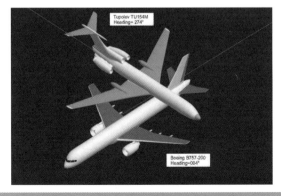

図16-13　B757とTU154Mの衝突推定図[28]

図 16-14　地上に落下した TU154M の尾部[28]

　乗員がどう対応すべきかについては、明確な対処方法が国際的に周知されておらず、2001 年の静岡県焼津上空での日本航空機同士のニアミス事故（9 名重傷）及び 2002 年の南ドイツ上空での DHL の B757 とバシキール航空の TU154M との空中衝突事故（71 名死亡）（図 16-13、16-14）においては、一方の航空機が TCAS 指示に従い、他方の航空機が管制指示に従ったことによって、重大な結果を招くこととなった。

　これらの事故発生後、日本の航空・鉄道事故調査委員会及びドイツの航空事故調査局から ICAO（International Civil Aviation Organization: 国際民間航空機関）に対して国際基準の改正を求める勧告が行われ[27、28]、TCAS 指示と管制指示が相反する場合には TCAS 指示に従うべきことなどが国際基準に明記され[29]、また、その後も TCAS の技術基準の改訂が行われるなど、TCAS の運用のさらなる改善が図られている。

参考文献

1. National Transportation Safety Board, Aircraft Accident Report, "Pan American World Airways Inc., Clipper 759, Boeing 727-235, N4737, New Orleans International Airport, Kenner, Louisiana, July 9, 1982", 1983
2. Fujita, T. T., et al., "Microburst Wind Shear at New Orleans·International Airport, Kenner, Louisiana, on July 9, 1982", SMRP Research Paper 199, The University of Chicago, 1983
3. National Transportation Safety Board, Aircraft Accident Report, "Delta Air Lines, Inc., Lockheed L-1011-385-1, N726DA, Dallas/Fort Worth International Airport, Texas,

August 2, 1985", 1986

4. Fujita, T. T., "DFW Microburst on August 2, 1985", 1986

5. Caracena, F., et al., "The Crash of Delta Flight 191 at Dallas-Fort Worth International Airport on 2 August 1985: Multiscale Analysis of Weather Conditions", NOAA Technical Report ERL 430-ESG 2, 1986

6. Federal Aviation Administration, FAR Amendment Nos. 121-199 and 135-27, "Airborne Low-Altitude Windshear Equipment and Training Requirements", 1988

7. Federal Aviation Administration, FAR Amendment No. 121-216, "Airborne Low-Altitude Windshear Equipment Requirements", 1990

8. International Civil Aviation Organization, Annex 6 to the Convention on International Civil Aviation, Operation of Aircraft, Part 1, International Commercial Air Transport – Aeroplanes, 7th Edition, "6.21 Turbo-jet aeroplanes - forward-looking wind shear warning system", 1998

9. National Transportation Safety Board, Aircraft Accident Report , "Flight Into Terrain During Missed Approach, USAir Flight 1016, DC-9-31, N954VJ, Charlotte/Douglas International Airport, Charlotte, North Carolina, July 2, 1994", 1995

10. National Transportation Safety Board, Safety Recommendations A-94-208 through -210 dated November 28, 1994

11. Federal Aviation Administration, Technical Standard Order TSO-C117a, "Airborne Windshear Warning and Escape Guidance Systems for Transport Airplanes", 1996

12. National Transportation Safety Board, Aircraft Accident Report, "Midair Collision of Aeronaves De Mexico, S.A., McDonnell Douglas DC-9-32, XA-JED, and Piper PA-28-181, N4891F, Cerritos, California, August 31, 1986", 1987

13. Kent, R. J. Jr., "Safe, Separated, and Soaring", FAA, Washington, 1980

14. Federal Aviation Administration, NPRM 69-411, "Terminal Control Areas; General", 1969

15. Federal Aviation Administration, Supplemental NPRM 69-41B, "Terminal Control Areas; General", 1970

16. Federal Aviation Administration, FAR Amendments Nos. 1-17; 71-6; 91-78, "Terminal Control Areas", 1970

17. International Civil Aviation Organization, "Annex 11 to the Convention on Civil Aviation -Air Traffic Services, 2.6 Classification of Airspaces", 2013

18. Federal Aviation Administration, "Aeronautical Information Manual - Change 2", 2016

19. National Transportation Safety Board, Aircraft Accident Report, "Midair Collision of Wings West Airlines Beech C-99 (N6399U) and Aesthetec, Inc., Rockwell Commander 112TC N112SM, Near San Luis Obispo, California, August 24,1984", 1985

20. International Civil Aviation Organization, Annex 10 to the Convention on International Civil Aviation - Aeronautical Telecommunications, Fifth Edition, Volume IV - Surveillance and Collision Avoidance Systems, Chapter 1. Definitions, "Airborne collision avoidance system (ACAS) ", 2014

21. Federal Aviation Administration, NPRM No. 87-8, "Traffic Alert and Collision Avoidance System", 1987

22. U.S. Congress, Public Law 100-223, "Airport and Airway Safety and Capacity Expansion Act of 1987", 1987

23. Federal Aviation Administration, FAR Amendment Nos. 1-35, 91-208,121-201, 125-11,129-17, and 135-291, "Traffic Alert and Collision Avoidance System", 1989

24. Federal Aviation Administration, FAR Amendment Nos. 121-217, 125-14and 129-21,

"TCAS II Implementation Schedule", 1990

25. International Civil Aviation Organization, Annex 6 to the Convention on International Civil Aviation – Operation of Aircraft, Part I, International Commercial Air Transport – Aeroplanes, Amendment 22, "Requirements concerning pressure-altitude reporting transponders and carriage of airborne collision avoidance systems（ACAS）", 1996

26. Boeing Commercial Airplanes, "Statistical Summary of Commercial Jet Airplane Accidents, Worldwide Operations, 1959–2016", 2017

27. 航空・鉄道事故調査委員会、航空事故調査報告書、「日本航空株式会社所属 JA8904（同社所属 JA8546 との接近）」、平成 14 年

28. German Federal Bureau of Aircraft Accidents Investigation, Investigation Report, AX001-1-2/02, 2004

29. International Civil Aviation Organization, Procedures for Air Navigation Services, Aircraft Operations, Volume I, Amendment 12, "Revised provisions to improve the clarity of the text and to strengthen the provisions to prevent a manoeuvre in the opposite sense to a resolution advisory", 2003

第 17 章
アロー航空DC-8墜落事故、
ユナイテッド航空 DC-10
横転事故（1985 ～ 1989）

　1985 年にカナダのガンダー空港で発生したアロー航空 DC-8 の墜落
事故は犠牲者が 256 名に達するカナダ航空史上最悪の事故であるが、
その事故調査の過程で、調査委員会内部に深刻な意見対立が生じ、カ
ナダで発生した次の重大事故の調査が、内部対立のある当該委員会で
はなく、裁判所判事に委ねられた。本章では、1980 年代後半のカナ
ダにおける航空事故をめぐるこれら出来事及び 1989 年に米国スー・
シティで発生したユナイテッド航空 DC-10 の緊急着陸時の横転事故
などについてご説明する。

［アロー航空 DC-8 の墜落］

　シナイ半島で安全監視任務を行っていた多国籍軍に参加していた米
陸軍兵士 248 名が本国に帰任するためにチャーターされたアロー航空
の DC-8-63 型機（**図 17-1**）は、エジプトのカイロを出発し、ドイツ
のケルンを経由して、1985 年 12 月 12 日にカナダのニューファンド
ランド島ガンダーに到着した。DC-8 は、給油後に米国ケンタッキー州
フォート・キャンベルに向かってガンダー空港を出発したが、離陸直
後に墜落して米陸軍兵士 248 名と乗員 8 名の搭乗者全員が死亡した[1]。
この事故は、犠牲者数においてカナダ航空史上最悪の事故である。

図 17-1　アロー航空の同型機（Pedro Aragão）

事故の発生経過

　当時のガンダー空港は気温が -4°C で小雪が降っていたが、DC-8 の約 30 分前にガンダー空港を出発した B737 の機長は、滑走路には氷と融けかけた雪があったが離陸に特段の支障はなかったと証言している。

　DC-8 は、ガンダー空港の滑走路 22 から離陸したが、高度が上がらず途中から降下し始めた。丁度その頃、滑走路末端から約 900ft 先の高速道路上の車から、極めて低い高度を飛行する DC-8 が目撃され、目撃者のうちの数名は、黄色又はオレンジの光が DC-8 機内から輝くのが見えたと証言した。

　右に偏向しながら高速道路を越えた DC-8 は、降下を続け、滑走路末端から約 3,000ft 先の下り勾配傾斜面に墜落して炎上した（**図 17-2、17-3**）

　DC-8 に搭載されていた CVR（Cockpit Voice Recorder）の記録は墜落時に生じた電気的障害によって音声がほとんど聞き取れない状態となり、FDR（Flight Data Recorder）も記録状態が悪かったが、高度、速度及び方位のデータがなんとか復元された。そのデータによれば、DC-8 は、離陸滑走開始から 51 秒後に浮揚し、その 2 秒後に速度が 172kt に達したが、その後は減速し、右に偏移しながら高度を下げて

図 17-2　墜落地点[1]（2つの矢印の間）

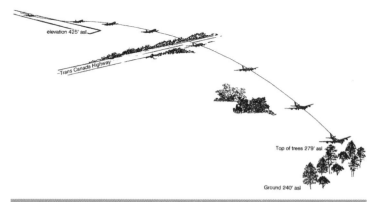

図 17-3　推定飛行経路[1]（asl：above sea level）

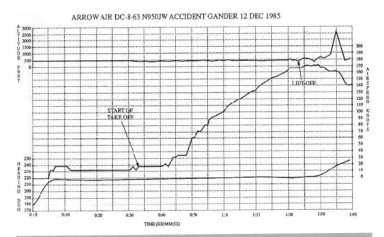

図 17-4　高度、速度及び方位の記録 [1]

墜落している（図 17-4）。

2つの報告書

　事故発生直後から、この事故は爆発によるものではないかとの噂が広まった。これは、墜落直前の DC-8 機内から発光があったという目撃証言に加え、軍用の爆発物が搭載されていたのではないかという憶測やテロリストを自称する者の爆破犯行声明などがあったことによるものであった。

　そして、事故からほぼ 3 年後の 1988 年 10 月、事故報告書が公表されたが、その結論は、事故の発生経過の詳細は明らかにすることはできなかったとしながらも、主翼の前縁及び上面に付着した氷の層による抗力増大と揚力減少が失速を引き起こした可能性が最も高く、第 4 エンジンの推力減少及び離陸速度の設定ミスもそれに加わった可能性もあるとするものであった [1]。

　しかし、この結論には事故調査を行ったカナダ航空安全委員会（Canadian Aviation Safety Board）内部から強い異論が表明された。委員会の 9 名の委員のうち、この結論に同意したのは委員長を含む 5 名の委員で、他の 4 名の委員はこの結論に強く反対した。4 名の委員は、

この報告書が公表された翌月の1988年11月に意見書の形で反対意見を表明したが、その少数意見は、5名の委員の多数意見が事故原因とした主翼上の氷結には根拠がなく、火災とエンジン推力喪失が真の事故原因であるとするものであった[2]。

　一方、多数意見の報告書によれば、機体残骸及び遺体には爆発の痕跡を示すものはなく、墜落の前には機内に火災は生じておらず、離陸前の気象状態は翼面の氷結が予想されるものであったにもかかわらず除氷作業が行われなかったために翼面上に氷結が生じて失速した可能性が高く、FDRの記録も爆発等の急激な変化はなく失速の発生と矛盾しないとしている。

　また、多数意見は、離陸速度の算出には実際より相当低い重量が用いられたことや第4エンジンの推力が低下していた可能性などにも触れ、墜落直前の機内からの発光の目撃については、着陸灯など通常の照明が反射した可能性や墜落時の爆発の目撃記憶が遡って影響した可能性もあるとしている。

　これに対して、少数意見は、翼面上に氷結があった直接的証拠は全く存在しておらず、DC-8が失速に陥っていなかったことは飛行記録や目撃証言に示されていると述べ、遺体の検視結果も墜落前に火災が発生していた可能性を排除するものではなく、残骸の中にも飛行中に火災や爆発があった可能性を示す証拠があると述べている。少数意見は、結論として、おそらくは貨物室内で爆発があり、墜落前に全エンジンのスラスト・リバーサが展開していた可能性があるとしている。

重大事故の再発と事故調査体制の見直し

　この2つの異なる調査結果の公表はカナダ国内に大きな波紋を呼んだが、その公表からまだ数ヶ月しか経っていない1989年3月10日、カナダ国内で航空会社の旅客機が墜落して24名が死亡するという重大事故が再び発生した。

　事故発生後、直ちに航空安全委員会が調査に着手したが、事故発生から19日後の3月29日、カナダのブシャール運輸大臣（Transport Minister Benoît Bouchard）は、この事故の調査を、アロー航空DC-8事故の調査で内部分裂状態に陥っていた航空安全委員会ではなく、裁判

所判事に委ねる決定を行った。同大臣は、同時に、航空安全委員会を
廃止して、新たに、航空のみならず鉄道や船舶などの複数の交通モー
ドの事故調査を行う組織を創設する構想を発表するとともに、アロー
航空DC-8の事故調査についても再精査することを併せて発表した[3,4]。

アロー航空 DC-8 事故の再精査

　ブシャード大臣がアロー航空 DC-8 事故の再精査を依頼したのは元
最高裁判事の Willard Estey であった。Estey は、再精査の結果、少数
意見の爆発説には全く根拠がないが多数意見の氷結説も根拠不十分で
あると断じたが、事故発生から 3 年以上経過した今となっては再調査
を行っても意味のある結果は得られないとして、再調査の実施には否
定的な見解を述べた[5,6]。

　この結果、アロー航空 DC-8 事故は再調査が行われず、2 つの調査
結果がそのまま残ることとなった。なお、米国会計検査院（United
States General Accounting Office）が米国議会の求めに応じて作成した
1990 年の報告書によれば、事故調査に参加した NTSB、FAA、FBI 等
の米国政府機関の記録では DC-8 の積載物リストには爆発物や揮発性
物質は含まれていなかったとしている[7]。

　また、ブシャード大臣が公表したカナダ運輸省航空専門家チームの
内部報告書は、航空安全委員会の多数意見は最初から氷結を前提とし
て調査を進めたところに問題があったが、少数意見の論理も根拠薄弱
として、多数意見と少数意見の双方を批判しながらも、氷結が原因で
あった可能性は十分にあるとも述べている[4]。

［エアオンタリオ F-28 墜落事故］

　1989 年 3 月 10 日、エアオンタリオ社の F-28 Mark 1000 型機（**図
17-5**）は、カナダのウィニペグとサンダーベイの間をドライデン経由
で一往復行った後にドライデンを経由せずにウィニペグとサンダーベ
イの一往復を行う予定であった（**図 17-6**）。その日の朝にウィニペグ
を出発した F-28 は、ドライデン経由でサンダーベイまで飛行し、そ
こから折り返してドライデン空港まで飛行したが、同空港からの離陸

図17-5　他社の同型機（John Wheatley）

図17-6　運航予定路線[8]

直後に墜落して大破炎上し、搭乗者 69 名中 24 名が死亡した[8]。

判事の調査

事故発生後、直ちにカナダ航空安全委員会が事故調査を開始したが、前述のとおり、事故から 19 日後の 3 月 29 日に調査権限が航空安全委員会から裁判所判事（Justice of the Court of Queen's Bench of Alberta）のモシャンスキーに委ねられた。モシャンスキーは、事故調査を実施するための委員会を立ち上げ、航空安全委員会も全面的な協力を行った。

モシャンスキーは、事故原因の究明をするに当たって、直接の原因のみならず、事故の背景にあった要因まで深く掘り下げて分析を行った。1992 年に公表された最終報告書は、会社組織、国の監督、法規制体系などの広範な背景要因について分析し、それぞれの問題点について多数の勧告を行い、付録及び参考資料を含めると 1,800 頁を超える極めて大部のものとなった。

なお、墜落時の衝撃と火災により、CVR と FDR の記録テープが激しく損傷し、これらの記録は全く復元することができなかったため、事故発生時の状況の分析は、生存者の証言、コンピューター・シミュレーション、機体残骸調査等に基づいて行われた。

APU の不作動

この事故においては、APU（Auxiliary Power Unit: 補助動力装置）の不具合が大きな意味を持っている。

F-28 の APU は、事故の 5 日前から不具合により正常に作動していなかったが、その不具合をすぐに直すことができなかったので、事故前日、運用許容基準（MEL: Minimum Equipment List）を適用し、その翌日（事故当日）の夜に同機がトロントに戻ってくるまで修理を持ち越すことが事故前日の機長と整備責任者の協議により決定された。MEL は、一定の条件の下で装備品を不作動のままで運航を許容する基準であり、MEL 適用により、修理完了されるまで APU は使用できなくなった。

翌日の朝、F-28 の機長は APU が不作動とされたことを知らされ、

地上で圧縮空気を供給する設備がないドライデンでは地上でエンジンを停止できないと運航管理部門から告げられた。というのも、F-28 のエンジンを起動するための圧縮空気は APU 又は地上施設から得る必要があったので、APU と地上設備が使用できなければ、少なくとも片方のエンジンは停止せずに運転している必要があったからである。

このことは、ドライデンで給油の必要が出た場合には、エンジンを作動させたまま給油することになり、さらに、エアオンタリオ社ではエンジン作動中の除氷作業を禁止していたことから、ドライデンでは機体の除氷ができないことを意味していた。

エンジン作動中の除氷の禁止

当時、エアオンタリオ社では、エンジンを作動させながら除氷をすることを禁じる文書が発行されていた。エンジン作動中の除氷作業は欧米の航空会社では広く行われていたが、エアオンタリオ社では、除氷剤がエンジンに吸入される懸念と作業員の安全への配慮から、そのような措置を行っていたとされている。

なお、事故報告書は、機長がこの禁止文書の存在を知っていたか否かは必ずしも明らかではないので、ドライデンで除氷作業が行われなかったことがこの禁止措置によるものと断定することまではできないと述べている。

サンダーベイ出発時のトラブル

F-28 は、3 月 10 日の朝にウィニペグを出発してドライデンを経由してサンダーベイに到着したが、この往路便では、ドライデンでの途中給油の必要はなかった。しかし、当日は学校休暇前の金曜日でサンダーベイからの旅行客が多く、さらに他社のキャンセル便からの予定外の振替乗客もあり、その上、天候が悪く代替空港への予備燃料を余分に搭載しなければならなかったため、サンダーベイ出発時に機体重量が超過してしまった。

機長は振替乗客を降機させようとしたが、運航管理担当者が乗客数は減らさずに搭載燃料を減らすように指示したため、機長もこれに従い、タンクから燃料が抜き取られ、F-28 は、ドライデンでの再給油

を予定して、サンダーベイを約 1 時間遅れで 11 時 55 分に出発した。

　事故から生還した客室乗務員は、搭乗旅客と搭載燃料に関するトラブルやそれによる出発遅れについて機長と副操縦士が怒りや不満を述べ、また、ウィニペグから他社便に乗り換えを予定していた乗客が遅れを心配していたことも彼等は承知していたと証言しており、このような乗員の心理状態も事故発生に関与した可能性が指摘されている。

給油作業

　F-28 は、11 時 39 分にドライデン空港に着陸し、11 時 40 分から 12 時 01 分まで、乗客を乗せたままで右エンジンを作動させながら給油を行い、その間、乗客 8 名が降機し、7 名が搭乗した（事故後、乗客在機中にエンジンを作動させながら給油することの禁止を求める勧告が行われ、カナダ運輸省は 1990 年にその禁止を規定する規則改正を行っている。）。

　エンジン作動中の除氷作業を禁止した通知文書を機長が知っていたどうかは前述のとおり不明であるが、結果的には、除氷作業は行われず、主翼の上に雪が降り積もった。

　F-28 の機体メーカーであるフォッカー社からの除氷に関する当時の技術情報では、主翼面上に氷が付着している場合には必ず除氷を行うこととなっており、エアオンタリオ社でも、その技術情報の内容に沿った除氷に関する社内規定を作成していた。しかし、その規定には、雪の付着に関する記述はなく、離陸滑走を開始すれば風圧によって雪は飛び散るので雪のみの付着であれば除氷作業は不要と乗員が誤解していた可能性があり、実際、同社では、主翼面上に雪を付けたまま離陸を開始していたケースがあった。その一方、同じ F-28 を運航していた米国航空会社では、フォッカー社の技術情報より厳しい自社規定を定め、雪のみの付着も許容しないこととしていた。

離陸滑走

　F-28 がターミナルを離れて滑走路に向かう頃に降雪が激しくなり、乗客の中には主翼の上の積雪を心配する者もいた。F-28 には客室乗務員 2 名の他にも航空会社機長 2 名も同乗していたが、主翼面上の積雪についての懸念を誰も機長と副操縦士に伝えることはなかった（事

故報告書は、このことを乗員間の意思疎通の観点から詳細に分析し、CRM訓練等に関する勧告を行っている。）。

F-28は、12時09分40秒に離陸滑走を開始したが、事故から生還した搭乗者の証言によれば、滑走開始後、主翼面上の雪は見る見るうちに透明な氷へと変化していった。離陸滑走開始時点において、主翼面上には少なくとも1.5インチの雪が積もっていたが、タンク内燃料が低温であったため主翼面の直上に薄い氷の膜が形成され、離陸開始後、後縁部の雪は吹き飛ばされたが、前縁部では氷の膜の上の雪も氷へと変化したものと推定されている。そして、この主翼面上の氷が揚力の低下と抗力の増大をもたらした。

また、離陸滑走開始時点で滑走路には0.25～0.5インチの融解した雪（slush）があり、滑りやすい滑走路面と雪の抵抗によりF-28の離陸滑走にはさらに長い距離が必要となった。当時、米国航空会社には滑りやすい滑走路状態における必要離着陸長のガイドラインを設けているところがあったが、エアオンタリオ社ではそのような指針を定めていなかった（事故報告書は、事故当時のドライデン空港滑走路のような滑りやすい滑走路における必要離着陸長についての公的な基準がないことの問題点を指摘している。）。

F-28は、離陸滑走開始後、途中でわずかに浮揚したがすぐに再接地し、滑走路末端近くで再度浮揚したが高度が上がらず、滑走路末端から127mの地点にある木に接触した後、その先の林に突入し、大破炎上して滑走路末端から962mの地点で停止した（**図17-7～9**）。

組織的問題の調査

事故調査を主宰したモシャンスキーは、機長が除氷をせずに離陸を行う判断に至った背景には当時のカナダの航空システム全体の問題が背景にあるとして、エアオンタリオ社のみならず、親会社のエアカナダ社及びそれらを監督するカナダの航空当局に対する厳しい批判を行っている。さらに、航空事故調査のあり方についても、単に直接の事故原因のみを追究するのではなく、その背景にある組織的問題まで調査すべきであるとし、カナダ航空当局に対し、航空事故調査の国際

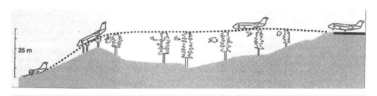

図 17-7　離陸後の飛行経路 [8]

図 17-8　F-28 によってなぎ倒された木
（墜落地点から滑走路方向を見た写真）[8]

図 17-9　尾部の残骸 [8]

基準の改正を国際民間航空機関に働きかけるよう勧告を行った（1994年に航空事故調査の国際基準である民間航空条約第 13 付属書に組織及び経営に関する情報も調査対象とする規定が導入された[9]。）。

　なお、エアオンタリオの事故から約 3 年後の 1992 年 3 月 22 日、米国において F-28 が主翼面上の氷結によって再び墜落事故を発生して 27 人が犠牲となっている。この事故ではターミナル出発時に除氷が行われていたが、離陸までに時間を要したために主翼面上が氷結し失速墜落しており、除氷剤の有効時間等に関する勧告が行われた[10]。

［ユナイテッド航空 DC-10 着陸時横転事故］

　1989 年 7 月 19 日、ユナイテッド航空の DC-10 は、巡航中にエンジンが破壊し、飛散破片が油圧系統を損傷して全油圧機能を喪失し、緊急着陸を試みたが、着陸時に翼端が接地して機体が横転炎上し、搭乗者 296 名中 112 名が死亡した[11]。

事故の概要

　1989 年 7 月 19 日、ユナイテッド航空 232 便 DC-10 は、シカゴに向かってデンバー市のステイプルトン空港を 14 時 9 分に離陸した後、高度 37,000ft を巡航中の 15 時 16 分に突然、垂直尾翼に取り付けられた第 2（センター）エンジンの前方部分が破壊し、エンジン前方部分とテール・コーンが機体から分離して落下した。

　第 2 エンジンの破壊により第 2 油圧系統が破壊され、飛散したエンジン部品破片により水平尾翼が損傷を受け、第 1、第 3 油圧系統の配管が破断し（**図 17-10**）、全ての油圧機能が失われ、操縦系統が不作動となった。

　DC-10 は操縦困難に陥ったが、乗り合わせていた非番の訓練審査担当操縦士が客室乗務員を通じて機長に助力を申し出た。機長は直ちにその申し出を受け入れ、非番の操縦士を操縦室に招き入れてエンジン出力操作を行うこと依頼した。非番の操縦士を含む全乗員は協力して、状況の把握に努め、機体のコントロールに全力を尽くした。

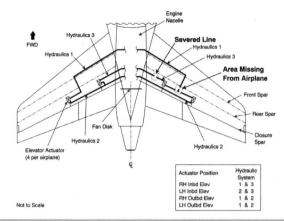

図 17-10　右水平尾翼の油圧配管損傷[11]

　DC-10 に残された操縦方法は、左右のスラスト・レバーを別々にコントロールして、非対称推力を発生させることのみであった。しかも、水平安定板と昇降舵が動かなくなっていたので、トリム（釣合）速度も固定されたままとなり、ピッチ角と垂直速度が約 60 秒の周期で振動するフゴイド運動に陥り、飛行方向を制御しながらフゴイドを抑える推力のコントロールは困難を極めた。

　方向を制御するため、まず、推力を非対称にしてヨーイング・モーメントを発生させ、横滑りを生じさせた。そして、その横滑りが主翼の後退角と上反角の効果によってローリング・モーメントを発生させ、ロール角が生じてようやく方向の変化が生じた。さらに、機体には、尾部の損傷によるローリング・モーメントが生じていて常に右に旋回する傾向があった。

　このような困難の中、乗員は、懸命な努力により、徐々に機体を制御することに成功し始め、機体をスー・ゲイトウェイ空港の滑走路（閉鎖中であったが緊急に供用）に正対させる位置までもってくることに成功した（図 17-11、17-12）。

　推力コントロールによる飛行制御には時間遅れがあるので、接地のためのスラスト・レバー操作は、接地の 20 〜 40 秒前に操作結果を予

図 17-11　空港に進入中の DC-10
（矢印は、右水平尾翼の損傷箇所）[11]

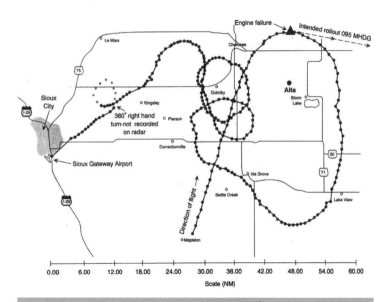

図 17-12　DC-10 の飛行経路 [11]

測して行わなければならなかったが、そのようなことを完璧に行うことは不可能であった。16時00分、右翼端に続いて右主脚が接地した後、機体は、滑走路の右方向に滑り、横転して着火した。直ちに消火救助作業が開始されたが、搭乗者296名中112名（注）が死亡し、184名が生還した。

（注）内1名の死亡は事故から31日後であり、事故報告書では、規定により、

この 1 名は死亡数に参入されていないので、本事故の死者数は一般には111 名とされている。

　事故後、NTSB は、事故機の飛行状態を再現するシミュレーター実験を行った結果、ピッチ角の振動を抑えることは不可能で、目標地点に適正な速度で着陸できるかどうかは殆ど運任せになることが判明した。このような状態の機体の進入着陸操作は、多くの未知の要因がありシミュレーター訓練で対応操作を習熟させることは事実上不可能と結論付けられた。

乗員等の対応 – CRM の効果

　操縦が極めて困難となった DC-10 を空港まで導くことができたことには、非番の操縦士を含む全乗員の一致協力があった。NTSB は、機長が非番の操縦士からの援助を積極的に受け入れる適切な判断を行い、全乗員が協力して困難な事態に対応することができた背景には、ユナイテッド航空が以前から積極的に乗員の訓練に取り入れてきたCRM（Cockpit Resource Management）[注] あったものと分析している。

[注] 第 12 章で紹介したように、1978 年に燃料枯渇のため墜落したユナイテッド航空 DC-8 の事故を契機として CRM 訓練が米国航空会社に義務化された。FAA は 1989 年に CRM 訓練の指針を定め、その 1993 年改正でCRM の対象を乗員以外の客室乗務員等の運航安全に必要な他の要員に拡張し、CRM の「C」も「Cockpit」から「Crew」に改めた[12]。本事故発生はその改正前であったが、次に述べるように、本事故においては乗員のみならず他の要員も協調して危機に対応しており、既に Crew Resource Management が行われていたと言える。

　184 名の生還には、高い賞賛に値すると NTSB が評価した乗員の活躍ばかりでなく、客室乗務員、管制などからの適切な支援も寄与したことが事故報告書や機長の証言[13] から明らかとなっている。（客室乗務員は、操縦に忙殺されていた操縦室への連絡は必要最小限にする一方、客室内では緊急着陸の前に乗客に耐衝撃姿勢をとらせることを徹底し、体の小

さい子供にはシートベルトと体の間に枕を挟ませた。この枕によって2歳半の少年が着陸時の機体横転時にも負傷することなく生還している。また、管制も機動的な対応を行った。その一方、航空会社の地上からの支援については、事故報告書は厳しい評価を行っている。）

事故の発端 - エンジン部品材料の欠陥

　事故の発端となった第2エンジン破壊の原因は、事故の約3カ月後にとうもろこし畑から発見された第1段ファン・ディスク（**図 17-13**）の調査から判明した。第1段ファン・ディスクは2つに割れて発見されたが、その破断の原因は、ディスク製造時に生じた金属組織の欠陥から生じた疲労亀裂によるものであった。疲労亀裂は、Bore 部（ディスク内側開口部）表面の幅 0.055in の空洞付近から発生、進行しており、その空洞の周囲には Hard Alpha [注] と言われる金属組織異常があった。

（注）チタン、チタン合金の結晶構造には α 相（稠密六方晶）と β 相（体心立方晶）があり、本ディスク原材料であるチタン合金 Ti-6Al-4V では両相がほぼ同量存在する。Hard Alpha は、チタン合金溶解過程で生じる代表的な組

図 17-13　発見された第1段ファン・ディスク [11]

織異常の1つである α 相窒化チタンの介在物で、周囲組織より硬く、空洞、亀裂を生じ易い。事故報告書に Hard Alpha による本事故以外の数件のエンジン破壊事例が挙げられている。

このディスクの製造者は、1971 年まではチタンの真空アーク溶解を 2 回行う方式を用いていたが、1972 年からは Hard Alpha がより生じにくい真空アーク溶解を 3 回行う方式[注]に変更していた。破断したディスクは 2 回溶解方式で作られた最後のものの 1 つであり、Hard Alpha はこの溶解過程で生じたものと考えられる。

[注] 現在の航空エンジンのチタン合金ディスクは、さらに Hard Alpha が生じにくい方式によって製造されている[14,15]。

亀裂を発見できなかった非破壊検査

事故機の第 2 エンジン第 1 段ファン・ディスクは、1971 年に製造され、総使用時間 41,009 時間で総使用サイクル数は 15,503 回であった。ディスクの疲労亀裂のストライエーション（荷重が繰り返される毎に進行する微小な縞模様）の数は、飛行回数にほぼ一致し、疲労亀裂はディスク使用開始直後から進行し始めていたものと推定された。ディスクに対しては非破壊検査が何度も繰り返されてきたが、材料欠陥と疲労亀裂はこれらの検査でことごとく見逃されてきた。

亀裂には変色した部分があったが、この変色は蛍光浸透探傷検査の過程で生じたものと推定された。変色部分の大きさと亀裂進展解析結果から、NTSB は、ディスクがエンジンに取り付けられてからユナイテッド航空が実施した 6 回の蛍光浸透探傷検査のうち、事故の 760 飛行前に行われた最後の 6 回目の検査時には、Bore 表面の亀裂長は約 0.5in に達しており、亀裂は発見可能であったものと結論付けた。NTSB は、亀裂が発見されなかった原因として、不適切な検査手順、検査員の不注意などの可能性を挙げている。

損傷許容性評価のエンジンへの適用

事故の発端となったエンジン破壊は、上述のように、製造時の材料

欠陥から生じた疲労亀裂が検査によって発見されなかったため発生したものであった。航空機の機体構造については、1978 年に損傷許容（Damage Tolerance）設計基準が導入され、それ以降、構造部材に製造時の初期欠陥が存在することを前提とした設計が行われるようになったが（第 13 章参照）、民間航空エンジンの設計においては損傷許容性の評価は行われず、製造時の材料欠陥が十分には考慮されていなかった。（米空軍は、1984 年に MIL-STD-1783: The Engine Structural Integrity Program（ENSIP）を制定し、航空機構造の分野におけると同様に、民間に先行してエンジン設計に損傷許容性評価を導入していた。）

　従来、民間航空エンジン部品の寿命制限に当たっては、セーフ・ライフ（安全寿命）方式が適用されていた。事故機のエンジンについては、型式証明時、エンジン・メーカーが FAA に対して、第 1 段ファン・ディスクは、欠陥がなければ、少なくとも 54,000cyle までは疲労亀裂が生じることはないとする疲労強度解析結果を示していた。FAA は、それに対して安全率 1/3 を適用して、ディスクの安全寿命を 18,000cycle としていた。しかし、それまでは CF6-6 の第 1 段ファン・ディスクに亀裂が生じた報告はなかったものの、この事故では、この安全寿命を下回る 15,503cycle で破壊が発生する結果となった。

　NTSB は、この事故以外にも使用サイクル制限が設定されていたエンジン部品がそれらの制限前に破壊した多くの事例があることを指摘し、破壊した場合に重大な影響を及ぼす可能性のあるタービン・エンジン部品に対して損傷許容性評価に基づいた検査を実施することを求める勧告（A-90-90）を行った。ただし、この勧告に対しては、FAA は、1993 年にエンジン設計基準（FAR33）自体には問題はないとして、基準改正は行わないとの決定を行い、NTSB もそれを受け入れた。

　しかし、1996 年、再びエンジン製造時の欠陥に起因する重大事故が発生した。1996 年 7 月 6 日、デルタ航空の MD-88 は、フロリダ州ペンサコラ空港で離陸滑走中に左エンジンが破壊し、飛散した破片によって 2 名が死亡した（**図 17-14**）[16]。事故調査の結果、左エンジンのフロント・コンプレッサー・フロント・ハブ（ファン・ハブ）には製造過程で生じた材料欠陥があったが、ハブ製造時の検査でその欠陥が見落とされ、デルタ航空の蛍光浸透探傷検査でまたしても欠陥から

図 17-14　飛散破片で損傷した機体 [16]

進行した疲労亀裂が見逃されていたことが判明した。

　このような状況を踏まえ、FAA は、2001 年にエンジン・ローターのディスク等に使用サイクル制限を設定する設計基準（FAR33.14）に対する適合性証明のための新たな指針（AC33.14-1）を定めた。それまでは、エンジン部品の寿命設定は安全寿命方式に基づき、材料欠陥はないとの前提の下で、予測された疲労損傷発生までの使用サイクル数に安全係数を掛けて制限サイクル数を求めていたため、欠陥の存在による短期間での破壊を防止できなかった[注]。

(注) 構造部材が疲労破壊するまでの期間は、一般に、疲労亀裂が最初に発生するまでの期間と、発生から臨界長（運用中に予想される最大荷重を受けた場合に破断する長さ）まで成長する期間とを合わせたものとなる。チタン合金製のディスクなどでは、欠陥が存在しない場合の疲労亀裂発生までの期間は相当長いのに対し、欠陥がある場合には疲労亀裂は使用開始直後から成長を始めて比較的短期間で臨界長に達する可能性がある。DC-10 事故では、前述のとおり、疲労亀裂発生までは少なくとも 54,000 サイクルかかると予想されていたのに対し、実際には、欠陥から亀裂が成長し破壊するまでのサイクル数は 15,503 であった。

　このような方式に対し、新指針は、チタン合金ローター部品[注]の

使用サイクル制限の設定に、欠陥の存在を前提として、欠陥の大きさ、存在確率、成長、検査による欠陥の発見確率等を考慮した損傷許容性評価を取り入れている。

（注）AC には、" the data included in this AC are only applicable to titanium alloy rotor components." と記されている。

　さらに、2007 年、FAA は、欧州基準（JAR-E515, CS-E515）との整合性も考慮し、エンジン設計基準に損傷許容性評価を求める新条項（FAR33.70）を制定した（同時に FAR.33.14 が廃止されたが、その内容は、一部修正の上、新条項の中に再規定された）[18]。

エンジン破片飛散対策

　DC-10 の型式証明において、設計審査中であった 1970 年当初にはエンジン装備に関する設計基準（FAR25.903（d））の改正はまだ発効していなかったが、改正内容を考慮に入れ、「エンジン・ローター破壊時における危険性を最小限にする設計上の措置」を求める趣旨の特別要件が追加適用された。

　マクダネル・ダグラス社は、この特別要件に関して、「エンジンと関連システムは分離して配置されているので 1 つのエンジンの破壊が他のエンジンやシステムに悪影響を及ぼす確率は極微（extremely remote）である。油圧システムの設計上の配慮も特別要件への適合性を示すものである。」との趣旨を FAA に回答し、FAA は、1970 年 7 月 17 日に特別要件適合を承認した。

　その後、FAR25.903（d）の改正が発効し、さらに、1988 年にはエンジン・ローター飛散事例に関する NTSB の勧告などによって、エンジン破片飛散時等の危険性を最小限にするための設計上の配慮に関する指針（AC20-128）が発行された。この指針は、考慮すべき破片の飛散角度、大きさ、エネルギーや、破片の影響を受ける操縦系統や油圧系統の配置などについて記述されていたが、本事故によって内容が見直され、1997 年にその改正版[19]が発行された。

全油圧機能喪失への対応

ユナイテッド航空 DC-10 の事故では、エンジン部品の飛散により油圧配管が損傷し、作動油が流失して全油圧機能が喪失し、エンジン出力制御以外の操縦機能が失われた。

油圧配管の破断により全油圧機能が喪失して殆どの操縦系統が不作動となった前例には、1985 年の JAL123 便の事（第 15 章参照）があった。JAL123 便事故の後、ボーイング社は、配管が破断しても少なくとも 1 つの油圧系統は生き残るように、作動油が急激に流れ始めた場合に流失を食い止める装置を自社製の旅客機に装備した。また、エアバス機、L-1011 も同様の安全装置を装備していた。

しかし、マクダネル・ダグラス社は、自社での検討の結果、DC-10 にそのような安全装置を装備することを見送っていた。航空専門誌 Flight International は、1989 年 9 月 30 日号に「DC-10 はフェイル・セーフ油圧を装備する最後のワイドボディ」と題する記事を掲載して同社の安全対策の遅れを批判しているが、その記事の中で、「我々は 747 に発生した危険性を調査したが、そのような危険性は DC-10 や MD-80 には存在しないと結論付けていた。」という同社の Warren 副社長の発言が引用されている[20]。この発言の趣旨は、「JAL123 便事故の原因は、稀な整備作業のミスであり、そのようなことが再び起こる可能性は極めて低く、少なくとも自社製機に起こる筈がないと考えていた。」ということである。

航空機の運航上必須のシステムは、所要の安全性を確保するために多重化され、また多重化された一系統に故障が発生した場合にその影響を受けないように、多重化された配線、配管等を空間的にも分離する措置がとられている。しかし、航空機内の空間分離には自ずと限界があり、大規模構造破壊、爆発、部品飛散等が生じると、その影響が及ぶ範囲を一系統のみに止めることは困難な場合があるものと考えられる。

油圧配管については、そのような事態を想定し、または現実に発生した大惨事を教訓として、他メーカーでは、作動油の全面的喪失を防止するための遮断装置を自社機に装備してきた。一方、マクダネル・ダグラス社では、JAL123 便事故のような稀な整備作業のミスによっ

て引き起こされる事態が将来自社機に起こる筈がないとして、遮断装置の装備を見送ったのである。

しかし、1974年のトルコ航空 DC-10 事故（第10章参照）では、設計の瑕疵ばかりでなく、整備作業のミスを含む様々なミスが重なって減圧による構造破壊が起こり、操縦機能が喪失されて墜落に至っている。また、1979年のアメリカン航空の DC-10 事故（第13章参照）においては、不適切な整備作業によりパイロンに疲労亀裂が生じ、エンジンが脱落して主翼前縁にあった油圧配管と電気配線が損傷したことが墜落の原因となっていた。

このような DC-10 の事故を経験してきたマクダネル・ダグラス社が、全油圧機能喪失による操縦不能を防止するために同業他社が採用していた安全措置の装備を見送り、再び多くの人命が失われる結果となったのである。

なお、NTSB の報告書は、事故後の DC-10 の下記の改修については説明しているが、JAL123 便事故後にボーイング社が Hydro Fuse を装備したなど、他社が先行して同目的の安全装置を装備していた事実には言及していない。

DC-10 事故の約2か月後の1989年9月15日にマクダネル・ダグラス社は、DC-10 の尾部に大破壊が発生して3つの油圧系統全てが損傷した場合においても操縦機能を確保するための設計改善を発表した。その内容は、第3油圧系統が残れば一定の縦と横の操縦性は確保できるので、第3油圧系統を確保することとし、（1）第3油圧系統のサプライ・ラインに電気的に作動するシャットオフ・バルブ、リターン・ラインにチェック・バルブ、（2）第3貯油槽にセンサー・スイッチ、（3）操縦室にシャットオフ・バルブ作動警報灯、をそれぞれ装備する、というものであった（**図17-15**）。

これによって、第3油圧系統の貯槽の油量が一定レベル以下に低下すれば、サプライ・ラインのシャットオフ・バルブが作動して作動油の流失を食い止めるとともに、乗員に作動油流失が警報されることになり、この措置は FAA AD 90-13-07 によって義務化された。同 AD では、シャットオフ・バルブの代わりに、作動油の流量が一定以上になっ

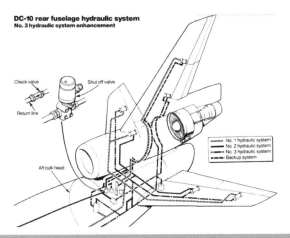

図 17-15　DC-10 油圧系統改修 [20]

た場合に流失を食い止める Hydro Fuse を装備するオプションも暫定措置として認められたが、Hydro Fuse では流失速度が小さな場合には作動油の流失を止めることができないので、一定の経過期間の後にはシャットオフ・バルブを装備することが求められている。

なお、このような安全装置を油圧系統に装備することは、AD により大型旅客機の一部の型式について義務化されたものの、大型機の全型式に義務化するための設計基準の改正は行われておらず、新たに開発される旅客機にこれらのものを装備するか否かは、現在も航空機メーカーの判断に委ねられたままである。

参考文献

1. Canadian Aviation Safety Board, Aviation Occurrence Report, "Arrow Air Inc., Douglas DC-8-63 N950JW, Gander International Airport, Newfoundland, 12 December 1985", 1988
2. Canadian Aviation Safety Board, "Dissenting Opinion by N. Bobbitt, L. Filotas, D. Mussallem and R. Stevenson", 1988
3. Canadian Transportation Accident Investigation and Safety Board Act Review Commission, "Advancing safety", 1994
4. Hughes, D., "Canadian Transport Minister Orders Independent Review of Gander Crash", Aviation Week & Space Technology, April 3, 1989
5. Associated Press, "Canada Judge Rejects New Gander Crash Probe", Los Angeles Times, July 22, 1989

352 第17章

6. United Press International, "Review of Gander crash investigation confirms icing", July 18, 1989

7. United States General Accounting Office, "Military Airlift – Information on Gander Crash and Improved Controls over Military Charters", 1990

8. Moshansky, V. P., "Commission of Inquiry into the Air Ontario Crash at Dryden, Ontario, Final Report", 1992

9. International Civil Aviation Organization, Annex 13 to the Convention on International Civil Aviation, Aircraft and Incident Investigation, Eighth Edition – July 1994

10. National Transportation Safety Board, Aircraft Accident Report, "Takeoff Stall in Icing Conditions USAir Flight 405, Fokker F-28, N485US, LaGuardia Airport, Flushing, New York, March22,1992", 1993

11. National Transportation Safety Board, Aircraft Accident Report, "United Airlines Flight 232, McDonnell Douglas DC-10-40, Sioux Gateway Airport, Sioux City, Iowa, July 19, 1989", 1990

12. Federal Aviation Administration, AC 120-51A, "Crew Resource Management Training", 1993

13. Haynes, Al, "The Crash of United Flight 232", Transcript of Speech at NASA Ames Research Center, 1991

14. Federal Aviation Administration, AC 33-15-1, "Manufacturing Process of Premium Quality Titanium Alloy Rotating Engine Components", 1998

15. Shamblen, C. E. and Woodfield, A. P., "Progress in Titanium -Alloy Hearth Melting", 2002

16. National Transportation Safety Board, Aircraft Accident Report, "Uncontained Engine Failure, Delta Airlines Flight 1288, McDonnel Douglas MD-88, N927DA, Pensacola, Florida, July 6, 1996", 1998

17. Federal Aviation Administration, AC 33-14-1, "Damage Tolerance for High Energy Turbine Engine Rotors", 2001

18. Federal Aviation Administration, FAR Amendment No. 33-22, "Airworthiness Standards; Aircraft Engine Standards for Engine Life-Limited Parts", 2007

19. Federal Aviation Administration, AC 20-128A, "Design Consideration for Minimizing Hazards Caused by Uncontained Turbine and Auxiliary Power Unit Rotor Failure", 1997

20. Flight International, "DC-10 last widebody to have fail-safe hydraulics", 30 September 1989

第18章
アビアンカ航空 B707 墜落事故、
史上最大の空中衝突事故、
B747 エンジン脱落事故(1990〜1996)

　英語は 1950 年代から事実上の国際航空共通語であったが、乗員の英語能力の問題が要因となった 1990 年代の重大事故がきっかけとなり、英語が正式に国際航空共通言語となるとともに乗員等に対する英語能力証明制度が導入されることとなった。本章では、英語能力証明制度制定のきっかけとなった 1990 年代の重大事故及び 1991〜2 年に発生した B747 のエンジン脱落事故についてご説明する。

［国際航空用語としての英語］

　第二次世界大戦末期の 1944 年末、シカゴに集まった 52 カ国の代表により国際航空を規律する国際民間航空条約（シカゴ条約：Convention on International Civil Aviation）が採択され、国際民間航空機関（ICAO: International Civil Aviation Organization）の設立が決定された。米国は、シカゴ会議において米国の基準を基本として国際航空技術基準を作成することを各国に働きかけ、国際民間航空条約の付属書に定められた基準の多くが米国基準をベースとして原案が作成された（第4 章参照）。

　その後、米国は、ICAO の場において航空無線通信に用いる言語についても英語を共通言語とするように働きかけ[1]、「航空無線通信に用いる言語は一般的には地上通信施設が通常使用する言語とするが、航空機からの求めがあった場合には英語を使用すべき」とする趣旨の次

の条文が、1952年に第10付属書「航空通信」に定められた[2]。

5.2 Radiotelephony procedures

  5.2.1.1 Language to be used

    5.2.1.1.1 Recommendation. - In general, the air-ground radiotelephony communications should be conducted in the language normally used by the station on the ground.

    5.2.1.1.2 Recommendation.- Pending the development and adoption of a more suitable form of speech for universal use in aeronautical radiotelephony communications, the English language should be used as such and should be available, on request from any aircraft station unable to comply with 5.2.1.1.1, at all stations on the ground serving designated airports and routes used by international air services.

　ただし、この条文は、遵守義務がある「標準（Standard）」ではなく、実施が推奨されるのみの「勧告（Recommendation）」であり、より適切な航空用語が開発されるまでの間の暫定措置とされ、付属書の付録には、英語を基礎としつつ、非英語圏の人々の聞き取りや発語の容易さに配慮した簡明な航空用語集の開発を目指すことが記載された[3]。

　しかし、その後、そのような用語が開発されることはなく、1990年代に入り、英語使用能力の問題が要因となった重大事故が発生し、乗員等の英語能力の改善が航空安全上の重要課題として議論されるようになった。

［アビアンカ航空 B707 墜落事故（1990）］

　1990年1月25日、コロンビアのボゴタを出発してニューヨークのJFK国際空港に向かっていたアビアンカ航空52便B707-321B型機（**図18-1**）は、悪天候のために1時間17分間にわたって空中で待機させられ、空港進入開始時には殆ど燃料を使い切っていたが、ウンドシアと不適切な操縦により進入中に高度が低下したため復行を行い、空港に戻る途中で燃料が枯渇して墜落し、搭乗者158名中73名が死亡し

図18-1　アビアンカ航空の同型機（Felix Geotting）

た[4]。

　この事故の原因は、乗員が燃料量を適切に管理できず、かつ、燃料が枯渇直前であることを管制に伝えることができなかったことであったが、それには乗員の英語能力の問題が深く関わっていた。

　なお、B707の飛行記録装置（FDR: Flight Data Recorder）は作動していなかったため、解析は、音声記録装置（CVR: Cockpit Voice Recorder）、管制交信記録、関係者の証言等により行われた。

事故の発生経過

　B707は、ボゴタ出発後、コロンビア国内の空港を経由してJFKに向かったが、米国北東部の悪天候のため、管制から3回にわたって空中待機を指示された。最初の待機はバージニア州ノーフォーク付近で19分間、次はアトランティック・シティの東で29分間、3回目はJFKの南39nmの地点で29分間であり、空中待機の合計時間は1時間17分に達した。

　B707からの通信は全て副操縦士が行っており、操縦室では副操縦士が管制官の英語での指示をコロンビアの母国語であるスペイン語に訳して機長と航空機関士に伝えていた。

　3回目の空中待機の最中に管制官がB707にさらに遅れが生じる見込みであることを伝えると、副操縦士は優先的取扱い（priority）を求

めた。管制官が待機可能時間と代替空港について尋ねると、副操縦士は5分待機するのが精一杯であり代替空港のボストンに行くのは無理で燃料がなくなっていると伝え、管制官が空港への進入を許可し、20時47分にB707は待機地点を離れた。しかし、その後の管制官の取扱いは、B707を他機に優先せず、通常どおりの順序に従って誘導を行うものであった。

20時56分に管制官からウインドシア情報の提供があったが、21時03分にB707は高度5,000ftまで降下した。この頃、操縦室内では各タンクの残燃料量が1,000ポンド未満となった場合の復行手順について議論が行われていた。

21時08分にB707は高度5,000ftから降下を開始し、21時09分頃、機長が管制は優先的取扱いをしているのかと疑念を述べたが、副操縦士と航空機関士が管制はB707の状況を理解して対処していると答えた。21時19分にB707の脚が下げられ、管制官からB707に着陸の許可が告げられた。21時20分に機長が「着陸は許可されているんだよな？」と尋ね、副操縦士が「はい、着陸は許可されています。」と答えた。

21時22分にB707が地上高1,000ftまで降下した時、副操縦士が「これはウインドシアだ。」と言い、続いて、対地接近警報装置（GPWS: Ground Proximity Warning System）が進入経路沈下警報と引上げ操作指示警報を発した。機長が「滑走路はどこだ？」、副操縦士が「私には見えません、見えません。」と言い、機長が脚上げを指示し、副操縦士が管制に復行を通報した。

21時24分に管制官から左旋回をするのかと確認を求められた後、機長が「我々は緊急事態だと彼等に告げろ。」と命じた。しかし、副操縦士は、管制官に左旋回して再着陸を試みると告げた後に燃料がなくなりつつあることを付け加えたが、緊急事態であるとは言わなかった。

管制官から「了解。」と返答があった後、機長が「我々は緊急事態だと彼に知らせろ。」、「彼に言ったのか？」と言い、副操縦士が「はい、彼にすでに知らせています。」と答えた。管制官は、B707に通常の復行経路を指示し、21時25分に上昇して3,000ftを維持するよう指示した。機長が「彼に燃料がないことを知らせろ。」と言い、副操縦士が

管制官に上昇して 3,000ft を維持することと燃料がなくなっていることを告げた。

　21 時 26 分、管制官が、約 15 マイル北東に誘導してから進入経路に戻すつもりだが、それで燃料は大丈夫かと尋ね、副操縦士が「それでよいと思います。有難うございます。」と返答した。21 時 29 分、副操縦士が「今すぐにファイナルに入れませんか？」と尋ね、管制官が B707 に了解したことと旋回の指示を伝えた。21 時 30 分、上昇して 3,000ft を維持するように管制官から指示があり、副操縦士は、「その指示には従えません、燃料がなくなっています。」と言ったものの、途中から、「了解、3,000（ft）、今、了解しました。」と続け、管制官は、「了解、左旋回、方位 30。」と返答した。

　21 時 31 分、2 番目に進入することが管制官から告げられたが、21 時 32 分、航空機関士が、第 4 エンジンの停止に続き第 3 エンジンも停止したことを告げた。副操縦士が「2 つのエンジンが停止しました。優先権（priority）を求めます。」と管制に通報し、管制官は、B707 の現在位置がアウター・マーカーから 15 マイルであることを知らせるとともに ILS 進入を許可した。

　21 時 33 分、管制との最後の交信の後、電源喪失のため CVR が停止した。21 時 34 分、管制官が空港に到達するのに十分な燃料があるかと B707 に問い合わせたが返答はなく、丁度その頃、B707 は、ロングアイランドの樹木の多い住宅地域に墜落していた。燃料が枯渇した

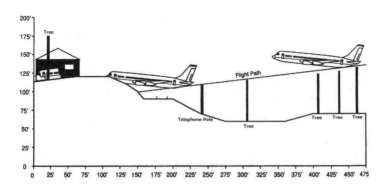

図 18-2　墜落経路（事故報告書の図を一部加工）

図 18-3　墜落機残骸全景（FAA）

墜落機からの出火はなかった（図 18-2、18-3）。

事故原因

　事故報告書は、乗員が燃料量を不適切に管理し、また緊急事態であることを管制に伝えることができなかったことが事故原因であるが、FAA の航空交通管理の不備、燃料量の緊急事態に関する標準用語がないことなども事故の発生に関与しており、ウインドシア及び乗員の疲労とストレスが進入失敗の要因となったと述べている。

　また、事故報告書は、客室乗務員及び乗客には墜落前に乗員からの事前警告がなかったことや、B707 の操縦席にはショルダー・ハーネスとイナーシャ・リールが装備されていないなど、緊急着陸時の搭乗者保護上の問題点も指摘している。

　なお、事故調査を行った NTSB の委員の一人は、管制の対応にも不備があったとして多数委員により採択された事故報告書に反対する意見を述べており、B707 の運航国であるコロンビアも、管制は JFK の混雑状況等を B707 に早期に告知すべきであったとする意見書を提出している。

意思疎通の破綻

　事故報告書は、事故をもたらした重大な要因として、乗員と管制官

との意思疎通及び乗員相互間の意思疎通が破綻していたことを挙げ、乗員相互間の意思疎通の破綻に対しては、米国航空会社に当時すでに義務化されていた CRM（Cockpit Resource Management: 1993 年、Crew Resource Management と改称[5]）訓練をアビアンカ航空に実施させるようコロンビア航空局に勧告を行った。

　一方、乗員と管制官の意思疎通の破綻は、管制官と英語で意思疎通ができたのは乗員 3 名のうち副操縦士のみであったことによるところが大きい。機長と航空機関士は、数値等の一部を除く交信内容の殆どを聞き取れず、副操縦士からスペイン語で説明を受けて、その内容を理解していたことが CVR の記録に示されており、機長が緊急事態であることを通報するように副操縦士に指示したにもかかわらず、副操縦士の通報は優先的取扱いのみであったことも機長は理解していなかった。

　この事故は、非英語圏の乗員の英語能力向上が航空安全上の大きな課題であることを強く印象付けるものであったが、この事故から約 7 年後に再び乗員の英語能力の問題が大きな要因となった重大事故が発生した。

［史上最大の空中衝突事故（1996）］

　1996 年 11 月 12 日、インドのハリヤーナー州チャルキ・ダドリ上空でサウジアラビア航空 763 便 B747-168B 型機（**図 18-4**）とカザフスタン航空 1907 便イリューシン IL-76TD 型機（**図 18-5**）が空中衝突し、両機の搭乗者 349 名全員が死亡した[6, 7]。この犠牲者数は、航空機事故としては、テネリフェでの地上衝突事故（1977 年、死者 583 名）、JAL123 便事故（1985 年、死者 520 名）に次ぐものであり、空中衝突事故としては航空史上最大である。

事故の発生経過

　乗員 23 名乗客 289 名が搭乗したサウジアラビア航空 B747 は、サウジアラビアのダーラン経由でジェッダに向かう予定でインドのデリーにあるインディラ・ガンディー国際空港を離陸した後、高度 14,000ft

図 18-4　サウジアラビア航空の同型機（Jetpix）

図 18-5　事故機（Felix Goetting）

まで上昇し、さらに上昇する許可を管制に求めたが、管制から高度 14,000ft を維持するように指示された。

　一方、乗員 10 名乗客 27 名が搭乗したカザフスタン航空 IL-76 は、カザフスタンのシムケントを出発後、インディラ・ガンディー国際空港を目指して高度 23,000ft を飛行していたが、降下して高度 15,000ft に達したら報告するように管制から指示された。IL-76 は高度 15,000ft に達して、そのことを管制に報告したところ、管制から 15,000ft を維持するよう指示されるとともに、サウジアラビア機が高度 14,000ft で

反対方向から飛行してきており、同機を視認したら報告するよう告げられた。

　IL-76から管制への通信は、通信士が英語で行っていたが、通信士がサウジアラビア機までの距離を管制に確認したところ、管制は、その距離とともにB747の高度はフライト・レベル14（高度14,000ft）であることを告げた。

　IL-76の乗員は、機長、副操縦士、航空士、航空機関士及び通信士で構成されていたが、その中で英語を十分に理解できたのは通信士のみとされ、他の乗員がこの時の「フライト・レベル14」を自機への降下許可と誤解したのではないかとされている。

　乗員の操作によりIL-76が降下を始めたことに気付いた通信士が警告を発し、IL-76は上昇を開始したが、B747との衝突を回避することはできず、両機は空中衝突して、ニューデリーの西方にあるチャルキ・ダドリ周辺に墜落し（**図18-6、18-7**）、両機の搭乗者全員が死亡したが（墜落直後には数名が生存していたとの報道もある。）、地上の犠牲者はなかった。なお、事故発生当時は、夜間（現地時間18時40分）で天候は良好であったが、衝突を目撃した米軍機の乗員は、衝突は雲中で発生したと証言している[8]。

図18-6　残骸周辺に集まった人々[9]

図 18-7　残骸の消火活動[9]

事故原因

　インド当局は、この事故の原因は、IL-76 が管制指示に反し、15,000ft を維持せずに 14,000ft まで降下したことであるとしている[6]。また、IL-76 のほとんどの乗員が状況を正しく理解できなかったことは英語を実際に使いこなす能力がなかったことによるものであり、機長にリーダーシップがなく乗員間で意思が調整されなかったことなども事故の発生に関与したとされる[7]。

　ただし、カザフスタン政府は、事故調査委員会（デリー高等裁判所判事 Lahoti 主宰）において、IL-76 の乗員は適切な英語能力を有していたと反論するとともに、事故発生には管制の問題が関与していたとする意見を述べている。カザフスタン政府が指摘した管制の問題とは、管制が IL-76 にサウジアラビア機の存在を告げたのは衝突直前であったこと、空港のレーダーは旧式で二次レーダーの機能がなかったこと、飛行空域が狭隘であったことなどである[10]。また、サウジアラビア政府も、B747 には IL-76 の接近情報の提供がなかったことなど、管制の対応を批判している[11]。なお、両機とも衝突防止装置は装備していなかったとされている[7]（B747 には衝突防止装置が装備されていたとする報道もある[12]。）。

英語能力証明制度と英語の標準言語化

　この事故の原因が IL-76 の乗員のみにあるとすることには疑問が残るものの、乗員の英語能力上の問題が大きな要因であった可能性は高く、この事故を契機として、乗員等の英語能力の改善を図る国際的取組みが強化された。

　ICAO は、1998 年の総会において乗員等の英語能力向上を図る措置を求める決議を採択し[13]、2003 年の理事会で国際民間航空条約付属書の関連規定の改正を採択し、乗員等に対する英語能力証明制度を制定するとともに[14]、本稿の冒頭で述べた航空無線言語に関する規定を次のように改正し、英語を正式に航空無線通信の標準言語とした[15]。

Annex 10, Volume II

5.2.1.2 Language to be used

　5.2.1.2.1 The air-ground radiotelephony communications shall be conducted in the language normally used by the station on the ground or in the English language.

　5.2.1.2.2 The English language shall be available, on request from any aircraft station, at all stations on the ground serving designated airports and routes used by international air services.

［B747 エンジン脱落事故（1991 ～ 92）］

　B747 の貨物機が飛行中に主翼からエンジンを脱落させて墜落する事故が 1991 年 12 月と 1992 年 10 月に相次いで発生した。1992 年の事故では墜落機が集合住宅に激突して多数の犠牲者が生じ、大惨事となった。

中華航空 B747F 墜落事故

　1991 年 12 月 29 日、中華航空の B747-200F は、アンカレッジに向かって台北中正国際空港を離陸したが、高度約 5000ft を上昇中、エンジンに不具合が発生したとして空港に引き返すことを管制に連絡した。この時、第 3、第 4 エンジンが脱落しており、中華航空機は途中で操縦

不能となって墜落して搭乗者 5 名全員が死亡した。中華航空機の事故当時の飛行時間は 45,868 時間、飛行回数は 9,094 回であった[7, 16]。

中華航空機の機体は陸上に墜落したが、第 3、第 4 エンジンとパイロン（Pylon: エンジンを主翼等の機体構造に取付ける支柱）は海中に落下して回収に手間取り、暫くの間は事故発生時の状況が判明せず、この事故は、当初、世界的に大きな関心は寄せられなかった。

エルアル B747F 墜落事故

1992 年 10 月 4 日、イスラエルのエルアル航空の B747-258F は、オランダのスキポール空港を 17 時 20 分（UTC: 協定世界時）に離陸して上昇中、17 時 27 分 30 秒に高度約 6500ft で右主翼内側の第 3 エンジンがパイロンとともに機体から分離し、右主翼前縁に損傷を与えた後に右主翼外側の第 4 エンジンに衝突し、第 4 エンジンとそのパイロンも機体から分離した（図 18-8）。

エルアル機はスキポール空港に戻る意図を連絡し、管制官は同機を空港までレーダー誘導しようとしたが、滑走路にそのまま直線進入するには高度が高過ぎたので、管制官は同機に右旋回によって高度を下げることを指示した。

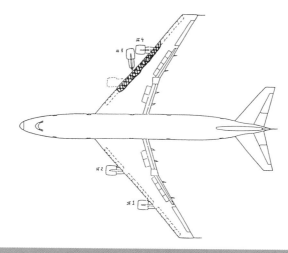

図 18-8　エンジン分離過程の推定図[16]

図 18-9　B747F が激突した集合住宅[16]

　B747 は、片翼の両エンジンの推力が失われても、速度が大きければ方向舵と補助翼を使って飛行を継続できたが、速度が低下すると舵面の効きが低下して非対称推力を補正しきれず、作動エンジンの推力を下げる必要があった。また、右主翼は、エンジン脱落時に前縁部に大きな損傷を受けたため、揚力が低下するとともに失速しやすくなっていた上に、4つある油圧系統のうち2系統が不作動となって操縦機能が低下していた。

　エルアル機は、旋回しながら降下したが、最終進入に備えて降下率を抑えようと機体姿勢角を増加させた時に速度が低下し、左の2基のエンジンの推力を上げた時に、揚力と推力のアンバランスなどによる右へのロール・モーメントが、低下した操縦機能では対処しきれないものとなった。

　エルアル機は、17時35分42秒、機体姿勢が右に90°以上ロールし、約70°頭下げで、空港から約13km東にある11階建て集合住宅に激突し、搭乗者4名と地上の43名が死亡した（図 18-9）。

　エルアル機の事故当時の飛行時間は 45,746 時間、飛行回数は 10,107 回であった。

ヒューズ・ピン

　エルアル機の事故調査が行われていた頃、中華航空機の残骸回収も

進み、中華航空機事故においても、最初に第3エンジンが主翼から分離して第4エンジンに衝突し、右翼の両エンジンが脱落して操縦不能となって墜落したことが明らかになり、両事故の発生状況が酷似していることに注目が集まった。

当時、B747の就航以来トラブル続きであったエンジン・パイロンのヒューズ・ピンが両事故に何らかの関係があるのではないかと多くの関係者が疑ったが[17]、過去のエンジン脱落にはヒューズ・ピンの破壊ではなくヒューズ・ピンが取り付けられている耳金の破断によるものもあり、最初の破壊箇所まで同じであるか否かは明らかではなかった。

ヒューズ・ピンは、過大電流が流れた場合に溶融して機器を保護する電気的なヒューズと同様に、過大な荷重が加わった場合に破断して重要構造等を保護するように設計された取付け金具である。エンジン・パイロンのヒューズ・ピンは、胴体着陸時にエンジンが主翼の燃料タンクに激突して火災が発生することなどを防止するため、過大な荷重を受けた時に最初に破断し、エンジンを主翼から安全に分離するように設計されている。

エンジン・パイロン以外のヒューズ・ピンとしては、脚に取り付けられているものがある。図 18-10 は、主脚に過大な後ろ向きの荷重が加わった場合に主脚取付け部のヒューズ・ピンが破断し、燃料タン

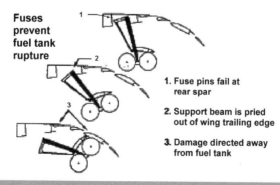

図 18-10　主脚のヒューズ・ピンの働き[18]

クを損傷しないように主脚が分離される過程を示している。

　B747のエンジンは、前方と後方でパイロンに取り付けられ、パイロンは、2本の支柱（upper link と diagonal brace）、2つの金具（mid spar fitting）、金具の1つに付けられた支柱（side brace）によって5箇所で主翼に取り付けられていた（図 18-11）。ヒューズ・ピンは、これらの支柱の端部と金具に取り付けられ（図 18-12）、過大な荷重が加えられた場合に破断してエンジンを安全に分離させる筈であった。

　しかし、エルアル機の残骸から発見された第3エンジン・パイロンの取付け部の損傷状況、飛行記録などを基に解析した結果、図 18-13

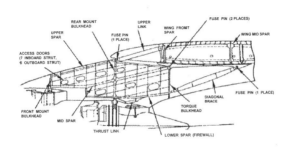

図 18-11　B747 エンジンの主翼取付け構造

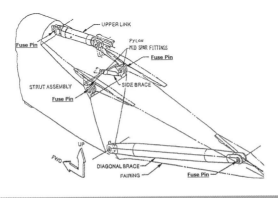

図 18-12　ヒューズ・ピンの取付け位置[16]

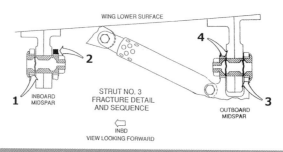

図 18-13　第 3 エンジンの分離過程 [16]

のように、パイロンの内側ミッド・スパー・フィッティングのヒューズ・ピンから破壊が始まり、第 3 エンジンは想定されていたようには分離せず、右に隣接する第 4 エンジンに衝突したものと推定された。

　第 3 エンジンの内側ミッド・スパー・フィッティングのヒューズ・ピンは発見されなかったが、回収された外側ミッド・スパー・フィッティングのヒューズ・ピンの内面に機械加工痕から発生した疲労亀裂が発見され、事故報告書は、第 3 エンジン分離の発端となった内側ヒューズ・ピンの破壊は疲労亀裂によるものと推定した。

ヒューズ・ピンの AD

　B747 のヒューズ・ピンはトラブル続きであった。最初に開発された第 1 世代ヒューズ・ピンは、過大な荷重を受けた場合に決められた箇所で破断するように中空部の断面が複雑な形状に設計され、その製作過程で生じた機械加工痕から疲労亀裂発生が発生したため、1979 年に繰り返し検査と防食剤塗布を指示する耐空性改善命令（AD: Airworthiness Directive）が発行された。

　このため、筒の内径が中間でくびれた改良型の第 2 世代ヒューズ・ピンが 1981 年に開発され、第 1 世代のピンをこれに交換することによって、繰り返し検査と防食剤塗布が免除されたが、エルアル機は第 1 世代ピンが装備されたままで、AD の適用が継続されていた。1986 年に第 1 世代ヒューズ・ピンに超音波による新たな検査が義務付けられ、エルアル機にはこの検査が事故の約 4 カ月前に実施されたが、疲

労亀裂は発見されなかった。

　一方、中華航空機には第2世代のピンが取り付けられていたが、この第2世代ピンにも亀裂が生じ、1991年5月28日に12,000飛行時間内の検査を求めるADが発行されたが、その半年後の12月29日に中華航空機が墜落した。さらに、その墜落から約9箇月後の1992年9月11日、アルゼンチンの航空会社のB747-200が離陸する直前、第3エンジンが前方に傾いていることに整備士が気付き、点検の結果、外側ミッド・スパー・ヒューズ・ピンが破損していることが判明した。

　この時点で、FAAは、第2世代のピンに対する新たなAD発行の検討に入り、1992年9月下旬にシアトルに主要なB747運航会社を集めてAD案の説明会を開催した。そのAD案の主な内容は、第2世代ピンの亀裂の有無を調べる検査の早期実施を求めるもので、装備機数が比較的少数となっていた第1世代のピンに対する追加措置は含まれていなかった。AD案の提示を受けた航空会社は、事態の緊急性を十分に認識せず、B747の運航に与える影響が大きいとして検査実施時期を遅らせるように主張したが、FAAは、新たなADを10月中に発行する準備を進めた[19]。

　しかし、その発行直前の10月4日に第1世代のピンを装備したエルアル機が墜落した。ボーイング社は、事故後直ちにヒューズ・ピンが原因である可能性に気付き、事故翌日の10月5日にミッドスパー・ヒューズ・ピンの検査を指示する緊急技術情報（Alert Service Bulletin 747-54A2150 dated October 5, 1992）を発行したが、その時点では、エルアル機のヒューズ・ピンが第1世代であることを把握していなかったためか、検査対象は第2世代のピンのみであった。

　エルアル機事故の約1月後、FAAは、改めて新たなAD（Telegraphic AD 92-24-51）を発行し、30日以内に第1世代のピンを第2世代のピンに交換することを求めるとともに、交換された第2世代のピンの早期検査も義務付けた。

型式証明時の試験未実施
　B747の型式証明は1965年時点の設計基準に従って行われ、疲労強度に関してはフェイル・セーフ基準（第13章参照）が適用されてい

た。型式証明の審査において、ボーイング社は、B707の経験に基づき、パイロンに過大な荷重が加えられてもヒューズ・ピンによって主翼構造と燃料タンクが保護されると説明していたとされ、事故報告書は、ボーイング社が行ったパイロンの疲労強度解析は結果的に信頼性が十分ではなかったと批判している。

　当時の米国の型式証明基準は全機疲労試験を要求しておらず、ボーイング社はパイロンの強度及びフェイル・セーフ性を検証するための構造試験を実施せず、事故報告書は、FAAも「707のパイロンの信頼性は証明されており、従って、ほとんど同じ設計の747のパイロンも信頼性がある。」というボーイング社の主張を受け容れたと指摘している。

　なお、型式証明時の試験未実施が一因となった事故の前例としては、1977年のダンエアB707の水平尾翼破壊事故（第13章参照）がある。

ヒューズ・ピンの設計変更

　ボーイング社のヒューズ・ピンの設計思想は、1960年代までは、胴体着陸時などに地上でエンジンを切り離すのみではなく、乱気流などを受け飛行中に過大な荷重が加わった時などに空中でエンジンを切り離すことも目的としていた。ボーイング社の最初のジェット旅客機であるB707/720から、B727、B737-100/200、B747までがこの思想でヒューズ・ピンが設計されていた。

　ボーイング社の1960年代までのこの設計思想は、過大な荷重が加わってヒューズ・ピンが破断して主翼から切り離されたエンジンが上方に回転して主翼上を乗り越えるか又は落下して主翼構造に大きな損傷を与えることなく安全に機体から離れていくという想定に基づいていた。ボーイング社は、自社の初めての4発ジェット機であるB707/720ではエンジンがこのように安全に脱落した多くの実例があったことから、次に開発した4発ジェット機であるB747にこの設計思想を適用しても間違いはないと考えていたのではないかと思われる。

　しかし、エルアルや中華航空のB747ばかりでなく、B707も1992年にフランスで内側ミッド・スパー・フィッティングの耳金の疲労に

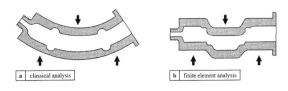

図18-14　古典曲げ解析と有限要素法解析[21]

より第3エンジンが分離して第4エンジンに衝突するというエンジン脱落事故を発生した。これらの事故後、ボーイング社は、パイロンに過大な荷重が加わった場合には、飛行中であっても、ヒューズ・ピン破断によりエンジンを分離させるというピストン機以来、B747まで適用してきた設計思想を全面的に放棄することを決断した。

　ボーイング社は、ヒューズ・ピンを34,000以上の要素に分割して計算する有限要素法[注]による解析を行い、その結果、第1、第2世代のピンには設計時の想定より8～10倍も大きな応力が生じる微小領域があることを突き止めた（**図18-14**）[20、21]。

（注）構造力学や流体力学などで用いられる偏微分方程式の厳密解を求めることは一般には困難であることから、解析対象の構造体、流体等を微小な領域（要素）に分割して数値的に近似解を求める解析法。

　ボーイング社は、1993年、内面を直線状に改め、材質をステンレス・スチールにして肉厚をやや増やし、空中では破断しないように強度を上げた第3世代ヒューズ・ピンを開発するとともに、万一ピンが破断してもパイロンを支持する金具を追加する設計変更を公表した（**図18-15**）[21]。

　初期のヒューズ・ピンは、強度要件のみを満足させようとしとして製造工程上の課題を軽視し、形状を複雑にした設計であったため、疲労亀裂の起点となった機械加工痕が生じたが、この第3世代ピンは、内面が直線状となって機械加工が単純化されて応力レベルも引き下げられ、疲労が生じにくく検査の実施も容易となった。

　また、この設計変更により、B747のパイロン・ヒューズ・ピンは、胴体着陸時等の場合にエンジンとパイロンを地上でのみ切り離すため

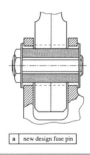 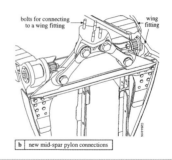

図18-15 第3世代ピンと支持金具 [21]

のものとなった。ボーイング社がB747以降に開発したB757、B767、B737-300～、B777では、既に、ヒューズ・ピンが働くのは地上のみで、空中ではエンジンは分離されないような設計となっていた[22]。ボーイング社の設計思想のこの変化は1970年代のことであったが、エアバス社に関しては、ジェット旅客機の製造に遅れて参入したためか、そもそもエンジン取付けのヒューズ・ピンというものがなく、胴体着陸時でもエンジンを切り離すという設計思想がない。ボーイング社もB757/767の開発時にエアバス社のようにエンジン取付けヒューズ・ピンを廃止することを検討したが、着陸時の危険性を考慮して地上でのエンジン切り離しのためにヒューズ・ピンを維持することに決定したと言われている[23]。

他のエンジン脱落事故

1996年に公表された中華航空機事故報告書によれば、中華航空機のエンジン脱落は、エルアル機と同様に第3エンジン・パイロンの内側ミッド・スパー・フィッティングの破壊から始まったが、疲労損傷が発生していたのはヒューズ・ピンではなく、ピンが差し込まれた耳金であったが（**図18-16**）[24]、これは、1992年3月31日のB707の第3、4エンジン脱落事故と同じ原因であった[16, 25]。なお、この事故では、エンジン脱落後、緊急着陸に成功し（**図18-17**）、5名の搭乗者全員が生還している[25]。

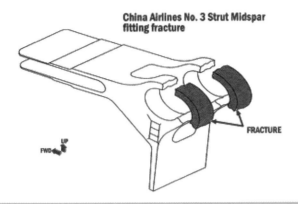

図18-16　中華航空機事の耳金部の破壊（FAA）

図18-17　緊急着陸したB707[25]

　これらの事故からも、ボーイングがかつて想定していたヒューズ・ピンによる空中での安全なエンジンとパイロンの分離というシナリオには信頼性がなかったことが示されている。

　なお、B747のエンジン脱落事故のうち、1993年にアラスカでJAL46E便（米国エバーグリーン社の機材、乗員による運航便）の第2エンジンが脱落した原因は、乱気流による過荷重であり[26]、1994年に

図 18-18　成田着陸後のノースウエスト機[27]

　成田空港着陸時にノースウエスト 18 便の第 1 エンジンが垂れ下がった（**図 18-18**）原因は、整備作業時にヒューズ・ピンの 1 つにリテーナ（留め具）を再取り付けしなかったことによりエンジン支持構造の一部が外れて他のピンに過大な荷重が加わり破断したことであった[27]。

参考文献

1. Wilson, J.R.M., "Turbulence Aloft", FAA, Washington, D.C., 1979
2. Briddon, A.E., Champie, E.A., and Marraine, P.A., "FAA Historical Fact Book", 1974
3. International Civil Aviation Organization, Annex 10 to the Convention on International Civil Aviation, Aeronautical Telecommunications, Volume II, "Communication Procedures including those with PANS status", First Edition, 1965
4. National Transportation Safety Board, Aircraft Accident Report, "Avianca, The Airline of Columbia, Boeing 707-321B, HK 2016, Fuel Exhaustion, Cove Neck, New York, January 25,1990", 1991
5. Federal Aviation Administration, AC 120-51A, "Crew Resource Management Training", 1993
6. Directorate General of Civil Aviation, India, Civil Aviation Aircraft Accident Summary for the year 1996
7. Airclaims Ltd., World Aircraft Accident Summary, 2004 Issue, CAP479, 1990 – 2004
8. Rediff, "Charkhi Dadri collision occurred in heavy clouds: US pilot", < http://www.rediff.com/news/may/26air.htm>, 2017 年閲覧
9. Haryana Institute of Public Administration, "Case Study:　Charkhi Dadri Mid Air Collision, 12 November 1996 at 06:40 PM"
10. Rediff , "Kazakh govt says ATC shortcomings contributed to air mishap", < http://www.rediff.com/news/may/16aai.htm>, 2017 年閲覧
11. Rediff, "Saudia blames Delhi air traffic controller for mid-air collision", < http://www.

rediff.com/news/may/01crash.htm.>, 2017 年閲覧

12. Macarthur Job, "MID-AIR", Flight Safety Australia, November–December 2006, pp 42-44

13. International Civil Aviation Organization, the 32nd Session of the Assembly, Resolution A32-16, "Proficiency in the English language for radiotelephony communications", 1998

14. International Civil Aviation Organization, Annex 1 to the Convention on International Civil Aviation, Amendment 164, 2003

15. International Civil Aviation Organization, Annex 10 to the Convention on International Civil Aviation, Volume II, Amendment 78, 2003

16. Netherlands Aviation Safety Board, Aircraft Accident Report 92-11, "EL AL Flight 1862 Boeing 747-258F 4X-AXG Bijlmermeer, Amsterdam, October 4, 1992", 1994

17. Acohido, B., "Engine Enigma –Boeing Seeks Answers to Corroded Fuse Pins and Loose Engines", Seattle Times 27/12/1992

18. Goranson, U. G., "Structural Airworthiness of Aging Jet Transports", Boeing Commercial Airplane Company, 1989

19. Acohido, B., "Engine Enigma –Boeing Seeks Answers to Corroded Fuse Pins and Loose Engines", Seattle Times 27/12/1992

20. Flight International, 21-27 April, 1993, "Boeing to design new fuse pin"

21. Wanhill, R.J.H. and Oldersma, A., NLR TP 96719, "Fatigue and Fracture in an Aircraft Engine Pylon", 1997

22. Flight International, 30 June – 6 July, 1993, "Stressing Safety"

23. Acohido, B., "Airbus Avoided Use of Ill-Fated Fuse Pins – Engines Designed to Stay Attached to Jets' Wings during Emergencies", Seattle Times 09/01/1993

24. 中華民國民航局、「中華航空公司 B747-200F B198 失事調査報告」、1996

25. Bureau d'Enquêtes et d'Analyses pour la sécurité de l'aviation civile, "RAPPORT relatif à l'accident survenu le 31 mars 1992 au Boeing 707 immatriculé 5N-MAS (Nigéria) exploité par la Compagnie Trans-Air Limited", 1992

26. National Transportation Safety Board, Aircraft Accident Report, "In-Flight Engine Separation Japan Airlines, Inc., Flight 46E, Anchorage, Alaska, March,1993, Boeing 747-121, N473EV", 1993

27. 運輸省航空事故調査委員会、航空事故調査報告書、「ノースウェスト航空株式会社所属　ボーイング式 747-251B 型 N637US　新東京国際空港　平成 6 年（1994 年）3 月 1 日」、平成 8 年（1996）

第 19 章
インド航空 A320 墜落事故、
エールアンテール A320 墜落事故、
中華航空 A300-600 墜落事故
（1990 ～ 1994）

　1990 年代前半、最新鋭ジェット旅客機が相次いで墜落して多数の犠牲者が生じたが、これらの事故の一因は、自動システムの機能選択誤りや不適切な使用などであった。自動化は、乗員のワークロードを軽減し安全性向上に大きな貢献を果たしてきたが、これらの事故は、自動システムの使用を誤れば重大な結果をもたらし得ることを示し、その後の自動システム設計の在り方に大きな影響を与えた。

［インド航空 A320 墜落事故（1990）］

　1990 年 2 月 14 日、乗員 7 名と乗客 139 名を乗せてインドのボンベイからバンガロールに向かって飛行していたインド航空 602 便 A320-231 型機（**図 19-1**）は、バンガロール空港の滑走路手前にあるゴルフコースに墜落し、乗員 4 名と乗客 88 名が死亡した[1]。

　この事故においては、低高度においてエンジン推力がアイドルとなって高度と速度が低下していったが、乗員が自動システムの作動モードや速度などを計器によって適切に監視せず、墜落に至っている。エンジン推力がアイドルとなったことについては、降下率を設定

図 19-1　同社の同系列型機（Sean d'Silva）

しようとして誤って高度を設定したことによる可能性があるとされている。

事故発生の経過

　事故時のフライトでは、機長資格認定の路線審査が行われており、操縦室の左席には審査を受けていた機長が着座し、右席には審査を行っていた査察操縦士が着座していた（事故報告書は、フライトの指揮者（Commander）は査察操縦士であるとしている。）。

　A320 は、ボンベイを出発後、機長の操縦により順調に飛行を続け、バンガロール空港に向かって降下を開始した。当初、空港へは計器進入（VOR/DME アプローチ）を行う予定であったが、管制官からの指示により視認進入を行うこととなった。

　空港から 7 マイルの地点で滑走路が視認され、オートパイロット（AP: Auto Pilot）が解除されたが、オートスラスト（ATHR: Autothrust）と左右のフライト・ディレクター（FD: Flight Director）はエンゲージしたままだった。

　高度 4,600ft で、機長が復行する場合の目標高度を 6,000ft に設定するように要求したが、査察操縦士はその要求には返答せずに、降下率の設定をどうするのか尋ね、機長が「1,000」と答えたので、FCU（Flight Control Unit）の操作パネルのノブで降下率が 1,000fpm（feet per minute）に設定された（高度設定については、査察操縦士は目標高度を、機

長が要求した6,000ftではなく、3,300ft（VOR/DME進入方式の最低降下高度）に設定した可能性が高いとされている。）。

　3°の進入経路の上を飛行していたA320は、やがて3°の進入経路の下へと降下し、地上高600ft（高度3,500ft）まで降下した時、機長が降下率を700ftに設定するように査察操縦士に要求した。そして、この後、自動システムがエンジン推力をアイドルとするオープン・デセント・モードへと変化した。

　事故報告書は、結論としては、このモード変化の原因を特定することはできなかったとしているが[1,2]、査察操縦士が降下率設定ノブではなくその隣にある高度設定ノブを誤って操作して目標高度を700ftに再設定した可能性が高いとしている（"the most probable cause for the engagement of idle/open descent mode was that instead of selecting a vertical speed of 700 feet per minute at the relevant time i.e. about 35 seconds before the first impact, the pilot CM.2 had inadvertently selected an altitude of 700 feet. The vertical speed and altitude selection knobs of the Flight Control Unit (FCU) are close to each other, and instead of operating the vertical speed knob, the pilot CM.2 had inadvertently operated the altitude selection knob."）[2]。

　目標高度が700ftに再設定された場合、バンガロール空港の標高（空港標高2,914ft、滑走路09標高2,872ft）より低い高度が設定されたことになる。この直前まで、ATHRはスピード・モード、FDはバーティカル・スピード・モードに入っていたが、設定されていた目標高度（3,300ft）に接近したため、FDが高度捕捉モードに入り、当時の設計では、この状態で目標高度が再設定されれば、その高度に達するまで、オープン・モード（エンジン推力が、降下ではアイドルに、上昇では最大上昇推力に、固定されるモード）に入ることになっていた（事故後、このモード移行のロジックが変更された[3]。）。

　（なお、オープン・デセント・モードに入る前、目標高度が6,000ftが設定されたが、査察操縦士がそのままではオープン・クライム・モードに入って最大上昇推力となることに直ぐに気付き、目標高度を直ちに低高度に再設定したとの説なども事故報告書に記載されている[2]。この説では、降下率設定ノブと高度設定ノブとの誤認はなかったことになるが、この説には論理に難点がある一方、上記のノブ誤認説も決定的証拠に欠けていた。）

飛行記録装置（DFDR: Digital Flight Data Recorder）の記録によれば、エンジン推力がアイドルとなって降下が続き、速度も目標進入速度（Target Approach Speed）の 132kt から低下し、地上高 400ft では進入経路より 174ft 低くなり、速度は 129kt となった。

　さらに、地上高 300ft では進入経路より 193ft 低くなり、速度が 125kt まで低下した。この時点で、査察操縦士が、アイドル推力でオープン・モード降下をしていると発言しているが、その後も飛行経路と速度の低下を修正する操作は行われなかった。

　A320 の訓練では、視認進入を行う場合には双方の FD を解除するように教育が行われていたが、この頃まで、双方の FD とも解除されていなかった。機長は、この時点で、左右の FD のうち、自分の左側の FD のみを解除したが、事故報告書は、この時に左のみでなく右の FD も解除されれば、ATHR のオープン・モードがスピード・モードに変化して、エンジン推力が増加し、墜落を免れた可能性があったとしている（オープン・モードでは、設定高度に達するまでは、エンジン推力がアイドル又は最大上昇推力に固定され、速度コントロールは、パイロットが FD の指示に従って行うと想定された自動システム設計となっており、FD が双方とも解除されれば、その想定外となるので、目標速度を維持するようにオープン・モードからエンジン推力を増加させるモードへと変化した筈だった。）。

　この数秒後、機長と査察操縦士の間で FD に関するやりとりがあり、査察操縦士が右の FD がまだ解除されていない旨の発言をしているが、その後も右の FD は解除されなかった（事故報告書は、FD を解除すべきであったのは、操縦を行っていた機長ではなく査察操縦士であったとして、査察操縦士を批判している。）。

　A320 は降下を続け、地上高 135ft で速度が 109kt まで低下したところで、自動システムの失速防止機能（Alpha Floor）が作動し、エンジン推力が最大（TOGA）に設定された。また、その直後、機長もサイド・スティックを最後方位置にするとともに、スラスト・レバーを最前方位置まで進めたが、この時には降下率が 1,300fpm に達しており、アイドル出力にあったエンジンは直ちには最大出力を発生できず、墜落を免れることはできなかった。

図19-2　鎮火後の機体残骸（FAA）

対地接近警報装置（GPWS: Ground Proximity Warning System）が警報音を発する中、A320は、滑走路の2,800ft手前のゴルフコースに墜落して炎上大破し（**図19-2**）、92名が犠牲となった。

事故報告書は、低高度になってもオープン・デセント・モードであることを知りながら乗員がエンジン推力を上げなかったことが事故原因であるとして、乗員の対応を批判している（ただし、インドの航空会社操縦士協会は、経験豊かな操縦士が初歩的ミスを繰り返すことはあり得ず、A320の設計に問題があったと主張した[4]。）。

この事故は、自動システムの作動モードなどを計器によって適切に監視しなければ、スイッチ操作のような単純な操作の誤りでも重大な結果を引き起こし得ることを示すものであった。事故後、エアバス社は、自動推力制御システムのロジック変更や自動システムの作動状況に対する乗員の認識を高める設計改善などを行ったが、この事故から2年後、再び、自動システムの機能選択の誤りが関与した可能性が高い重大事故が発生することとなった。

［エールアンテール A320 墜落事故（1992）］

1992年1月20日、乗員6名と乗客90名を乗せてリヨンからストラスブールに向かって飛行していたフランス国内線航空会社エールアンテール148便A320-111型機（**図19-3**）は、ストラスブール空港から

図19-3　同社の同系列型機（Michel Gilliand）

南西16kmにある森林地帯に墜落し、乗員5名と乗客82名が死亡した。事故発生当時は夜間で、視界不良であった[5]。

　この事故においては、着陸のために降下を開始する際、自動操縦システムに3.3°の降下角を設定するつもりで誤って3,300fpmの降下率を設定した可能性が高く、また、その後の降下中においては、インド航空機と同様、乗員が計器を適切に監視せず飛行状況を把握しないま、墜落に至っている。
　なお、このA320には国際基準で求められていたGPWSが装備されておらず、また、地上レーダーにも航空機が地上に異常接近した場合に警報を発する機能（MSAW: Minimum Safe Altitude Warning）がなく、操縦室内及び管制室内のいずれにおいても、衝突直前に発せられるべき警報がなかった。

事故発生の経過

　A320は、リヨンを17時40分に出発し、ストラスブールに接近していた。乗員は、当初、計器着陸装置（ILS: Instrument Landing System）が利用できる230°の方位で滑走路に着陸することを計画していたが、管制官から、現在の滑走路使用方向はその反対の50°であるので、230°で着陸すると待ち時間が必要となり遅れが生じると告げら

れ、50°方向で計器進入（VOR/DME進入）により着陸することになった。

　空港に接近していたA320は、一旦、空港から離れてから、VOR/DME進入コースに入ることになった。なお、操縦は左席の機長が行っており、進入中はずっとAPとATHRがエンゲージされていた。A320は、18時20分、ストラスブールVORから11nm離れた地点で高度5,000ftから降下を開始した。

　音声記録装置（CVR: Cockpit Voice Recorder）の記録からは、乗員は降下角3.3°で降下しているつもりであったことが判明しているが、実際にはA320は、降下率がその約4倍に達する3,300fpmで急降下していった。しかし、機長と副操縦士が自分達の意図より遥かに早い降下率で降下していることには全く気付かないまま、降下開始から約1分後にA320は、速度190kt、降下角約11°で、滑走路から10.5nm手前にある高度2,620ftの山中の森林地帯に墜落した（図19-4、19-5）。

自動システムの選択モード

　降下率が3,300fpmとなったことについては、ハードウェアの故障等の可能性を完全に排除することはできず、その原因を特定することはできなかったが、事故報告書は、最も可能性が高いのは、乗員が自動システムに降下角3.3°のつもりで降下率3,300fpmを入力したこと

図19-4　A320によってなぎ倒された木[5]

図 19-5　墜落現場[5]

であるとしている。

　A320の降下角（飛行経路角（FPA）: Flight Path Angle）と降下率（昇降速度（V/S）: Vertical Speed）の設定は、FCUパネルの同じノブで行われ、ノブを押すごとに、降下角と降下率の選択が切り替わるようになっていた。その選択後、ノブを回して数値を入れて降下角又は降下率を設定するが、事故当時は、ノブの上にある表示装置に表示される数値が、降下角3.3°と降下率3,300fpmでは、その違いが小数点の有無のみであり、表示が類似していた（**図19-6**）。

　事故後、降下率の表示は、誤認防止のため、最後の2ケタのゼロを

図 19-6　降下角 3.3°（上）と降下率 3,300fpm（下）の表示の比較　（FAA）

省略しないように修正された（「-33」→「-3300」）。

GPWS の未装備

　この事故は、航空機が制御可能な状態にありながら地表面に衝突しており、事故の発生形態としては、CFIT（Controlled Flight Into Terrain）に分類される。CFIT 事故は、1970 年代以降、世界的に大きく減少し、その減少に重要な貢献を果たした GPWS の装備義務化を最初に行ったのは米国である。米国は 1974 〜 5 年に航空会社機に GPWS を装備義務化する規則改正を行い[7,8]、国際民間航空機関（ICAO: International Civil Aviation Organization）も 1978 年に大型機に GPWS 装備を求める国際基準改正を行った[9]（第 9 章参照）。

　しかし、フランスでは 1990 年代に入っても GPWS の装備義務化が行われておらず、この A320 にも GPWS が装備されていなかった。事故報告書は、事故後に行われたシミュレーションの結果に基づき、GPWS が装備されていれば事故を回避できた可能性があると指摘するとともに、フランスにおいて GPWS の装備が義務化されていなかった理由について、次のように説明している。

　フランス政府は、1975 年にフランスで行われた GPWS の試験で誤警報が多かったこと及び GPWS の製造が特定メーカーに独占されることを嫌い、GPWS 装備の標準化に反対する書簡を 1977 年に ICAO に送付した。その後、ICAO が GPWS 装備を標準化した後もフランス

ではGPWS装備義務化が行われなかったが、フランスの航空会社は徐々に自社機にGPWSを装備していった。しかし、1975年のGPWS試験に参加していたエールアンテール社は、自社機にGPWSを装備しない決定を行い、同社のA320にはGPWSが装備されていなかった。

なお、航空機が地表面に異常接近した場合に地上レーダー・システムにおいて警報を発するMSAWについては、米国では1976年から運用が開始されていたが[9,10]、フランスでは当時はまだ研究開発段階にあり整備されていなかった。

乗員の対応

事故報告書は、機長と副操縦士は当日初めての顔合せで意思疎通が十分ではなく、また、降下中は二人とも横方向の飛行経路に集中して異常な降下率に気付くことができず、自動操縦システムの作動モードなどの飛行状況を的確に認識していなかったとしている。

A320の計器に表示されていた異常な降下率に乗員が気付くことができなかったことについては、事故報告書は、A320の新規な計器表示に対して乗員が十分に経験を積んでいなかったことが主な要因であるとし、計器表示自体に大きな問題はなかったとしているが、乗員の注意を喚起するために表示方法を改善する余地があることも指摘している。

［中華航空 A300-600 墜落事故（1994）］

1994年4月26日、中華航空140便A300B4-622R（**図19-7**）（以下、「A300-600」と略す。）は、乗員15名乗客256名を乗せて台北国際空港を離陸したが、20時16分頃、名古屋空港に進入中、同空港誘導路付近に墜落して大破炎上し（**図19-8、19-9**）、搭乗者271名中、264名が死亡し、7名が重傷を負った[11]。

この事故は、犠牲者数において、日本国内の航空事故では1985年のJAL123便墜落事故（520名死亡）に次ぎ、世界の民間航空機事故の中でも8番目（テロ・軍事行動によるものを除く）となる極めて重大な事故である。

図 19-7　事故機（FAA）

図 19-8　墜落現場（遠景）[11]

図 19-9　墜落現場（一部）[11]

事故発生までの飛行経過

　台北国際空港離陸後、A300-600 は副操縦士の操縦により高度 33,000ft を巡航し、10 時 47 分過ぎに降下を開始した。同機の 2 系統あるオートパイロット（AP）は、降下の初期段階まで No.2 システムがエンゲージされ、名古屋空港に進入開始後の 11 時 7 分過ぎに No.1 システムもエンゲージされたが、その約 4 分後に No.1、No.2 とも解除された。

　同機は名古屋空港から着陸許可を得て ILS 進入を行っていたが、11 時 14 分 05 秒、高度約 1,070ft を通過中に副操縦士がスラスト・レバーの下にあるゴー・レバー（復行（ゴー・アラウンド）モードを作動させるスイッチ）（図 19-10）を誤って作動させた。

　ゴー・レバーの作動によって、フライト・ディレクター（FD）がゴー・アラウンド・モードになるとともに、オートスラスト（ATHR）によってエンジン推力が増加し始め、速度及びピッチ角が増加し、機体が進入経路から上方に外れ始めた。副操縦士が操縦輪を押し下げ、スラスト・レバーを引いたものの、十分ではなく、名古屋空港から約 5.5km 手前、高度約 1,040ft で一時的に水平飛行状態になったが、機長の指示により副操縦士が操縦輪をさらに押し下げ、徐々に正規の降下経路に近づいた。

図 19-10　事故機のゴー・レバー[11]

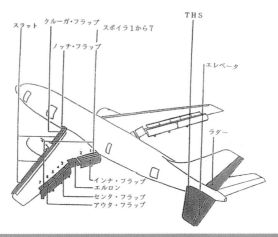

図 19-11　操縦翼面配置[11]

　11 時 14 分 18 秒、AP が No.2、No.1 と相次いでエンゲージされた。これによって、それまでは FD がゴー・アラウンドを手動操縦で行うためのガイダンスを表示するだけであったものが、AP がゴー・アラウンド・モードで作動するようになり、可動式の水平安定板（THS: Trimmable Horizontal Stabilizer）（**図 19-11**）が AP によってコントロールされ、THR の角度が -5.3°から機首上げ方向限界に近い -12.3°まで大きくなった。

　一方、副操縦士は、AP の作動とは逆に、着陸するために進入経路に戻ろうとして、エレベーターを機首下げ方向に操作を行った。副操縦士は、ピッチ・トリム・コントロール・スイッチで THS をコントロールしようとしたが、その操作は AP が作動中には無効化（インヒビット）されるようになっていたので、効果がなかった。
　このように、本来は、協調して作動すべきエレベーターと THS とが、人間と自動システムによって逆方向にコントロールされた結果、それぞれが相反する大きなモーメントを発生するという、極めて不釣り合いな状態に陥ったが、このような状態を直接的かつ積極的に乗員に警報する機能は事故機には備わっていなかった。

機長は、ゴー・アラウンド・モードになっていることに気付き、数回にわたって副操縦士に解除を指示したが、その解除はされなかった。当時の事故機においては、ゴー・アラウンド・モードは、操縦輪に力を加えることや、着陸（LAND）モードを選択し直すことでは、解除できないようになっており、事故報告書は、乗員が事故機の自動システムをよく理解していなかったために正しい解除手順がとられなかったものと推定している。

　また、後述するように、この事故以前に、乗員とAPが相反するコントロールを行ったことによって危険な状態に陥った複数の事例が発生していたにもかかわらず十分な再発防止策が講じられていなかったこと、及び、APのこのような特性についてのマニュアルの記述も分かりにくいものであったことも指摘されている。

　ゴー・レバー作動から44秒後の11時14分49秒、高度約700ftで両方のAPが解除されたが、THSは機首上げ方向限界近くの-12.3°のままであった。THSはエレベーターの約3倍の面積があるため、THSの機首上げ効果がエレベーターの機首下げ効果を上回り、11時14分57秒、迎角（AOA: Angel of Attack）が一定値を超え、失速防止機能（Alpha Floor）が作動してエンジン出力が増大し、さらに機首上げモーメントが増加した（重心より低い位置にあるエンジンの推力増加が機首上げモーメントを生じた。）。

　機長は、15分03秒、副操縦士に操縦を交代すると告げて自ら操縦を開始し、当初は、進入経路に戻ろうとしたが、非常に強い機首上げモーメントに抗することは困難と判断し、15分11秒、着陸を断念して復行を決断して「ゴー・レバー」と呼称し、スラスト・レバーを大きく前方に作動させた。

　機長のこの操作が機首上げモーメントをさらに増大させ、機体が急上昇して迎角が急激に増大するとともに速度が急減少することとなった。この結果、A300-600は、高度約1,790ftまで上昇した後に失速して機首下げとなって急降下し（**図19-12**）、11時15分45秒、名古屋空港誘導路E1付近に墜落して大破炎上し、搭乗者271名中264名が死亡した。

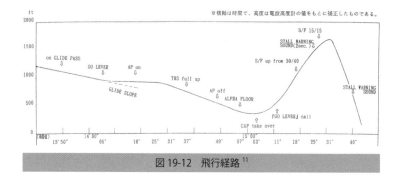

図 19-12　飛行経路[11]

　事故報告書は、事故に至った要因として、乗員の理解不足及び不適切な判断・操作、乗員間の連携不足、誤操作を招いたゴー・レバーの設計、警報機能の不足、エレベーターと THS の不整合な作動を許容した設計、マニュアルの不十分な記述などとともに、事故前に発生していた類似事例の再発防止策が義務化されなかったことを挙げた。
　なお、生存者 7 名は全て前部座席に着席していた乗客であった。また、事故後の検死によって機長及び副操縦士の遺体からアルコールが検出されたが、遺体が低温保存されず、搭載飲料ボトルが破損飛散していたことなどから、検出アルコールの由来を特定することはできなかった。

人間と自動システムとの相反するコントロール

　航空機の縦方向の運動は、水平尾翼の揚力を増減させて重心回りのモーメントを発生させ、機体の姿勢角を増減させることによって行われ、その水平尾翼の揚力の増減は、エレベーターの舵角の変更によって行われる。
　1950 年代に出現した後退翼のジェット旅客機は飛行中の重心位置の変化が大きく、それまでのレシプロ旅客機のような固定型の水平安定板では縦方向のモーメント制御の負担が過大となるため、可動型の水平安定板（THS）が採用された（第 7 章参照）。パイロットは、その時の飛行状態において縦方向のモーメントが概ね釣り合う中立位置付近に THS の角度を調整し、エレベーターを操作しやすいようにし

た。

エレベーターと THS とは、このように航空機の縦方向の操縦において相互補完関係にあるが、この事故では、一方が機首下げ、他方が機首上げと、全く相反する働きを行った。この原因は、人間と自動システムが相反する指示を行っても、それを許容する設計となっていたことであり、このような人間と自動システムとの齟齬は、他型式の航空機や他産業においてもしばしば発生してきたことであった。

ただし、この事故において特に問題であったのは、次に述べるように、同系列型式機でこれに極めて類似した事例がすでに発生していたにもかかわらず、再発防止策が義務化されず、事故機にはその再発防止策が実施されていなかったことであった。

本事故前の類似事例

名古屋事故の約 9 年前の 1985 年 3 月 1 日、AP を使用して着陸のため降下中であった A300-600 が、事前に設定していた高度に到達したところで、AP が設定高度捕捉（ALT AQUIRE）モードから設定高度維持（ALT HOLD）モードに変化した。パイロットは、この変化をAP の解除と誤認し、降下を継続するためエレベーターを機首下げ方向へと操作したため、機体が設定高度以下に降下した。

AP は、設定高度に戻ろうとして THS を機首上げ方向に作動させ、パイロットは、機首を下げるためエンジン出力を減じたが、速度が 119kt まで低下したので、エンジン出力を再び増加したところ、姿勢角が一時的に 24°に達した。その後、AP の回復機能が作動し、正常飛行に戻ることができた。

このインシデントの発生により、エアバス社は、パイロットと AP との相反するコントロールを防止するため、1988 年にパイロットが操縦輪に一定以上の力を加えると、ほとんどの自動操縦モードにおいて、AP が解除される改修を導入し、事故機にも製造時にこの改修が実施された。

しかし、この時の改修はゴー・アラウンド・モードには適用されず、同モードにおいても操縦輪に一定の力を加えれば自動操縦装置が解除される改修が提示されたのは、1989 年及び 1991 年にゴー・アラウンド・

モード時に機体が異常姿勢になった次の2件のインシデントが発生した後の1993年のことであった。

1989年1月9日、ヘルシンキ空港に進入中のA300B4-203FFは、機長が誤ってゴー・レバーを操作し、対地高度860ftでゴー・アラウンド・モードに入り、APはTHSを機首上げ方向に作動させたが、機長は操縦輪を押して機首下げ操作を行った。APは途中で解除されたが、THSはすでに機首上げ側の-8°になっており、機長が進入を断念し一旦解除していたATHRを再びゴー・アラウンド・モードにした。このため、THSによる機首上げモーメントにエンジン推力増加の効果が加わり、機体姿勢角が35.5°に達し、速度は94ktまで減少したが、乗員はかろうじて機体姿勢を回復することこができた。

1991年2月11日、モスクワ空港に進入中のA310-304のパイロットは、対地高度1,275ftでAPをゴー・アラウンド・モードに入れたが、上昇率が大き過ぎると思い操縦輪を押し下げたが、APは設定された上昇姿勢を維持するためTHSをさらに機首上げ方向に作動させた。THSの機首上げモーメント、ATHRによるエンジン出力増加、及びフラップ上げ操作が相俟って、同機は急上昇し、姿勢角が88°に達して速度は30ktに低下した。同機は、高度4,327ftに達した後に失速状態になり、その後、失速降下と急上昇を繰り返したが、4回目の降下時にようやくその異常状態から脱出することができた。

事故機への改修はなぜ遅れたのか

名古屋事故は、誤ってゴー・レバーを操作したことにより入ったゴー・アラウンド・モードを解除することができなかったことが発端となっている。自動操縦のモードには縦方向の飛行を制御するモードと横方向の飛行を制御するモードがあるが、ゴー・アラウンド・モードは縦方向と横方向の双方を制御する共通（コモン）モードである。一般のモードの解除は他の1つモードを新たに選択すればよいのに対し、ゴー・アラウンド・モードの解除には縦方向と横方向の双方について新たなモードを設定する必要があった。

同機のマニュアルにはその解除手順が明記されていたが、副操縦士はその手順をとることができず、最後までゴー・アラウンド・モード

は解除されなかった。副操縦士が自動操縦装置の手順を知らなかったのか、一時的に失念したのかは不明であるが、1993 年に提示された改修が行われていれば、操縦輪に一定以上の力が加わった時点でゴー・アラウンド・モードは解除され、事故は回避された筈であった。

　では、なぜ同機の設計当初から改修後のような設計にしていなかったのだろうか。また、最初の類似インシデントの再発防止策として 1988 年に導入された改修によってほとんどの自動操縦モードが操縦輪に力を加えれば解除されるようになったが、ゴー・アラウンド・モードがその改修の対象から除外された理由は何であったのだろうか。

　さらに、事故の前年の 1993 年になってようやくゴー・アラウンド・モードでも操縦輪に力を加えれば解除される改修が導入されたが、その改修はなぜ事故機には実施されなかったのだろうか。

操縦輪に力を加えても解除されない AP

　自動操縦システムがパイロットの意図どおりに航空機をコントロールしていれば修正操作をする必要はないが、自動システムが自分の意図と異なったコントロールを行ったら、パイロットが介入する必要が出てくる。コントロールのずれが一時的なものであれば、AP を解除せずに操縦輪又はラダー・ペダルにより補正が行われるが、AP のコントロール量に補正量を付加するこの操作を「オーバーライド」と呼ぶ。

　事故機のエレベーターの場合、操縦輪に一定以上の力を加えると、AP のアクチュエータが機械的に舵面から切り離され、マニュアルでの操作となるが、操縦輪への入力を無くすと、AP のアクチュエータが舵面に再接続される。一方、THS は、機構上、オーバーライド中も AP がエンゲージされたままで AP に従った作動を続ける。

　オーバーライドに対し、AP を切り離して手動操作に移行することを解除（ディスコネクト／ディスエンゲージ）と言うが、解除せずに補正を行うオーバーライドでも操縦輪には力が加わるので、大きな力を加えないと解除されないようになっている。

　AP がゴー・アラウンドのために航空機を上昇させるコントロールを行っている時にパイロットが操縦輪を押し下げることは、明らかに

パイロットがゴー・アラウンドを止める意思を示しているので、このような時には AP が解除されるべきである。そのように設計すれば、人間と自動システムが相反するコントロールを行う事態は回避された筈であり、エアバス機でも A300 より後から開発された A320 等では当初からそのように設計されていた。

では、なぜエアバス社は、A300 等の同社の初期モデルについては、操縦輪に力が加わっても自動操縦モードが解除されないように設計していたのであろうか。

その理由は、エアバス社の初期モデルでは、A320 等とは異なり、舵面の動きが操縦輪にフィードバックされるため、乱気流時等に思わぬ動きをした操縦輪にパイロットが意図せず力を加えてしまうことをエアバス社が懸念したためと言われている。

エアバス社は、前述した 1985 年のインシデント発生後、操縦輪に一定の力が加えられた場合には、ほとんどの自動操縦モードが解除される改修を導入した。しかし、ゴー・アラウンド・モードともうひとつのモード（LAND Track（対地高度 400ft 以下））については、エアバス社は低高度において意図しないモード解除の危険性をより重視したために 1988 年の改修の対象外としたようである。

この結果、操縦輪に一定の力を加えれば、ゴー・アラウンド・モードも解除される改修が航空会社に提示されるのは、さらに 2 件のインシデント（1989 年及び 1991 年）が発生した後の 1993 年のことになった。

しかし、次に述べるように、この改修は義務化されず、中華航空はその改修を先延ばしすることとなった。

緊急性が認識されなかった改修

エアバス社は、1993 年 6 月 24 日、ゴー・アラウンド・モード作動中に対地高度 400ft 以上で操縦輪に 15kg 以上の力を加えた場合には AP が解除される改修を内容とする技術通報「SB A300-22-6021」（SB: Service Bulletin）を発行したが、その実施優先度は、必ず実施すべき「Mandatory」ではなく、実施を推奨するだけの「Recommended」であった。

このため、中華航空は改修に緊急性はないと判断し、自動操縦シス

テムを修理する次の機会まで改修を先延ばしする結果となった。事故
報告書は、事故前に発生していた 3 件のインシデントの重大性を考慮
すれば、この改修は耐空性改善命令（AD: Airworthiness Directive）と
すべきであったとして、エアバス社及びその監督当局であるフランス
航空局を批判している。

　前兆となる不具合が事故前にあったが、その是正措置に高い優先度
が与えられず、結果的に事故を防止できなかったことは、この事故以
前にも何度も繰り返されてきたことであった（例えば、1974 年のト
ルコ航空 DC-10 事故（346 名死亡）では事故前には貨物室ドア改修が
義務化されなかった（第 10 章参照）。）。

　なお、現在の国際民間航空条約第 8 附属書には、航空機の設計・製
造国は耐空性維持に必要な措置を AD として通知しなければならない
ことが規定されている[12]。

［自動化に関する FAA の調査報告（1996）］

　名古屋事故に大きな衝撃を受けた FAA は、欧州航空当局、NASA、
大学等も参加した研究チームを結成して、航空機の自動システムと乗
員とのインターフェイスについての調査研究を開始し、1996 年に研
究チームの報告書がとりまとめられた[13]。この研究チームの報告書は、
航空機の自動化に関する最も重要な調査報告書のひとつであり、2013
年にその追加調査報告書が発行されている[14]。

　1996 年の報告書は、冒頭で、名古屋事故の翌年に発生したアメリ
カン航空 B757 の事故[15]（1995 年 12 月 20 日にコロンビアで発生した CFIT
事故。159 名死亡。FMS への誤入力等が原因。TAWS/EGPWS 義務化のきっか
けとなった。）等に言及し、自動化の問題は名古屋事故の A300-600 の
み問題ではなく他の型式機にも共通する問題であると述べ、自動化の
進んだ多くの旅客機を調査対象とした。

　同報告書は、自動システムが乗員の予測外の作動をする「オート
メーション・サプライズ」、自動システムを解除すべき事態となって
も自動システムで対処しようとするなどの自動システムへの過度の依
存、自らの操作によらないモード変化には気付き難いこと、マニュア

ルや訓練の不備などにより自動システムの設計思想が乗員によく理解されていないこと、などの航空機の自動化にかかわる問題点を列挙し、FAA に対して関連する規則やガイダンスの改正を勧告した。

　FAA は、この勧告に基づき、改善措置を行っていったが[16]、自動操縦システムの設計基準の改正については、この勧告から約 10 年後のこととなった[17]。

参考文献

1. International Civil Aviation Organization, Cir.263-AN/157, Aircraft Accident Digest No. 37 - 1990, "Airbus A320-231, VT-EPN, accident at Bangalore, India on 14 February 1990, Report released by the Court of Inquiry, India", 1996
2. Government of India, Ministry of Civil Aviation, "Report on the Accident to Indian Airlines Airbus A320 Aircraft VT-EPN on 14th February, 1990 at Bangalore, by the Court of Inquiry Hon'ble Mr. Justice K. Shivashankar Bhat, Judge, High Court of Karnataka ", 1990
3. Airbus, "A320 Accident – Bangalore, 14 February 1990
4. India Today, "Dispute over findings", June 15, 1990
5. Ministry of Transport and Tourism, France, "Official Report of Commission of Investigation into the Accident on 20 January 1992 of Airbus A320 F-GGED near Mont Sainte-Odile（Bas-Rhin）", 1993
6. Federal Aviation Administration, "Final Rule, Ground Proximity Warning Systems, Turbine-Powered Airplanes", 1974
7. Federal Aviation Administration, "Special Federal Aviation Regulation No. 30, Ground Proximity Warning Systems, Turbine-Powered Airplanes", 1975
8. International Civil Aviation Organization, "Amendment 13 to Part 1 of Annex 6 to the Convention on International Civil Aviation", 1978
9. Briddon, A.E., Champie, E.A., and Marraine, P.A., "FAA Historical Fact Book", 1974
10. FAA Response dated 5/31/77 to NTSB Recommendation A-73-046
11. 運輸省航空事故調査委員会、「中華航空公司所属　エアバス・インダストリー式A300B4-622R型Bl816　名古屋空港　平成6年4月26日」、平成8年（1996年）
12. International Civil Aviation Organization, Annex 8 to the Convention on International Civil Aviation, Eleventh Edition, Part II, "4.2 Responsibilities of Contracting States in respect of continuing airworthiness, 4.2.1 State of Design", 2013
13. FAA Human Factors Team, "The Interface between Flightcrews and Modern Flight Deck Systems", 1996
14. Flight Deck Automation Working Group, "Operational Use of Flight Path Management Systems", 2013
15. Aeronautica Civil of the Republic of Colombia, Aircraft Accident Report, "Controlled Flight into Terrain, American Airlines Flight 965 Boeing 757-223, N651AA, Near Cali, Colombia, December 20, 1995", 1996
16. Federal Aviation Administration, Policy Statement Number ANM-99-01, "Improving

Flightcrew Awareness during Autopilot Operation", 2001

17. Federal Aviation Administration, 14 CFR Part 25 Amendment No. 25-119, "Safety Standards for Flight Guidance Systems", 2006

第20章
コミューター航空の安全規制、
バリュージェット DC-9
墜落事故（1991 ～ 1996）

　1990年代前半、米国ではコミューター機が相次いで墜落し、NTSB
は、FAA に対してコミューター航空の安全性向上を求める勧告を行っ
た。これを受け、FAA は、航空旅客サービスについては客席数 10 の
小型機からジャンボ機まで同一レベルの安全性を提供すべきとする理
念の下に、1995年末にコミューター航空に対する安全規制の抜本的
改正を行った。しかし、それから半年も経たないうちに低価格運賃に
より急成長を遂げていた新興航空会社の旅客機が墜落し、FAA は新
興航空会社の安全監督についても批判を受けることとなった。

［コミューター航空の安全規制］

　1990年代前半、米国の航空会社に対する安全規制は、使用する航
空機の大きさによって 2 通りに区分され、客席数が 30 を超える機材
を運航する場合にはより厳しい基準が適用されたが、30 以下であれ
ば緩和された基準が適用されていた。

　しかし、1991 年から 1994 年にかけて客席数が 30 以下のコミューター
機が相次いで墜落すると、航空会社の安全基準は、使用機材の大小に
かかわらず、同一であるべきではないかという意見が高まり、1995 年、
安全基準の適用区分がそれまでの客席数 30 から客席数 10 に引き下げ
る規則改正が成立した。

　この改正により、米国の航空旅客運送の大半がより高い安全性が求

められる基準の下で行われることとなったのであるが、そのきっかけ
となった1990年代前半の出来事を説明する前に、それまでの米国の
航空運送事業に対する安全基準の歴史的経緯を説明しておこう。

航空運送事業に対する安全規制の歴史的経緯

　米国の航空事業に対する公的規制は1926年の航空事業法（Air
Commerce Act of 1926）に始まるが、その規制内容は安全面が主体で、
航空事業に対する経済的規制はまだなかった（第2章参照）。米国の
航空会社は、1920年代前半までは大きな発展を遂げていなかったが、
1925年の航空郵便法（Air Mail Act of 1925）制定により航空郵便事業
が民間に委託されるようになると、航空郵便路線を基盤として航空旅
客路線網を展開していった。しかし、航空郵便法により各路線1社の
独占事業が保障されていた航空郵便事業とは異なり、航空旅客輸送事
業には法的な参入規制がなかったため、激しい価格競争が始まり運賃
が引き下げられるようになり、大手航空会社は、航空運送事業も鉄道
事業と同様に、路線免許制を導入して運賃規制を行うべきであると主
張するようになった。

　そのような時期、航空郵便事業を巡る不祥事が明るみに出たこと
などもあり、1938年に施行された民間航空法（Civil Aeronautics Act of
1938）により、航空会社に対する規制として、それまでの安全規制に
加え、経済免許制度、運賃規制、不公正競争排除などの広範な経済規
制が導入された（第4章参照）。

　そして、第二次世界大戦後、軍から多数の余剰の航空機とパイロッ
トが民間航空に転じ、多くの不定期航空会社が出現すると、当時、航
空事業の経済的規制を行っていたCAB（Civil Aeronautics Board）は、
不定期航空会社に対する新たな規則を制定したが、最大離陸重量が
12,500lbs（当初、10,000lbs以下であったが、1949年に12,500lbsに引き上げら
れた。）未満の小型機を使用する事業については規制の適用を免除し
た（CAR 42.1 and 42.11）[1, 2]。

　その後、小型機を使用した航空事業については、経済規制の適用
除外措置が1952年に連邦規則のひとつの章（Part 298 of Title 14 of the
Code of Federal Regulations）として恒久規則化され、安全規制につい

ては、1964 年に民間航空規則（CAR 42（a）: Certification and Operation Rules for Commercial Operators and Air Taxi Operators; Small Aircraft）から連邦航空規則（注）（FAR 135: Air Taxi Operators and Commercial Operators）に再編された。

（注）「Title 14 of the Code of Federal Regulations」のうち、FAA が所管する Volume 1 ～ 3（Part 1 ～ 199）は、「連邦航空規則」（FAR: Federal Aviation Regulations）とも言及されている[3]。

　CAB は、1969 年に上記の経済規則（Part 298）を改正し、コミューター航空会社（Commuter Air Carrier）を「公表したフライトスケジュールに従って、2 つ以上の地点間を週 5 回以上往復運航するエアタクシー会社」などと定義し、その運航機材については、1972 年に客席数 30 以下及び有償搭載量 7,500lbs 以下とし、1978 年の航空規制撤廃法（Airline Deregulation Act of 1978）の後、その制限を客席数 60 以下及び有償搭載量 18,000lbs 以下まで拡大した。一方、安全規制については、FAR 135 が適用される機材の上限が 1978 年に客席数 30 及び有償搭載量 7,500lbs（改正前の Part 298 の適用上限と同じ）に引き上げられた[4]。

　1978 年の航空規制撤廃以降、大都市間の大需要路線（トランク・ライン）は大手航空会社が大型機を運航し、大都市から地方都市への接続路線（フィーダー・ライン）はコミューター航空会社が小型機を運航する路線構成（大都市を車輪のハブ、放射状に延びるフィーダー路線をスポークに見立て、ハブ・アンド・スポーク・システムと言われた。）が主流を占めるようになったが、コミューター機の運航の大半は、大手航空会社と便名を共有する「コード・シェアリング」によって行われたため、旅客は大手航空会社の運航便と信じてコミューター機に搭乗することが一般的であった。
　このような時期、コミューター機の事故が連続し、コミューター機には大手航空会社の大型機とは異なる安全基準が適用されてきたことに対する批判が高まることとなった。

コミューター機の事故（1991〜1994）

　コミューター航空は、1978年の航空規制撤廃後、急速にその事業規模を拡大していったが（**図 20-1**）、事故も多発し、事故発生率は大手航空会社の数倍に達した。このため、様々な安全対策が講じられ、1980年代に事故率が約1/4まで急速に低下したが、1980年代後半から事故率の低下が停滞し（**図 20-2**）、1990年代前半のコミューター航空の事故率は大手航空会社の2倍程度に高止まりしていた[5]。

　このような時期に、次のようなコミューター機の大事故が相次いだのである。

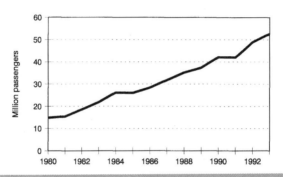

図 20-1　米国リージョナル・エアライン乗客数（1980-1993）[4]

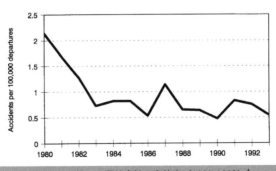

図 20-2　FAR135 運航会社の事故率（1980-1993）[4]

図 20-3　他社の同型機（Radoslaw Idaszak）

Beechcraft 1900C 墜落事故（1991 年 12 月 28 日）

　ビジネス・エクスプレスは、デルタ航空と提携運航を行っていた地域航空会社（リージョナル・エアライン）であったが、その運航機の 1 機であるビーチクラフト 1900C（双発ターボプロップ、客席数 19）（**図 20-3**）が夜間に計器飛行を模擬した訓練飛行中、ロードアイランド州沖の洋上に墜落し、教官と訓練生 2 名が死亡した。教官の不適切な指導及び会社管理部門の訓練プログラムに対する不適切な監督が事故原因とされ、FAA の会社に対する監督も不十分であったと批判された[6]。

Beechcraft 1900C 墜落事故（1992 年 1 月 3 日）

　US エア・エクスプレスの便名で運航していたコミュータエアのビーチクラフト 1900C は、早朝でまだ暗く雲がある中をニューヨーク州の地域空港に進入中、山に衝突し、乗員 1 名乗客 1 名が死亡し、乗員 1 名乗客 1 名が重傷を負った。事故原因は、機長が操作と判断を誤ったこと及び副操縦士が飛行状況の監視を怠ったこととされた[7]。

Beechcraft C99 墜落事故（1992 年 6 月 8 日）

　GP エクスプレス・エアラインズのビーチクラフト C99（双発ターボプロップ、客席数 15）は、アラバマ州アニストン空港に進入中、

管制のレーダー誘導下にあると誤信して誤った経路を飛行し、地表に衝突して機長と乗客 2 名が死亡し、副操縦士と乗客 2 名が重傷を負った。事故発生時刻は午前 8 時 52 分で、空港周辺には霧があり視程は 3 マイルであった[8]。

　陸軍のヘリコプター・パイロットから民間に転身した 29 歳の機長は、ターボプロップ機の操縦経験が全くないまま、事故の前月に GP 社に雇用され、同社での短時間の訓練の後、同社の FAA 指定パイロットにより FAR135 の機長認定を受けた。同社の訓練プログラムは、FAA の認可を受けており、この機長認定に手続き上の瑕疵はなかった。一方、24 歳の副操縦士は、事故の先々月に同社に雇用され、同社の訓練プログラムに従って同様に FAR135 の乗員資格を取得していた。事故当日は、機長が初めて監督なしで旅客飛行を開始した日であり、さらに副操縦士と飛行するのも初めてであった。

　事故報告書は、GP 社の不適切な乗員採用方法、不適切な乗員訓練プログラム、経験の浅いパイロット同士を組み合わせた不適切な乗員管理、マニュアルの不備、運航管理の不備等が事故を引き起こしたと述べている。また、事故発生時に機長と副操縦士の役割が逆転していたこと、GPWS が装備されていたならば事故が回避された可能性があったことなども指摘されている。

　なお、同社の同型機が、翌年の 1993 年 4 月 28 日にネブラスカ州で訓練飛行中に禁止されている曲技飛行を行って墜落し、搭乗していた教官と訓練生の 2 名が死亡するという事故も起こしている[9]。

Jetstream BA-3100 墜落事故 （1993 年 12 月 1 日）

　ノースウエスト航空と提携しノースウエスト・エアリンクの便名で運航していた Express II 社のジェットストリーム BA-3100（双発ターボプロップ、客席数 19）（**図 20-4**）は、ミネソタ州ヒビング空港に進入中、滑走路手前 2.89nm に墜落し、乗員 2 名乗客 16 名の搭乗者全員が死亡した。事故発生時刻は 19 時 50 分、雲高 400ft、視程 1 マイルであった[10]。

　操縦は機長が行っていたが、降下開始が遅れ、大きな降下率で高度を下げ、最低降下高度以下に降下して地表に衝突したものであった。

図20-4　同社の同型機（Alain Durand）

機長には以前から問題行動が多く、副操縦士に威圧的な態度をとっており、事故発生時、乗員間の連携が破綻していた。

事故報告書は、夜間の計器気象状態の中での進入中において乗員間連携の破綻と高度認識の喪失をもたらした機長の行動が事故原因であるとするとともに、会社経営管理部門が機長のそれまでの問題行動に適切の対処してこなかったこと、以前から知られていた計器進入方式の誤りが正されてこなかったこと、及びFAAが同社を適切に監督してこなかったことも事故発生に関与したと指摘した。

また、この事故でも、GPWSが装備されていれば事故が回避された可能性が高いことが指摘されている。

Jetstream 4101 墜落事故（1994年1月7日）

ユナイテッド・エクスプレスの便名で運航していたアトランティック・コースト・エアラインズのジェットストリーム 4101（双発ターボプロップ、客席数 30（客室乗務員用座席を含む））（**図 20-5**）は、オハイオ州ポート・コロンバス空港に進入中に失速して滑走路手前 1.2nm に墜落し、機長、副操縦士、客室乗務員及び乗客 2 名が死亡し、他の 3 名の乗客中の 2 名が軽傷を負った。事故発生時刻は、23 時 21 分、当時の気象条件は、雲高 700ft、視程 2.5 マイルで、小雪が降っていた[11]。

機長は、オートパイロットを入れて進入を行っていたが、同機には

図 20-5　同社の同型機（Aero Icarus）

　オートスロットルが装備されておらず、飛行経路はオートパイロットによって維持されていたが、推力を調整して速度を適正に保つことは乗員が行う必要があった。しかし、チェックリストの実施遅れなどにより速度監視が疎かになって機速が低下し、オートパイロットが経路を維持しようとしてピッチ角を増大させたため、失速を警報するスティック・シェーカーが作動した。
　この作動によりオートパイロットが解除されたが、機長が推力を増加させずに機首上げ操作を行ったため、迎角がさらに失速領域に近づき、失速防止機能であるスティック・プッシャーが作動した。しかし、機長は、スティック・プッシャーに抗して、大きな機首上げ操作を行った。この時には、スロットルレバーが前に進められたが、推力はすぐには増加せず、機長がフラップを上げるという誤りをさらに犯したため、同機は失速して空港手前に墜落した。
　35歳の機長は、事故の約2か月前に機長に昇格したばかりで、同社が事故の約8か月前に米国に初めて導入した新型の「グラス・コックピット」機である同機の自動システムには十分習熟していなかった。また、29歳の副操縦士も同社に採用されてからまだ約半年しか経っていなかった。
　事故報告書は、失速に至った乗員の判断及び操作などが事故原因であるとするとともに、経験の浅い乗員の組合せを新型機に乗務させた

同社の乗員管理（乗員組合との協定で、年功序列の高い乗員を既存機に配置し、若年乗員を新型機に多く配置せざるを得なかったという事情もあった。）や乗員訓練、FAAの同社に対する監督に関する問題点なども指摘している。

Jetstream 3201 墜落事故（1994 年 12 月 13 日）

　アメリカン航空の地域航空部門であるアメリカン・イーグルは、当時、地域航空会社 4 社と提携し、大都市空港からのフィーダー路線を運営していた。アメリカン・イーグルは、地域航空会社 4 社の乗員訓練、乗員計画、路線計画などを行っていたが、路線運航そのものは地域航空会社が行っていた。

　フラッグシップ航空もその地域航空会社の 1 社で、アメリカン・イーグルの便名で運航を行っていたが、アメリカン・イーグル 3379 便として運航を行っていた同社のジェットストリーム 3201 機（双発ターボプロップ、客席数 19）（**図 20-6**）は、ノースカロライナ州ローリー・ダーラム空港に進入中、滑走路手前の約 4nm の地点に墜落し、乗員 2 名乗客 13 名が死亡し、他の 5 名の乗客が重傷を負った。事故発生時刻は、18 時 34 分、当時の気象条件は、雲高 500ft、視程 2 マイルで、小雨が降っていた[12]。

　飛行記録、音声記録及びレーダー記録から再現された事故機の最後

図 20-6　同社の同型機（Ken Fielding）

の数分間の状況は次のとおりであった。

　同機が空港への最終進入経路に入り、機速160kt以下に減速しながら高度2,100ftを降下していたところ、左エンジン表示灯のひとつ（イグニッション・ライト）が点灯した。機長が「なんで、このイグニッション・ライトが点くんだ？　フレームアウトしたのか？」と言い、その後の数秒間、副操縦士とエンジンの状態について話し合っている間に機体が左に偏向し、高度約1,800ftを維持したまま、機速が140ktから122ktに減少した。

　しかし、このライトの点灯はエンジン出力が一時的遷移状態にあることを示すもので、実際にはエンジンに異常は生じていなかったのであるが、機長は、エンジンに異常発生と信じ、復行を決断して「最大出力にセット。」と言った。その時、失速警報が鳴り、左への旋回率が増大し、副操縦士が「機首を下げてください、機首を下げてください、機首を下げてください！」と言ったが、高度は約1,800ftのまま、機速が約119ktまで減少し、左への旋回率が5°/secに増加した。

　ここで、失速警報が再び鳴り、機速が111ktから103ktに減少した。副操縦士が「機首を下げてください！」と言った後、続けて「違う、（踏むのは）違う足です、違うエンジンです！」と言ったが、降下率が急激に増加して10,000ft/minを超えた。同機は、地上に衝突する数秒前に垂直加速度が2.5Gに達する引き起こし操作が行われ、姿勢がやや回復したものの、滑走路から4nm手前の木の生い茂る民有地に墜落した。

　事故報告書は、機長の経歴について次のように記述している。

　同機の29歳の機長は、同社に雇用される前、別の地域航空会社（Comair）でサーブSF340の副操縦士を務めていたが、同乗した機長が判断能力や技量に問題ありと進言し、当該社との雇用契約が打ち切られることになった。その後、機長は、同社に応募したところ、採用が決まり、1991年に当該社を辞任して同社の副操縦士として雇用された。その後、FAAの型式限定試験に不合格になったが、再試験で合格し、1992年末に同社の機長に昇格した。しかし、同社内でも機長の評価は高くなく、機長との同乗を拒否する副操縦士もあったとされている。

一方、事故機の副操縦士は、同社内で平均レベル以上と評価されていた。

事故報告書は、事故原因については、エンジンが故障したと機長が誤認し、その後の操作も不適切だったことであるとし、事故の関与要因として、アメリカン・イーグル及びフラッグシップ航空の経営管理部門が乗員の技量及び訓練の欠陥を是正してこなかったことなどを挙げている。

また、機長がエンジン故障と誤認したことについては、イグニッション・ライト点灯をエンジン故障に結び付けるようなアメリカン・イーグルの訓練にも問題があったとされ（訓練が不適切な効果をもたらす「negative training」であったとしている。）、さらに、乗員雇用に際しての経歴確認上の問題点、FAAの不十分な監督、不適切な装備品（事故機は、代用品を装備する条件の下でGPWSの装備が猶予されていたが、FAAはその代用品の基準を満足していないものの装備を承認していた。）、CRM上の問題点（機長のみならず副操縦士にも問題があった。）なども指摘されている。

コミューター航空の安全に関する NTSB の調査

NTSBは、1994年11月に「コミューター航空会社の安全」と題する調査報告書を公表し、次のように、コミューター航空の安全性向上を求めた。

［報告書要旨］

コミューター航空は、過去15年間に目覚ましい発展を遂げ、安全性も向上してきたが、その事故率はいまだに大手航空会社の2倍に達している。　多くの地域航空会社は、大手航空会社とコード・シェアリングを行い、自社の機体を大手航空会社の機体に類似した色彩に塗装して大手航空会社の便名で運航し、チケットの予約販売も大手航空会社が行っており、乗客の多くは、地域航空会社の運航と大手航空会社の運航との区別が付かず、地域航空会社の小型機には大手航空会社の大型機とは別の安全規制が適用されていることを知らない。

CABの経済規則は、1978年の航空規制撤廃法以降、その適用対象

航空機を客席数 30 以下から客席数 60 以下に拡大したが、FAA の安全
規則においては、客席数 30 以下は FAR135 が適用され、それを超え
る大型機には FAR121 が適用されている。「地域航空（リージョナル・
エア）」と「コミューター航空」とは、しばしば同義に用いられてい
るが、本報告書においては、FAR135 が適用される旅客運送事業を「コ
ミューター航空」と称する。

　FAR121 と FAR135 とでは、運航管理、安全装備の義務付け、客室
乗務員の乗務義務、乗員の訓練、乗員の飛行勤務時間の制限、航空機
の整備など、多くの点で適用される基準が異なっている。

　また、事故率については、FAR135 運航機は、FAR121 運航機の 2 倍
程度となっており、1991 年から 1994 年にかけて重大な事故を発生し
ている。

　FAA は、これまでに乗員訓練や航空機型式証明基準の改正などを
通じてコミューター航空の安全性向上を図ってきたが、NTSB は、本
調査結果を踏まえ、次の勧告を行うこととした。

・FAA は、客席数 20 以上の航空機による全ての定期旅客運送が
　FAR121 の下で実施されるよう措置すること（A-94-191）、また、客
　席数 10 〜 19 の航空機による全ての定期旅客運送についても、可能
　な限り、FAR121 又はその同等基準の下で実施されるよう措置する
　こと（A-94-192）。
（以下、略）

FAR121/135 の改正

　1993 年から 1994 年にかけてコミューター航空の重大事故が多発し
たことにより、コミューター航空の安全性について米国社会一般の関
心が高まり、議会でも公聴会が開催された。このような状況において、
FAA は、1995 年 3 月、NTSB の勧告も踏まえ、コミューター航空に対
する安全規制を抜本的に改正する連邦航空規則の改正案を公表した
[13]。この改正案は、それまで FAR135 が適用されていた客席数 10 〜 29
の小型飛行機などにも FAR121 を適用するとともに、新たに FAR119
を創設して航空運送事業の安全性に係る認可手続きを整理するなど、

航空旅客サービスについては客席数10の小型機からジャンボ機まで同一レベルの安全性を提供すべきとする理念の下に[14]、航空運送事業の安全規制を大幅に見直す内容のものでああった。

この改正案に対しては、総論としては賛成意見が多かったものの、安全装備の規制強化などについてはコスト負担が大きいなどとして航空業界からの強い反対意見もあったが、FAAは、1995年12月、改正案に小修正を加えて、コミューター航空に対する新たな安全規則を制定し、これにより、客席数10以上の飛行機（ターボジェット機については、座席数にかかわらず、全て）による定期航空旅客運送事業の安全規制は、一定の猶予期間の後に全て、FAR121によって行われることとなった[15]。

しかし、この改正から半年も経たないうちに、今度は低価格運賃によって急成長を遂げていた新興航空会社の旅客機が墜落し、多数の乗客が死亡する惨事が発生した。

［バリュージェットDC-9墜落事故（1996）］

1996年5月11日、新興航空会社のバリュージェット（ValuJet）（注：「Value Jet」ではない。）592便DC-9-32型機（**図20-7**）は、フロリダ州マイアミ国際空港からアトランタに向かって出発した直後に機内で火災が発生し、空港に引き返そうとしたが、離陸から約10分後の14

図20-7　同社の同型機（JetPix）

図 20-8　墜落によるクレーター（NTSB）

時 13 分 42 秒、空港から北西に約 17 マイル離れたエバーグレイズの湿原地帯に墜落し（図 20-8）、パイロット 2 名、客室乗務員 3 名及び乗客 105 名の搭乗者 110 名全員が死亡した[16]。

墜落までの飛行経過

DC-9 には、他機から取り下ろされた多数の客室減圧時用酸素発生器（図 20-9）が、誤作動防止用の安全キャップ（図 20-10）を取り付けずに前方貨物室に搭載されていた。箱詰めされた酸素発生器が

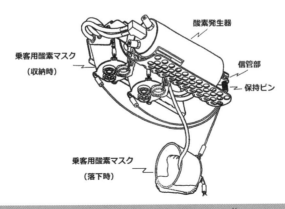

図 20-9　客室減圧時の酸素供給システム[16]

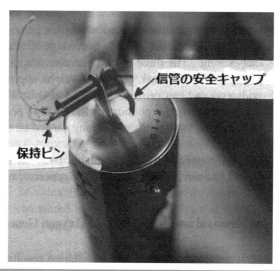

図 20-10　酸素発生器の安全キャップ[16]

ネット等により固定されずに搭載され、搭載時あるいは出発直後に何個かの酸素発生器が作動して酸素を発生し始めるとともに高熱を発生した。そして、離陸から約6分後、DC-9 が高度約 10,000ft を上昇中、酸素発生器の段ボール箱に接して積まれていたランディング・ギアのタイヤ（主脚タイヤ2本及び前脚タイヤ1本）が着火して破裂した（操縦室音声記録装置（CVR: Cockpit Voice Recorder）にタイヤの破裂音を聞いた機長の「あれは何？」と言う声が記録されている。）。

　前方貨物室内では、多数の酸素発生器やタイヤなどが次々と燃え、火災の熱で貨物室の上方の床面が崩落して、DC-9 の電気系統や操縦系統に異常が発生した。床面を貫通した火炎は、客室内に燃え広がり、客室内は煙と炎が充満した。DC-9 は出発時に操縦室と客室のインターフォンが故障しており、客室乗務員は機長に客室の状況を報告するために操縦室のドアを開け、その際に操縦室にも煙が大量に流入したものと思われるが、機長と副操縦士は、酸素マスクを着用せずに事態への対処を継続した。

　機長は管制に空港に戻ると連絡して空港に向かったが、途中で機体

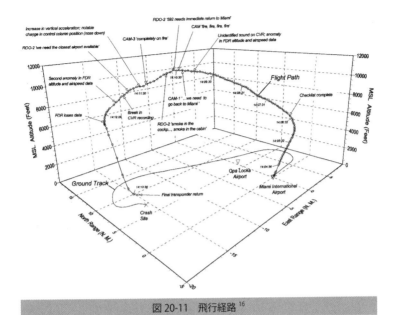

図 20-11　飛行経路[16]

はコントロールを失い、DC-9 は離陸から約 10 分後にエバーグレイズの湿地帯にほぼ真っ逆さまの姿勢で墜落した（図 20-11）。DC-9 がコントロールを失ったことについては、事故報告書は、前方貨物室の上の床面の変形による操縦系統の損傷が原因である可能性が高いが、煙や有毒ガスにより機長と副操縦士が心身機能を喪失した可能性も否定できないとしている。

多数の規定違反による危険物搭載

　事故の原因となった酸素発生器は、バリュージェットの整備作業を受託していたセイバー・テク社（Sabre Tech Corporation）の数々の規定違反、虚偽記録作成などによって、必要な安全措置が講じられないまま、DC-9 に搭載されたものであり、後述するように、事故後に同社とその従業員が刑事訴追された。そして、バリュージェット及び FAA も、同社に対する適切な監督を行っていなかったことが厳しく批判された。

414　第20章

　バリュージェットは、低価格運賃を売り物として急成長を遂げた新興航空会社であり、コスト削減の一環として自社の重整備施設を保有せずに整備作業の多くを外注化し、重整備作業をセイバー・テク社（同社は、航空機の修理改造作業について FAR145 に基づく FAA の認定を受けていた。）に委託していた。整備作業等を外注すること自体は、関連する規定を整備して外注作業の監督を適正に行う限りは何の問題もないが、この整備作業外注は、規定類に不備があった上、作業監督も不十分であった。なお、この事故を発生する前から同社には多数の安全上の問題が指摘されており、事故発生当時、同社に対する FAA の特別監査が実施されていた最中であった。

　事業を拡大していたバリュージェットは、新たに 3 機の中古の MD-82 型機を購入し、その整備作業をセイバー・テク社に委託した。同社が客室用酸素発生器の有効期限（製造後 12 年）を調べたところ、3 機のうちの 2 機の酸素発生器は、その大半が有効期限切れであったため、それらの全てを交換することとなった。この酸素発生器は、上部の信管を作動させて内部の薬剤に化学反応を起こして酸素を発生させる仕組みになっており、保管や輸送をする時には信管が誤作動しないように安全キャップを取り付ける必要があった。

　しかし、セイバー・テク社の作業員は、MD-82 に新たに取り付ける酸素発生器の方に注意を集中し、作業スケジュールが厳しい中、取り下ろした酸素発生器に安全キャップが取り付けられていないことを気に留める作業員はなく（作業員は、非常勤の比率が高く、教育訓練も十分になされていなかった。）、作業カードには必要な全ての作業が完了したと記録が行われた。作業完了を確認する検査員の中には、安全キャップが取り付けられていないこと気付き、それに不安を覚えた者もいたが、その検査員も、上司から、後でちゃんと処理されると言われ、安全キャップの取付けも含めた作業の全てが完了したことを意味する完了のサインを行った。

　なお、当時、バリュージェット社の職員 3 名がセイバー・テク社に駐在していたが、そのうちの 2 名はこの問題に気付かず、1 名のみが安全キャップが取り付けられていないことに気付き、セイバー・テク社側にそれらの酸素発生器を危険廃棄物として処分するように注意し

たと述べている。しかし、セイバー・テク社側はそのような注意を受けた事実はないと否定した。

取り下ろされた百数十個の酸素発生器は段ボール箱に詰められ、一旦、整備施設内に保管されていたが、後日、ランディング・ギアとともにセイバー・テク社のアトランタにある施設に搬送されることになり、それらの送付状が作成されたが、その送付状の酸素発生器の欄には「酸素容器 ― 空」と記入された。「空」と記入したことは、記入した事務員の誤解によるものであったが、その結果は重大であり、送付状を見た者が、段ボール箱の中身は空の容器なので危険物には該当しないと考えても不思議ではなかった。なお、爆発物、可燃物等の危険物の空輸には厳しい条件が課せられており、バリュージェットの規定では危険物の空輸は行わないことになっていた。

事故報告書は、空輸のために酸素発生器の入った 5 箱の段ボール箱を DC-9 の前方貨物室に搭載した作業者とその搭載を認めた副操縦士については、容器の中が空であり危険物に該当しないと思わせる表示が付いていたことから、彼等の行為を非難することはできないとしているが、数々の規定違反と記録に虚偽の記載を行ったセイバー・テク社とその職員、作業監督を適切に行っていなかったバリュージェット社とその職員、及びそれらの監督が不十分であった FAA については、それぞれ厳しい批判を行っている。

貨物室の防火区分

酸素発生器とタイヤが搭載されていた DC-9 の前方貨物室は、耐空性基準における貨物室の防火上の区分で「D 級」（Class D）とされていた。D 級は、飛行中に火災が発生した場合には、貨物室の外には燃え広がらないように火災を貨物室内に封じ込め、新たな空気の流入を制限して火災の自己鎮火を促すという基本的考え方の下に作られた区分で、貨物室内には煙探知機や消火設備の設置が求められていなかった。

貨物室の防火区分は、現在の連邦航空規則第 25 章（FAR25: Federal Aviation Regulation Part 25）の前身である民間航空規則第 4 章（CAR4: Civil Air Regulations Part 4）の 1945 年改正（1946 年発効）において「A

級」から「C級」が定められ[17]、その後、CAR4bの1952年と1959年の改正で「D級」と「E級」（貨物専用機の貨物室区分）がそれぞれ追加されたものである。基準制定当時の旅客機には大きな貨物室がなく、内部の空気量も限られていたので、貨物室から発火しても、新たな空気が流入しなければ、想定どおりに自己鎮火したが、やがて貨物室が大容量化し、想定とは異なる事態が発生した。

　大容量の貨物室内には大量の空気が存在するので、内部で発火すれば一定時間は燃焼が継続し、内張りの防火材の耐火性が十分でなければ、隔壁が貫通し、新たな空気が貨物室内に流入して火災が拡大するおそれがあった。そして、そのような事態が現実に発生したのが、1980年8月19日に発生したサウジアラビア航空L-1011の事故であった。この事故では、大容量のD級貨物室から発生した火災が隔壁を貫通して客室に燃え広がり、搭乗者301名全員が死亡し、航空機火災事故としては史上最大の犠牲者を生じる大惨事となった（第14章参照）。

　さらに、1988年2月3日にアメリカン航空のDC-9-83型機のD級貨物室に搭載された化学物質（過酸化水素とオルトケイ酸塩の混合物）から火災が発生し、客室に煙が立ち込める事例も発生した。幸いにも、この事例では着陸後に搭乗者全員が無事に緊急脱出できたが[18]、NTSBは、L-1011事故も踏まえ、D級貨物室にも火災・煙探知機及び消火設備の設置を求める勧告（A-88-122,-123）を行ったが[19]、FAAは、それらの安全装備の追加による便益は費用に見合ったものではないとして、1993年にNTSBの勧告を退けていた。

　D級貨物室についてはこのような経緯があったが、バリュージェット事故の発生によって、FAAはD級貨物室の見直しを決定し、耐空性基準における貨物室防火区分からD級を廃止するとともに、既存機のD級貨物室については、2001年までに煙探知機等の設置が求められる「C級」又は「E級」に改造することを求める基準改正案を公表した[20]。

　この基準改正案については、コミューター機を運航する地域航空会社の団体等から小型輸送機の貨物室を改造することは非現実的であるとの意見があり、コミューター機等の運航規則であるFAR135の下で

運航される航空機の貨物室改造は見送られたが、その他の部分については、ほぼ原案のまま採用され[21]、2001 年以降、米国航空会社機からは火災警報器や消火設備がない D 級貨物室がほぼ消滅することとなった（飛行中に出火しても乗員がすぐに発見して消火できる「A 級」貨物室には警報器及び消火設備が要求されず、飛行中でも接近が容易で乗員が携帯消火器で消火できる「B 級」貨物室には消火設備が要求されていない。）。

刑事訴追

　事故後、取り下ろした酸素発生器に必要な安全措置を行わず、また整備記録に虚偽の記載を行ったセイバー・テク社とその従業員 3 名が告発され、サイバー・テク社に罰金が課せられた。3 名の従業員のうち 2 名は無罪となったが[22]、1 名は裁判所に出廷せず、法廷侮辱罪で有罪となり[23]、現在も逃亡中である[24]。なお、米国航空会社の事故に関連して米企業が刑事訴追されたのは、これが初めてのケースである[25]。

参考文献

1. Civil Aeronautics Board, "Civil Air Regulations Draft Release No.58: Suggested New Part 42 of the Civil Air Regulations – Nonscheduled Air Carrier Certification and Operation Rules", 1945

2. Civil Aeronautics Board, "Civil Air Regulations Part 42 – Irregular Air Carrier and Off-Route Rules", 1949

3. Federal Aviation Administration, FAA-H-8083-30, "Aviation Maintenance Technician Handbook, Chapter 12", 2008

4. Federal Aviation Administration, "Regulatory Review Program: Air Taxi Operators and Commercial Operators", 1978

5. National Transportation Safety Board, "Safety Study - Commuter Airline Safety", 1994

6. National Transportation Safety Board, "Aircraft Accident / Incident Summary Report, Loss of Control Business Express Inc., Beechcraft 1900C N811BE, Near Block Island, Rhode Island, December 28, 1991", 1993

7. National Transportation Safety Board, "Aviation Accident Final Report, Accident Number: DCA92MA016", 1994

8. National Transportation Safety Board, "Aircraft Accident Report, Controlled Collision with Terrain, GP Express Airlines, Inc., Flight 861, A Beechcraft 699, N118GP, Anniston, Alabama, June 8, 1992", 1993

9. National Transportation Safety Board, "Aircraft Accident / Incident Summary Report, Controlled Flight into Terrain, GP Express Airlines, Inc., N115GP, Beechcraft C99, Shelton, Nebraska, April 28, 1993", 1994

10. National Transportation Safety Board, "Aircraft Accident Report, Controlled Collision with Terrain, Express II Airlines, Inc., Northwest Airlink Flight 5719, Jetstream BA-

3100, N334PX, Hibbing, Minnesota, December 1, 1993", 1994

11. National Transportation Safety Board, "Aircraft Accident Report, Stall and Loss of Control on Final Approach, Atlantic Coast Airlines, Inc. / United Express Flight 6291, Jetstream 4101, N304UE, Columbus, Ohio, January 7,1994", 1994

12. National Transportation Safety Board, "Aircraft Accident Report, Uncontrolled collision with Terrain, Flagship Airlines, Inc., dba American Eagle Flight 3379, BAe Jetstream 3201, N918AE, Morrisville, North Carolina, December 13, 1994", 1995

13. Federal Aviation Administration, NPRM No. 95–5, "Commuter Operations and General Certification and Operations Requirements", 1995

14. Federal Aviation Administration, "Historical Chronology 1926-1996, Dec 14, 1995: FAA announced the Commuter Safety Initiative"

15. Federal Aviation Administration, Amendment Nos. 91–245, 119, 121–251, 125–23, 127–45, 135–58, SFAR 50–2, SFAR 71 and SFAR 38–12, "Commuter Operations and General Certification and Operations Requirements", 1995

16. National Transportation Safety Board, "Aircraft Accident Report, In-Flight Fire and Impact with Terrain, Valujet Airlines Flight 592, DC-9-32, N904VJ, Everglades, Near Miami, Florida, May 11,1996", 1997

17. Civil Aeronautics Board, "Civil Air Regulations Amendment 04-1, Fire Prevention in Air Carrier Aircraft", 1945

18. National Transportation Safety Board, "Aviation Incident Final Report, McDonnell Douglas DC-9-83, N569AA, Nashville, TN, February 3, 1988", 1988

19. National Transportation Safety Board, "Safety Recommendations, A-88-121 through -128", 1988

20. Federal Aviation Administration, "NPRM No. 97-10, Revised Standards for Cargo or Baggage Compartments in Transport Category Airplanes", 1997

21. Federal Aviation Administration, "14 CFR Parts 25 and 121 Amendment Nos. 25-93 and 121-269, Revised Standards for Cargo or Baggage Compartments in Transport Category Airplanes", 1998

22. The New York Times, Article published on December 7, 1999, "Contractor Found Guilty in Trial on ValuJet Crash"

23. U.S. Department of Transportation, News Release dated October 13, 1999, "Mechanic in SabreTech Case, Indicted for Contempt of Court"

24. United States Environmental Protection Agency, News Release dated December 10, 2008, "Compliance and Enforcement"

25. Michaelides-Mateou, S., and Mateou, A., "Flying in the Face of Criminalization: The Safety Implications for Prosecuting Aviation Professionals for Accidents", Ashgate, UK, 2010

第 21 章
TWA B747 空中爆発事故（1996）、
スイス航空 MD-11 空中火災事故(1998)、
電気配線システムの安全性基準 (2007)、
定量的安全性評価基準の制定経緯
(1953 ～ 1982)

　航空機の経年化対策は 1990 年代までは機体構造関係に集中していたが、TWA B747 空中爆発事故（1996 年）及びスイス航空 MD-11 空中火災事故（1998 年）を契機として、電気配線等のシステムの経年化対策が抜本的に強化されることとなった。本章では、これらの経緯とその背景にある安全性評価の基本基準についてご説明する。

［TWA B747 空中爆発事故］

　1996 年 7 月 17 日、TWA800 便 B747-131 型機は、ニューヨーク JFK 空港を離陸して約 12 分後の 20 時 31 分、上昇飛行中に機体中央部で爆発が発生、機体が分断されて海上に墜落し（図 21-1）、乗員 18 名乗客 212 名の搭乗者 230 人全員が死亡した。事故直後にはテロ、ミサイル誤射説などが流布されたが、機体残骸が海中から揚収され（図 21-2）、その調査結果などから、中央翼タンク内で気化燃料と空気が混合した可燃性気体が爆発したことが突き止められた[1]。

　この事故は、それまでは機体構造関係に集中していた航空機の経年

図 21-1　分断された機体の墜落経路[1]
（機体中央部の一部が分離した後に機首部が分離落下し、機体後部が最後に落下）

図 21-2　機体残骸の引揚げ作業[1]

化対策が、電気配線等のシステム関係についても強化される契機となるなど、その後の航空機の安全対策に大きな影響を与えた。

中央翼タンク

B747-100系列型機の燃料タンクは、左右の主翼にそれぞれ3つと中央翼に1つが配置されていた（**図 21-3**）。TWA800便は、運航に必要

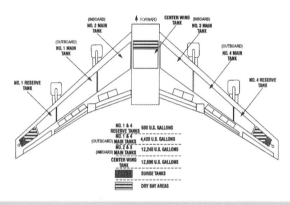

図 21-3　燃料タンク配置 [1]

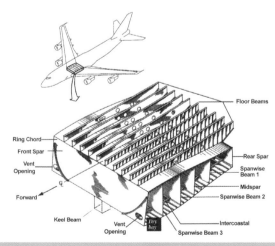

図 21-4　中央翼タンク [1]

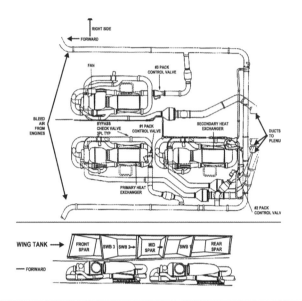

図 21-5　中央翼タンクの下に配置されたエアコンパック[1]
（上が平面図、下が側面図）

な燃料量は主翼タンクに収納できたため、JFK 出発時、中央翼タンク（Center Wing Tank）（図 21-4）には燃料が搭載されず、同タンク内には約 300 LB の少量の使用不能燃料（燃料ポンプで汲み出せず、飛行中に使用できない燃料）のみが残されていた。

　出発前、夏場の高い外気温度に加えて、タンクの下に配置されていた 3 台のエアコンパック（図 21-5）のうちの 2 台が約 2 時間半作動して発熱していたため、燃料が殆ど入っていない中央翼タンク内は高温となっていた。

燃料タンク内の気化燃料が着火する条件
　気化燃料と空気が混合した気体は、気化燃料の空気に対する比率が大き過ぎても小さ過ぎても（濃過ぎても薄過ぎても）着火せず、燃焼するためにはその比率が一定範囲になければならない。点火のエネルギーが大きければその範囲が広くなり、小さくなれば範囲が狭くなる。

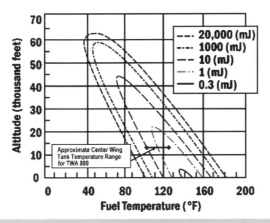

図 21-6　混合気体の可燃範囲（FAA）

　一方、燃料タンク内の空間部分（液体燃料で満たされていない隙間）における気化燃料と空気の比率は、空間部分の温度と圧力により決まる。

　図 21-6 は、点火エネルギーが 0.3mJ（ミリ・ジュール）から 20,000mJ までの場合に、気化燃料（Jet A）と空気との混合気体が燃焼可能となる温度と圧力（圧力高度）の範囲を示している。曲線の右側が濃過ぎて着火しない領域、左側が薄過ぎて着火しない領域である。図中の横矢印（↔）が事故当時の中央翼タンク内の状態であり、一定以上の点火エネルギーが存在すれば燃焼可能であったことが示されている。

　このように中央翼タンク内は着火しやすい状態にあったが、その一方、主翼タンク内は着火しにくい状態だった。図 21-7 は、点火エネルギーが 20 ジュール（20,000mJ）と非常に大きい場合、離陸から着陸までにタンク内の混合気体が燃焼可能な状態に陥る時期について、中央翼タンクと主翼タンクとを比較したものである。

　図中の実線の縦の変化はタンク内空間の圧力高度が離陸〜上昇〜巡航〜降下〜着陸によって変化することを示し、横の変化は温度が変化

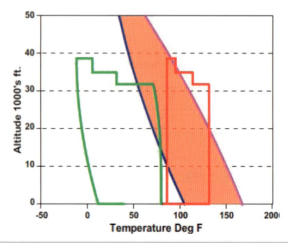

図 21-7　燃料タンク内の温度と圧力の変化と可燃範囲
（左線が主翼タンク、右線が中央翼タンクの温度と圧力の変化、影の部分が可燃範囲）[2]

することを示している。この図は、TWA 機のように、主翼タンクには相当量の燃料が搭載され、中央翼タンク内には燃料が殆どない場合であるが、このような場合、大きなエネルギーの発火源がある場合にも主翼タンク内は運航中ほとんど可燃範囲の外にあるのに対し、中央翼タンク内は運航中の大半の時間帯で可燃範囲内にあることが示されている。

　また、事故後、大型機からビジネスジェット機までの様々なタンク配置を有する航空機の 1 万回の飛行データを解析した結果、主翼タンク内空間が可燃状態にある時間の比率は 5% 程度であるのに対して、エアコンパックのような熱源にさらされている中央翼タンク内空間では可燃状態にある時間の比率が 30% に達すると推計された[3]。

発火源

　このように中央翼燃料タンク内の混合気体が着火し得る状態であったことは判明したが、発火源の特定は困難を極めた。NTSB は、雷撃、爆発物、静電気等の様々な発火源を検討したが、いずれもそれらの可能性は低いことが判明し、燃料油量計のショートの可能性が残された。

中央翼燃料タンク内部の電気配線自体にはアーク放電の証拠はなかったが、周囲の電気配線には、被覆が損傷しアーク放電の痕跡が残されているものがあった。

　事故機は、製造後約 25 年、総飛行時間 93,303hr、総飛行回数 16,869cycle に達する経年機であったが、他の経年機を調査したところ、燃料油量計に腐食や堆積物があるものがあり、電気配線にも経年劣化が見られた（図 21-8）。

　これらのことなどから、中央翼燃料タンクの燃料油量計（図 21-9、21-10）の中には、堆積物などによって、高い電圧が加わった場合にはアーク放電を起こすような状態になっていたものがあったのではないかと疑われた。

　しかし、燃料油量計は、燃料タンクの安全性を考慮し、微弱な電圧で作動するように設定されていたので、堆積物があったとしてもアーク放電を生じる筈はなかった。

　ところが、もう 1 つの不具合が加わった可能性が見付け出された。NTSB は、爆発の約 2 分前に乗員が、燃料流量計の表示が異常だと発言していることに着目した。この異常表示は、燃料流量計の配線と燃料油量計の配線が一緒に束ねられている箇所（図 21-11）で被覆が劣化して破れ、配線同士が接触したことによって生じた可能性が考えら

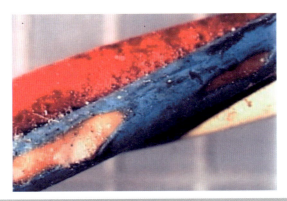

図 21-8　他の経年機の劣化した配線（NTSB）

第 21 章

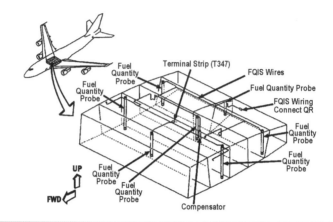

図 21-9　中央翼燃料タンクの燃料油量計の配置 [1]

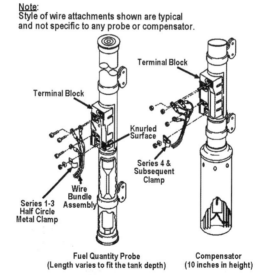

図 21-10　燃料油量計 [1]

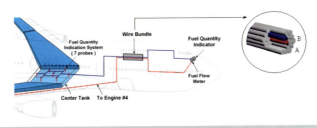

図 21-11　流量計配線（A）と油量計配線（B）[2]

れた。もしこのような配線同士の接触が起これば、燃料油量計の配線に過大な電圧が加わっても不思議ではなかった。

　このように燃料油量計の不具合と配線の不具合が併存していたら、過大な電圧によるアーク放電が生じ得たのである。NTSB は、発火源を確実に特定することはできなかったが、中央翼燃料タンクの外側で発生したショートにより過大な電圧が燃料油量計の電気配線を通じて中央翼タンク内部に入ったことが発火源である可能性が最も高いと結論付けている。

燃料タンク爆発防止対策

　従来の燃料タンク爆発防止対策は、燃料タンク内に可燃性気体が存在することを前提とした上で、その発火源を完全に排除しようとするものであった。旅客機の開発に当たっては燃料タンク内の装備品等を徹底的に試験して発火しないことを十分に確認しており、B747 の燃料油量計も通常の作動電圧を微弱に設定していたことから発火源にはなり得ない筈であった。しかし、TWA 機爆発の発火源は、経年劣化した電気配線のショートにより生じた燃料油量計のアーク放電であった可能性が最も高いとされた。

　FAA は、TWA 機事故の調査結果を踏まえ、燃料タンク爆発を防止するため、従来の発火源対策を強化することに加え、燃料タンク内空間を不活性化するなどの可燃性気体の着火抑止対策を講じることを決断した。

　FAA は、まず、2001 年に行った規則改正により、製造のばらつき

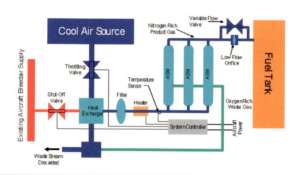

図 21-12　飛行実験に使用された不活性化システム[5]

や経年劣化を考慮しても大型機の燃料タンクには発火源が生じないことを確認するとともに、その安全性を維持するために必要な検査や修復作業などの整備措置を策定することを航空機メーカー等に求め、その整備措置の実施を航空会社等に義務付けた[4]。

　FAA は、2001 年の規則改正後も燃料タンク爆発防止策の検討を継続し、可燃性気体が着火しないようにタンク内空間の酸素濃度を一定以下にして不活性化するシステムの実用性を確認するため、B747、A320、B737 を用いて飛行実験を行い、NASA が協力した B747 の実験では、多数の微細な中空繊維を用いた気体分離装置（ASM: Air Separation Module）（図21-12）により窒素濃度を高め酸素濃度を下げて、中央翼タンク内空間の可燃性を低下させることに成功した[5]。

　FAA は、これらの実験の成果を踏まえ、2008 年に燃料タンク爆発防止対策をさらに強化する規則改正を行い、米国航空会社等の一定の大型機の燃料タンクに対し、タンク内空間の可燃性が基準値内でなければならないことを規定し、そのままでは基準値内に入らないタンクについては、可燃性低減法（Flammability Reduction Means）又は爆発抑止法（Ignition Mitigation Means）を講じることを求めた[6]。この 2 つの方法のうちの可燃性低減法の代表的なものが不活性化システムの装備であり、もう一方の爆発抑止法の例としては米軍機で使用実績のあるスポンジ状ポリウレタン材の燃料タンクへの充填がある。

なお、既存機のこの規則への適合については、最大約 10 年間の猶予期間が設けられた [6, 7]。

電気配線の経年化

TWA 機の事故原因のひとつは電気配線の経年劣化であった可能性が高く、また、他の経年機にも電気配線の損傷や劣化が広く存在していることが明らかとなったが、それまでの旅客機の整備においては、電気配線の劣化を発見するための特別の検査は設定されておらず、機体の一定区域を概観チェックする際に配線も見ることにされているだけであった。

TWA 機の事故は、燃料タンク爆発防止対策とともに、電気配線の経年化対策の重要性を航空関係者に強く認識させたが、TWA 機事故の 2 年後、電気配線が原因と疑われる重大事故が再び発生した。

［スイス航空 MD-11 空中火災事故］

1998 年 9 月 2 日 20 時 18 分（現地時間。国際標準時では 9 月 3 日 0 時 18 分）、スイス航空 111 便 MD-11 型機（図 21-13）はスイスのジュネーブに向かってニューヨーク JFK 国際空港を出発したが、飛行中に機内で火災が発生し、最寄りのカナダのハリファックス国際空港へ向か

図 21-13　事故機（Aero Icarus）

う途中で海上に墜落し、乗員2名、客室乗務員12名、乗客215名の
搭乗者229名全員が死亡した[8]。

飛行の経過

　空港を出発して約53分後に高度33,000ftを巡航中、乗員が操縦室
内の異臭に気付いた。乗員は、当初、空調の不具合と考えていたが、
数分後、操縦室に煙が発生し、非常事態発生を管制に連絡した。緊急
着陸のためにボストン空港に行こうとしたが、管制の提案により、最
寄りのカナダのハリファックス空港に向かった。

　空港まで約30nmの地点に到達したところで、着陸のために旋回し
ながら飛行高度を下げていったが、着陸するには機体重量が重すぎた
ため、燃料を空中で投棄する準備に取り掛かった。しかし、機内の火
災が激しさを増し、様々な機内システムが故障して飛行の継続が困難
となり、燃料空中投棄開始の通報に続く再々度の非常事態宣言を最
後に通信が途絶え、それから約6分後、異臭発生からは約21分後に、
MD-11はカナダのノバスコシア州ペギー湾から南西約5nmの海上に
墜落した。

　なお、飛行記録装置（FDR: Flight Data Recorder）及び操縦室音声記
録装置（CVR: Cockpit Voice Recorder）はともに電源喪失により海面衝
突の5分37秒前に停止したために墜落直前のデータが失われ、また、
CVRは記録時間が30分仕様のものであったために初期の音声記録も
失われた。

火災の発生と拡大

　機体は墜落の衝撃で大破し、機体の主要部分は水深が約55mの海
底に散乱したが、15ヵ月を掛けて残骸の殆どが回収され（**図21-14**）、
機首部分を実物大の模型に取り付ける復元作業が行われた（**図21-
15**）。

　この復元作業の結果、操縦室の天井裏から前方客室の天井裏までの
部分が激しい熱損傷を受けていたことが判明し、この付近で火災が発
生したことが疑われた。さらに、試験飛行で機内の空気の流れの検証
も行われ、操縦室の右後方の天井裏付近から出火したとすれば、事故

図 21-14　機体残骸の回収作業[8]

図 21-15　機首部分の復元作業[8]

時の状況に合致することが明らかとなった。

　これによって火災が発生した場所はほぼ特定されたが、問題は発火源が何かということであった。発火場所付近で発火源となる可能性があったのは電気配線のアーク放電であり、回収された残骸の中から、乗客に音楽映像サービスを提供するIFEN（In-Flight Entertainment Network）の電源供給配線にアーク放電により銅が融解し再度凝固した痕があることが発見された。(図 21-16)。

　事故機のIFENは、MD-11の設計製作者であるマクダネルダグラス社が設計したものではなく、スイス航空の仕様に基づいて機器製造者が設計製作して追加型式証明（STC: Supplemental Type Certificate）を取得したものであり、設計製作作業の相当部分が下請け、孫請けに出され、証明行為はFAA自体ではなくその委任を受けた権限代行者によって行われていた。このIFENは、非常時の電源切り離しになど関する安全上の問題があり、事故後、耐空性改善命令（FAA AD 99-20-08 等）が発出されている。事故報告書は、IFENの設計製作、安全性審査、権限代行者に対するFAAの監督などに不備があったことを指摘している。

　事故後、同型式機を調査したところ、アーク放電に至る可能性のある様々な電気配線の不具合が認められたが、それらは経年化によるものばかりではなく、製造時、改造時、整備作業時、検査実施時などに生じたものもあった。

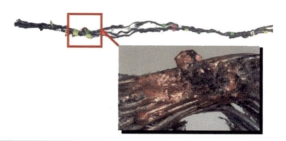

図 21-16　IFEN 電源配線のアーク痕[8]

事故報告書は、IFEN 配線のアーク放電が発火源と断定はできないものの、その可能性が高く、その周囲にあった断熱防音材に燃え広がっていったものと推定している。

　延焼を拡大した断熱防音材（金属蒸着ポリエチレンテレフタレート）は、型式証明時の耐火性基準には適合しているとされていたが、本事故の数年前に発生していた他機の複数の地上火災事故においてその可燃性が判明し、マクダネルダグラス社は、製造中の機体への使用を中止するとともに、運航中の MD-11 に対しては、他の材料と交換することを航空会社に推奨していた。しかし、この断熱防音材に対する強制的な交換の指示は本事故の前には発出されず、他の材料への交換を指示する耐空性改善命令（FAA AD 2000-11-02）の発出は事故後のこととなった。

　断熱防音材が燃焼し、さらに周囲の可燃物へと火災が拡大していったが、発火場所周辺には煙・火災探知機や消火設備がなく、火災が発見されないまま拡大を続け、機体のシステムや計器が故障し、最終的には操縦室にも火災が侵入して、機体のコントロールが不能となって墜落に至ったものと推定された。

　このような事故調査結果を踏まえ、同種事故の再発を防止するため、断熱防音材の耐火性、追加型式証明における安全審査、飛行中の消火、電気配線、CVR 記録時間の延長、CVR/FDR の独立電源確保等に関する多くの勧告が行われ、やがて、断熱防音材の耐火性、CVR/FDR 等に関する基準改正 [9、10、11] などの対策が講じられた。

　そして、本事故と TWA800 便事故に共通する電気配線の問題については、次に述べる抜本的な基準改正が行われることとなった。

［電気配線システムの基準改正］

　TWA800 便の墜落は当時の米国社会に極めて大きな衝撃を与え、クリントン大統領は、TWA 機墜落の翌月、ゴア副大統領を委員長とする航空の安全と保安（事故直後、原因としてテロが疑われていた。）について検討する委員会（ゴア委員会）の設置を命じる大統領令を発した。

事故翌年 2 月にクリントン大統領に提出された最終報告書は、航空
の安全と保安に関して多くの勧告を行ったが、航空機の経年化対策に
ついては、1988 年のアロハ航空機事故（第 15 章参照）以降、機体構
造の経年化対策が大幅に強化されてきたのに対して、電気配線等の非
構造部品の経年化問題が軽視されてきたことを指摘し、非構造システ
ムに経年化対策を拡大するよう勧告を行った[12]。

ゴア委員会の勧告を受け、運用中の航空機の機体が調査され、その
結果、TWA800 便事故調査及びスイス航空 111 便事故調査における結
果と同様に、非構造システム、特に電気配線に、様々な不具合がある
ことが確認された。それらの不具合には、スイス航空 111 便事故調査
でも明らかとなったように、経年化によるものばかりではなく、改造
や整備作業によって生じたもの認められた。

これらの電気配線の不具合を発見して是正する上で特に問題とされ
たのは、その不具合を発見するための検査は容易ではないということ
と、安全性を維持するためには配線を他の配線や機器からどのように
分離するべきか、というであった。

電気配線は、簡単には接近できない機体の内部に束ねられて配置さ
れており、個々の電線の状況を的確に把握することは容易なことでは
なかったが、それまでの旅客機の整備においては、電気配線の不具合
を発見するための特別の検査は設定されておらず、機体の一定区域を
概観チェックする際に配線も見ることにされているだけであった。

また、火災の原因となるアーク放電等を防止するためには、他の配
線や機器から物理的に分離すべきであるが、多数の個々の配線を空間
的に分離することは不可能である一方、障壁などによる分離について
の具体的基準も明確ではなかった。

電気配線の機体への装備方法や整備方法については、それまでは、
メーカーや航空会社の判断に任せればよく、設計上の特別な基準は不
要であると考えられていたが、TWA800 便及びスイス航空 111 便の 2
つ重大事故の発生及びその後の調査によって明らかになった電気配線
の実態を踏まえ、FAA は、2005 年に電気配線に対する詳細な新基準
案を公表した[13]。

公表された新基準案は、これら 2 件の重大事故の発生及び事故後の

調査によって明らかになった実態を踏まえ、FAR25 等に電気配線システム（EWIS^(注)）に対する詳細な新基準を規定するものであり（燃料タンクの追加検査措置等も含む。）、同案には関係者から多数の意見が寄せられ、それらの意見の一部を反映した上で、2007 年に新基準が制定された[14]。

（注）EWIS（Electrical Wiring Interconnection System）とは、システム間を接続する電気配線及びその付属品を意味し、電子電気機器内の電線等は除かれる（FAR 25.1701）。

　新基準で特に重きが置かれたのは、EWIS と他システムを分離すること、及び劣化や損傷などの不具合を発見し、修復するための整備措置である。
　FAR 25 には各システムの分離・独立性についての規定はあるが、配線、配管等をどのように分離すべきかについては航空機メーカーの判断に委ねられていた。新基準は、EWIS が物理的に分離されなければならない対象として、他の電気配線、燃料配管、油圧配管等を具体的に規定した（物理的分離は、空間的距離の確保又はそれと同等の保護を与える障壁（バリアー）による。（FAR25.1707（a））。また、運用中に生じた EWIS の損傷、腐食、異物堆積等を適切に発見修復し、アーク放電発生による発火等を防止するため、航空機メーカーが必要な整備措置を策定し、航空会社がそれに基づき所要の整備作業を実施しなければならないことも規定された（整備措置策定のため、EZAP（Enhanced Zonal Analysis Procedure）という手法が開発された。）[15]。
　さらに、EWIS の設計に対して、整備作業時のアクセスの容易性、明瞭な表示、劣化損傷防止措置、耐火性、接地（Bonding）などに関する様々な要件が課せられた。また、EWIS に関する安全性評価を求める新たな規定も追加された。
　FAR 25 にはシステム一般の安全性評価を求める規定（FAR 25.1309）があるが、当該規定は、事実上、安全上必須の装備品に対する評価を求めていたもので、スイス航空 111 便事故の原因の可能性が高いとされている IFEN の電気配線等の非安全装備品については必ずしも十分

な評価が行われてこなかった。

　さらに、電気配線の安全性評価は、故障した場合にその配線が電力を供給しているシステムに対する影響の評価は行われていたが、電気配線が電力を供給していない他のシステムや航空機全体への影響は評価されてこなかった。しかるに、電気配線が被覆損傷等によりアーク放電を発生すれば、MD-11 事故のように火災を発生するおそれがあることから、電気配線の故障は、航空機の安全性への重大な懸念材料となり得ることが明らかとなった。

　このため、従来の航空機システムの安全性評価規定（FAR 25.1309）では電気配線が十分に考慮されていなかったとして、EWIS に特化して安全性評価を求める新たな規定（FAR 25.1709）が定められることとなった。なお、新規定の評価方法が従来規定に準拠していることから、従来規定の適用で十分で新規定は不要とする航空機メーカー等の新規定制定に対する反対意見があったが、FAA は、事故が現実に発生してきたこと等を踏まえれば、EWIS の安全性評価が確実に実施されるためには新規定制定が必須であるとした。

　また、この改正で新設された FAR 26 は、原案では FAR 25 の一部として提案されていたが、FAR 25 は設計基準（耐空性基準）のみを規定すべきではないか等の意見があったため、新たな章として規定されることになった[注]。

（注）航空機の型式証明においては申請時に有効な改正版の基準を適用することが原則となっているが、設計基準そのものではなく、この原則などの型式証明の手続き的規定は FAR 21 に定められている。FAR 26 には大型機の耐空性維持のために航空機メーカー等が行わなければならない事項が規定された。

［安全性評価の基準］

　上述のように、従来の安全性評価には、電気配線に対する配慮が不足していたことから、EWIS に特化した規定が設けられることとなったが、従来の FAR25.1309 による安全性評価の根本的な考え方自体に

は変更がなく、EWIS の新たな安全性評価もその評価方法を踏襲している。

　また、TWA800 便の事故調査においては、その具体的適用方法の在り方が問題とされたこともあるので、航空機システムの安全性評価の基本的な基準である FAR25.1309 の内容及びその成立経緯について、以下に紹介することとする。

基準の概要

　民間航空機（大型飛行機）のシステム設計の安全性評価の一般基準は、米国では FAR（Federal Aviation Regulations）の 25.1309 項に、欧州では CS（Certification Specifications）の同番号項に規定され、それぞれ、その適用に当たっての解釈指針が定められている [16, 17]。

　これらの基準及び解釈指針の基本的考え方は、重大な故障状態（Failure Condition）の発生確率は極めて小さくしなければならないが、重大性が低く軽微なものの発生確率は比較的大きくてもよいとする、故障状態の許容発生確率を重大度と逆進関係にするというものである。

　図 21-17 及び図 21-18 は、その基本的考え方に基づく CS-25 の故障状態の重大度と許容確率との関係である[注]。

故障状態の分類	安全に影響なし	Minor	Major	Hazardous	Catastrophic
定性的許容確率	要求値なし	Probable	Remote	Extremely Remote	Extremely Improbable
定量的許容確率（/hr）	要求値なし	$< 10^{-3}$	$< 10^{-5}$	$< 10^{-7}$	$< 10^{-9}$
機体への影響	影響なし	機能、安全余裕がわずかに低下	機能、安全余裕がかなり低下	機能、安全余裕が大幅に低下	通常、機体喪失
乗客への影響	不便	不快	苦痛、負傷	少数の重傷、死亡	多数死亡
乗員への影響	影響なし	ワークロードがわずかに増加	不快、又はワークロードがかなり増加	苦痛、過大なワークロードが業務遂行能力を阻害	死亡、機能喪失

図 21-17　大型飛行機のシステム設計における故障状態の重大度と許容確率の関係[17]

定性的確率表現	航空機運航中の発生頻度
Probable	1機の全運航期間中に1回又は複数回発生すると予測される
Remote	1機の全運航期間中では発生しそうにないが、その型式の多数機の全運航期間には数回発生し得る
Extremely Remote	1機の全運航期間中では発生するとは予測されないが、その型式の全機の全運航期間には少数回発生し得る
Extremely Improbable	極めて発生しそうもなく、その型式の全機の全運航期間でも発生すると予測されない

図 21-18　故障状態の定性的確率表現の説明 [17]

（注）米国の FAR25.1309 の解釈指針である FAA AC 25.1309-1A は改正検討中であるが、検討原案（Draft AC 25.1309-Arsenal）には CS-25 と同様の内容が記述されている。

　この表では、万一発生すればその影響は極めて甚大で破局的（Catastrophic）と分類される状態の許容発生確率は 10^{-9}/hr（10億飛行時間に1回）のオーダー未満の極微（Extremely Improbable）でなければならないとする一方、飛行機の機能、安全性に殆ど影響を与えないような軽微な状態については比較的大きな発生確率が許容されているが、このような基準が制定された経緯は次のとおりである。

定量的安全性評価基準の制定経緯（1953 〜 1982）

　米国の民間大型飛行機の耐空性基準である FAR25 は、1964年に CAR04b（Civil Air Regulation Part 04b）を基に編纂されたものであるが（第7章参照）、その CAR（1953年版）には、装備品の信頼性に関する簡単な規定（予測可能な全ての運用条件の下で予定された機能を確実に果たさなければならない）があり [18]、この規定の内容が FAR25.1309 へと受け継がれた。

　一方、英国では、1950年代から始まった自動着陸装置の開発の過程で、定量的な安全性の目標を設定する必要性が 1960 年代に認識されるようになり、民間機の数値的安全性目標が、世界で初めて、英国耐空性基準（BCAR: British Civil Airworthiness Requirements）の解釈指針に次のように定められた [19, 20]。

当時、重大事故の発生率は100万飛行時間当たり1件前後、即ち10^{-6}/hr程度で、その1割程度は航空機システムが原因であり、これに起因する重大事故率は10^{-7}/hr程度であった。従って、システムに起因する重大事故を減らそうとすれば、その原因となり得るシステムの重大故障状態の発生率を10^{-7}/hr程度以下に抑える必要があると考えられた。次に、そのような重大故障状態の数が100程度あると仮定し、重大事故に至る可能性のある個々の重大故障状態の発生率は、10^{-7}/hrの100分の1の10^{-9}/hr程度以下とすることとされた。そして、重大性が低ければより大きな発生率が許容されるとの考え方から、重大事故には至らない重大性が低い故障状態の許容発生率が決められた。

　また、米国では、1960年代後半、複雑なシステムに複数の故障が同じ飛行中に発生し、複雑なシステムに依存する新型航空機が多発故障によって破局的結果に陥る危険性が指摘されたことなどから、多発故障や複合故障を含め、故障状態の重大度と発生確率を評価する系統的解析が義務付けられることになり、1970年にFAR 25.1309に、破局的故障状態の発生確率は極微であることを解析で証明することを求めることなどが規定された[21, 22]。（自動着陸装置の承認指針には、その前年の1969年に同趣旨が規定された[23]。）そして、1982年にFAR25.1309の解釈指針に、上述の英国の定量的基準が導入され、故障状態の定性的表現と定量的表現の関係付けが規定された[24]。

解析手法とその適用

　この基準を適用して航空機システムの安全性評価を行う場合に用いられる解析手法にはFMEA（Failure Mode and Effects Analysis）やFTA（Fault Tree Analysis）などがある。（FMEAの代わりにFMECA（Failure Mode Effects and Criticality Analysis）もよく用いられる。）

　FMEAは、解析対象のシステムの重要部品の考えられる全ての故障モードを洗い出し、その影響、対応措置、発見可能性等を評価するボトムアップ的解析手法であり、FTA構築のためのデータ・ソースとしても用いられる。

　一方、FTAは、問題とする重要な故障状態を最上位に置き、それがどのようなサブシステムの故障によって発生し、そのサブシステム

の故障はどのような条件で発生するかと、個々の部品の故障まで追及するトップダウン的な解析手法である。トップ事象の確率は、FTAのツリー状の体系図の構成が確定すれば、最下位事象の確率（部品の故障率等）から順次計算される。

故障の発生確率を具体的に算出する数式がCS25に掲載されているので、数式に興味のある方のご参考までに、原式を一部簡略化して紹介する。

$$P_{Av} = \left\{ \ P_{prior} + (1 \ - \ P_{prior}) \, P_F \ \right\} \ / \ \sum_{j=1}^{n} T_j$$

$$P_F \ = \ 1 \ - \ \prod_{j=1}^{n} \exp\left(- \, \lambda_j \, T_j\right)$$

P_{AV} ：当該故障状態の1飛行時間当りの平均発生確率

P_{prior}：飛行開始前に当該故障状態が発生している確率

P_F ：飛行中に当該故障状態が発生する確率

T_j ：当該故障状態の発生率が同一と見做せる運航区分 j の平均的継続時間

λ_j ：飛行区分 j における故障状態発生率

n ：運航区分の数

この基準は、航空機の設計ばかりではなく、航空機の整備にも適用されている。航空機の出発前に各システムを検査し、故障を必ず修復してから出発すれば（上式のP_{prior}をゼロにする）、飛行中に故障が顕在化する確率を引き下げられることは明らかである。しかし、現実には、検査対象箇所に接近することに労力を要し検査実施に長時間を要するなどの理由から、接近が困難な箇所等には長い検査間隔が設定され、重大故障が長期間発見されず放置され、時には重大事故に至ることもあった。

このため、故障が発見されずに放置されている危険時間（Exposure Time）をFAR25.1309の要件を満足する範囲内に制限するため、CMR

（Certification Maintenance Requirement）と言われる検査が設定された。この検査は、発生しているがまだ発見されていない故障（hidden/latent failure）を発見することを目的とする特別な検査であり、この検査の方法、間隔の変更等に当たっては、設定の趣旨を理解いないままに安易に変更されないように、特別の承認を得ることとされている[25]。

適用上の課題

　このような解析手法も示されているものの、この基準の実際の適用においては様々な論争が繰り返されてきており、TWA800便事故調査においても次のような議論があった。

　FAR 25.1309に確率的評価を求める項目が追加されたのはB747の型式証明後であり、B747の開発時には燃料タンクに対する定量的故障解析は行われていなかったが、TWA800便事故発生後、ボーイング社は、事故調査のために中央燃料タンクの着火をトップ事象とするFTAを作成した。

　ボーイングが作成したFTAによれば、中央燃料タンク着火の確率は、8.45×10^{-11}/hrとされ、破局的故障状態に対する基準を満足するとされた。しかし、このFTAには、Exposure Timeや構成品の故障発生率が小さく見積もられる、提出資料の間に矛盾がある、などの問題点があった。NTSBが提出資料に基づいて行った再計算では、中央燃料タンク着火の確率が1.46×10^{-5}/hrとなり、基準値をオーバーした。NTSBは、ボーイングのFTAの評価をNASAに依頼したところ、NASAは、このFTAを「精査に耐えず、現実的なものと見なすべきでない。」と批判した[1]。

　FTA、FMEA等の解析手法は、重大な結果をもたらす可能性のある故障モードを洗い出し、事故のリスクを引き下げるために有用なツールである。しかし、過去には、事前の故障解析では発生を防止できなかった重大事故があった。そのような例として、NTSBは、TWA800便事故報告書の中で、1991年と1994年に相次いで発生したラダー逆作動によるB737の2度の墜落事故、2000年に発生した水平安定板ジャックスクリュー破損によるMD-83の墜落事故、航空分野以外で、1986年のスペースシャトル・チャレンジャーの事故と1979年のスリー

マイル島原子力発電所事故を挙げている。

　これらの事故については、事前の解析が有効に機能しなかった様々な理由が挙げられているが、故障解析を実施する上での一般的な問題点としてしばしば指摘されてきたことに、システムを構成する個々の部品の故障率のデータベースが不備であることと、システムを構成する個々の部品の Exposure Time が適正に見積もられないことがある。ボーイングが TWA800 便事故調査のために提出した FTA もこのような問題点を有するものであった。

　FMEA や FTA などは、故障が引き起こし得る潜在的リスクを特定し評価する総合的、体系的方法を提供するものであるが、これらの解析手法には上記のような課題があり、また、できる限り正確を期し精緻な解析を構築しようとしても全ての故障モードを予測することは不可能であり一定の不正確さは避け難いことなどから、過度の信頼を置くべきではないと考えられる。

　なお、型式証明におけるこの基準の適用については、構造破壊によるシステムの二次的な故障が評価されていない、ヒューマン・ファクターの評価が十分になされていない、などの批判があり[26]、FAA は、構造破壊やヒューマン・ファクターの評価を取り入れるなど[27,28]、その運用の改善を図っている。

参考文献

1. National Transportation Safety Board, "Aircraft Accident Report, In-flight Breakup Over the Atlantic Ocean, Trans World Airlines Flight 800, Boeing 747-131, N93119, Near East Moriches, New York, July 17, 1996", 2000
2. National Aeronautics and Space Administration, "System Failure Case Studies – Fire in the Sky", 2011
3. Federal Aviation Administration, Aviation Rulemaking Advisory Committee, "Fuel Tank Harmonization Working Group Final Report", 1998
4. Federal Aviation Administration, 14 CFR Parts 21 and 25, Amendment Nos. 21-78, 25-102, "Transport Airplane Fuel Tank System Design Review, Flammability Reduction, and Maintenance and Inspection Requirements", 2001
5. Federal Aviation Administration, "Evaluation of Fuel Tank Flammability and the FAA Inerting System on the NASA 747 SCA", 2004
6. Federal Aviation Administration, 14 CFR Parts 25, 26, 121, 125, and 129, Amendment Nos. 25-125, 26-2, 121-340, 125-55, and 129-46, "Reduction of Fuel Tank Flammability in Transport Category Airplane"; 2008

7. Federal Aviation Administration, Advisory Circular 120-98A Change 1, "Operator Information for Incorporating Fuel Tank Flammability Reduction Requirements into a Maintenance and/or Inspection Program", 2017

8. Transportation Safety Board of Canada, "Aviation Investigation Report, In-Flight Fire Leading to Collision with Water, Swissair Transport Limited, McDonnell Douglas MD-11, HB-IWF, Peggy's Cove, Nova Scotia 5 nm SW, 2 September 1998", 2003

9. Federal Aviation Administration, 14 CFR Parts 25, 91, 121, 125, and 135, Amendment Nos. 25-111, 91-279, 121-301, 125-43, 135-90, "Improved Flammability Standards for Thermal/Acoustic Insulation Materials Used in Transport Category Airplanes", 2003

10. Federal Aviation Administration, 14 CFR Part 121, Amendment No. 121-330, "Fire Penetration Resistance of Thermal/Acoustic Insulation Installed on Transport Category Airplanes", 2007

11. Federal Aviation Administration, 14 CFR Parts 23, 25, 27, 29, 91, 121, 125, 129 and 135, Amendment No. 23-58, 25-124, 27-43, 29-50, 91-300, 121-338, 125-54, 129-45, and 135-113, "Revisions to Cockpit Voice Recorder and Digital Flight Data Recorder Regulations", 2008

12. White House Commission on Aviation Safety and Security, "Final Report to President Clinton", 1997

13. Federal Aviation Administration, 14 CFR Parts 1, 25, 91, 121, 125, 129, Notice No. 05–08, "Enhanced Airworthiness Program for Airplane Systems/Fuel Tank Safety (EAPAS/FTS)". 2005

14. Federal Aviation Administration, 14 CFR Parts 1, 21, 25, 26, 91, 121, 125, and 129, Amendment Nos. 1–60, 21–90, 25–123, 26–0, 91–297, 121–336, 125–53, 129–43, "Enhanced Airworthiness Program for Airplane Systems/Fuel Tank Safety (EAPAS/FTS)", 2007

15. Federal Aviation Administration, Advisory Circular No: 25-27A, "Development of Transport Category Airplane Electrical Wiring Interconnection Systems Instructions for Continued Airworthiness Using and Enhanced Zonal Analysis Procedure", 2010

16. Federal Aviation Administration, Advisory Circular No. 1309-1A, "System Design and Analysis", 1988

17. European Aviation Safety Agency, CS-25 Acceptable Means of Compliance, AMC 25.1309, "System Design and Analysis", 2017

18. Civil Aeronautics Board, Civil Air Regulations Part 4b - Airplane Airworthiness Transport Categories, 4b.606, "Equipment, systems, and installations", 1953

19. Federal Aviation Administration, Aviation Rulemaking Advisory Committee, Systems Design and Analysis Harmonization Working Group, "Recommendations on the proposed NPRM and AC for 25.1309", 2002

20. Charnley, J., "The RAE Contribution to All-Weather Landing", Journal of Aeronautical History, 2011

21. Federal Aviation Administration, 14 CFR Part 25, Notice No.68–18, "Transport Category Airplanes Type Certificate Standards", 1968

22, Federal Aviation Administration, 14 CFR Parts 1 and 25, Amendment Nos. 1-16, 25-23, "Transport Category Airplanes Type Certificate Standards", 1970

23. Variakojis, V., "Compliance with amended FAR 25.1309 - DC-10 case history", Aircraft Systems and Technology Meeting, AIAA, 1977

24. Federal Aviation Administration, Advisory Circular No. 1309-1, "System Design and Analysis", 1982

25. Federal Aviation Administration, Advisory Circular No. 25-19A, "Certification Maintenance Requirements", 2011

26. National Transportation Safety Board, "Safety Report on the Treatment of Safety-Critical Systems in Transport Airplanes", 2002

27. Federal Aviation Administration, Advisory Circular No. 25.1302-1, "Installed Systems and Equipment for Use by the Flightcrew", 2013

28. Federal Aviation Administration, Policy Statement No. PS-ANM-25-12, "Certification of Structural Elements in Flight Control Systems", 2015

第 22 章
大韓航空 B747 墜落事故、
EGPWS/TAWS の装備義務化、
アメリカン航空 A300-600
墜落事故 (1997 ～ 2001)

　本章では、EGPWS/TAWS の装備義務化を促進した大韓航空 B747 の CFIT 事故（1997 年）及び誤った訓練等が引き起こした過剰操作によって飛行中に垂直尾翼が分離したアメリカン航空 A300-600 墜落事故（2001 年）などについてご説明する。

［大韓航空 B747 グアム墜落事故 (1997)］

　1997 年 8 月 6 日、乗員 17 人乗客 237 人が搭乗した大韓航空 801 便 B747-3B5B 型機（B747-300 系列型機）（**図 22-1**）は、グアムに向かって韓国ソウルの金浦国際空港を出発したが、グアム国際空港へ進入中に滑走路手前の丘陵地に墜落し、搭乗者 254 人中の 228 人が死亡した[1]。

飛行の経過
　B747 は、金浦空港を出発後、機長の操縦により順調に飛行を続け、午前 1 時 03 分（現地時間）、グアムから約 240nm の地点を高度 41,000ft で巡航中にグアムの進入管制機関にコンタクトし、1 時 10 分頃、高度 2,600ft までの降下指示を得た。
　この時、グアム空港では地上の重要な 2 つのシステムの機能が停止

図 22-1　事故機（Michel Gilliand）

していた。そのひとつは、航空機の着陸を誘導する ILS（Instrument Landing System：計器着陸装置）の機能の一部停止であった。ILS の電波信号は、進入中の航空機に縦方向の位置を指示するグライド・スロープの電波信号、横方向の位置を指示するローカライザーの電波信号、及び滑走路までの距離を示すマーカーの電波信号で構成されるが、当時、このうちのグライド・スロープの電波が停止されていた。

　また、グアムの地上レーダーには、空港周辺を飛行する航空機が安全な最低高度を下回ると予想された場合に管制官に警報を発する MSAW（Minimum Safe Altitude Warning）と言われる警報機能があったが、この機能も誤警報が多い等の理由により停止されていた。

　ただし、これらのシステムの機能停止は、乗員と管制官が決められた手順に従って業務を遂行していれば、安全な着陸に支障を与えるものではなかった。

　B747 の機内では、1 時 12 分頃、機長が副操縦士と航空機関士に、グライド・スロープが使用できないことや着陸をやり直す場合の手順など、着陸のブリーフィングを行ったが、その際、グライド・スロープが使用できない場合の進入方式における高度制限やその制限がある地点などについての説明は行われなかった。

　B747 は、降雨域を回避しながら降下を続け、1 時 39 分頃、高度 2,800ft を通過してローカライザーの信号を捕捉し、管制官が滑走路 06L への

ILS進入を許可した。管制官は進入許可を伝える際に、グライド・スロープが使用できないことを付言したが、副操縦士は、進入許可を復唱する際にグライド・スロープ使用不可の部分は復唱しなかった。この後、乗員の間でグライド・スロープが機能しているか否かで混乱したやりとりがあった。

グライド・スロープの機能停止を知っていた筈の乗員が混乱した理由について、事故報告書は、グライド・スロープの信号が表示されたかのような一時的な計器表示があった可能性があるが、その場合であっても、計器には信号が無効であることを示す表示（オフ・フラッグ）が出ていた筈であり、乗員はグライド・スロープが機能していないことを計器でも確認できた筈であるとしている。

B747の管制が進入管制機関から管制塔（タワー）に移管された1時41分頃、B747は、定められた飛行方式から逸脱して、降下を継続していた。

グライド・スロープが使用できない場合に滑走路06LにILS進入するために決められていた飛行方式は、アウター・マーカー（滑走路から最も離れたマーカー）までは高度（海面上高）2,000ftを維持することになっていたが、B747は、アウター・マーカーの手前で高度2,000ft以下に降下し、さらに、滑走路の3.3nm手前にあるVOR（飛行方位を示す電波標識）までは高度1,440ft以上を維持するという方式に反し、VORの手前で高度1,440ft以下へと降下を続けた（図22-2）。

B747はオートパイロットによる降下を行っていたが、機長が、アウター・マーカーの手前で副操縦士に指示し、水平飛行に移行する設定高度を本来の2,000ftから1,440ftに変更させたため、アウター・マーカー手前で2,000ft以下の高度へと降下を続け、さらに、VORの手前でも、設定高度が本来の1,440ftから最低降下高度の560ftに早まって変更され、1,440ft以下の高度へと降下し続けたのであった。

機長がこのような早まった指示を行った理由について、事故報告書は、滑走路手前3.3nmの位置にあるVORに併設されたDME（Distance Measuring Equipment: 距離情報提供装置）が空港内にあると誤認したことによる可能性も考えられるとしている（VOR/DMEの位置は、機長がよく確認していた筈のアプローチ・チャートに明示されており、

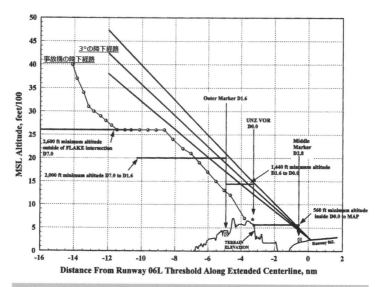

図 22-2　事故機の降下経路[1]

事故報告書は誤認と断言することは避けている。）。

　1時41分、管制塔の管制官から着陸許可が通報され、副操縦士がその許可を復唱したが、これがB747と管制との最後の交信となった。

　1時41分42秒、GPWS（Ground Proximity Warning System: 対地接近警報装置）が対地高度1,000ftを知らせ、1時42分14秒に着陸を決断する最低高度となったことを知らせる「ミニマム、ミニマム」の音声を発した。GPWSは、さらに続いて、降下率が過大であることを知らせる音声警報を発したが、地表面との衝突が切迫しているので緊急に引き起こし操作を行うように指示する「プルアップ」警告は発せられなかった。

　当時、従来型GPWSの機能を拡張して前方の障害物の存在をいち早く警告するEGPWS/TAWS（Enhanced GPWS / Terrain Awareness and Warning System（注））は装備義務化されておらず、B747のGPWSは従来型であったが、事故後の検証により、EGPWS/TAWSが装備されていれば、地上衝突の約45秒前に「プルアップ」警報が発せられたと

されている。

（注）FAA は、GPWS の機能を拡張した（Enhanced）タイプとは別の形式の装
　　　置が将来出現する可能性を考慮し、米国規則の中では、GPWS の機能拡
　　　張型（EGPWS）より広い意味を持つ「TAWS」を使用することとしたと
　　　述べている[2]。

　1 時 42 分 19 秒、航空機関士は機長の注意を喚起するように電波高
度計の高度「200（ft）」を読み上げ、副操縦士は着陸のやり直しを機
長に進言した。さらに、その直後、航空機関士が「（滑走路が）視認
できません。」、副操縦士も「（滑走路が）視認できません。進入復行
（を）。」と発言した（この時、B747 と空港の間に降雨域があり、操縦
室からの視界が妨げられていたと推定されている。）。

　1 時 42 分 22 秒、コントロール・コラムがゆっくりと機首上げ方向
に動き始め、航空機関士が「ゴーアラウンド（復行）」とコールした。
その 1 秒後、機長も「ゴーアラウンド」とコールし、エンジン推力と
対気速度が増加し始めた。しかし、機首上げ操作は緩慢であり、B747
は降下を続け、1 時 42 分 26 秒、B747 は、滑走路手前約 3.3nm にある
標高 660ft の丘陵地に激突し、機体は大破、炎上した（**図 22-3、22-
4**）。

事故原因

　機長は、副操縦士と航空機関士に着陸のブリーフィングを行う際
に、グライド・スロープが使用できない場合の飛行方式を説明してい
なかった。このため、副操縦士と航空機関士が飛行高度制限やその制
限のある地点などをよく認識できなかったばかりでなく、機長自身も
ブリーフィング実施によって自らが高度制限等をレビューする機会を
失った、と事故報告書は機長を批判している。

　また、副操縦士と航空機関士も機長の操縦を適切にモニターしてお
らず、事故報告書は、機長が適切なブリーフィングを行わずに進入を
行ったこと及び副操縦士と航空機関士が機長の操縦を適切にモニター
しなかったことを事故原因とした。

図 22-3　事故機の尾部（NTSB）

図 22-4　滑走路を望む方向に見た墜落現場（NTSB）

　これらの主因の他に、事故の発生に関与した要因として、機長の疲労（機長は飛行中に疲労を示唆する発言をしていた。）及び航空会社の乗員訓練の不備（当該航空会社の B747 シミュレーター訓練の非精密進入シナリオはひとつしかなく、そのシナリオでは、DME が空港内に設置されていることになっていた。）に加えて、MSAW が長期間

運用停止状態に放置されたことが挙げられている。

　事故報告書は、MSAW が正常に機能していたなら、墜落の約 64 秒前には管制室内で警報が発せられ、管制官が B747 に警告を与える事ができた筈であるとしている。また、MSAW が不作動であったとしても、管制官が B747 を適切に監視し続けていれば異常な低高度を警告できた可能性もあるとされ、管制側の監視等にも問題があったことが指摘されている。

EGPWS/TAWS の装備義務化

　NTSB は、同種事故の再発防止のため、乗員訓練、MSAW の管理、管制手順の改善等について勧告を行い、既に他の事故に関連して勧告を行っていた EGPWS/TAW の装備義務化については、報告書の中で、その法制化を急ぐように要望を行った。

　FAA は、1995 年のアメリカン航空 B757 の墜落事故（159 名死亡。FMS に誤った経由地データが入力され飛行ルート逸脱。GPWS 警報が衝突直前だった上に、スポイラーを収納せずに回避操作実施。）[3] の後、NTSB から EGPWS 装備義務化の検討を求める勧告[4] を受け、1998 年に義務化実施の規則改正案[2] を公表していたが、この事故の発生によりその装備義務化の必要性がさらに認識されることになり、2000 年に一定範囲の米国機に EGPWS/TAWS を装備義務化する規則改正が成立する[5] とともに、国際基準（国際民間航空条約第 6 付属書）にもその装備を義務化又は推奨する規定が導入された。

　現在の民間ジェット機の最大死亡事故形態は、LOC-I（Loss of Control in Flight: 飛行中に機体のコントロールを失うこと）であり、近年では、LOC-I の犠牲者数が CFIT（Controlled Flight into Terrain: 操縦可能状態での地表面等への衝突）を大きく上回っているが、かつては本事故のような CFIT が最大の死亡事故形態であった。CFIT 事故は、1970 年代以降、減少に転じたが、その最大の功績は GPWS の開発とその装備義務化にあるとされる（第 9 章参照）。

　しかし、GPWS は電波高度計の対地高度データから地表面への接近を予測していたため、飛行前方に切り立った壁面があるなど、対地高度の推移からは予測できない前方の障害物に対する警報の発出が遅れ

るなどの欠点があった。

　EGPWS/TAWSは、自機位置と地形データベースを比較して衝突の危険性がある前方の障害物を検知し、危険区域を赤色で画面表示するとともに（画面表示のない簡易型もある）、いち早く音声及び赤色メッセージで警報を発し、従来型GPWSでは回避が困難であった障害物への衝突も防止するものであり、このシステムの装備が普及することによって、CFIT事故発生はさらに削減されていった。

［アメリカン航空A300-600墜落事故（2001）］

　2001年11月12日、アメリカン航空A300-605R型機（A300-600系列機）（図22-5）は、ニューヨークJFK空港を離陸した直後、先行機の後方乱気流の中に入り、機体が動揺した。同機を操縦していた副操縦士がこの動揺に対してラダーを過剰に操作したため、垂直尾翼の取付け部に過大な荷重が加わり、垂直尾翼が空中で分離し、同機はニューヨーク郊外の住宅地に墜落して同機の搭乗者260人全員と地上の5名が死亡した[6]。

過剰操作による垂直尾翼分離

　A300-600は、離陸後間もなく、同機の約1分40秒前に離陸していたJALのB747-400の後方乱気流に遭遇した。同機を操縦していた副

図22-5　事故機（JetPix）

操縦士は後方乱気流と最初に遭遇した時にコントロール・ホイールとラダー・ペダルを繰り返し操作し、機体のピッチ角が最大 11.5 度、バンク角が最大 17 度に達したが、この時には機体の動揺が数秒間で収まった。

　しかし、その直後、高度約 2,400ft、速度約 240kt で再び JAL 機の後方乱気流の中に入った時、副操縦士はコントロール・ホイールとラダー・ペダルを激しく操作し（**図 22-6**）、この過剰な操作によって垂

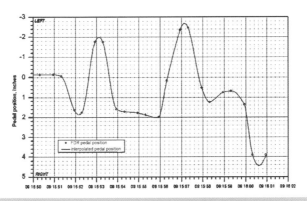

図 22-6　ラダー・ペダルの動き[6]

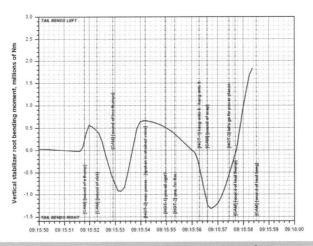

図 22-7　垂直尾翼取付け部の曲げモーメント[6]

直尾翼の取付け部まわりに大きな曲げモーメントと捩りモーメントが発生した（図22-7）。

A300-600の垂直尾翼は、6個の主取付け部材（Main Attachment Fitting）と3組の横荷重を受け持つ部材（Traverse Load Fitting）で後部胴体に取り付けられ（図22-8）、垂直尾翼とこれらの部材はいずれも複合材（CFRP: Carbon Fiber Reinforced Plastics）で作られていた。

過剰操作による過大な曲げモーメントと捩りモーメントは、垂直尾翼取付け部に制限荷重（航空機の運用中に発生することが予想される最大荷重）の約2倍の負荷を与え、最初に右後方取付け部が破断（図22-9）、続いて残りの5つの取付け部も破断し（図22-10）、垂直尾翼とラダーが後部胴体から分離して海上に落下した（図22-11）。

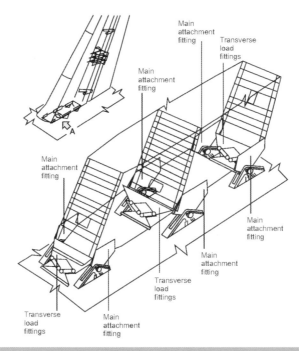

図22-8　垂直尾翼の後部胴体取付け部[6]

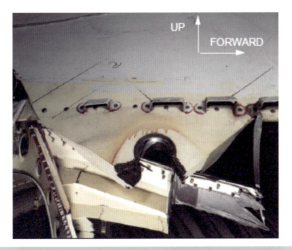

図 22-9　最初に破断した右後方取付け部 [6]

図 22-10　次に破断した右中央取付け部（NTSB）

図 22-11　海上に落下した垂直尾翼の回収作業[6]

図 22-12　機体墜落現場（NOAA）

　垂直尾翼を失った A300-600 は、制御不能となり、エンジンも空中で分離した後、ニューヨーク郊外の住宅地に墜落した（**図 22-12**）。

過剰操作を引き起こした要因
　事故調査において、垂直尾翼の分離破壊を引き起こすような過剰な操作が行われた原因が探究され、その結果、不適切な訓練、航空機の

設計速度に対する誤解、A300-600 のラダー設計の特性などがその背景にあったことが判明した。

　副操縦士は、異常姿勢からの回復操作訓練を含む特別訓練を受けていたが、そのシミュレーター訓練では機体が実際より大きく動揺するように模擬され、またラダー操作の有効性が過剰に強調されており、この訓練が過剰操作の一因となったものと推定されている。

　また、一般の操縦士の間では、低速度時のラダー操作特性は熟知されていたが、高速度時のラダー操作の特性と危険性については十分には理解されていなかったことや、設計運動速度 V_A 以下ではどんな操作を行っても機体構造を破壊するような荷重は生じないと誤って信じられていたことも明らかとなり、このような誤解も過剰操作の背景にあったものと考えられている。

　これらの要因に加え、同じ力でラダー・ペダルを踏んでも他の旅客機より大きな運動を引き起こして過大な荷重を生じやすい A300-600 のラダー設計の特性も過剰操作に関与したものと推定されている。

異常姿勢（アップセット）からの回復操作訓練

　近年の民間ジェット機の最大死亡事故形態は、LOC-I（Loss of Control in Flight: 飛行中に機体のコントロールを失うこと）である。ボーイング社の統計 [7] によれば、過去 10 年間（2008 〜 2017）における民間大型商用ジェット機（60,000lbs 超、CIS 製造機を除く）の全世界での事故による全死者数（2,386 名）の半数近く（1,131 名）が LOC-I の犠牲者である（**図 22-13**）。

　LOC-I では、しばしば、機体のピッチ角やバンク角が極めて大きくなるなどの異常姿勢に陥り、失速して機体のコントロールを失っている。なお、異常姿勢（Upset: アップセット）とは、一般的に、ピッチ角が +25°/-10° を超える、又は、バンク角が 45° を超える、若しくは、飛行状態に不適切な速度で飛行する状況を指す [8]。

　高度に自動化された現代の航空機でも全ての異常姿勢から自動的に回復できるようには設計されておらず、異常姿勢からの回復にはマニュアル操縦の技量が重要とされている。そのため、シミュレーターを活用した異常姿勢からの回復及びその予防の訓練（UPRT: Upset

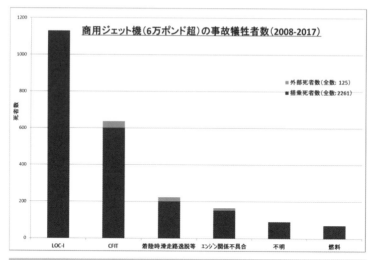

図22-13 商用ジェット機事故の犠牲者数（2008〜2017：ボーイング・データ[7]による）

Prevention and Recovery Training）の実施が強く推奨され、その義務化が国際的に進められている[9, 10, 11, 12]。（なお、LOC-I は大型機ばかりでなく小型機でも死亡事故の最大原因となっており[13, 14]、欧州では、小型機操縦士に対する訓練の必要性も議論されている[15]。）

このように現在では異常姿勢の予防回復訓練の重要性が広く認識されるようになっているが、この訓練が開発されるきっかけとなったのは、次に述べる 1990 年代に発生した B737 連続墜落事故であった。

B737 連続墜落事故

1994 年 9 月 8 日、USAir の B737-300 は、ピッツバーグ国際空港に進入中、前を飛行していた B727 の後方乱気流に遭遇した後、機体のコントロールが失われて墜落し、搭乗者132名全員が死亡した。NTSB は、ラダー駆動装置の故障により、操縦士の操作と逆方向にラダーが作動したことが事故原因(注)であると推定した[16]。（この事故調査の結果、それまで原因不明とされていた 1991 年 3 月 3 日に発生したユナイテッド航空の B737-200 の事故も同じ原因によるものとして、事故報告書

が修正された[17]。)

（注）ボーイング社と FAA は、NTSB の推定には十分な根拠がないとして
　　NTSB が推定した事故原因には同意していないが（ボーイング社は操縦
　　ミスの可能性を示唆し、FAA は原因を特定する十分な証拠はないとして
　　いる。）、ラダー駆動装置が単一の不具合によって逆作動する可能性があ
　　ることは認め、ラダー駆動装置の設計変更が行われた。

　この事故調査の過程で、ラダーが異常な作動をしても早期に適切な
操作をすれば機体のコントロールを回復することが可能であること
が判明し、ボーイング社とエアバス社は、航空会社からの協力も得
て、1998 年に機体が異常な姿勢に陥った場合の回復操作の訓練方法
（Airplane Upset Recovery Training Aid）を開発した（その後、2008 年に第 2
改訂版[18] が発行されている。）。

アメリカン航空の特別訓練プログラム（AAMP）
　一方、アメリカン航空は、世界の大型機事故について調査し、それ
らの事故の最大原因は機体のコントロールが失われることであると
認識し、その防止のため、上記のメーカーの訓練方法開発に先行し
て、1997 年に異常姿勢からの回復操作訓練を含む AAMP（Advanced
Aircraft Maneuvering Program）という訓練プログラムを開発した。しか
し、その内容は問題を孕むものであった。
　アメリカン航空は、航空関係者に対する AAMP の説明会を開催し
たが、説明を受けた FAA、ボーイング社、エアバス社は、その内容
に懸念を抱き、連名でアメリカン航空にレターを送った[19]。その趣旨
は、AAMP では迎角が大きい場合のロール・コントロールにおけるラ
ダーの有効性が過剰に強調されているが、そのような場合にはまずエ
ルロンの使用を試みるべきであり、AAMP は操縦士にラダーの使用に
ついて誤った認識を与えるおそれがあることなどを指摘し、AAMP の
内容の是正を求めるものであった。
　しかし、アメリカン航空は、AAMP ではラダーのみを使用するこ
とを推奨してはおらず適切なラダー使用を教育していると反論し[19]、

FAAとメーカーの懸念に応えて一部の内容を修正したものの、A300-600の事故前には、ラダー操作の過剰強調は完全には解消されなかった。

訓練が副操縦士の操縦に及ぼした影響

副操縦士が受けた座学訓練では、後方乱気流遭遇時の回復操作におけるロール・コントロールにラダーを使用することが推奨され、また、シミュレーターによる後方乱気流遭遇訓練は、機体が大きくロールするまで訓練生に知らせずに操縦機能を不作動にして機体を過度にロールさせるなど（前記の連名レターでは、シミュレーターの模擬範囲を超えて訓練が実施されていることも批判されている。）、実際とは異なる状況を作り出し、後方乱気流遭遇時の回復操作について誤った認識を与えるものであった。このような訓練の内容が、副操縦士が後方乱気流を過度に意識して過剰操作を行う一因となったのではないかと考えられている。

ラダー操作に関する理解不足

さらに、副操縦士の過剰操作の背景には、当時、高速度時のラダー操作について必ずしもよく理解されていなかったこともあった。

垂直尾翼の大きさは、離陸中にエンジンが突然停止しても方向の安定性を維持できるように設定されており、低速度でのラダー操作でも大きなヨーイング・モーメントを発生する能力を有している。このために一定以上の速度ではラダーの作動範囲が減少するように設定されているが（図22-14）、それでも、高速度で大きなラダー操作を行うと非常に大きなヨーイング・モーメントが発生して大きなサイド・スリップが生じ、さらに、時間遅れを伴って急激なロールをもたらす。時間遅れのあるロールの発生は、操縦士をあわてさせ、逆方向に過大な操作を行わせるおそれがある。

しかし、一般の操縦士の間では、離陸時のエンジン故障や横風時の離着陸など、低速度におけるラダーによる方向制御は熟知されていたものの、高速度におけるこのようなラダー操作の危険性については、

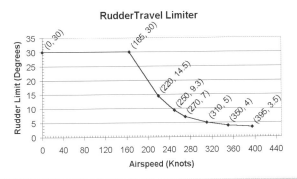

図 22-14　A300-600 のラダー作動範囲の速度による制限（NTSB）

当時、必ずしも十分には理解されていなかった。

　また、操縦士の間では、設計運動速度 V_A 以下の速度であれば、ラダーをどのように操作しても設計荷重を超えることはないという誤った考えが流布していることも判明した。水平釣合飛行をしている時にラダーを単独で一回フルに操作した場合に生じる荷重（制限荷重）に航空機構造が耐えられなければならないと設計基準（FAR25.351）には規定されているが（V_A は FAR 25.335（c）に定義）、ラダーを繰り返し操作した場合や他の舵面を併せて操作した場合などは設計基準の想定外であり、それらの場合の強度は保証されていない。

　NTSB は、FAA が発行していたパイロット・ハンドブックの記述[注]や FAR25 の運用限界に関する規定の記述にもこのような誤解の一因があると指摘した。（FAR25 の記述については、再発防止策の項で後述するように、2010 年に改正されることとなる。）

（注）FAA が発行している Airplane Flying Handbook には、V_A の定義として、"The maximum speed where full, abrupt control movement can be used without overstressing the airframe." と記されている。

　さらに、A300-600 の操縦士に対して、次に述べる A300-600 のラダーの特徴が教育されていなかったことも副操縦士の過剰操作を招いた要因の一つであったと指摘されている。

A300-600 のラダー設計

　副操縦士の過大な操作には、前述した教育訓練ばかりではなく、次のような A300-600 のラダー設計も関与していた。

　A300-600 のラダー・コントロールは、ペダルの操作がケーブルを通じて油圧アクチュエーターを作動させて舵面を駆動するという旅客機に一般的なものである（**図 22-15**）。ペダルには、操縦士にフィードバックを与えるためのペダル位置に応じた人工的反力が与えられ、また、誤って動かないように、動き始める最小力（Breakout Force）が 22LB に設定されていた。

　A300-600 のラダー・コントロール・システムは、先行して開発された A300B2/B4 のシステムを基に設計されたが、それからの変更点が 2 つあった。そのひとつは、ラダー・ペダルの操作力の軽減である。精密なロール・コントロールを行うため操縦輪の操作力が減らされ、それとの釣合いからラダー・ペダルの操作力が減らされた。もうひとつは、高速度時のラダー作動量を縮小するための機構の変更である。A300B2/B4 では、ペダルの移動量に対するラダーの作動量を速度に応じて変更する方式をとっていたが、A300-600 では、機構簡素化のため、

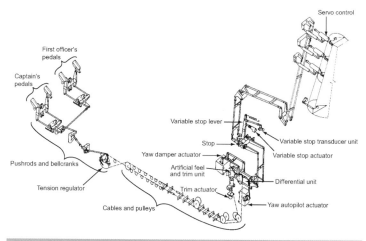

図 22-15　A300-600 のラダー・コントロール・システム[6]

ペダル移動量とラダー作動量の比率は変えずにラダー作動範囲を制限する方式 [注] を採用した。

(注) ラダーの作動範囲を制限する機構は、機速の変化が約 2.4kt/sec 以下の場合に設定された制限値を維持できるものであったが、事故時の機速の変化は 10kt/sec に達したため、機速変化に追随できなかった。このため、事故時、約 20 秒間、ラダーが設定された制限を超えて作動した。当該機構については、NTSB が改善勧告（A-04-44）を行い、改修が義務化された（FAA AD 2012-21-15）。

　これらの変更の結果、同じ力でペダルを踏んだ場合、A300-600 はA300B2/B4 より大きな機体運動を生じることとなった。NTSB は、ラダー操作の感度の指標を、（（機速の自乗）×（ラダー舵角）÷（ペダル操作力（Breakout Force を上回る分）））で表したが、これは、近似的に、「Breakout Force を上回るペダル操作力」当たりの「垂直尾翼の発生空気力」に比例し、同じ力でペダルを踏んだ時にどれぐらいの横方向の力が生じるかの指標となっている。

　図 22-16 は、この指標を A300-600 と A300B2/B4 について算定したものである。A300B2/B4 では、ペダル操作力当たりの発生空気力は機速によってあまり変わらないのに対し、A300-600 では、同じペダル操作力でも 250kt 時の発生空気力は 165kt 時の約 2 倍に達していることが示されている。また、図 22-17 は、ペダルの操作力・移動量とラダー作動量を比較したものであるが、これからも、250kt において A300-600 は低いペダル踏込み力で大きな機体運動を生じることが分かる。

　NTSB は、このような A300-600 のラダー設計の内容が操縦士に周知されていなかったことも副操縦士の過剰操作に関与したとしている。

再発防止策
　NTSB は、設計運動速度以下でも大きな操舵を繰り返すことは危険であることを操縦士に周知すること、異常姿勢からの回復操作訓練が

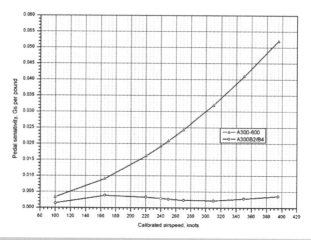

図 22-16　A300-600 と A300B2/B4 のラダー感度比較[6]

	135kt			250kt		
航空機型式	ペダル操作力（LB）	ペダル移動量（in）	ラダー作動量（in）	ペダル操作力（LB）	ペダル移動量（in）	ラダー作動量（in）
A300B2/B4	125.0	4.0	30.0	125.0	4.0	9.3
A300-600	65.0	4.0	30.0	32.0	1.2	9.3
A320	80.0	4.0	30.0	36.0	1.1	8.3
B737	70.0	2.8	18.0	50.0	1.0	4.0
B767	80.0	3.6	26.0	80.0	3.6	8.0
B777	60.0	2.9	27.0	60.0	2.9	9.0

図 22-17　ラダー・ペダル操作力 / 移動量とラダー作動量の比較
（文献 6 のデータから作成）

危険な逆効果をもたらさないように訓練作成指針を作成すること、ラダー・ペダル感度（Sensitivity）を制限するなどにより安全な横方向の操縦特性が確保されるように FAR25 を改正し既存機についてもこの新基準で安全性を再評価することなどを FAA に勧告した。

　大きな操舵を繰り返すことの危険性については、まず A300-600 等の操縦士に周知が行われ、同型式機等の飛行規程に警告文が入れられた。さらに、2010 年 10 月には、FAR25.1583（a）（3）が改正され、その後に型式証明を受ける大型機の飛行規程の運用限界には、「急速か

つ大きな操舵を繰り返して行えば、運動速度[注]未満の速度であって
も、構造破壊を引き起こし得る」ことなどを規定しなければならない
ことが定められた[20]。

　ラダー・ペダル感度に関するNTSBの勧告に対しては、FAAは、
ラダー・ペダルを急速に反転操作した場合の新たな荷重条件を規定す
るFAR25改正案を2018年7月に公表し[21]、NTSBは、基準改正案公
表までに長期間を費やしたことを問題視しながらも、改正案の内容は
勧告の趣旨に応えるものと評価している。

（注）FAR25には、2種類の運動速度が規定されている。1つは、FAR25.335
　　　（c）に定める設計運動速度（design maneuvering speed V_A）であり、他方
　　　は、FAR25.1507に定める運動速度（maneuvering speed）である。運動速
　　　度は設計運動速度以下に設定されるものであり、必ずしもこの2つは同
　　　一ではない。大型機の飛行規程の運用限界に記載すべき事項の1つと
　　　して、改正前のFAR 25.1583（a）（3）は、"The maneuvering speed V_A and a
　　　statement that full application of rudder and aileron controls, as well as maneuvers
　　　that involve angles of attack near the stall, should be confined to speeds below this
　　　value." と規定し、運動速度についてこの趣旨の警告文を記載することを
　　　求めていたが、NTSBは、この規定では操縦士の誤解を招くと批判して
　　　いた。2010年改正は、この批判に応え、失速云々の部分を削除するとと
　　　もに、急速で大きな操舵の危険性について追記したものであるが、上記
　　　の改正前FAR25.1583（a）（3）に "maneuvering speed V_A" とあるように、2
　　　つの速度はこれまでFARにおいても混用されてきた。FAAは、2010年
　　　改正によりFAR25ではこの混用を止めるが、飛行規程については設計運
　　　動速度に等しくない運動速度でも V_A と表記することを今後も許容する
　　　としている[20]。

A319のラダー過剰操作（2008）

　アメリカン航空機事故の約6年後、再びラダー過剰操作によって制
限荷重を超える荷重が垂直尾翼に加えられる事故が発生した。

　2008年1月10日、エアカナダのA319（A320系列型）が巡航中に
35,000ftから37,000ftに上昇した時、前を飛行していたB747-400の後

方乱気流の中に入り、機長がラダーを繰り返し大きく操作した。機体は激しく動揺し、3人が重傷、10人が軽傷を負い、機長は緊急事態を宣言し、カルガリー国際空港に緊急着陸した。

　事故後の調査により、垂直尾翼を後部胴体に取り付けている部材（Rear Vertical Stabilizer Attachment Fitting）には制限荷重の129％の荷重が加えられたことが判明した[22]。

　NTSBは、アメリカン航空機事故の原因と類似のラダー過剰操作が再び行われたことから、先に発出していたFAAに対する勧告に加え、2010年8月、エアバス機の設計製造の監督に責任を有するEASA（European Aviation Safety Agency）に対し、CS-25（FAR25に相当する欧州基準）についてもFAR25改正勧告（ラダー・ペダル感度（Sensitivity）制限などによる安全な横方向の操縦特性の確保）と同旨の改正等を行うように勧告を行っている[23]。

参考文献

1. National Transportation Safety Board, Aircraft Accident Report, "Controlled Flight Into Terrain, Korean Air Flight 801, Boeing 747-300, HL7468, Nimitz Hill, Guam, August 6, 1997", 2000
2. Federal Aviation Administration, 14 CFR Parts 91, 121, 135, Notice No. 98–11, "Terrain Awareness and Warning System", 1998
3. Aeronautica Civil of the Republic of Colombia, Aircraft Accident Report, "Controlled Flight into Terrain American Airlines Flight 965, Boeing 757-223, N651AA, Near Cali, Colombia, December 20,1995", 1996
4. National Transportation Safety Board, Safety Recommendation Letter, A-96-90 through -106, 1996
5. Federal Aviation Administration, 14 CFR Parts 91, 121, 135, Amendment No. 91–263, 121–273, 135–75, "Terrain Awareness and Warning System", 2000,
6. National Transportation Safety Board, Aircraft Accident Report, "In-Flight Separation of Vertical Stabilizer, American Airlines Flight 587, Airbus Industrie A300-605R, N14053, Belle Harbor, New York, November 12, 2001", 2004
7. Boeing Commercial Airplanes, "Statistical Summary of Commercial Jet Airplane Accidents, Worldwide Operations, 1959–2017", 2018
8. Industry Airplane Upset Recovery Training Aid Team, "Airplane Upset Recovery Training Aid, Revision 2", 2008
9. Federal Aviation Administration, 14 CFR Part 121, Amendment No. 121–366, "Qualification, Service, and Use of Crewmembers and Aircraft Dispatchers", 2013,
10. European Aviation Safety Agency, Notice of Proposed Amendment 2015-13, "Loss of control prevention and recovery training", 2015
11. International Civil Aviation Organization, Annex 1 to the Convention on International

Civil Aviation – Personnel Licensing, Amendment 172, "Upset prevention and recovery training provisions, etc.", 2014

12. International Civil Aviation Organization, Annex 6 to the Convention on International Civil Aviation – Operation of Aircraft, Part I, International Commercial Air Transport – Aeroplanes, Amendment 38, "Upset prevention and recovery training, etc.", 2014

13. National Transportation Safety Board, "Review of US Civil Aviation Accidents Calendar Year 2011", p25, 2014

14. Federal Aviation Administration, "Fact Sheet - General Aviation Safety", October 24, 2017

15. European Aviation Safety Agency, Opinion No 06/2017, "Loss of control prevention and recovery training", 2017

16. National Transportation Safety Board, Aircraft Accident Report, "Uncontrolled Descent and Collision With Terrain, USAir Flight 427, Boeing 737-300, N513AU, Near Aliquippa, Pennsylvania, September 8, 1994", 1999

17. National Transportation Safety Board, Aircraft Accident Report, "Uncontrolled Descent and Collision With Terrain, United Airlines Flight 585, Boeing 737-200, N999UA, 4 Miles South of Colorado Springs, Municipal Airport, Colorado Springs, Colorado, March 3, 1991", 2001

18. Industry Airplane Upset Recovery Training Aid Team, "Airplane Upset Recovery Training Aid, Revision 2", 2008

19. National Transportation Safety Board, United Airlines Flight 585 - Operation Factual Report - Attachment H, "Correspondence from Airplane Manufacturers to American Airlines and Response: A joint letter from FAA, Boeing and Airbus to American Airlines dated Aug. 20, 1997, and its response letter dated Oct. 6, 1997", 2002

20. Federal Aviation Administration, 14 CFR Part 25, Amendment No. 25-130, "Maneuvering Speed Limitation Statement", 2010

21. Federal Aviation Administration, 14 CFR Part 25, Notice of proposed rulemaking No. 18–04, "Yaw Maneuver Conditions - Rudder Reversals", 2018

22. Transportation Safety Board of Canada, Aviation Investigation Report A08W0007, "Encounter with Wake Turbulence, Air Canada Airbus A319-114 C-GBHZ, Washington State, United States 10 January 2008", 2009

23. National Transportation Safety Board, Safety Recommendations A-10-119 and -120, A-04-63 (Reiteration), 2010

468　第 23 章

第 23 章
中華航空 B747 空中分解 (2002)

　2002 年 5 月 25 日、中華航空の B747 型機が、離陸後の上昇飛行中、
与圧胴体の疲労破壊により空中分解し、台湾海峡に墜落して搭乗者全
員 225 名が死亡した。本章では、JAL123 便事故の 17 年後に再発した
重大な与圧構造破壊事故とその後の疲労破壊防止策についてご説明す
る。

［不適切な修理による与圧構造破壊事故：中華航空 B747 空中分解 (2002)］

　航空史上最大の単独機事故である JAL123 便事故（1985 年）は不適
切な修理に起因する与圧構造破壊事故であったが（第 15 章参照）、そ
れから 17 年後、JAL123 便と多くの共通点を有する重大な与圧構造破
壊事故が再発した。

　2002 年 5 月 25 日、香港に向かって台湾桃園市蒋介石空港を離陸し
た中華航空 611 便 B747-200 型機は、離陸から約 21 分後、巡航高度
35,000ft に到達する直前に空中分解して台湾海峡に墜落し、乗員乗客
225 名全員が死亡した。同機は、製造後 23 年、飛行時間 64,810hr、飛
行回数 21,398cycle の経年機であった。

　台湾飛航安全調査委員会（航空事故調査委員会）は、同機を海中か
ら引き揚げ（**図 23-1**）、約 3 年間に亘る調査を行った。その結果、同
機は、事故の約 22 年前の 1980 年 2 月、香港空港で尾部を接地させ後
部胴体部分に損傷を受け、その修理が不適切であったため、与圧の繰
り返しにより疲労亀裂が進行を続け、事故時の飛行において機体内外
の圧力差が最大レベルとなった時に亀裂が一気に進行して空中分解し
たことが突き止められた[1]。

図 23-1　海中から引き揚げられた機首部分[1]

　この事故は、事故機が過去に尾部を接地・損傷する事故を起こしていたこと、損傷箇所の修理が不適切であったこと、与圧によって修理箇所に疲労亀裂が発生し長期間に亘って進行したこと、巡航高度に到達する直前に破壊が急速に進行したことなど、1985 年に発生した JAL123 便の事故と多くの共通点を有していた。

22 年前の尾部接地損傷

　事故発生の約 22 年前の 1980 年 2 月 7 日、B747 は香港啓徳空港に着陸する際に滑走路に尾部を接地させ、後部胴体下面に損傷を受けた。損傷箇所は、与圧区域の STA(注) 2080 〜 2160 と非与圧区域の STA2578 〜 2658 であった。同機は、啓徳空港では修理を行わず、与圧をかけずに台湾蒋介石空港まで空輸された。

(注) STA (Body Station) は、機体の前後方向の位置をインチ単位で表すもので、事故機では、胴体の最前方が 90、最後方が 2792、後部圧力隔壁取付け位置が 2360 である。

　空輸後直ちに仮修理が行われ、同機は翌 2 月 8 日に一旦運航に復帰し、恒久的修理（Permanent Repair）が 5 月 23 日から 5 月 26 日の間に行われた。恒久的修理の記録として残されていたのは航空日誌（Aircraft Logbook）の記載のみで、そこには「後部胴体外板の修理はボーイン

グ構造修理マニュアルの 53-30-03 の図 1 に従って実施した。」とだけ記されていたが、海中から回収された残骸から杜撰な修理作業の実態が明らかとなった。

疲労亀裂の進行

　残骸から発見された与圧区域の後部胴体下部の修理箇所には、縦通材（Stringer）が取付けられた胴体外板の損傷部分に、外側から前後 2 枚の補強材（Doubler）が当てられていた。前方の補強材は、胴体の縦方向に 125in（STA2060 〜 2180）、胴体円周方向に 23in（Stringer S-49L 〜 51R）の大きさであったが、その補強材の下と周辺の外板には多くの傷（Scratch）と疲労亀裂があった（**図 23-2**）。

　前記の航空日誌ではボーイング社の構造修理マニュアルに従って作業が行われたことになっていたが、残されていた傷はマニュアルの許容限度を超えていた。マニュアルに従えば、傷のある外板を交換す

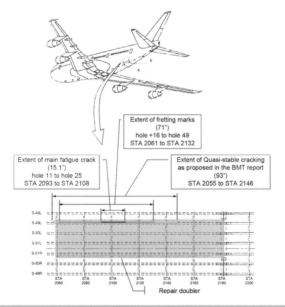

図 23-2　与圧区域修理箇所[1]

るか、または傷を取り除いてから補強材を当てなければならない筈であった(注)。また、補強材が傷の部分を完全にはカバーしておらず、補強材の外側でも疲労亀裂が進行し、補強材のリベットの多くが打ち過ぎであるなどの問題もあった。

(注) 修理記録が残されていないため、台湾飛航安全調査委員会は、当時の中華航空の技術者に聞き取り調査を行った。その技術者によれば、マニュアルどおりに修理を行おうとすれば、損傷箇所を広範囲に切り取ってから補強材を当てなければならなかったが、その実施が困難であったため、マニュアルには従わず、損傷を受けた胴体外板に補強材を直接当てることにしたとのことであった。また、その技術者は、マニュアルどおりに修理をするのが難しいことをボーイング社の駐在員に知らせ、計画している修理方法をボーイング社に伝えるよう駐在員に求めたが、その返答がなかったので、ボーイング社はその修理方法に同意したものと考えたと述べた。台湾飛航安全調査委員会は、記録がないため中華航空の技術者とボーイング社の駐在員の間で実際にどのようなやりとりがあったかは明らかではないが、少なくとも中華航空とボーイング社の意思疎通に問題があったとしている。

図 23-3 は破壊が進行した Stringer 49L 沿いの破断面の図で、図中の黒い部分が疲労亀裂である。与圧胴体外板に生じる一般的な疲労亀裂はリベット孔から機体の前後方向に成長するが、この疲労亀裂は、外板表面の傷が多数の起点となったため、外板の表面から内部へ向かっ

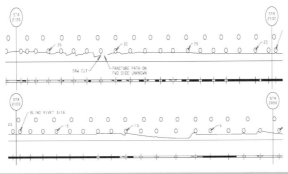

図 23-3　S-49L 沿い破断面（STA2080～2120）[2]

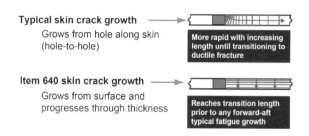

図 23-4　一般的亀裂と事故機亀裂の進行の対比[1]

て進行していた（図 23-4）。

　これらの疲労亀裂の大半は、補強材の下で進行していたことから外部からの発見が困難であり、また外板を貫通した亀裂のみが内部から確認できるため内部からの点検でも発見は困難であった。

　補強材には S-49L 沿いに多数の擦り傷があったが、これらは、外板の亀裂が与圧によって開閉し、外板が補強材に繰り返し接触したことによって生じたものと推定された（図 23-5）

　事故報告書は、この擦り傷の範囲などから、疲労亀裂の長さは事故直前には 71in に達していたものと推定した。ボーイング社の解析によれば、修理箇所に生じた亀裂の長さが 58in を超えると胴体構造は

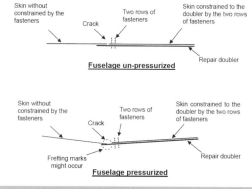

図 23-5　与圧の繰り返しによる擦り傷[1]

与圧に耐えることができなくなり、S-49Lに沿った疲労亀裂は、事故
直前には胴体構造が与圧に耐えられなくなる長さまで進行していたと
推定された。

間に合わなかった修理箇所の点検

　以上のように、本事故は与圧構造の不適切な修理作業が原因であっ
たが、与圧構造の不適切な修理の危険性は以前から指摘されていたこ
とであり、中華航空も米国で立案された修理作業再評価プログラム
（RAP: Repair Assessment Program）をスタートさせ、事故機の修理部分
も、RAPに従って事故の数ヵ月後には点検が実施される筈であった。

　米国の経年航空機対策は、1988年にハワイで発生したアロハ航空
B737の胴体外板剥離事故（第15章参照）によって抜本的に見直され、
RAPもその見直しの一環として制定されたものである。

　米国の民間大型機疲労強度基準（FAR25.571）は1978年に改正さ
れ、新たな開発機には損傷許容（Damage Tolerance）設計が適用され、
その適用以前に開発された経年機に対しては、特別の検査プログラ
ム（SSIP: Supplemental Structural Inspection Program）によって損傷許容
設計を実質的に適用することとしたが（第13章参照）、原設計の構造
に基づいて作成されたSSIPは修理作業をカバーしきれなかったため、
経年機の修理作業について調査が実施された。その結果、調査された
修理の40%は適切に行われていたが、60%には追加検査の必要性が
あることが判明した[3]。

　このため、FAAは、経年機の与圧胴体の境界構造（胴体外板、ド
ア外板、隔壁外板）[(注)]について、修理作業の損傷許容性の評価を義
務付ける規則改正を2000年5月に行い[4]、同年12月にその評価のた
めの指針（AC120-73）を発行した。

（注）与圧胴体の境界構造が評価対象に選ばれた理由は、与圧荷重は、突風荷
　　　重や飛行荷重と異なり、毎回の飛行で確実に一定の荷重が加わるために
　　　疲労強度上の問題を生じやすく、また、胴体外板等は地上作業中に損傷
　　　を受けやすいなど、他の構造より修理が頻繁に行われるためとされた。

　この規則改正により、米国においては、12型式の経年機について
与圧胴体境界構造に加えられた修理作業の損傷許容性を評価すること

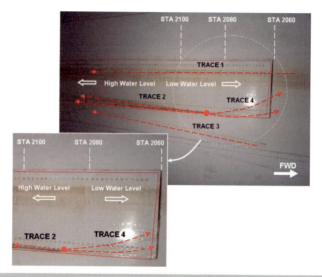

図 23-6　事故前に撮影されていた修理箇所写真[1]

が義務付けられ、B747 については 2001 年 5 月 25 日までに（飛行回数が 15,000 回未満であれば 15,000 回までに）整備プログラムにその評価のガイドラインを取り入れなければならないとされた。

　一方、台湾では、本事故の前には RAP の義務化が行われておらず、事故報告書は、もっと積極的に海外情報をモニターして安全施策を実施すべきであったと台湾航空局を批判しているが、中華航空は、ボーイング社から 2000 年 5 月に B747 の RAP ガイドラインの提示を受け、自社の整備プログラムに RAP を取り入れることを決め、台湾航空局から 2001 年 5 月 28 日に当該プログラムの承認を受けていた。中華航空は RAP 評価作業を行う前の準備作業として、2001 年 11 月に構造修理部の撮影を行ったが、その撮影写真の中に 1980 年の尾部接地事故の与圧胴体下部修理箇所があった（**図 23-6**）。

　この写真には、飛行中の気流によってできたと考えられる機体前方から後方に流れる褐色の痕跡（Trace 1、2、3）と、地上駐機中に重力によってできたと考えられる機体下方に流れる透明な液体凝縮物の曲

線的痕跡（Trace 4）とが写されており、撮影時点において与圧胴体下部の補強材の下に損傷が生じていたことが示されている。

中華航空は、ボーイング社のガイドラインに従い、事故機の飛行回数が 22,000 回に達する前までに RAP を実行する計画を立て、2002 年11 月の 7C 整備でこの修理箇所を点検する筈であった。しかし、その点検の約 5 箇月前の 2002 年 5 月 25 日に事故が発生し、不適切な修理作業による事故を未然に防止する目的で立案された RAP は、結果的に、その目的を達することができなかった。

> ## ［新たな疲労破壊防止対策と修理作業評価の見送り（2010）］

FAA は、前述したようにアロハ航空 B737 事故を契機として経年航空機対策を抜本的に見直し、1998 年の FAR25 第 96 次改正により、設計運用目標（Design Service Goal）までは広域疲労損傷（WFD: Widespread Fatigue Damage）が生じないことを全機疲労試験によって証明することを求めていた（第 15 章参照）。

ただし、1998 年改正は同年以降に型式証明が申請された新開発機に適用されるもので、それ以前の開発機については再評価の必要があり、また新開発機についても、疲労破壊防止のための整備プログラムが有効である飛行回数・時間の範囲が規定されていなかった。このため、FAA は、2006 年に新たな WFD 防止規則案を公表し[5]、関係者からの意見を聞いた上で、2010 年に新規則を制定した[6]。新規則の対象航空機は、既存機と新開発機の別に規定され、既存機については、米国航空会社運航機又は外国航空会社米国籍機の 75,000LB 超のタービン機が規制対象とされ、新開発機については、重量や適用運航規則の如何にかかわらず、全ての輸送機が規制対象となった。

新規則は、これらの対象機に WFD が発生することを防止するため、設計者（Design Approval Holder）の責務と運航者（Operator）の責務を規定し、設計者は、対象機に対して LOV（Limit of Validity: 構造整備プログラムの基礎となる技術データの有効期間の限界）を設定し、LOV までは WFD が生じないことを証明しなければならないとさ

れ、運航者は、耐空性維持のための指示書（Instructions for Continued Airworthiness）の耐空性限界の項（Airworthiness Limitations Section）に規定された LOV を超えて対象機を運航することが禁止された（LOV は延長可能）。

　しかし、2006 年の改正案の段階では修理作業等に対しても WFD の評価を求めていたものの（改正案の前文は、次のように、不適切な修理作業等による安全上の問題に言及していた。"If the repairs, modifications or alterations are performed incorrectly, they may have an adverse effect on the continued airworthiness of the airplane.")[5]、修理作業等に関する規定については、米国航空会社等は既存の措置で十分であり新たな措置は過大な負担を強いるもので不要として強く反対し、航空機メーカー等が一定の修理作業等については WFD の評価を行うべきと主張したが[7]、不適切な修理による WFD が原因であった JAL123 便や上記の中華航空 611 便のことは考慮されず、2010 年の新規則では修理作業等に関する規定の採用が見送られることとなった[6]。

参考文献

1. Aviation Safety Council, "Aviation Occurrence Report - In-Flight Breakup over the Taiwan Strait, Northeast of Makung, Penghu Island, China Airlines Flight CI611, Boeing 747-200, B-18255, May 25, 2002", 2005
2. Aviation Safety Council, "CI611 Accident Investigation Factual Data Collection Group Report – Structure Group", 2003
3. Federal Aviation Administration, 14 CFR Parts 91, 121, 125, and 129, Notice No. 97–16, "Repair Assessment for Pressurized Fuselages", 1997
4. Federal Aviation Administration, 14 CFR Parts 91, 121, 125, and 129, Amendment Nos. 91-264, 121-275, 125-33, and 129-28, "Repair Assessment for Pressurized Fuselages", 2000
5. Federal Aviation Administration, 14 CFR Parts 25, 121, and 129, Notice No. 06–04, "Aging Aircraft　Program: Widespread Fatigue Damage"; 2006
6. Federal Aviation Administration, 14 CFR Parts 25, 26, 121, Amendment Nos. 25–132, 26–5, 121–351, 129–48, "Aging Airplane　Program: Widespread Fatigue Damage", 2010
7. The Boeing Company, "Comments to Docket Number FAA-2006-24281, Aviation Rulemaking Advisory Committee Meeting on Transport Airplane and Engine Issues - Aging Aircraft Program: Widespread Fatigue Damage; Notice of public meeting, reopening of comment period, published in the Federal Register on November 7, 2008（73 FR 66205)'", 2008

第 24 章
救急ヘリ事故多発と
ヘリ運航基準改正 (2003 ~ 2014)

　2014 年 2 月、FAA は、「この数十年におけるヘリコプターの安全に対する最も重要な改善 "the most significant improvements to helicopter safety in decades"」[1] とするヘリコプターの運航基準改正を発表した。発表された新基準は、旅客輸送や緊急患者輸送などを行うヘリコプターの安全装備要件や運航基準を抜本的に改正して、多発していたヘリコプター墜落事故を大幅に減少させることを目指したものであった。本章では、この基準改正の発端となった米国における救急ヘリコプター事故と基準改正に至るまでの事故調査機関、航空当局、運航者の間の議論などについて解説する。

［救急ヘリ事故の多発 (2003 ~ 2008)］

　米国では、2003 年から 2008 年にかけて救急ヘリコプターの事故が多発し、特に、2008 年は、5 件の死亡事故で 21 名の犠牲者が生じるという米国の救急ヘリ運航における最悪の年となった[2]。

　救急医療におけるヘリコプターの活用は、朝鮮戦争やベトナム戦争などの戦場で始まり、搬送時間短縮により負傷兵の生存率向上に貢献し、その有用性が広く認識されるようになった。米国では民間でも 1960 年代から警察が交通事故負傷者の搬送にヘリコプターを使用するようになり、1972 年からは民間企業のヘリコプターも救急医療に参入するようになった[3]。その後、米国では、警察や消防などの公的機関のヘリコプターの他に、1000 機を超える民間企業のヘリコプターが緊急患者搬送や移植用臓器輸送などの救急医療活動に従事するよう

になり[4]、現在では、救急医療活動の大半は民間企業のヘリコプターが担っている[5]。

　救急ヘリは、搬送時間短縮等による医療上の効用が大きいが、米国ではその運用における安全上の課題も多かった。緊急患者輸送では、いきなり初めての運航ルートを飛行することが多く、パイロットに大きな精神的負担がかかっていた。また、天候の急変によって視界不良の悪天候に遭遇した時、安全上は飛行を中止すべき場合も救命活動の使命感などから無理に運航を続行してしまうパイロットもいた。そして、悪条件が重なった場合、悲劇的結末が生じることとなった。次の事故は、当時、米国で多発したそのような救急ヘリ事故の一例である。

救急ヘリ山腹激突事故（2004）

　2004年8月21日深夜、米国ネバダ州の病院から、生後11日の新生児を他の病院に緊急搬送するため、救急ヘリ（Bell 407）が飛び立った。救急ヘリには、パイロット、新生児、その母親、医療スタッフ2名の計5名が搭乗した。目的地までは、急峻な山岳地を飛越しなければならない直行ルートと、それより10分ほど余計にかかるが高速道路上を飛行すればよく分かりやすいルートとがあったが、新生児を一刻でも早く搬送したいという想いもあってか、パイロットは直行ルートを選択した。

　しかし、離陸直後の通信を最後に救急ヘリからの連絡は途絶えた。FAAのガイドラインに基づき、運航マニュアルには、15分毎のポジション・レポートがなくなった場合にはすぐに捜索を開始しなければならないと規定されていたが、捜索が実際に開始されたのは到着予定時間を4時間も過ぎた後であり、直行ルート途中の山頂付近に激突していた救急ヘリの残骸が発見されたのは翌朝のことであった（図24-1、24-2）。

　事故当時、山から少し離れた場所の天候は良好であったが、衛星やレーダーの画像からは、事故現場付近には雲が発生して弱い雨もあったことが示されており、出発前に気象ブリーフィングを受けていればこの気象情報を得ていた筈であったが、一刻を争う状況であったためか、パイロットはブリーフィングを受けずに出発した。

図 24-1　衝突地点の航空写真（NTSB）

図 24-2　衝突地点から山頂方向を見た写真（NTSB）

　残骸調査から、救急ヘリは水平飛行のまま山に激突し、搭乗者全員は即死したものと推定された。事故を起こした救急ヘリにはヘリコプター用の対地接近警報装置（EGPWS/HTAWS）は装備されていなかったが、もし装備されていたら、激突の 35 秒前から警報が発出されていた筈であった（**図 24-3**）[6]。

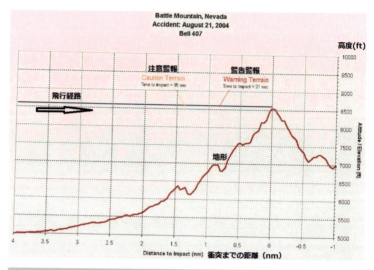

図 24-3　EGPWS が装備されていた場合のシミュレーション
（衝突 35 秒前から警報）（NTSB）

［NTSB の特別報告書（1998/2006）］

　NTSB は、1998 年、民間救急ヘリコプターの事故に関する特別調査を行い、1978 〜 1988 年に発生した 59 件の事故を分析し、事故の最大原因は悪天候であり、特に、天候の急変により雲中に入り視界失うなどで山等に激突する事故（CFIT: Controlled Flight Into Terrain: 航空機の機能は正常でコントロール可能であるにもかかわらず、地表面や水面に衝突する事故形態）が多いこと（その中でも特に夜間に多く発生）[注]などを指摘し、パイロット訓練の改善、気象情報提供の改善、飛行気象制限の強化、パイロットの疲労防止対策の実施などについて、FAA 等に対して 19 件の勧告を行い[3]、FAA は、1991 年に救急ヘリ運用のガイドラインを改正した[7]。NTSB は、これに対し、その内容は評価できるがガイドラインには強制力がなくどれだけ実行されるか疑問であると懸念を表明した。

　その後、ガイドライン改正後も救急ヘリの事故は続発し、NTSB は、2006 年に再び行った特別調査の報告書の中で、2002 年 1 月から 2005

年1月にかけて発生した救急航空機 55 件の事故（救急ヘリ 41 件、救急飛行機 14 件）の分析に基づいて、FAA に対し、対地接近警報装置の装備義務化、最新の気象情報の提供を含む飛行支援の強化、飛行リスク評価プログラム実施などの勧告を行った[8]。

（注）日本のドクターヘリは夜間飛行を行っていない。

［救急ヘリ運航基準改正（2014）］

　救急ヘリ事故の多発は米国で大きな社会問題となり、上記の NTSB の特別調査の他にも、米国で行政や予算の執行を監査する GAO（2004 年に "General Accounting Office" から "Government Accountability Office" に名称変更）も 2007 年と 2009 年に救急ヘリの安全性に関する報告書を米議会に提出し、FAA に対し、救急ヘリの安全性向上施策の実施を促した[5, 9]。

　このような状況の下、FAA は、2010 年にヘリコプター運航の安全性向上を目指した連邦航空規則改正案を公表し、関係者からの意見を求めた[10]。改正案には、「実行困難、コストに比べ効果が低い」などの理由で、ヘリコプター運航者等から強い反対を受けた項目もあったが、NTSB や GAO の度重なる勧告に加え、2012 年には救急医療ヘリコプターの安全性向上を求める法律[（注）]も成立し、FAA は、2014 年2 月 20 日、「この数十年におけるヘリコプターの安全に対する最も重要な改善 "the most significant improvements to helicopter safety in decades"」とする連邦航空規則の改正に踏み切った[2]。

（注）2012 年 2 月 14 日、米国オバマ大統領は、救急医療ヘリコプターの安全性向上を求める条項を含む FAA 予算法案に署名した。同条項は、救急医療ヘリコプターに対地接近警報装置や飛行記録装置などの装備義務を検討することなどの安全性向上施策を FAA に命じ、これらの施策実施がFAA の法律上の義務となった。

　この規則改正は、全ての民間ヘリコプターに適用される条文（FAR 91.155 Basic VFR weather minimums）の改正もあるが、これ以外は、連

邦航空規則第135章（FAR135）に基づいて商業運航ヘリコプターに適用される規則の改正で、その中でも、特に、救急ヘリに焦点が当てられた内容となっている。（なお、救急医療のためのヘリコプター運航でも、警察、消防、軍等の公的機関が運用するヘリコプターの運航については、これらの規則の適用外である。）

この規則改正にはヘリコプターの運航者が即応することが困難な内容もあることから、即応困難な条文への対応については長い猶予期間が設けられた。即応がそれほど難しくはない、パイロットの訓練、飛行できる気象条件の厳格化などの条文への対応期限は、規則制定から60日後とされたが、安全装置の装備等に対しては、装備コストや改修期間などを考慮して長い猶予期間が設定された。電波高度計とヘリコプター用の対地接近警報装置（EGPWS/HTAWS）の装備、パイロットへの計器飛行証明義務化については規則制定から3年後（2017年）、飛行データの記録装置（FDM: Flight Data Monitoring System）については規則制定から4年後（2018年）までに、それぞれ対応することとされた。

この規則改正は広範な内容となっているが、その主要な改正点は次のとおりである。

・電波高度計の装備
・飛行できる気象条件の厳格化
・パイロット試験の改善（気象急変・ホワイトアウト等への対応能力実証）
・パイロットに計器飛行証明を要求（救急ヘリ）
・飛行前のリスク評価実施（救急ヘリ）
・経路上最高障害物の出発前確認（救急ヘリ）
・疲労防止のための勤務時間制限（救急ヘリ）
・HTAWSの装備（救急ヘリ）
・FDMの装備（救急ヘリ）

この他にも、海上飛行をする場合の装備要件強化、10機以上の運航者への運航管理センター設置義務、搭乗する医療スタッフへの安全

ブリーフィング実施などが規定されている[2]。

参考文献

1. Federal Aviation Administration, "Press Release – FAA Issues Final Rule to Improve Helicopter Safety", February 20, 2014
2. Federal Aviation Administration, 14 CFR Parts 91, 120, and 135, Amendment Nos. 91–330; 120–2; 135–129, "Helicopter Air Ambulance, Commercial Helicopter, and Part 91 Helicopter Operations", 2014
3. National Transportation Safety Board, "Safety Study - Commercial Emergency Medical Service Helicopter Operations", 1988
4. CUBRC, Public Safety &Transportation Group, "Atlas & Database of Air Medical Services, 15th Edition", 2017
5. United States Government Accountability Office, "Aviation Safety - Improved Data Collection Needed for Effective Oversight of Air Ambulance Industry", 2007
6. National Transportation Safety Board, Aviation Accident Data Summary, "Accident Number: SEA04MA167, Date: Aug. 21, 2004, Location: Battle Mountain, NV", 2006
7. Federal Aviation Administration, "Advisory Circular No: 135-14A, Emergency Medical Services / Helicopter (EMS/H)", 1991
8. National Transportation Safety Board, "Special Investigation Report on Emergency Medical Services Operations", 2006
9. United States Government Accountability Office, "Aviation Safety: Potential Strategies to Address Air Ambulance Safety Concerns", 2009
10. Federal Aviation Administration, Notice of proposed rulemaking, Notice No. 10 – 13, "Air Ambulance and Commercial Helicopter Operations, Part 91 Helicopter Operations, and Part 135 Aircraft Operations; Safety Initiatives and Miscellaneous Amendments", 2010

第 25 章
エアフランス A330 墜落事故、
コルガン航空 DHC-8-400 墜落事故、
エアアジア A320 墜落事故
(2009 ～ 2014)

　本章では、飛行中に機体のコントロールを失って墜落した最近の LOC-I 重大事故 3 件（エアフランス A330（2009 年）、コルガン航空 DHC-8-400（2009 年）、エアアジア A320（2014 年））についてご説明する。

［LOC-I（1）：エアフランス A330（2009）］

　近年の航空機事故の最大死亡事故形態は飛行中に機体のピッチ角やバンク角が極めて大きくなるなどの異常姿勢（アップセット：Upset）に陥り機体のコントロールが失われる LOC-I（Loss of Control In Flight）であるが（第 22 章参照）、2009 年にその重大事故が 2 件発生した。

　2009 年 5 月 31 日、エアフランス 447 便 A330-203 型機（**図 25-1**）は、ブラジル・リオデジャネイロ国際空港からパリに向かって出発後、巡航高度 35,000ft を順調に飛行していたが、機長が操縦室を離れていた時、ピトー管の氷結により、速度計の指示が異常となり、オートパイロット（AP: Autopilot）とオートスラスト（A/THR: Auto Thrust）が解除されるなどの不具合が発生した。操縦室に残されていた 2 名の副操縦士は発生した事態に驚き混乱し、度重なる機首上げ操作などの不適切な操作が行われ、A330 は高度約 38,000ft まで上昇した後、失速して

図 25-1　事故機（Pawel Kierzkowski）

図 25-2　垂直尾翼の回収作業 [2]

急降下し始めた。操縦室に戻った機長も状況を把握できず、A330 は失速したまま、6 月 1 日午前 2 時 14 分 28 秒（協定世界時）、大西洋上に墜落し、搭乗者全員 228 名が死亡した [1]。

　墜落から数日後に垂直尾翼等が海上から回収されたが（図 25-2）、大西洋の海底に沈んだ機体の探索は困難を極め、最後の位置通信があった地点から約 6.5nm 離れた深さ 3,900m の地点から機体の主要部分が発見されたのは、事故発生から約 1 年 10 月後の 2012 年 4 月 2 日であった。

事故の発生経過

　機体主要部分が発見されてから約 1 月後、海底から飛行記録装置が回収され、その解析結果に基づく事故報告書が 2012 年 7 月に公表された。以下は、その報告書による事故発生経過の概要である。

　A330 は、リオデジャネイロを 2009 年 5 月 31 日 22 時 29 分（現地時間 19 時 29 分）に出発し、6 月 1 日 1 時 45 分頃、高度 35,000ft を AP と A/THR を使用して飛行中、乱気流に遭遇したが、揺れは数分で収まった。その後、機長は休息のために操縦室を離れ、操縦室には、右席で PF（Pilot Flying：操縦を行うパイロット）の業務を行う副操縦士と、機長と交代して左席で PNF（Pilot Not Flying: 操縦以外の業務を行う操縦士。FAA は、モニター業務を重視する観点から、2003 年に PNF を PM（Pilot Monitoring）と改称[3]）の業務を行うもう一人の副操縦士が残された。

　2 時 8 分頃、乱気流を避けるために飛行方位が左に約 12 度変針され、エンジンの防氷装置が入れられたが、この直後にシステムの異常が発生した。

異常事態の発端：ピトー管の氷結

　2 時 10 分頃、ピトー管が氷結のために閉塞したものと推定されている。A330 は、3 つの独立した速度計測システムである ADR1〜3（ADR: Air Data Reference）に信号を供給する 3 つのピトー管と 6 つの静圧センサーが装備され、ピトー管には水分を除去するためのドレインと氷結防止のための電気的加熱システムがあったが（**図 25-3**）、高高度で飛行中に防氷能力を超える大量の氷晶（Ice Crystal）を含む気象状態に遭遇したため、ピトー管が氷結したものと推定されている。

　当該ピトー管は、事故の前年の 2008 年 5 月、高高度において一時的に対気速度指示が喪失する事例があり、エアフランスは、A330/340

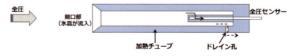

図 25-3　ピトー管の概念図[1]

の全機のピトー管を改良型に交換することを決定し、改良型を入手次第、交換作業を行うこととしていた。しかし、最初の改良型が到着したのは事故の6日前の2009年5月26日で、最初の機体に交換が行われたのは5月30日となり、事故発生当時、事故機には交換前の型式が装備されていた。

なお、事故後、欧州航空安全局 EASA（European Aviation Safety Agency）は当該ピトー管の交換を命じている[4]。

速度の誤指示

2時10分05秒、作動中だったAPが突然解除され、続いてA/THRも解除されて、PFD（Primary Flight Display）からフライトディレクター（FD: Flight Director）のクロスバー（縦バーがロール、横バーがピッチの操作量を指示）が消えた。機体が右に傾き、PFは左に操舵しながら機首上げ操作を行い、失速警報が二度続いて短時間作動した。左のPFDに表示された速度が274ktから急に52ktに低下し、スタンバイ統合計器であるISIS（Integrated Standby Instrument System）の速度指示も低下した（図25-4）。

ピトー管は、全圧（Total Pressure: 静圧（Static Pressure）と動圧（Dynamic Pressure）の和）を測定しているが、氷結してその測定値が低下し、マッハ数と対気速度の指示値が低下した。マッハ数指示値の低下により高度指示値も低下したが、その低下の程度は、3つの速度計測システムにより異なり、ADR1とADR2では300〜350ft程度、ADR3では80ft

図25-4　A330-203型機の計器配置[1]

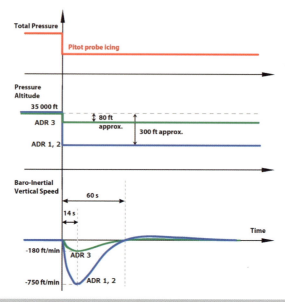

図 25-5　ピトー管氷結による計器指示値の変化[1]

程度が低下し、その低下はさらに垂直速度指示値も変化させた（図 25-5）。

　なお、氷結によるピトー管の機能喪失は、通常、約 1 〜 2 分で解消するとされており、本事故においても、速度指示が不正確であった時間は、最大で、左の PFD が 29 秒、ISIS が 54 秒、右の PFD が 61 秒と推定されている。

失速防止機能の喪失
　A330 は、飛行中の機体姿勢、速度などが定められた範囲を逸脱しないように保護する機能（飛行制御則 : Flight Control Law）を有している。保護機能が完全に働いている時の制御則が「Normal Law」であり、これが機能している時は、過大な機首上げ操作が行われても迎角（AOA: Angle of Attack）は失速しない範囲に止まる。
　この制御則を管理しているコンピューター・システムには 3 系統の

速度計測システムから 3 つの速度データが供給され、コンピューター・システムは 3 つのデータの中間値を採用しているが、1 つのデータが他の 2 つから大きく乖離した場合は、乖離した 1 つを除外した 2 つのデータの平均をとる。しかし、さらに残りの 2 つデータの差も大きくなった場合は、コンピューター・システムはデータを受け付けなくなる。

　このようなシステムの不具合が生じた時には、保護機能が一部しか働かない「Alternate Law」となり、失速を防止する機能が失われる。この場合、失速が発生し得ることになるので、失速を警報する機能が働くようになる。ピトー管氷結は、まさにこのような事態を引き起こし、失速防止機能が失われるとともに失速警報装置が有効となった。

　なお、システムの不具合の程度が大きい場合には、制御則は、舵面がサイドスティックで直接制御される「Direct Law」となり、さらに、パワー・ロスが生じた場合には「Mechanical Backup」へと移行する。

乗員の不適切な対応

　速度指示が信頼できなくなった場合の対応は A330 の飛行マニュアルに定められており、その訓練も行われていたが、次のように、PF は度重なる機首上げ等の不適切な操作を行い、PNF も適切なアドバイスを行わなかった。

　2 時 10 分 16 秒、PNF が「速度指示がなくなった。（制御則が）Alternate Law になった。」と発言し、PF がサイドスティックをほとんどストップ位置からストップ位置まで大きく横に操作して機体が横揺れを繰り返すとともに、大きな機首上げ操作により、機体のピッチ角が急激に増加した（**図 25-6**）。PNF が PF に機体が上昇していることを告げ、降下するように注意し、機首下げ操作が数回行われ、ピッチ角と上昇速度が減少したものの、高度が 37,000ft を超えてもまだ上昇中であった。

　2 時 10 分 36 秒、左の PFD の速度指示が正常となり 223kt が示されたが、ISIS の速度指示は依然として異常に低いままであった。オートパイロットが解除されて上昇を始めた時から速度が 50kt 低下してい

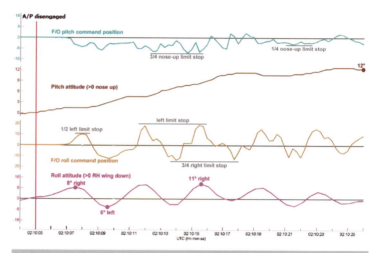

図 25-6　AP 解除後 20 秒間の過剰操作によるピッチ角とロール角の変化 [1]

た。2 時 10 分 47 秒、スラストレバーが少し引き戻され、その後、ピッチ角が徐々に増加していった。2 時 10 分 50 秒、PNF が機長に操縦室に戻るよう呼び出しを行った。

　2 時 10 分 51 秒、失速警報が鳴り始め、一旦引き下げられていたスラストレバーが TOGA（Take Off/Go Around）位置に進められるとともに再び機首上げ操作が行われた。約 15 秒後、右の PFD の速度データのソースが ADR3 に切り替えられ、右の速度表示と ISIS の速度指示が再び有効となり、3 つの速度指示が 185kt で一致した。PF は機首上げ操作を継続し、約 38,000ft に達した時にはピッチ角と迎角がともに 16 度となり、ここから A330 は降下し始めた。

　2 時 11 分 37 秒、PNF がサイドスティックの優先権を一旦とったが、PF が優先権を取り返して操縦を続けた。2 時 11 分 42 秒、機長が操縦室に戻った時、高度は約 35,000ft、降下率は約 10,000ft/min に達して迎角は 40 度を超え、速度値が無効となり、それまで 54 秒間継続していた失速警報が停止した（速度計測値が 60kt 未満となると、無効な値とみなされ、失速警報機能が停止。）。機体は横揺れを繰り返し、ロール角は時々右 40 度に達し、PF はサイドスティックを左方向にストップ位置まで動かすとともに機首上げ操作を約 30 秒続けた。

2 時 12 分 02 秒、PF が「指示がなくなった。」、PNF が「有効な計器指示がない。」と発言してから約 15 秒後、PF が機首下げ操作を行い、迎角が減少し、速度が有効値に戻り、再び失速警報が作動した。2 時 13 分 32 秒、PF が「(もうすぐ高度が) 10,000ft だ。」と発言してから約 15 秒後、PF と PNF は同時にサイドスティックを引いた。

2 時 14 分 17 秒、GPWS (Ground Proximity Warning System: 対地接近警報装置) が「Sink Rate」と「Pull up」の警報を発し、その 11 秒後、飛行記録装置が停止した。最後の記録は、降下率 10,912ft/min、対地速度 107kt、ピッチ角 16.2 度、バンク角左 5.3 度、磁方位 270 度であった。

不適切な対応の要因

この事故は、ピトー管の氷結による速度の誤指示から始まったが、このような事態の対処方法は飛行マニュアルに記載されており、またその訓練も実施されていた。しかし、この事故においては、乗員が定められた措置を行わず、失速警報が発せられているにもかかわらず機首上げ操作を行うなど不適切な対応を行い、失速から回復することなく墜落に至っている。

AP 解除後の PF の機首上げ操作については、事故報告書は、乱気流による直前のピッチ角減少、高度と降下率の指示値低下に気付いた可能性、驚愕、などが考えられるとしている。PF はさらにその後も失速警報が発せられているにもかかわらず、機首上げ操作を繰り返し行っている。PF がこのような操作を行った要因について、事故報告書は次のような可能性を挙げている。

ECAM の表示

運航中に異常事態が発生した場合、最初の対応措置を実施して飛行が安定した後に乗員がすべきことは、問題点を理解して対策を講じるために必要な情報を探求することである。しかし、AP 解除の 3 秒後、機体の状態をモニターし表示する ECAM (Electronic Centralized Aircraft Monitoring) には速度指示に問題があることを示すような情報は表示されなかった。また、超えてはならない最大速度は表示されたが、最小速度の表示はなく、乗員に主なリスクは失速ではなく速度超過であ

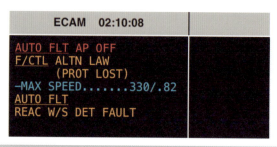

図 25-7　AP 解除 3 秒後の ECAM[1]

ると思わせた可能性がある（図 25-7）。

　ECAM には次々と多くのメッセージが表示されたが、乗員が事故の数ヵ月前に受けた速度指示が失われた場合の訓練の時には ECAM にはメッセージが表示されておらず、このことも乗員が速度指示喪失時の手順を行わなかったことに関与した可能性がある。PNF は、速度情報が失われたことに気付き、状況の把握と行うべき措置を求めて ECAM を確認したと考えられるが、多くのメッセージはかえって混乱を助長した可能性がある。

FD の機首上げ指示

　PNF は ECAM のメッセージから有益な情報が得られず、PF の飛行経路コントロールに注意を向けた。PNF は機体が上昇していることに気付き、飛行を安定させて速度に注意して降下することを PF に求め、PF は 10 度を超えていたピッチ角を減少させる操作を行った。しかし、その後、PF は失速警報が継続して発せられていた時もサイドスティックを機首上げ方向に操作したが、そのことには FD の指示が関与した可能性がある。

　FD のクロスバーは、AP が解除された直後に PFD から一旦消えたが、再び PFD に表示され、最初は機首下げを指示していたが、その後、機首上げ指示に変化した。さらに、2 時 11 分 10 秒頃からは、失速警報が継続して発せられていたにもかかわらず、再び機首上げを指示しており（図 25-8）、事故報告書は、このような FD の指示が PF の操

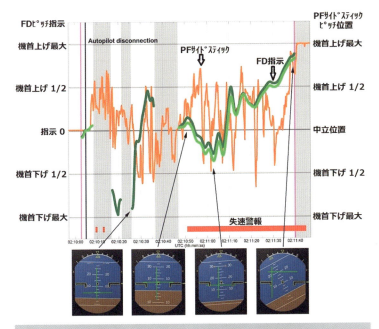

図 25-8　ピッチ方向の PF のサイドスティック操作と FD の指示（FD 指示は記録されていないため、推定値を表示。2 本の線がある部分は、上の線が最大推定値、下の線が最小推定値。線が切れている部分は、FD が PFD から消えていた時期。）[1]

作に影響を与えた可能性があるとしている。

　なお、速度指示が信頼できない場合の手順は誤指示が与えられないように FD の解除を推奨していたが、FD は解除されなかった。

低速を速度超過と誤認した可能性

　機体が振動するバフェット（Buffet）が発生した時、速度情報がないと、低速バフェットなのか、それとも高速バフェットなのかを判別することは必ずしも容易ではなく、特に高高度においては飛行可能な速度範囲が狭まり、その判別が困難になる。

　本事故でも PF は速度超過を疑っていたふしがある。2 回目の失速警報とバフェットが始まる数秒前に PF は推力を減らし、警報の 51

秒後に「速度が出ている感じがする。」と言って、スラストレバーを
アイドル位置にしている。数秒後には、またその印象を述べ、スピー
ドブレーキを展開しようとした。バフェット以外にも、ECAM に最
大速度（330/.82）が表示されたこと（**図 25-7**）やパイロットは一般
的に速度超過のリスクに過敏であることなども PF が速度超過を疑う
要因となった可能性があると事故報告書は述べている。

失速警報についての乗員の認識

　失速警報に対して乗員が何の行動もとらなかった理由について、事
故報告書は、次のようないくつかの可能性を挙げている。

　2 時 10 分 51 秒から失速警報が継続して作動し始めた時、ピッチ角
は 7 度からさらに増加中であり、数秒後にバフェットが始まったが、
乗員は失速警報やバフェットには何も言及していない。ワークロード
が高く、操縦室内は多くの警報で満たされており、乗員が失速警報に
気付かなかった可能性も否定はできない。

　また、最初の失速警報が AP の解除に続いて作動したことや FD が
機首上げを指示していたことが失速警報の信頼性を PF に疑わせた可
能性がある。失速が関与した他の事故やインシデントにおいても、乗
員はしばしば失速警報の信頼性を疑っていた。

　さらに、PNF のコールアウトや PFD 上の表示にもかかわらず、PF
は「Alternate Law」への移行を十分に認識せず、失速は起こり得ない
と誤認していた可能性もある。

乗員の訓練

　以上のように、本事故においては、ピトー管氷結後のシステム異常
発生に乗員が驚き、状況を把握できずに不適切な対応を行い、機体が
失速して墜落に至っているが、事故報告書は、その背景には計器表示
の問題とともに乗員の訓練にも問題があったことを指摘している。

　速度指示が失われた状況では、指示対気速度が信頼できない場合の
非常操作を行うこととされていたが、そのような状況は、一般的に、
地表面との衝突のおそれがあるような低高度で発生するものと認識
され、訓練も低高度を想定して行われていた。本事故の機長及び 2 名

の副操縦士は、2008年から2009年にかけて、この訓練を受けていたが、その訓練のシナリオは低高度を想定し、かつ、制御則が「Normal Law」で警報が生じないものであり、本事故のように、高高度においてシステム異常により制御則が「Alternate Law」となった場合の訓練は行われていなかった。

失速訓練については、A320で最初に型式限定を取得した際には実施されていたが、大型のA330に移行する際の訓練や定期訓練では実施されず、A330では「Normal Law」が機能している通常状態では失速しないので、失速はシステム異常により「Alternate Law」になった場合に発生し得ることとして教育されていた。また、訓練を実施するシミュレーターは失速後の航空機の挙動を十分模擬していないため、失速からの回復操作訓練には用いることができないことも指摘された。

これらのことから、事故報告書は、高高度での失速回復訓練、制御則がダウングレードした場合の訓練、想定外の事態に遭遇した時の驚きの影響（Startle Effect）を考慮した訓練の実施、CRM訓練の強化、シミュレーターの再現性の改善などを勧告した。

［LOC-I（2）：コルガン航空 DHC-8-400（2009）］

エアフランスA330は迎角が40度を超える異常姿勢に陥り墜落に至ったLOC-I事故であるが、米国においても同年に重大なLOC-I事故が発生した。

事故の概要

2009年2月12日、米国ニューヨーク州バッファロー・ナイアガラ国際空港に進入中のコルガン航空のDHC-8-400が住宅街に墜落し、搭乗者49名全員と住宅の住人1名が死亡した[5]（**図25-9**）。この事故においても、エアフランス機と同様に、失速警報後に乗員が度重なる機首上げ操作を行い、失速に陥っている。この事故では、操縦桿の振動によって失速を警告するスティックシェーカーが作動した時に機長が操縦桿を引いたために迎角がさらに増大し、操縦桿を前方に動かす

図 25-9　墜落現場（NTSB）

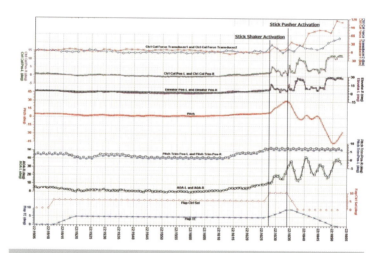

図 25-10　最後の 110 秒の飛行記録（NTSB 資料[6]に加筆：スティックシェーカーの最初の作動（「Stick Shaker Activation」で表示）の後、操縦桿（コントロールコラム：Ctrl Col）が引かれ、ピッチ角（Pitch）と迎角（AOA）の記録値（図中の AOA 記録値等は補正前の生データ）が増大し、続いて、スティックプッシャーの最初の作動（「Stick Pusher Activation」で表示）があったが、操縦桿を引く力（Ctrl Col Force）がさらに増え、完全な失速状態に陥った。なお、スティックシェーカーは 5 回、スティックプッシャーは 4 回の作動が記録されていた。）

スティックプッシャー[注] が続いて作動したが、機長はより強い力で操縦桿を引き、機体は完全な失速状態に陥り、墜落した（**図 25-10**）。

(注) 一般的なスティックプッシャーは失速が間近に迫った時に作動するが、この機体のタイプは失速に入った後に作動するものであった[5]。

事故発生経過

DHC-8-400は、機長と副操縦士が乗務し、2月12日21時18分にニュージャージー州ニューアークのリバティー国際空港を離陸し、21時57分頃に降下を開始したが、機長と副操縦士は降下中も飛行とは関係のない雑談を続けていた。

速度が減るにつれて計器に低速を注意する表示が現れたが、特段の対応は行われず、着陸の準備作業が開始された後、速度がさらに低下した。

22時16分27秒頃、速度が131ktとなった時にスティックシェーカーが作動し（着氷警戒時の設定となっていたため、作動速度が高くなっており、失速速度まではまだ余裕があった）、同時にオートパイロットが解除された。操縦桿が引かれ、続いてエジン推力が増加された。機体のピッチ角が増え、左に45度傾いた後、右に傾いた。22時16分34秒、スティックプッシャーが作動し、その3秒後、副操縦士がフラップを上げたことを告げた。この時の速度は100ktで、機体は右に105度傾いた。

22時16分42秒、機体は左に35度傾いた後、再び右に傾き始めた。副操縦士が脚を上げるかと機長に尋ね、機長は脚上げを指示した。ピッチ角がマイナス25度となり、右に100度傾いた。22時16分52秒、フラップはフルアップになり、機長の「落ちる。」という発言と衝撃音が記録され、2秒後に音声記録装置が停止した。

事故原因

この事故の原因は、スティックシェーカー作動後に機首上げ操作をするなどの機長の不適切な操作とされ、事故の関与要因は、乗員が計器の速度低下表示をモニターしていなかったこと、安全上重要な時期に不必要な会話が行われるなど操縦室内の規律が守られていなかったこと、機長の不適切な飛行のマネジメント、及びコルガン航空の手順

と管理の不備とされた。

　なお、乗員が飛行前に適切な休息がとれず疲労が残り、その悪影響があった可能性が高いとされたが、影響の程度を明らかにすることができず、事故報告書の結論において疲労は事故原因には含まれなかった（NTSB 委員会において、疲労を事故原因のひとつに加えるように一人の委員（委員長）が提案したが、その提案は 2 対 1 の多数決で否決された。ただし、報告書は、航空安全にとって疲労リスク管理が重要であることを強調し、NTSB が従来から繰り返し指摘してきた疲労リスク管理の改善について改めて勧告（A-10-16）を行った。）[5]。

再発防止策

　この事故は米国社会に大きな衝撃を与え、事故発生翌年の 2010 年、米国議会は、航空会社乗員の訓練基準や資格要件の強化、疲労管理の改善、安全管理システムの導入（注1）などに関する規則を定めることを FAA に命じる法律を制定した[7]。

　FAA は、この法律に従い、航空会社乗員の訓練基準[8]、資格要件[9]、疲労リスク管理（注2）、[10]、安全管理システム[11]等の関連規則を順次制定し、アップセット（注3）と失速（注4）の防止・回復訓練については、新訓練基準においてその実施方法や頻度を定めた。また、コルガン機事故では計器の不十分なモニターが一因であったことから、新訓練基準ではモニター業務の訓練も規定された。

　なお、アップセットや失速の訓練などでは、従来のシミュレーターでは適切に模擬されていなかった異常姿勢や失速に陥った後の飛行領域での訓練が必須であることから、シミュレーター改修期間などを考慮し、新基準の適用開始時期は基準発効から 5 年後の 2019 年 3 月とされた。

　FAA の新基準制定とともに、ICAO 及び EASA もアップセット防止・回復訓練の義務化を決定するなど[12、13、14]、アップセット・LOC-I 事故を防止する動きが国際的に広まった。

（注 1）安全管理システム（SMS: Safety Management System）の義務化については、
　　　　ICAO が 2006 年に規定を定め[15]、我国を含む多くの国が自国法規にと

りいれていたが、米国では当時まだ任意の制度に止まっていた[16]。
(注2) FAAは、旅客便乗員を対象とする乗務時間制限、疲労リスク管理等に関する新しい規則（FAR117）を2012年に新設した[10]。なお、ICAOは、2011年に疲労リスク管理に関する規定をAnnex6に定めた[17]。
(注3) 米国ではコルガン機事故の8年前にも重大なアップセット事故があり（第22章参照）、アップセットと失速の防止・回復訓練の義務化が法律に明記された。
(注4) 失速回復訓練については、それまでの高度低下を最小に食い止めることを強調する教育訓練方式から迎角を最小にすることを優先する方式に改めるとともに、予想外の事態に驚くことの影響（Startle Effect）も考慮した訓練指針が2012年に発行され、その後、その改正版が発行された[18]。

[LOC-I（3）：エアアジアA320（2014）]

LOC-I事故防止策が国際的に強化されつつある中、今度はアジアで重大なLOC-I事故が発生した。

2014年12月28日、エアアジアのA320-216（図25-11）は、乗員乗客162人を乗せ、インドネシア・スラバヤのユアンダ国際空港からシンガポール・チャンギ国際空港に向かって出発し、高度32,000ftを飛行していた。操縦を行う操縦士（PF: Pilot Flying）は右席の副操縦士で、

図25-11　事故機[19]

機長はそのモニターを行う PM（Pilot Monitoring）であった。

　飛行中、ラダー制御装置のトラブルが ECAM（Electronic Centralized Aircraft Monitoring）に繰り返し表示され、3回目までは ECAM のメッセージに従った措置によって復旧したが、4回目のトラブル表示の時に当該装置のサーキット・ブレーカーがリセットされ、電源の一時的喪失によってオートパイロット（AP: Autopilot）とオートスラスト（A/THR: Auto Thrust）が解除された。

　AP が解除されたことにより、制御則が Normal Law から Alternate Law に移行し、ラダーが偏向して機体が右に傾き始めたが、PF は、9秒間、サイドスティックを操作せず、機体のバンク角が大きくなった。その後、PF はサイドスティックを横に大きく操作するとともに、サイドスティックを縦方向に引く機首上げ操作を行った。このため、A320 はピッチ角が増加して上昇し始め、最高高度約 38,000ft に達した後、迎角の増大によって失速して急降下に入った（図 25-12）。

　PM の機長は、副操縦士に明瞭な呼びかけ（コールアウト）を行って操縦を副操縦士から引き継ぐべきであったが、コールアウトのない

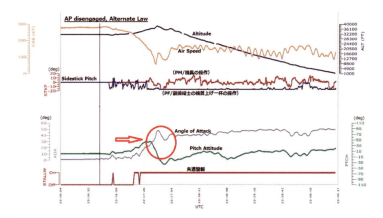

図 25-12　巡航高度から高度 1,000ft までの飛行記録（文献 19 に加筆：AP が解除されラダーが変位して機体が傾き始めた 9 秒間はスティック操作がなく、その後の機首上げ操作により AOA が増大して失速。失速後、Pitch 角が減少した後も AOA が大きな値を維持していることに注意（矢印で示した円内）。）

まま、不明瞭な指示と曖昧な操作を行った。サイドスティックの操作は、左右のスティックのどちらかを優先させる操作が有効となっていない限り、左右の操作量の合算が出力となるので、遅いタイミングでようやく行われた機長の機首下げ操作も、副操縦士が機首上げ一杯の操作をしていたことにより、その効果を生じなかった。

　図 25-13 は、A320 が急降下中に高度 28,340ft を通過している時の機体姿勢、計器表示、飛行データであるが、この時点では、ピッチ角がゼロ（機体姿勢が水平）であるのに対し、迎角（AOA）は 41.1°となっている。これは、急降下中は、下方からの風を受け、ピッチ角が小さくても（ゼロ又はマイナスとなっても）、迎角（AOA）は大きな値になるためである（図 25-14）

　このように機首が下がりピッチ角が小さくなっても降下速度により迎角が大きくなる現象は、他の LOC-I 事故でも失速後の急降下中に生じており、異常姿勢からの回復訓練マニュアルは、「ピッチ角が小さくても失速する時があり、その場合、最初に行うべき失速からの回復には、直観に反する機首下げ操作が求められることがある。」と述べている[20]。
　A320 は、失速警報が鳴り続ける中、迎角が約 40 度のまま平均降下

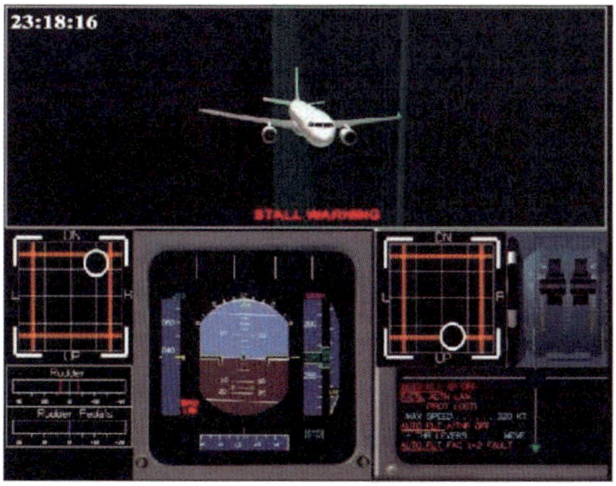

Speed (knots)	170 (ISIS)	37 (CAS)
Alt (feet)	28340	
Rudder	0°	
Roll	-2 °	
Pitch	0	
AOA	41.1°	
VS (fpm)	-15500	
N1	73 %	
EGT	589°C	
TLA	44.3	
Sidestick	**PIC** P: 15° R: 14°	**SIC** P: -16° R: -7°

図 25-13　高度 28,340ft を急降下中の機体姿勢、計器表示、飛行データ[19]

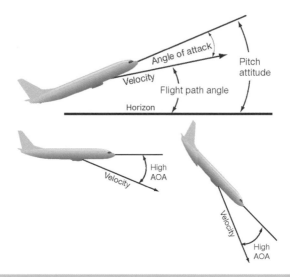

図 25-14　通常上昇中と急降下中の迎角[20]

率 12,000ft/min で急降下を続け、インドネシア沖のジャワ海に墜落して搭乗者全員が死亡した。

　事故の発端となったラダー制御装置の不具合は、電子回路のハンダ付けに亀裂が生じていたことによるものであり、事故の 1 年前から不具合の兆候があったにもかかわらず、修理が行われずに放置され、機長が事故前に搭乗していたフライトでも同じ不具合が発生していた。しかし、その時はサーキット・ブレーカーのリセットでシステムが復旧しており、事故報告書は、この時の経験が、事故時のフライトでもサーキット・ブレーカーをリセットしたことに影響したのではないかとしている。

　サーキット・ブレーカーのリセットによる一時的電源ロスで AP が解除された後の飛行は、エアフランス機の事故との共通点が多い。制御則がダウングレードして失速防止機能が失われた後、乗員の度重なる機首上げ操作により、機体が失速してアップセット状態に陥って墜落している。そして、エアフランス機事故から 5 年以上経っていたにもかかわらず、この機長と副操縦士は、ともにアップセットからの回

復操作訓練を受けていなかった。

　事故報告書は、航空会社に対してコールアウトと操縦引継ぎ手順の再確認を、インドネシア航空当局に対してアップセット予防・回復訓練の実施、航空会社整備部門への監督の強化等を、それぞれ勧告し、エアバス社には警報表示と乗員訓練マニュアルの改善を求め、さらに、FAA と EASA には 2019 年に予定されているアップセット予防・回復訓練義務化期限の前倒しを求めた[19]。

参考文献

1. BEA（Bureau d'Enquêtes et d'Analyses pour la sécurité de l'aviation civile）, "Final Report - On the accident on 1st June 2009 to the Airbus A330-203 registered F-GZCP operated by Air France flight AF 447 Rio de Janeiro – Paris", 2012
2. BEA, "Interim Report n° 2 - on the accident on 1st June 2009 to the Airbus A330-203 registered F-GZCP operated by Air France flight AF 447 Rio de Janeiro - Paris", 2009
3. Federal Aviation Administration, Advisory Circular No. 120-71A, "Standard Operating Procedures for Flight Deck Crewmembers", 2003
4. European Aviation Safety Agency, Airworthiness Directive No. 2009-0195 dated 31 August 2009
5. National Transportation Safety Board, Aircraft Accident Report, "Loss of Control on Approach, Colgan Air, Inc., Operating as Continental Connection Flight 3407, Bombardier DHC-8-400, N200WQ, Clarence Center, New York, February 12, 2009", 2010
6. National Transportation Safety Board, Docket No. SA-531, Exhibit No. 10-A, "Flight Data Recorder Group Chairman Factual Report", 2009
7. U.S. Congress, Public Law 111-216, "Airline Safety and Federal Aviation Administration Extension Act of 2010", 2010
8. Federal Aviation Administration, 14 CFR Part 121 Amendment No. 121-366, "Qualification, Service, and Use of Crewmembers and Aircraft Dispatcher", 2013
9. Federal Aviation Administration, 14 CFR Parts 61, 121, 135, 141, and 142 Amendment Nos. 61-130; 121-365; 135-127; 141-1; 142-9, "Pilot Certification and Qualification Requirements for Air Carrier Operations", 2013
10. Federal Aviation Administration, 14 CFR Parts 117, 119, and 121 Amendment Nos. 117-1, 119-16, 121-357, "Flightcrew Member Duty and Rest Requirements", 2012
11. Federal Aviation Administration, 14 CFR Parts 5 and 119 Amendment Nos. 5-1 and 119-17," Safety Management Systems for Domestic, Flag, and Supplemental Operations Certificate Holders", 2015
12. International Civil Aviation Organization, Annex 6 to the Convention on International Civil Aviation - Operation of Aircraft, Part I, International Commercial Air Transport -Aeroplanes, Amendment 38, "Upset prevention and recovery training", 2014
13. International Civil Aviation Organization, Annex 1 to the Convention on International Civil Aviation - Personnel Licensing, Amendment 172, "Upset prevention and recovery training provisions", 2014

14. European Aviation Safety Agency, Opinion No 06/2017, "Loss of control prevention and recovery training", 2017
15. International Civil Aviation Organization, Annex 6 to the Convention on International Civil Aviation - Operation of Aircraft, Part I, International Commercial Air Transport - Aeroplanes, Amendment 30, "Safety management provisions and references to new guidance material on the concept of acceptable level of safety", 2006
16. Federal Aviation Administration, Advisory Circular No. 120-92, "Introduction to Safety Management Systems for Air Operators", 2006
17. International Civil Aviation Organization, Annex 6 to the Convention on International Civil Aviation – Operation of Aircraft, Part I, International Commercial Air Transport – Aeroplanes, Amendment 35, "New requirements for the development and implementation of fatigue risk management systems", 2011
18. Federal Aviation Administration, Advisory Circular No. 120-109A Change 1, "Stall and Stick Pusher Training", 2017
19. Komite Nasional Keselamatan Transportasi , Republic of Indonesia, Aircraft Accident Investigation Report, "PT. Indonesia Air Asia, Airbus A320-216; PK-AXC, Karimata Strait, Coordinate 3°37'19"S - 109°42'41"E, Republic of Indonesia, 28 December 2014", 2015
20. Industry Airplane Upset Recovery Training Aid Team, "Airplane Upset Recovery Training Aid, Revision 2", 2008

第 26 章
エジプト航空 B767 墜落事故(1999)、ジャーマンウイングス A320 墜落事故 (2015)

　乗員の意図的（故意）操作による墜落事故（テロによるものを除く）は、稀ではあるものの、過去には多数の乗客を巻き込む大惨事に至ったものがある。今回は、乗員の意図的操作による近年の大事故 2 件とそのような事故を防止するための対策についてご説明する。

[意図的墜落（1）：エジプト航空 B767（1999）]

　1999 年 10 月 31 日未明、ニューヨーク JFK 国際空港からエジプトのカイロ国際空港へ向けて出発したエジプト航空 990 便 B767-366ER

図 26-1　事故機（Konstantin von Wedelstaedt）

型機（**図 26-1**）は、巡航高度 33,000ft に到達後、突然、急降下を始めて行方不明となった。直ちに捜索が開始され、やがて機体残骸が米国マサチューセッツ州沖 60 マイルの大西洋公海上で発見され、搭乗者 217 名全員の死亡が明らかとなった[1]。

事故調査をめぐる米国とエジプトの対立

　B767 が行方不明となり、捜索が開始されるとともに、米国政府とエジプト政府との間で事故調査の実施方法について協議が行われた。事故は公海上で発生しており、事故の一次的調査権は航空機の登録国であるエジプトにあったが、エジプト政府は米国に事故調査の実施を委ね、米国 NTSB（National Transportation Safety Board: 国家運輸安全委員会）が事故調査に着手した。

　海底から FDR（Flight Data Recorder: 飛行記録装置）と CVR（Cockpit Voice Recorder: 音声記録装置）が回収され、それらの解析が開始されたところ、事故の発端である急降下は乗員の故意操作によるものである疑いが浮上した。犯罪の疑いから FBI（Federal Bureau of Investigation: 連邦捜査局）も捜査を行い、関係者の聞取り調査を行った。

　事故調査の予想外の展開に驚いたエジプト政府は、独自の調査を開始した。NTSB は、最終報告書公表前に報告書原案をエジプト政府に送付して意見を求めたが、エジプト政府は、事故原因は乗員の故意操作による可能性が高いとする NTSB の結論に強く反発し、機械的トラブルによって急降下が引き起こされたとする独自の報告書を作成して公表した[2]。

　一方、NTSB は、エジプト報告書に記載された機械的トラブルによる事故発生シナリオは FDR データ等の証拠とは整合しないとして、エジプトの主張を退け、原案の結論を維持する報告書を公表した。

　このように、本事故については 2 つの報告書が併存するが、以下に記述した事故の経緯は、主として、NTSB 報告書によるものである。

墜落までの経過

　ニューヨークからカイロまでの飛行時間は 10 時間と長時間であるため、交代要員を含め、B767 には機長と副操縦士がそれぞれ 2 名搭

乗していた。このうちの最年長者は、巡航中の交代要員として乗務していた59歳の副操縦士で、空軍パイロットを少佐で退官後、国立民間乗員訓練所の首席教官を経てエジプト航空に入社したが、機長には昇格せず副操縦士のまま近く定年を迎える予定であった。

　離陸から約20分後の上昇飛行中、この年長の副操縦士が右の操縦席に座っていた副操縦士に交代を申し出て、しばしのやりとりの後、年長の副操縦士が右席に座った。01時44分、B767が巡航高度33,000ftに到達した。

　01時47分、年長の副操縦士が、忘れ物のペンを客室に届けて欲しい旨の発言を行い、操縦室にいた誰かがその依頼を引き受けた。01時48分、機長がトイレのため操縦室を離れ、操縦室には年長の副操縦士のみが残された。

　機長が退室して11秒後に副操縦士が何かの言葉（解読できなかった）を発し、その10秒後にアラビア語の祈りの言葉を静かにつぶやいた。（祈りの言葉は、"Tawakkalt Ala Allah"であり、当初、"I place my fate in the hands of God."（私は運命を神の手に委ねます。）と英訳されたが、エジプト側に誤訳と指摘され、NTSB最終報告書では、"I rely on God."（私は神におすがりします。）と修正された。）

　01時49分45秒、オートパイロットが解除され、副操縦士が祈りの言葉を静かにつぶやいた後、スロットル・レバーがアイドル位置まで引かれて昇降舵が機首下げ方向に動かされ、B767は急に機首を下げて降下し始めた。49分57秒から50分05秒の間、副操縦士は同じ祈りの言葉を7回繰り返し、昇降舵がさらに機首下げ方向に動かされた。

　01時50分06秒、機長が「何が起こっているんだ！何が起こっているんだ！」と叫びながら、操縦室に戻ってきた。昇降舵が機首下げ方向にさらに動いて垂直加速度が約−0.2Gまで減少し、機長がまだ叫んでいる間も副操縦士は10回目となる祈りの言葉をつぶやいた。

　01時50分08秒、最大運用速度を超えて警報が鳴り始め、副操縦士が11回目でこれが最後となる同じ祈りの言葉を繰り返し、機長も「何が起こっているんだ！」と繰り返した。50分15秒、機長は、副操縦士のファーストネームを呼びながら、また「何が起こっているんだ！」

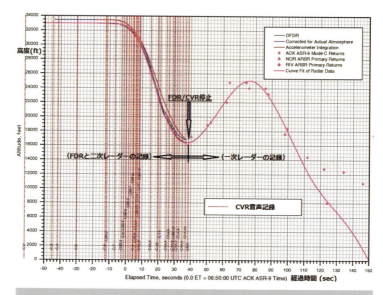

図 26-2　飛行高度の推移（一次レーダー記録からの高度推定は、FAA の管制情報処理システムではできなかったため、米空軍第 84 レーダー解析部隊（84 RADES）の協力を得ている。）[3]

を繰り返した。この時、高度 27,300ft を降下中で、昇降舵が機首上げ方向に動き、降下率が減少し始めたが、その 6 秒後の 50 分 21 秒、左右の昇降舵が逆方向に（左は機首上げ方向、右は機首下げ方向に）動き始め[注]、両エンジンの始動レバーが停止位置に動いた。

（注）左右の操縦桿は通常は一体となって作動するが、一方が動かなくなった場合に備えて左右を独立に動かせるオーバライド機構があり、機長席の操縦桿は左の昇降舵に、副操縦士の操縦桿は右の昇降舵にリンクしていた。

01 時 50 分 24 秒から 27 秒の間に、スロットル・レバーがアイドル位置から全開位置まで動き、スピード・ブレーキが最大展開位置へと動き、機長が「これは何だ！これは何だ！あなたがエンジンを止めたのか？」と言った。機長は、続いて、「エンジンを離れろ！」、「エンジンを止めろ！」（注：この発言について、NTSB は、機長が状況に驚き混

乱したのではないかとしている。）と言い、副操縦士が「止まっています。」と応じた。50 分 31 秒から 37 秒にかけて、機長が「私と一緒に（操縦桿を）引け。」と繰り返したが、その後も左右のエレベーターは逆方向に作動したままであった。

そして、50 分 36.64 秒に FDR が、50 分 38.47 秒に CVR が停止したが、これはエンジンが停止して電源が失われたことによるものと推定されている。FDR と CVR の停止により、この後に起こったに違いない様々な機内の出来事に関する情報は永遠に失われた。

この後の B767 の飛行については、トランスポンダーの信号も発せられなくなったため機体識別や飛行高度などの二次レーダーの情報も失われたが、米空軍の協力も得て機体反射波による一次レーダーの記録を解析した結果、01 時 50 分 38 秒頃に降下が止まった後に上昇に転じ、飛行方位を約 80 度から約 140 度に変針しながら約 25,000ft まで上昇し、その後に再び降下し、大西洋上に墜落したものと推定されている（**図 26-2**）。

NTSB の結論

事故の発端となった急降下は、機械的トラブルによるものではなく、副操縦士の意図的な操作によるものである。急降下後の B767 の運動は機械的トラブルでは説明が付かず、そのような運動を引き起こすような昇降舵の故障があった証拠もない。

副操縦士は自らの提案により通常より早く操縦を交代し、機長が退席して操縦室に一人になった後、オートパイロットを解除し、スロットル・レバーを巡航出力からアイドルへと動かした。また、副操縦士は機首下げ操作を行って急降下に入る前から静かに祈りの言葉をつぶやき始め、急降下に入った後にも回復操作を行っていない。

さらに、機長が操縦室に戻り、驚いて何が起こっているのか尋ねても、副操縦士はそれに答えていない。機長が戻った後、機長席の操縦桿は機首上げ方向に動き、副操縦士席の操縦桿は機首下げ方向に動いている。この間、副操縦士はエンジンを停止させ、機長が操縦桿を一緒に引くように繰り返し頼んでいるにもかかわらず、副操縦士は機首下げ操作を継続している。

本事故は、副操縦士の操作によって引き起こされたものであるが、その行動の理由を明らかにすることはできなかった[1]。

エジプトの反論

NTSB が意見照会のため、送付した報告書の原案に対して、エジプト航空局は次のような反論を行っている。

副操縦士は操縦室に一人になった後にも操縦室扉を閉めていないが、これは自殺行為を行う者の行動に反する。また、操縦室内で争いがあった様子もない。米国側が必要な情報を開示しないため、十分な検証を行うことはできなかったが、副操縦士が故意に事故を発生させた証拠はなく、副操縦士は未知の飛行物体を回避するなどの緊急操作を行った可能性がある。事故は、昇降舵システムの故障によって引き起こされた可能性が高い[2, 4]。

宿泊ホテルでの出来事

NTSB の最終報告書には記載されていないが、事故発生前に乗員が宿泊したホテルでの出来事に関し、FBI が聞取り調査を行って調書をまとめている。その調書によれば、エジプト航空の乗員のニューヨークにおける定宿であったホテルで副操縦士は他の女性客や女性従業員に対し不適切な行為を度々行い、ホテルが宿泊禁止を検討していた。また、事故前に B767 の乗員とともにエジプト航空のチーフ・パイロットがこのホテルに宿泊していたが、チーフ・パイロットは予定を変更して B767 に乗客として搭乗することになったとされる[5]。

そして、事故から数か月後、エジプト航空の別のパイロットが亡命を求めて英国に現れ、報道機関のインタビューに応じて、副操縦士のホテルでの不適切な行為を知ったチーフ・パイロットが懲戒処分を行うと副操縦士に告げ、副操縦士がチーフ・パイロットもろとも搭乗機を墜落させようとしたのだと語った[6, 7, 8]。

しかし、ジャーナリストの間でもこの証言の信憑性は低いとする見解があり[9, 10]、NTSB の最終報告書は、前述のとおり、副操縦士の行動の理由は明らかにできなかったとしている。

[意図的墜落（2）：ジャーマンウイングス A320（2015）]

2015 年 3 月 24 日、GW（Germanwings）9525 便 A320-211 型機（図 26-3）はドイツのデュッセルドルフとスペインのバルセロナを往復する運航を行っていたが、その復路便において、副操縦士の意図的な操作により墜落した[11]。

図 26-3　事故機（Sebastien Mortier）

A320 がバルセロナを午前 9 時に出発して巡航高度 38,000ft に達した後、機長が操縦室を離れ、副操縦士が操縦室に一人となった。その 29 秒後、飛行制御スイッチ（FCU: Flight Control Unit）の高度設定が 38,000ft から 100ft（設定可能最低高度）まで下がり、オートパイロットのモードがオープン・デセント[注]となり、オートスラストがアイドルへと変化し、A320 は下方の山岳地帯に向かって降下を始めた。異変に気付いた機長等が必死に客室から操縦室に入ろうとしたが、テロ対策で強化されていた操縦室扉に阻まれ、A320 は降下を続け、9 時 41 分 06 秒、フランス南東部の標高 1,550m の山岳地域斜面（図 26-4）に激突して機体残骸が渓谷の広い範囲に散乱し（図 26-5）、搭乗者 150 名全員が死亡した。

（注）設定高度まで目標速度を維持して降下するモードで、FCU で現在の飛行高度より低い高度を選択して FCU のノブを引くことによりこのモードに入り、オートスラストが入っていれば推力がアイドルになる。FCU を操作して目標速度をマニュアル設定することができ、副操縦士は降下中に

512　第 26 章

図 26-4　衝突地点 [11]

図 26-5　機体残骸散乱状況 [11]

目標速度を最大運用速度まで増加させた。

精神を病んでいた副操縦士

　副操縦士は、2008 年 4 月、20 歳でルフトハンザ航空の乗員養成学校（卒業生は、ルフトハンザの判断により、ルフトハンザとその 100％子会社のジャーマンウイングスとに振り分けられた。）に入学し、航空会社パイロットへの道を歩み始めた。パイロットが航空機を操縦するには、操縦技量のライセンスとともに、心身状態についての航空身体検査証明を受ける必要があるが、最初の航空身体検査には特に問題なく合格した。しかし、副操縦士は同年 11 月に鬱病の症状を発し、翌年 4 月初旬の航空身体検査証明は更新されなかった。

　その約 4 か月後の 2009 年 7 月下旬、ルフトハンザの航空医学センターは、鬱病の症状は治まったとする精神科医の診断に基づき、再発時は証明の効力が失われるという条件を付し、航空身体検査証明書を副操縦士に交付した。航空身体検査基準の一部に適合しない場合の条件付きの証明書発行については、多くの国において航空当局への報告を求めているが、この時点のドイツでは、その報告が求められておらず、この条件付き証明書発行はドイツ航空局に報告されていなかった。

　その後、2013 年 4 月にドイツでも条件付き証明書を初めて発行する場合には航空局に報告するように制度改正が行われたが、すでに発行されていたものについては報告が求められず、ルフトハンザ子会社のジャーマンウイングスに採用されて旅客便に乗務し始めた副操縦士の条件付き証明書については航空局に報告が行われないままであった。

　2014 年末から副操縦士は鬱病の症状が再発し、度々病気休暇をとり始めた。副操縦士を診察した開業医は精神疾患の疑いがあるとして、精神科での治療を勧め、精神科医は抗鬱剤と睡眠薬を処方したが、副操縦士はその事実を会社や航空身体検査医には知らせなかった。副操縦士を診察したこれらの医師は、おそらく副操縦士の職業を知っていたものと思われるが、医師の守秘義務を優先し、副操縦士の病状を航空局などには通知しなかった。

　一方、ルフトハンザ航空医学センターで副操縦士を診断していた全

ての航空身体検査医は副操縦士の航空身体検査証明に付された条件は知っていたものの問診等からその病状に気付くことはなく、副操縦士は服薬しながら乗務を続け、事故現場から採取された副操縦士の遺体の一部からは事故当日に服用したと思われる抗鬱剤等の薬物成分が検出された。

事故前便での墜落飛行のリハーサル

事故当日朝のデュッセルドルフからバルセロナまでの往路便（事故前便）において、副操縦士は機長が離席中にオートパイロットによる高度設定変更のトライアルを行い、次の復路便で実行する墜落飛行のリハーサルを行っていた。

事故前便でA320が巡航高度37,000ftに達した後、機長が離席して操縦室に一人になると、副操縦士は、オートパイロットの高度設定を頻繁に変更した（図26-6）。この時のオートパイロットの飛行モードは高度設定変更によって飛行経路が変更しないもので、この変更は実際の飛行経路には影響を与えず、機長が操縦室に戻ると高度設定がノーマルになった。しかし、次の復路便では、高度設定変更が機能する飛行モードに入れられ、A320は降下経路に入り、急斜面に激突した（図26-7）。

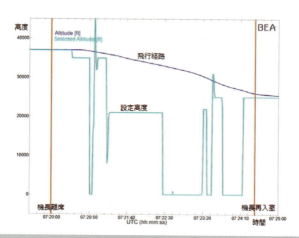

図26-6　前便で機長離席中の高度設定変更[11]

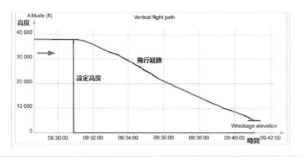

図 26-7　事故時の高度設定変更（原図[11]を一部加工）

[意図的墜落事故と再発防止策]

　乗員の意図的（故意）操作による墜落事故は、頻度は少ないものの、それまでも時折発生して犠牲者が少なからず生じてきた。

　米国における 2003 年から 2012 年までの 10 年間の全航空機死亡事故 2,758 件のうち、原因が乗員の自殺とされたものは 8 件（全死亡事故の 0.29%）であり、その全てが小型飛行機又はヘリコプターの事故であった。また、この他にも自殺が疑われたものが 5 件あった[12]。

　旅客機事故では、前述の 2 件の事故以外にも、日本航空 DC-8（1982 年 2 月 9 日：最終進入中、機長が機首下げ操作とスラスト・リバーサ作動を行い墜落、24 名死亡）[13]、ロイヤルエアモロッコ ATR42（1994 年 8 月 21 日：機長が自動操縦装置を停止し故意に降下操作、44 名死亡）[11]、シルクエア B737（1997 年 12 月 19 日：巡航中、飛行記録装置停止後に急速に降下、104 名死亡）[14]、モザンビーク航空 ERJ190（2013 年 11 月 29 日：巡航中、副操縦士離席後に機長がオートパイロットを降下に設定し、33 名死亡。この事故はジャーマンウイングス機事故との類似点が多い）[15] など、乗員の故意操作による（又はその疑いがある）ものがある。

再発防止策

　上記のような事故が過去にあったものの、欧米の航空会社機では乗員の故意行為による死亡事故が近年は全くなく（テロや乗員以外の加

害行為によるものを除く。）、ジャーマンウイングス機事故はヨーロッパ社会に大きな衝撃を与え、本事故後、ヨーロッパ全体で様々な再発防止策が講じられた。

　まず行われたのが、操縦室内に乗員を一人にしないことであった。2001年の同時多発テロの後、テロリスト操縦室侵入防止対策の一環として操縦室扉の強化が行われ[16,17]、このことが本事故において副操縦士の自殺行為を阻止できなかったひとつの要因となった。

　欧州航空安全局（EASA: European Aviation Safety Agency）は本事故後直ちにヨーロッパの航空会社に対し、操縦室内に乗員を一人にしないように、操縦室内には有資格者2名を常時配置するか、又は他の同等の措置を講じるように勧告する文書を発行し[18,（注）]、我が国でも強化型扉の航空機を運航する航空会社に対して同様の指導が行われた。なお、EASAは2016年に有資格者2名常時配置措置を緩和した[19]。

　この他の再発防止策として、航空会社パイロットの心身の健康管理強化、航空身体検査医の監督の強化、パイロットの支援・申告制度の確立などが立案された[20,21]。

（注）同時多発テロ直後、欧米の航空会社では、乗員が離席せずに操縦室入口付近を監視できるように、監視カメラが配備されるまで操縦室2名配置が行われ、監視カメラ配備後も一部の航空会社ではその措置を継続していた[19]。

　　一方、これとは別に、米国では、操縦室侵入防止策強化に伴い、乗員以外の操縦室鍵の保持が禁止され、操縦室内で乗員が一人となった時に心臓発作等の心身機能喪失（Incapacitation）が発生しても客室乗務員が操縦室扉鍵を開錠して入室することができなくなったことにより、それに代わる措置を講じることが求められた[17]。このため、1名の乗員が操縦室を離れる場合には客室乗務員等がその代わりに操縦室内に入るように航空会社の運航マニュアルの審査要領が2002年に改正され[22,23]、米国航空会社では操縦室2名常時配置が本事故時すでに行われていた。

医師の守秘義務と公共の安全

　再発防止策を検討する中で大きな議論を呼んだのは、医師の守秘義

務と公共の安全との調和にかかわる問題であった。

　医療行為においては医師と患者との信頼関係が最重要事項であり、世界の医療界においては医師が患者の同意なくして医療情報を他に漏らしてはならないとすることが原則とされ、特にドイツではこの原則が厳格に適用されていた[11]。

　しかし、この医師の守秘義務は、時として公共の安全と相いれない時があり、多くの国において、公共の安全が阻害されるおそれがあると思われる場合にはこの守秘義務を緩和して関係当局に患者の情報を提供することを認める立法措置が行われており（例えば、米国の 45 CFR 164.512（j））、本事故の再発防止策を検討した EASA の作業部会は医療情報の秘匿と公共の安全の確保が適切にバランスされように勧告を行い[20]、EU ではこのバランスをどうとっていくべきか議論が行われている[21]。

参考文献

1. National Transportation Safety Board, Aircraft Accident Brief, "EgyptAir flight 990, Boeing 767-366ER, SU-GAP, 60 miles south of Nantucket, Massachusetts, October 31, 1999", 2002

2. Egyptian Civil Aviation Authority, Report of Investigation of Accident, "EgyptAir Flight 990, October 31, 1999, Boeing 767-300ER SU-GAP, Atlantic Ocean – 60 Miles Southeast of Nantucket Island", 2001

3. National Transportation Safety Board, DCA00MA006, "Aircraft Performance, Group Chairman's Aircraft Performance Study", 2000

4. Egyptian Civil Aviation Authority, Addendum 1 to the Report of Investigation of Accident, "EgyptAir Flight 990, October 31, 1999, Boeing 767-300ER SU-GAP, Atlantic Ocean - 60 Miles Southeast of Nantucket Island", 2001

5. National Transportation Safety Board, DCA-00-MA-006, "Human Performance Group Chairman's Factual Report, Addendum # 3", 2000

6. Los Angeles Times, "EgyptAir Co-Pilot Caused '99 Jet Crash, NTSB to Say", March 15, 2002

7. The New York Times, "EgyptAir Pilot Sought Revenge By Crashing, Co-Worker Said", March 16, 2002

8. The New York Times, "Report Finds Co-Pilot at Fault In Fatal Crash of EgyptAir 990", March 22, 2002

9. The Guardian, "EgyptAir flight 990 crash: special report", May 8, 2000

10. Langewiesche, W., "The Crash of EgyptAir 990", The Atlantic, November 2001 Issue

11. Bureau d'Enquêtes et d'Analyses pour la sécurité de l'aviation civile（BEA）, Final Report, "Accident on 24 March 2015 at Prads-Haute-Bléone（Alpes-de-Haute-Provence, France）to the Airbus A320-211 registered D-AIPX operated by

Germanwings", 2016

12. Federal Aviation Administration, DOT/FAA/AM-14/2, "Aircraft-Assisted Pilot Suicides in the United States, 2003-2012", 2014

13. 航空事故調査委員会、「日本航空所属 DC-8-61 型 JA8061 東京国際空港（羽田）沖合」、昭和 58 年

14. National Transportation Safety Committee, Indonesia, Aircraft Accident Report, "Silkair Flight MI 185, Boeing B737-300, 9V-TRF, Musi River, Palembang, Indonesia, 19 December 1997", 2000

15. Ministry of Works and Transport, Republic of Namibia, Civil Aircraft Accident Report, ACCID/112913/1-12, 2016

16. International Civil Aviation Organization, Annex 6 to the Convention on International Civil Aviation – Operation of Aircraft, Part I, International Commercial Air Transport – Aeroplanes, Amendment 23, "New and revised requirements for the incorporation of security into aircraft design", 2002

17. Federal Aviation Administration, 14 CFR Parts 25 and 121, Amendment No. 25-106 and 121-288, "Security Considerations in the Design of the Flightdeck on Transport Category Airplanes", 2002

18. European Aviation Safety Agency, EASA Safety Information Bulletin No. 2015-04, "Authorised persons in the flight crew compartment", 2015

19. European Aviation Safety Agency, EASA Safety Information Bulletin No. 2016-09, "Minimum Cockpit Occupancy", 2016

20. European Aviation Safety Agency, Task Force on Measures Following the Accident of Germanwings Flight 9525, Final Report, 2015

21. European Aviation Safety Agency, "Action plan for the implementation of the Germanwings Task Force recommendations", 2015

22. Walton, J., "Two-Person Flight Deck Action Following Germanwings Crash⋯The Right Action?", Airways Magazine, March 29, 2015

23. Federal Aviation Administration, Order 8900.1, Vol. 3, Chap. 2, Sec. 1, 3-47 B（f）, "Procedures to ensure two persons are always on the flight deck", 2017

第 27 章
マレーシア航空 370 便の
行方不明（2014）

　2014 年 3 月 8 日未明、乗員乗客 239 名が搭乗したマレーシア航空
370 便（MH370）は、マレーシアのクアラルンプールから中国の北京
に向かって出発したが、離陸から約 40 分後に管制との交信を最後に
地上との連絡を絶った後、南シナ海上空で予定経路から外れ、反転し
てマレー半島を横断し、アマダン海上空で地上レーダー覆域外に飛び
去り、行方不明となった。2015 年から 2016 年にかけて、複数の機体
破片がアフリカ大陸東側の海岸や諸島に漂着し、同機はインド洋に墜
落したと断定された。しかし、飛行記録装置を含む機体主要部分は発
見されず、2018 年 7 月に公表された国際調査チームの最終報告書は、
証拠不足のため同機が予定経路を外れて飛行を続けた原因を特定する
ことはできなかったとしている[1]。

［行方不明となるまでの飛行経過］

　2014 年 3 月 8 日未明（現地時間で 8 日 00 時 42 分。協定世界時
UTC では 7 日 16 時 42 分。以下、表示時間は UTC）、MH370（B777-200ER
型機）（**図 27-1**）は、乗員 12 名、乗客 227 名が搭乗し、マレーシア
のクアラルンプール国際空港から中国の北京に向かって出発した。北
京までの予定飛行時間は 5 時間 34 分であったが、予備燃料も含めて
7 時間 31 分飛行できる燃料が搭載された。

　MH370 の機長は、マレーシア生まれの 53 歳、1981 年にマレーシア
航空に入社、飛行時間 18,000 時間を超えるベテラン操縦士であり、

図 27-1　事故機[2]

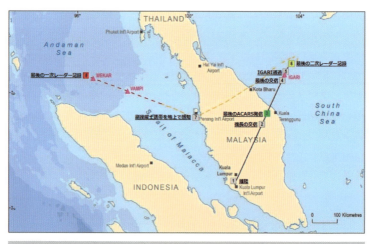

図 27-2　地上レーダーで確認できた MH370 の飛行経路[2]

　副操縦士は、マレーシア生まれの 27 歳、2007 年にマレーシア航空に入社、飛行時間約 2,800 時間であった。客室乗務員は 10 名が乗務し、乗客は 227 名（約 2/3 の 153 名が中国籍）であった。
　図 27-2 は離陸から地上レーダー覆域外へと飛び去るまでの MH370 の飛行経路で、図中に示したその間の主な出来事は次のとおりである[2]。
　3 月 7 日 16 時 42 分に離陸（1）、その約 19 分後の 17 時 01 分 17 秒

に機長は高度 35,000ft を飛行中であることを管制に報告（[2]）、さらに 17 時 07 分 56 秒にも同高度を飛行中と報告した。

MH370 に装備された ACARS（Automatic Communications Addressing and Reporting System：デジタル・データ・リンクを介して地上と運航情報データを交信するシステム）は、17 時 07 分 29 秒にデータ発信を行ったが（[3]）、これが最後の発信であった。

予定経路上の地点「IGARI」に近づいた 17 時 19 分 26 秒、クアラルンプールの管制から 120.9 MHz の周波数でホーチミンの管制にコンタクトするように指示され、機長は、17 時 19 分 30 秒、復唱する筈の「120.9MHz」を省いて「Good night Malaysian Three Seven Zero」とのみ返信し、これが地上と MH370 との最後の交信となった（[4]）。

MH370 は、17 時 20 分 31 秒に「IGARI」地点上空を通過したが（[5]）、その直後に地上レーダーから MH370 の便名や高度などを示す表示（二次レーダー及び ADS-B）が、17 時 21 分 13 秒の記録を最後に（[6]）、消失した。

これ以降の飛行経路は、機体の反射波の表示である一次レーダーの機影から推定されたもので、図中に破線（[6]～[8]）で示されている。軍用レーダーの記録によれば、MH370 は、17 時 21 分 13 秒に右に少し旋回した後に左旋回を行い、マレーシア半島を横断した後、「MEKAR」地点の方向に向かった。17 時 52 分 27 秒、副操縦士の携帯電話が地上で感知された（[7]）。「MEKAR」地点を 10nm 過ぎた 18 時 22 分 12 秒、最後の一次レーダー記録が残されたが（[8]）、これ以降、MH370 は地上レーダー覆域外へと飛び去り、地上から MH370 は探知できなくなった。

［衛星記録からの飛行経路推定］

行方不明直後の MH370 の捜索はマレーシア半島の近海を中心に行われたが、その後、地上レーダーでは捕捉できない空域に飛び去った MH370 の行方を捜索するため、同機と衛星との通信記録が利用された。

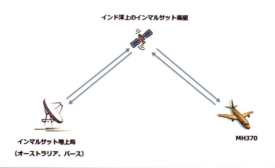

図 27-3　MH370 の衛星通信の概念図[3]

　MH370 は、飛行中は国際海事衛星インマルサットを利用して地上と通信を行っており、行方不明となった飛行当時は、インド洋上のインマルサット衛星を介してオーストラリアのパースにある地上局と交信を行っていた（図 27-3）。

　この衛星通信システムでは、地上局と航空機との交信が一定時間以上ない場合、問い合わせのメッセージ信号の送受信が行われるようになっており、MH370 が地上レーダー覆域外に出た後、このようなメッセージ交信が 3 月 7 日 18 時 25 分 27 秒から 3 月 8 日 00 時 10 分 58 秒まで 6 回繰り返されていた。

　そして、最後の 7 回目は、6 回目から 8 分 29 秒後の 00 時 19 分 29 秒、航空機側からのメッセージ発信により行われた。この発信は、次のように、MH370 の衛星通信システムの電源が一旦失われた後に再び電源が入ったことによるものと考えられている。

　MH370 は 7 時間以上飛行を継続して燃料が枯渇し（飛行継続時間は搭載燃料量にほぼ整合）、エンジンが停止して電源が一旦失われた。しかし、燃料配管の高低差のため、APU（補助動力装置）入口付近に燃料が僅かに残され、その燃料で APU が自動再起動し、衛星通信システムにも一時的に電源が入り、メッセージ発信されたものと推定されている。

　この 7 回目のメッセージ交信の後、01 時 15 分 56 秒に地上局から MH370 への問い合わせメッセージが送信されたが、すでに墜落した後と推定され、その返信はなかった。

地上レーダー覆域外に飛び去った後のMH370の飛行経路の推定は、オーストラリアにあるインマルサット地上局に記録されていたこれらの7回のメッセージ交信を基に行われた。地上局～衛星～航空機をメッセージが往復した時間の記録に必要な補正を行うことによって、メッセージが交信された時の衛星とMH370との距離が推定され、交信時の衛星の位置から等距離にある地球上の円が求められた（図27-4、27-5）。

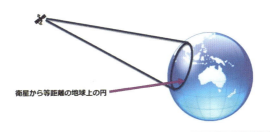

図27-4　衛星から等距離にある地球上の位置[3]

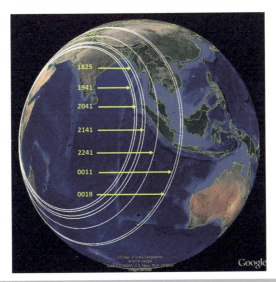

図27-5　衛星交信時刻（UTC）ごとの等距離円[3]

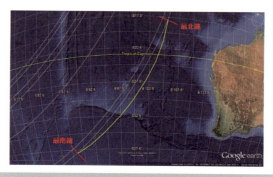

図 27-6　MH370 墜落推定地点の最北端と最南端[3]

　7 回目の交信は 00 時 19 分（UTC）に行われたことから、MH370 の燃料枯渇時の位置は図 27-5 で 00 時 19 分を示す（0019）の円上にあったと推定された。そして、最後の ACARS 発信（図 27-1）時の残存燃料量や B777 型機の飛行速度性能などを基に MH370 が到達し得た範囲を見積もり、MH370 の墜落推定地点の最北端と最南端が図 27-6 に示すように得られた。

　さらに、衛星受信信号の周波数のドップラー効果（衛星と MH370 との相対距離の変化による周波数変動効果）から MH370 の速度と飛行方位が見積もられ、図 27-6 の範囲を半分程度まで絞り込み、その周辺海域を中心に捜索が行われた。

　また、機長は個人用のフライトシミュレーターを所有して自宅でシミュレーションを行っていたが、そのシミュレーターから復元されたデータのうち、事故の約 1 月前に行われたシミュレーションの複数地点を結ぶと、クアラルンプールを出発してインド洋に向かう経路となった（図 27-7 で、クアラルンプールから北西に向かった後に左旋回してインド洋を直線的に南下する線がその経路。これに交差する曲線は衛星からの等距離円弧（図 27-5 の 0019））。MH370 の機体捜索を主導したオーストラリアの運輸安全委員会は、この経路には、機体捜索上、慎重に検討すべき MH370 飛行経路との類似点がある（"There

図 27-7　機長のシミュレーション経路[2]

were enough similarities to the flight path of MH370 for the ATSB to carefully consider the possible implications for the underwater search area.")[2] と考えた。

しかし、2018年7月に公表された国際調査チームの最終報告書は、機長のシミュレーターを捜査したマレーシア警察（RMP: Royal Malaysia Police）の「この経路の各地点データは同一のシミュレーションのものとは断定できず（"the RMP Forensic Report could not determine if the waypoints came from one or more files."）、機長のシミュレーションには、フライト・シミュレーション・ゲーム以外の異常なものは見いだせなかった（"The RMP Forensic Report concluded that there were no unusual activities other than game-related flight simulations."）。」との結論を引用して[1]、このシミュレーション・データとMH370行方不明との関わりを否定的に捉えている。

そして、MH370の機体の捜索はさらに継続されたが、飛行記録装置を含む機体主要部分はついに発見されなかった。

[機体破片の漂着]

2015年から2016年にかけて、MH370の機体破片とみられる物が、レユニオン島、モーリシャス諸島、マダガスカル島やアフリカ大陸南部の東海岸に漂着しているのが発見された。これまでに、右フラッペロン（図27-8、27-9）、右外側フラップ一部及び左外側フラップ一部の3点がMH370のものと確認された。また、他の7点もほぼ確実に

図 27-8　レユニオン島に漂着した右フラッペロン[1]

図 27-9　B777 のフラッペロン（Cooper）

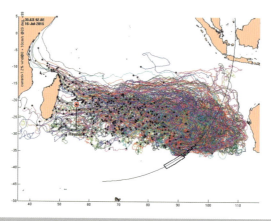

図 27-10　漂流経路のシミュレーション[4]

MH370 のものであるとされ、計 27 点が MH370 との関連についての詳細な調査の対象となった。

これらの漂着物は MH370 の墜落地点から海流によって流されてきたものと考えられ、漂流物の分布からも墜落地点の再検討が行われたが（**図 27-10**）[2, 4]、機体主要部分の発見には至らなかった。

［捜索の打切り］

MH370 の捜索は、行方不明直後はマレーシアが行ったが、その後、マレーシアの要請により墜落想定地点に近いオーストラリアが捜索活動を主導することとなり、その捜索活動費用はマレーシアが 58%、オーストラリアが 32%、乗客が一番多かった中国が 10% を負担し、広範囲の海底捜索が行われた[2]。

しかし、捜索期間が 1,000 日を超えても機体は発見されず、マレーシア、オーストラリア、中国の 3 か国の話し合いにより、2017 年 1 月 17 日にオーストラリ主導の海底捜索が打ち切られた[2]。その後、マレーシア政府は米国の海洋調査会社に捜索を依頼したが、その捜索も機体発見に至らず 2018 年 5 月 29 日に打ち切られた[1]。

［原因の調査］

MH370 の事故調査は、マレーシア、オーストラリア、中国などの関係 7 箇国で構成された国際調査チームによって実施されたが、飛行記録装置を含む機体主要部分が発見されず十分な証拠がないまま、2018 年 7 月に公表された国際調査チームの最終報告書は、次のように、行方不明となった原因は解明できなかったと結論付けている[1]。

最終報告書の結論の主要部分

- MH370 が「IGARI」地点を過ぎてから、予定経路を逸脱して行った旋回は、オートパイロットではなくマニュアル操作で行われた可能性が高い。
- 機長及び副操縦士に精神的、金銭的な問題があった証拠はない。

- MH370 の通信手段（VHF、HF、ACARS、衛星通信、トランスポンダー）が失われたことについては、機器故障の可能性を完全に否定することはできないが、マニュアルで切断されたなどの可能性がより高い。
- MH370 は 7 時間以上飛行を継続し、その間、おそらくオートパイロットが作動しており、電源システムは飛行中ずっと機能していた可能性が高い。
- 01 時 19 分（UTC）に MH370 がインマルサット衛星と交信したのは、燃料が少なくなり両エンジンとそれらの発電機が停止したが、補助動力装置（APU）には起動して衛星通信システムに電力を供給するだけの燃料が残存していたことによる可能性が高い。
- 搭載貨物には危険物に分類されるものはなく、調査対象となったリチウムイオン電池とマンゴスチンも正規の手順に従って梱包・搭載されていた。
- 十分な証拠がないため、MH370 が予定経路を逸脱した原因を特定することはできず、また、第三者の介入があった可能性も排除することもできない。
- 結論として、調査チームは MH370 行方不明の真の原因を突き止めることはできなかった。

［事故後の航空機捜索等の改善］

　航空機が遭難した場合、迅速にその位置を特定できるように、洋上を飛行する航空機等には遭難時の位置通報電波発信機（ELT: Emergency Locator Transmitter）（航空機用救命無線機）が装備されており、また、飛行記録装置（FR: Flight Recorder）には水没した場合に最低 30 日間は位置特定のための音響信号を発信する装置（ULB/ULD: Underwater Locator Beacon/Device）が取り付けられていた。

　しかし、MH370 が墜落した時には ELT からの信号は受信されず、また、2009 年に AF447 便（エアフランス航空 A330 型機）がブラジル沖に墜落した時も ELT 信号の受信はなく、また、いずれの場合も、ULB 発信期間内に飛行記録装置を発見することはできなかった。

　AF447 の場合には墜落から約 1 年 10 月後に機体が発見され、海底

から回収された飛行記録装置の解析によって事故発生の経緯が明らかとなったが（第 25 章参照）、MH370 の場合は、2018 年現在、機体はまだ発見されておらず、事故原因は未解明のままである。

国際民間航空機関（ICAO: International Civil Aviation Organization）は、AF447 及び MH370 の両事故を踏まえ、航空機遭難時のより迅速な墜落地点の特定、飛行記録の確実な回収などのために次のような技術基準の改正を行った。

国際民間航空条約付属書の改正

国際民間航空条約の付属書（Annex）には国際航空の技術基準が定められているが、改正が行われたのは、主に、Annex 6（Operation of Aircraft） の Part 1（International Commercial Air Transport - Aeroplanes）であり、2012 〜 2017 年に以下の基準改正が行われた[5, 6, 7]（AF447 後に一部改正、MH370 後に追加改正。）。

・低周波（8.8kHz）発信の ULD の機体への取付け（義務化対象機は 27ton 超の長距離洋上飛行機）（注：低周波は一般に長距離まで到達）
・ELT 装備要件の強化
・FR 取付け ULD の信号発信期間を 90 日に延長
・音声記録装置（CVR: Cockpit Voice Recorder）記録時間を 25 時間に延長（義務化対象機は 27ton 超の新造機（2021 年以降の初回耐空証明機））
・地上から飛行位置を 15 分以下の間隔で追跡（義務化対象機は 45.5ton 超機、リスク評価による追跡間隔等の緩和を許容）
・航空機からの飛行位置の自律発信（Autonomous Transmission: 航空機姿勢・速度の異常、地表面への急激な接近、全出力喪失などの航空機が遭難したと考えられる状態（Distress Condition）になった場合に 1 分以下の間隔で自機位置を自動的に発信）（義務化対象機は 27ton 超の新造機（2021 年以降の初回耐空証明機））
・墜落機の飛行記録を確実に回収する手段（その手段の例としては、構造変形や浸水を検知し機体から分離して洋上に浮揚する飛行記録装置（ADFR: Automatic Deployable Flight Recorder）、墜落前の飛行中

にデータを衛星に送信（Flight Data Streaming）などがある）（義務化
対象機は 27ton 超の新型式機（2021 年以降の型式証明申請機））

参考文献

1. The Malaysian ICAO Annex 13 Safety Investigation Team for MH370, "Safety Investigation Report, Malaysia Airlines Boeing B777-200ER（9M-MRO), 08 March 2014", 2018
2. Australian Transport Safety Bureau, "The Operational Search for MH370", 2017
3. Australian Transport Safety Bureau, "MH370 - Definition of Underwater Search Areas", 2015
4. Griffin, D. and Oke, P., "The search for MH370 and ocean surface drift – Part III", 2017
5. International Civil Aviation Organization, "Annex 6 to the Convention on International Civil Aviation, Operation of Aircraft, Part I - International Commercial Air Transport - Aeroplanes, Amendments 36, 38, 39, 40-A and 42", 2012 〜 2017
6. International Civil Aviation Organization, "Circular 347, Aircraft Tracking Implementation Guidelines for Operators and Civil Aviation Authorities", 2017
7. International Civil Aviation Organization, "Doc 10054, Manual on Location of Aircraft in Distress and Flight Recorder Data Recovery", 2018

第 28 章
残された安全上の課題

　本書は、航空輸送が始まってから現代に至るまでの約 100 年間にわたる安全性向上の歩みを、航空分野で世界をリードしてきた米国における航空安全上の重要な出来事を中心として解説してきたが、最後に、残された安全上の課題についてご説明する。

［残された安全上の課題］

　第 1 章で紹介したように、世界初の飛行機による定期運航は、ライト兄弟初動力飛行から 10 年後に行われた、米国フロリダ州タンパ湾を横断する単発水上機による片道 23 分の往復便であった。この運航は一冬の観光シーズンで終了し、総乗客数は 1204 人に過ぎなかったが、それからの約 100 年間に航空輸送は飛躍的な発展を遂げ、今日の定期航空旅客数は全世界で年間約 40 億人に達するとともに安全性も劇的に向上し、現代の航空旅客輸送の安全性は公共交通機関の中で最も高いもののひとつとなった。

　しかし、稀とはなったものの、これまで紹介してきたように、世界では近年でも航空会社機の重大事故が時折発生しており、また、航空活動全般を見渡せば、大型旅客機と小型航空機との間には大きな安全性の格差が存在するなどの安全上の課題が残されている。

航空会社機の安全性向上対策

　近年の航空会社機死亡事故の多発形態は、飛行中に機体のコントロールが失われる LOC-I（Loss of Control in Flight）、コントロール可能な航空機が地表面・水面に衝突する CFIT（Controlled Flight into Terrain）、滑走路逸脱などであり、それらについては、これまで解説

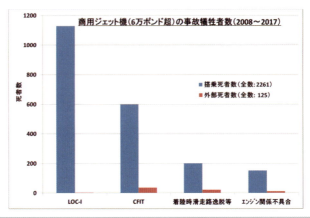

図28-1　最近10年間のジェット旅客機事故犠牲者数
（ボーイング・データ[1]による）

してきたように（例えば、CFIT対策は第9章、第22章等、LOC-I対策は第22章、第25章等）、それぞれ、安全装置の装備や教育訓練の実施などの対策が講じられてきたが、世界ではそれらの事故によりまだ多くの犠牲者が生じており（**図28-1**）、再発防止策のさらなる強化が図られている。

また、ICAOによれば、航空黎明期から1960年代後半までは主として技術進歩により、1970年代前半からはそれにヒューマン・ファクター分野の改善が加わり、さらに1990年代中頃以降は組織文化の改善も図られて（組織的要因関与事故例については第14章、第17章参照）、航空の安全性が向上してきたとされ（**図28-2**）、近年では、上記のLOC-IやCFITなどの多発事故に対する個別対策の実施とともに、非懲罰的安全報告制度の拡充や安全文化の醸成が図られるなど、安全管理体制が充実強化されている。

安全性の格差

しかし、航空先進国の航空会社機の目覚ましい安全性向上の一方で、運航地域や運航機材などによる安全性の格差の存在が問題となっている。

これらの格差のうち、地域格差（**図28-3**）については、近年、事

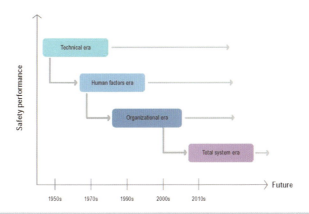

図 28-2　安全性向上の進化プロセス
（ICAO は、21 世紀以降は複数組織間インターフェイス等も含む全航空システムを考慮した対策を講じるべきとしている。）[2]

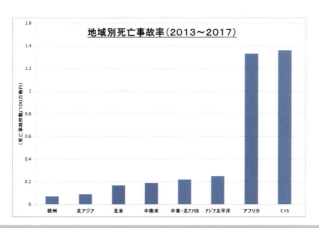

図 28-3　航空会社所属国地域別の航空会社機死亡事故率
（IATA データ[3]に基づく。）

故多発地域の事故率が減少しつつあるが、運航機材や運航ルールが異なる航空会社機と小型機等の一般航空との間には依然として大きな安全性の格差が存在している。

緩慢な GA の安全性改善

航空黎明期においては、航空会社と一般航空（GA: General Aviation）[注1]との間には運航機材や運航ルールにあまり差がなく、事故率にも大差がなかったが、その後の技術革新や乗員訓練の充実などによる航空会社機の目覚ましい安全性の向上に比し、GA 機の事故率の改善は緩慢であった。

(注1) 米国では、1950 年頃まで、航空会社機と軍用機以外の個人機などの運
航を、プライベート（Private）運航、個人（Personal）運航などと呼ん
でいたが、企業の自家用機運航、訓練飛行、レジャー・スポーツ航空、
宣伝飛行、農業用の薬剤散布飛行、パイプライン・パトロール飛行等
の多様な運航活動からこの呼称は誤解を招くものであるとして、1950
年代初め頃から、FAA の前身である CAA は、これらを幅広く一般的な
航空活動を意味するジェネラル・エイビエーション（General Aviation）
と呼び始め、その後、この呼称が定着していった（第 4 章参照）。

現在、世界の GA 機は 40 万機以上と推定されるが、そのほぼ半数の 20 万機以上が米国にあり [4, 5]、世界の GA 機における米国の存在は、航空会社機以上に大きい。その米国における GA 機の事故率の長期的推移を航空会社機と比較してみると、序章で説明したように、米国の定期航空機の死亡事故率が 1920 年代末から現在までに 1 万分の 1 未満に低下したのに対し、米国 GA 機の死亡事故率は 1930 年代末から現在までに 10 分の 1 程度にしか低下しておらず（**図 28-4**）、航空黎明期には大差がなかった航空会社機と小型機の事故率には、現在では大きな差が生じている。

米国における GA 安全対策の歴史

米国の GA 機は、1960 年代に大幅に機数が増加し、1969 年末に 13 万機を超えた [6]。これらの多数の GA 機は、個人が運航する自作機や単発レシプロ機から大手企業の社用ジェット機に至るまで、機材や運用方法に大きな幅があり、当時の FAA は、一律の規制のみで GA 機の事故率削減を図ることは困難と考え、事故事例や安全上の基礎知識を GA 関係者に普及啓蒙する安全キャンペーンを開始した [7]。

注1：近年の数値は、NTSB公表値。NTSB設立以前の数値は、CAA、FAAの公表値。
注2：GA機の飛行時間は、義務的報告事項ではないため、推計値が用いられており、それを分母として算出されている死亡事故率は厳密なものではない。
注3：1943〜45年は死亡事故件数の統計はあるがGA機飛行時間推計値が算出されていないため、また2011年もFAAがGA機飛行時間推計値を見直し中のため、空白となっている。

図 28-4　米国 GA 死亡事故率の長期的推移（1938 〜 2017）

　FAA はまず 1965 年に、GA パイロット安全プロジェクト（Project GAPE: General Aviation Pilot Education）を立ち上げ、航空安全財団（FSF: Flight Safety Foundation）の協力を得て、事故事例や安全基礎知識を掲載した安全パンフレットを GA パイロットに直接送付するほかに、テレビやラジオなどのメディアも利用し、GA 関係者の安全意識向上を図った[7]。このプロジェクトは 1 年で打ち切られたが、1960 年代末から 1970 年代初めにかけては、FAA パイロットが、試験や監査ではなく、事故防止のために GA パイロットの技量や知識を直接指導するプロジェクト（プロジェクト参加予定の FAA パイロット数から、「Project 85」と言われた。）を展開した[6, 8]。

　しかし、これらの安全キャンペーンにもかかわらず GA 機事故は頻発し続け、米運輸省は 1971 年に公表した GA の安全に関する調査

報告書の中で、全てのパイロットに対して 2 年毎に飛行審査（Flight Review）を実施するよう勧告を行った[6, 7]。

米国のパイロット資格に関する規則は連邦航空規則第 61 章（FAR61）に定められているが、当時、そこには一般の GA パイロットに対して定期的審査を求める規定がなく、FAA は、1973 年に FAR 61 を抜本的に改正した際、前記の勧告に従い、全てのパイロットに 2 年毎の飛行審査を求める規定を制定した（エアライン・パイロット等については、FAR の他章の規定により定期的審査がすでに実施されていた。）[9]。

さらに FAA は 1977 年にパイロット・エラーによる GA 機事故を防止するため、カンザス州等の中部 4 州において、GA パイロットに自主参加を促す安全プログラム（Wings Program）を立ち上げた[10]。このプログラムは、やがて全米に展開されて前記の飛行審査を補完するものと位置付けられ、1991 年、このプログラムに参加すれば飛行審査が免除されるように FAR61 が改正され[11]、現在ではこの自主参加プログラムは FAA の GA 安全対策の主要な柱の一つとなっている[12]。

FAA は、この他にも、1980 年代から 1990 年代にかけて、GA の安全性向上には基本に立ち返ることが最も重要であるとして、「Back to Basics Program」及び「Back to Basic II Program」により、離着陸時のトラブル、衝突防止、気象、燃料管理などの様々なトピックスを順番に選び、GA パイロットや整備士など GA 関係者に対する安全知識の普及啓蒙活動などを行った[6]。

そして、近年では、1998 年の航空安全イニシアティブ（Safer Skies）の一環として、航空輸送の安全性向上のための国際共同チームである CAST（Civil Aviation Safety Team）とともに、GA の安全性向上を目指した FAA、GA 運航者、メーカー等の官民共同チームである GAJSC（General Aviation Joint Steering Committee）を立ち上げた[13, 14]。

米国 GA 機の近年の最多死亡事故形態は LOC-I であり[15]（図 28-5）、最近 6 年間（2001 ～ 2016 年）の死亡事故のトップ 4 は、① LOC-I、② CFIT、③エンジン故障、④燃料関係、となっている[16]。GAJSC は、活動が低調となった時期もあったが、世界の航空会社機の安全性向上に貢献したとされる CAST の手法をとり入れて 2011 年

図 28-5　LOC-I による GA 機墜落の現場
（2014 年、米国ジョージア州、3 名死亡。NTSB

に再活性化され、現在は LOC-I 等の多発事故の削減を始めとする GA の安全性向上に精力的に取り組んでいる。

　FAA は、GAJSC の活動の成果を GA パイロットの教育訓練に採り入れるなど[17]、GA 機事故防止対策強化を図っており、FAA によれば、停滞していた GA 機死亡事故率がここ数年は減少傾向に転じて 10 万飛行時間当たり 1 回未満まで低減してきている[16]（ただし、米国の GA 機は、運航機の種類及び運航主体により事故率が大きく異なっており、2000 ～ 2010 年の死亡事故率では、社有機が極めて低いのに対し、個人機は GA 機全体平均の約 2 倍となっている[18]）。

　航空会社機などの大型機の安全性は、**図 28-2** に示されるように、技術進歩、ヒューマン・ファクター分野の改善、組織文化の改善等が積み重なって、大きな向上を果たしてきたが、小型機については、コスト等の問題があり、これまでは、高価な安全装置や複雑な多重防護システムなどの大型機が享受してきた技術進歩の恩恵を十分に得ることができなかった。しかし、近年の新技術により、従来は小型機には

手の届かなかった高価で複雑な安全システムを簡素・軽量化したものが登場し[19, 20]、安全知識の啓蒙や教育訓練の充実とともに、これらの普及も小型機の安全性向上に資するものと期待されている（ただし、新技術により GA 機事故率を大幅に削減することは困難とする一部専門家の見解もある[18]。）。

さらなる安全性の改善に向けて

これまで述べてきたように、航空機の安全性全般は長期的に一貫して改善を続け、特に、航空会社機の死亡事故率は劇的に低下した。しかし、航空活動全体を見れば、安全性の格差が存在し、前述のとおりその格差を縮小する努力が継続されている。

また、航空会社機も、死亡事故等の重大事故の発生頻度は過去に比して極めて低くなったものの、世界では最近でも重大な事故が依然として発生しており（2018 年 10 月 29 日に Lion Air の B737 MAX 8 が墜落して 189 名死亡、2019 年 2 月 23 日に Atlas Air の B767 が墜落して 3 名死亡、2019 年 3 月 10 日に Ethiopian Airlines の B737 MAX 8 が墜落して 157 名死亡、等）、航空会社機についてもさらなる安全性の向上が求められている。

なお、航空会社機の事故において、死亡事故に至る比率は高くないものの、機体構造に重大な損傷を与えるなどの大きな経済的損失を伴う可能性がある滑走路逸脱や着陸時の尾部接触などについては、LOC-I や CFIT などに比して発生減少率が低く、機体損傷事例における相対的比率が高まっていることから、日常運航データの活用等により運航パフォーマンスを改善してこれらの事例を削減していくことも望まれている。

（了）

参考文献

1. Boeing Commercial Airplanes, "Statistical Summary of Commercial Jet Airplane Accidents, Worldwide Operations, 1959–2017", 2018
2. International Civil Aviation Organization, Doc 9859, "Safety Management Manual

(SMM), Fourth Edition", 2018

3. International Air Transport Association, "Safety Report 2017", 2018

4. General Aviation Manufacturers Association, "2017 Annual Report", 2018

5. Federal Aviation Administration, "Administrator's Fact Book – March 2018", 2018

6. Federal Aviation Administration, "FAA Historical Chronology, 1926-1996", 1997

7. Kent, R. J. Jr., "Safe, separated, and soaring", FAA, 1980

8. Federal Aviation Administration, 14 CFR Part 61, Notice No. 72-91, "Certification of Pilots and Flight Instructors", 1972

9. Federal Aviation Administration, 14 CFR Parts 61 and 91 Amendment Nos. 61-60, 91-111, "Pilot and Flight Instructor Certificates and Ratings and Check Requirements for Pilots-In-Command", 1973

10. Federal Aviation Administration, Advisory Circular No. 61-91, "Pilot Proficiency Award Program", 1979

11. Federal Aviation Administration, 14 CFR Parts 61 and 141 Amendment Nos. 61-490, 141-4, "Pilot, Flight Instructor, and Pilot School Certification", 1991

12. Federal Aviation Administration, Advisory Circular No. 61-91J, "WINGS - Pilot Proficiency Program", 2011

13. Federal Aviation Administration, Press Release dated March 26, 2001, "Safer Skies"

14. United States General Accounting Office, "Report to the Subcommittee on Aviation, Committee on Transportation and Infrastructure, House of Representatives; Aviation Safety; Safer Skies Initiative Has Taken Initial Steps to Reduce Accident Rates by 2007", 2000

15. National Transportation Safety Board, "NTSB 2017-2018 Most Wanted List of Transportation Safety Improvements", 2017

16. Federal Aviation Administration, "Fact Sheet – General Aviation Safety", 2018

17. Federal Aviation Administration, Advisory Circular No. 61-98D "Currency Requirements and Guidance for the Flight Review and Instrument Proficiency Check", 2018

18. United States Government Accountability Office, "Report to Congressional Committees; General Aviation Safety, Additional FAA Efforts Could Help Identify and Mitigate Safety Risks", 2012

19. Federal Aviation Administration, "FAA Safety Briefing, New Technology in Aviation", 2014

20. Federal Aviation Administration, "FAA Safety Briefing, New Technologies for Pilots, Planes, and 'Ports", 2016

540 追補

追　補

　これまで各章に記述してきた事故の解説は、全て、事故調査終了後に公表される最終報告書の内容を確認してから作成していますが、その理由は、調査途中の情報は後に訂正される可能性がある一方、最終報告書は関係者からの反論や見解も聞いた上でとりまとめられており一定の信頼性と公平性が確保されているからです。しかしながら、最近発生した3件の事故については、その重要性に鑑み、最終報告書の公表を待たず、本追補執筆時点（2019年4月）までに判明した情報に基づき、それらの概要を記載することとしました。したがって、以下の内容は、調査途中の情報に基づくもので、今後の調査により内容が追加され修正されるものであることをお断りします。

［B767 貨物専用便墜落事故（2019）］

　2019年2月23日、アマゾン専用貨物便としてマイアミ国際空港を出発したアトラスエアのB767は、目的地のヒューストン近くでマイナス49度の極端な機首下げ姿勢で急速な降下に陥った。地上近くで機首下げ姿勢はマイナス20度まで戻ったものの、急速降下したままトリニティ湾に墜落して機体は大破散乱し（**図 29-1**）、機長、副操縦士及び同乗操縦士の3名の搭乗者全員が死亡した。

　事故調査を行っている NTSB は、当初、「事故機の機首下げはコントロール・コラムの動きに従ったもの」として、乗員操作が機首下げを引き起こしたことを示唆していたが、その後の発表では、「機首下げは昇降舵の動きに従ったもの」と訂正し、コントロール・コラムから昇降舵までの間の機構のトラブルの可能性も排除しない表現に改めている[1]。

図 29-1　事故機残骸の回収作業（NTSB）

図 29-2　事故機（Arvin Lienardi）

[B737MAX8 連続墜落事故（2018 ～ 19）]

2018 年 10 月 29 日早朝（現地時間、UTC では 28 日深夜）、インドネシアのジャカルタを出発したライオンエアの B737MAX8（図 29-2）が離陸直後に海上に墜落し、乗員乗客 189 名全員が死亡した。

B737MAX は、ボーイング社のベストセラー旅客機 B737 シリーズの最新型であり、これまでに MAX7、MAX8、MAX9 が就航し、MAX10 が開発中である。同型機には、MCAS（Maneuvering Characteristics Augmentation System）と言われる装置が装備されているが、連続墜落

事故にはこの装置が関与していると考えられている。

　ライオンエア機の事故から約1箇月後にインドネシア国家運輸安全委員会が公表した初期調査報告書によれば、これまでに判明している事故発生経過は次のとおりである[2]。

　事故機の AOA センサー（AOA Sensor：空気流に対する主翼の傾き角である迎角（AOA: Angle of Attack）を計測する機器）に不具合があり、交換が行われたが、事故便の前便で、当該センサーに関連すると思われるトラブルが発生した。

　事故前日の 10 月 28 日、前便の離陸直後、乗員の意図に反する機首下げが発生し、一時的に操縦困難に陥ったが、乗員は水平安定板トリム切断スイッチ（Stab Trim Cutout Switch）を操作して MCAS の作動を停止させ（この停止操作には、操縦室に同乗していた非番のパイロットのアドバイスがあったとの報道がある。）[3]、この便は無事着陸することができた。前便の乗員は、このトラブルを記録し、整備士は、関連機器の洗浄やチェックを行い、トラブルは解消されたものと考え、同機を事故便の乗員に引き渡した。

　しかし、事故便で再び同様のトラブルが発生し、運航の初期段階から左側の迎角計測値が右側より約 20°大きな値を示し、離陸中に左側（機長側）のスティック・シェーカーが作動し始めたが離陸が継続された。飛行記録装置には、MCAS によると思われる水平安定板（Horizontal Stabilizer）の機首下げ方向への頻繁な作動、及び、それに対抗したと思われる頻繁な乗員の機首上げトリム操作が記録されている。

　記録の最後には、乗員の機首上げ操作を上回る MCAS による機首下げ作動により水平安定板が極端な機首下げ位置へと移動し、事故機が墜落するまでが記録されている（**図 29-3**）。

　MCAS については、在来型機より大型のエンジンを前方に装備したために生じた機首上げ傾向を補正して在来型機との類似性を高めて追加訓練を削減するとともに失速防止のために装備されたとの報道がある[4]。MCAS は、迎角が一定値以上となった場合、乗員の操作なく、水平安定板を機首下げ方向に作動させるもので、乗員がその詳細を知る必要はなくマニュアルへの記載や訓練は不要とされたとも報道されている[5]。

543

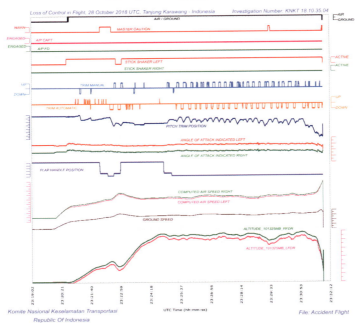

図 29-3　ライオンエア B737MAX8 の飛行記録 [2]
（左側の迎角（Angle of Attack）記録値が右側より約 20°大きく、左側のスティック・シェーカーが離陸中から作動。MCAS による頻繁な機首下げ方向の水平安定板の自動作動（Trim Automatic）があり、それに対抗する頻繁な機首上げ方向の乗員の操作（Trim Manual）があるが、記録の最後の方では水平安定板の位置（Pitch Trim Position）が大きく機首下げ方向に移動し、墜落に至っている。）

　さらに、MCAS は、単一の AOA センサーのみからの入力信号によって作動するようになっており、一つのセンサーのみの異常によって誤作動し得る設計となっており、このような設計を疑問視する報道もある。

　航空機システム設計の原則においては、故障した場合に重大な結果が生じる可能性のあるシステムは、単一の故障によって誤作動しないような多重性の確保等の措置を講じることとされているが、事故後の報道によれば、当該システム開発時の安全性評価において、MCAS の誤作動がもたらす結果の重大性が低く評価されたために MCAS 入力

信号の多重化が求められず[注1][注2]、MCASへの迎角信号は単一の
AOAセンサーのみからの入力となったのではないかとされている[6]。

　また、左右のAOAセンサーの計測値に一定以上の差が生じた場合
に警報を発する装置（AOA Disagree Alert）が必須装備品ではなく任意
装備品として提供され、2機の事故機にはこの警報装置が装備されて
いなかったとされている。

（注1）最終事故報告書が公表されていない現時点ではこれらの報道内容がど
　　　の程度正確かは不明であるが、一般的に、航空機の型式証明における
　　　安全性評価においては、本書第21章「安全性評価の基準」で解説した
　　　ように、航空機システムの故障状態（Failure Condition）の重大度を5
　　　段階に分類し、高い重大度の故障状態が発生し得ると評価された場合
　　　は、多重性の確保や警報装置の装備などにより、当該故障状態の発生
　　　確率を極めて低く抑えることが要求される（**図21-17**参照）。

（注2）安全性審査における権限委任の在り方も問われている。報道によれば、
　　　FAAは安全性審査の根幹部分をボーイング社に委ねて安全性評価の詳
　　　細を把握していなかったのではないかという疑いが持たれている。米
　　　国航空当局の民間への権限委任には古い歴史があり（第4章参照）、適
　　　正な監督を行っている限り権限委任自体に問題はないとするのが一般
　　　的な見方であるが、本件ではFAAが具体的内容を十分把握せず監督が
　　　不十分であったのではないかとの報道がある[6]。

　そして、ライオンエア機の事故から5箇月も経っていない2019年
3月10日、エチオピア航空の同型機（**図29-4**）が再び離陸直後に墜
落し、157名の搭乗者全員が死亡する事故が発生し、全世界で同型機
の運航が停止された。

　この事故から約1箇月後にエチオピア航空事故調査委員会から公表
された初期事故報告書によれば、エチオピア航空機においても、ライ
オンエア機と同様に、左側の迎角計測値が異常に大きな値となり、
MCASが水平安定板を機首下げ方向に作動させ（初期報告書は、「MCAS」
と名指しはしていない。）、その後、MCASは一旦作動停止したが再作動

図 29-4 事故機（LLBG Spotter）

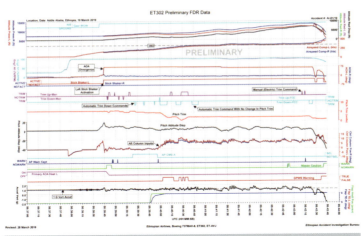

図 29-5　エチオピア航空 B737MAX8 の飛行記録[7]
（左側の AOA 記録値が離陸直後からに異常に大きな値を示し、MCAS による機首下げ作動が始まり、乗員が MCAS を一旦停止。しかし、MCAS が再び作動し、最後には大きな機首下げ姿勢となり高速で墜落。）

し、事故機は大きな機首下げ姿勢となり高速で地上に激突した（図29-5）[7]。

　エチオピア政府は、乗員はライオンエア機の事故後にボーイング社及び FAA から通知された対処手順[8,9]に従って MCAS の作動停止操

作を行っており乗員の操作には全く問題がなかったとしているが、必ずしも全ての操作が規定どおりではなかったとの報道もある[10, 11]。

MCAS が一旦作動停止した後に再作動したことについては、エンジンが高出力に維持されて機速が大きくなり、水平安定板に作用する大きな空気力により水平安定板の手動トリム操作（ホイールを手動で回転させる操作）が困難となったので、乗員が電動トリムを起動しMCAS が再作動したのではないか（ライオンエア事故後にボーイング社が通知した手順では、「MCAS を再作動させないこと」"stay in the CUTOUT position"となっている。）[8]、との報道がある[10, 11]。

同報道は、また、速度・高度指示が不安定になった場合には（AOAセンサーの異常は速度・高度指示値に影響を与える。）、エンジン推力を減じる手順がマニュアルに規定されていることも指摘している[10, 11]（乗員には手順確認の時間的余裕がなかったのではないかとの意見もある。）。

　以上のように、本追補執筆時点（2019 年 4 月）では両事故ともまだ不明な点が多いが、今後、事故の発端となった AOA センサー[(注3)、(注4)]と MCAS の不具合の原因、これらの機器やシステムに関する設計審査、乗員の訓練、マニュアルの記載などについて調査が行われていくものと思われる。

（注3）米国商用機の過去 5 年間の運航で 50 件以上の AOA センサーの故障報告があるとされている[12]。

（注4）2008 年 11 月 27 日、A320 型機が試験飛行中にフランスで墜落したが、その事故の発端は、AOA センサー内に残留していた機体洗浄時の水分が氷結して 3 つのセンサーのうち 2 つの出力値が固定され、システム異常が発生したことであった。同型機の迎角計測は、3 つの計測値の平均から一定以上乖離した 1 つが棄却される設計であったため、氷結せず実際には正常であった 1 系統の値が棄却され、氷結した 2 系統の値が制御信号となってしまった[13]。さらに、2014 年 11 月 5 日には A321 型機が 2 つの AOA センサーの氷結により急降下するという重大シンシデントも発生している[14]。（多重化は信頼性を高める極めて有効な方策

であるが、どのような方策も万能ではない。）

　なお、この連続事故では、乗員が機首上げ操作を行い始めた後にも、人間を補助して安全性を向上させる筈の自動システム（MCAS）が乗員操作とは逆の機首下げ方向の作動を継続し、墜落に至っている。このような人間と自動システムとの相反するコントロールが行われたことによる重大事故としては 264 名が犠牲となった 1994 年の名古屋空港における中華航空 A300-600 墜落事故があり、この事故の 12 年後に自動操縦システムの設計基準改正が行われている（第 19 章参照）。今後、AOA センサーや MCAS などの個別システムのみならず、自動システムの設計の在り方も問われていく可能性もある。

（以上、2019 年 4 月 8 日までの情報に基づく。）

参考文献

1. National Transportation Safety Board, "Atlas Air #3591 crashed into Trinity Bay, 3/12/2019 - Investigative Update", 2019
2. 21. Komite Nasional Keselamatan Transportasi Republic of Indonesia, "Preliminary Aircraft Accident Investigation Report, PT. Lion Mentari Airlines, Boeing 737-8（MAX）; PK-LQP, Tanjung Karawang, West Java, Republic of Indonesia, 29 October 2018", 2018
3. Bloomberg, "Pilot Who Hitched a Ride Saved Lion Air 737 Day Before Deadly Crash", March 20, 2019
4. Los Angeles Times, "How a 50-year-old design came back to haunt Boeing with its troubled 737 Max jet", March 15, 2019
5. The New York Times, "After 2 Crashes of New Boeing Jet, Pilot Training Now a Focus", March 16, 2019
6. The Seattle Times, "Flawed analysis, failed oversight: How Boeing, FAA certified the suspect 737 MAX flight control system", March 17, 2019
7. Federal Democratic Republic of Ethiopia, Ministry of Transport, Aircraft Accident Investigation Bureau, "Aircraft Accident Investigation Preliminary Report, Ethiopian Airlines Group, B737-8（MAX）Registered ET-AVJ, 28 NM South East of Addis Ababa, Bole International Airport, March 10, 2019", 2019
8. The Boeing Company, "The Boeing Flight Crew Operations Manual Bulletin number TBC-19: Uncommanded Nose Down Stabilizer Trim Due to Erroneous Angle of Attack（AOA）During Manual Flight Only", November 6, 2018
9. Federal Aviation Administration, "FAA Emergency Airworthiness Directive（AD）Number 2018-23-51", November 7, 2018
10. Reuters, "Explainer: Ethiopia crash raises questions over handling of faults on Boeing

737 MAX", April 4, 2019

11. Reuters, "How excess speed, hasty commands and flawed software doomed an Ethiopian Airlines 737 MAX", April 5, 2019

12. The Washington Post, "Sensor cited as potential factor in Boeing crashes draws scrutiny", March 17, 2019

13. BEA (Bureau d'Enquêtes et d'Analyses pour la sécurité de l'aviation civile), "Report, Accident on 27 November 2008 off the coast of Canet-Plage (66) to the Airbus A320-232 registered D-AXLA operated by XL Airways Germany", 2010

14. BFU (German Federal Bureau of Aircraft Accident Investigation), "Interim Report BFU 6X014-14", 2015

事故統計・安全指標の図表一覧

図番	表　　題	頁
0-1	米国定期航空死亡事故率の長期的推移（1927〜2017）	2
0-2（28-3）	航空会社所属国地域別の航空会社機死亡事故率	3（533）
0-3	運航形態による事故率の差（米国・2017）	3
2-1	1933年の民間飛行機数と操縦士数	22
3-1	日本の民間航空機の事故件数と登録機数の推移（1921〜2018）	39
3-5	昭和初期の定期航空の事故発生状況（1929〜1938）	45
4-1	大恐慌前後の米国の航空会社乗客数と国民総生産の推移	54
4-7	米国内定期旅客輸送の死亡事故率と死者数（1938-1946）	67
4-8	米国内定期航空・個人機等の原因別事故件数（1938-1946）	68
8-10	安全目標（1975年修正値：全死亡事故発生率）の設定方法	148
9-2	使用時間に対する航空機部品の故障率の推移	153
9-4（22-13）	商用ジェット機事故の犠牲者数（2008〜2017）	163（458）
9-5	大型ジェット機 CFIT 事故件数の推移	163
20-1	米国リージョナル・エアライン乗客数（1980-1993）	401
20-2	FAR135 運航会社の事故率（1980-1993）	401
21-17	大型機システム設計における故障状態の重大度と許容確率の関係	437
21-18	故障状態の定性的確率表現の説明	438
28-2	安全性向上の進化プロセス	533
28-4	米国 GA 死亡事故率の長期的推移（1938〜2017）	535

索　引（1）（主要事項^(注)の主な記載頁）

(注：事故の記載頁については、索引 (2) を参照のこと)

あ

アイゼンハワー、（大統領、FAA 設立）　……………………………(92)

アクロン号、（飛行船史上最大の事故）…………………………（46~47）

アップセット………………………………（118~121, 458~460, 484~503）

アップルゲイト、（DC-10 減圧事故発生を警告）…………（192~195）

アルコール、（A300-600 名古屋事故検死で検出）　……………（390）

安全管理システム……………………………………「SMS」参照

安全規制

　（米国の航空安全規制の始まり）………………………………（22~25）

　（航空安全規制の米法体系）………………………………………(57)

　（航空運送事業安全規制の歴史的経緯）…………………（399~400）

安全性の向上

　（米国航空会社、死亡事故率の改善）……………………………（1~2）

　（米国 GA、死亡事故率の改善）……………………………（534~538）

　（安全性向上の進化プロセス）………………………………（532~533）

　（日本の民間航空機の事故件数の推移）…………………………（38~39）

安全性の格差

　（地域格差）………………………………………（2~3, 532~533）

　（運航形態による格差）………………………………（3~4, 533~534）

安全性評価基準

　（基準の概要）………………………………………………（437~438）

　（定量的評価基準の制定経緯）…………………………（143, 438~439）

　（解析手法）……………………………………………………（439~441）

　（適用上の課題）………………………………………………（441~442）

安全報告制度

　（1956 年、ニアミス報告の非懲罰化）　…………………………（99~100）

　（1959 年、ニアミス報告免責措置の一時廃止）　………………（100）

（1976 年、ASRS の発足）……………………………………（171~172）

安全目標の設定………………………………………………（147~148）

い

医師の守秘義務………………………………………………（516~517）

異常姿勢…………………………………………「アップセット」参照

意図的操作……………………………………………………（505~517）

井上長一、（日本航空輸送研究所創立者）……………………………（42）

インマルサット………………………………………………（522~523）

う

ウインドシア警報装置

（地上配備型）………………………………………………（314~315）

（航空機搭載型の装備義務化）………………………………………（315）

運動速度………………………………………………………（461, 465）

運輸省、（米運輸省、1967 年発足、FAA 内局化）…………（137~138）

え

英語

（国際航空共通言語）…………………………………（353~354, 363）

（英語能力証明制度）………………………………………………（363）

エンジン脱落事故……………………………………………（363~374）

エンジンの空中分離、（空中分離を許容する設計思想）……（370~372）

お

大森上空の空中衝突事故、（発生当時、世界最大の航空事故）

………………………………………………………………（46~48）

オートパイロット

（初飛行）……………………………………………………（18~19）

（普及）………………………………………………………（59~60）

か

下降気流‥‥‥‥‥‥‥‥‥‥‥‥‥‥‥‥‥‥‥‥‥‥‥‥‥‥‥‥（197~205）

火災対策、（客室内対応、基準強化）‥‥‥‥‥‥‥‥‥‥‥‥（275, 277）

過剰操作‥‥‥‥‥‥‥‥‥‥‥‥‥（452~457, 460~466, 489~490）

型式証明、（制度の創設、第一号）‥‥‥‥‥‥‥‥‥‥‥‥‥‥（24~25）

カーティス、（連邦航空庁の設立構想者）‥‥‥‥‥‥‥‥‥‥‥‥‥（92）

滑走路逸脱対策、（1965 年、防止策として湿潤時の路長を 1.15 倍に）

‥‥‥‥‥‥‥‥‥‥‥‥‥‥‥‥‥‥‥‥‥‥‥‥‥‥‥‥（136~137）

可動型水平安定板、（開発）‥‥‥‥‥‥‥‥‥‥‥‥‥‥‥（120, 390）

貨物室の防火クラス‥‥‥‥‥‥‥‥‥‥‥‥（271~272, 415~417）

川西清兵衛‥‥‥‥‥‥‥‥‥‥‥‥‥‥‥‥‥‥‥‥‥‥‥‥‥‥（42）

管制情報処理システム、（1960 年代に開発）‥‥‥‥‥‥‥（112~116）

き

危険物搭載‥‥‥‥‥‥‥‥‥‥‥‥‥‥‥‥‥‥‥‥‥‥‥（413~415）

客室安全規則、（1965 年に非常脱出試験・安全ブリーフィングの初義務化）

‥‥‥‥‥‥‥‥‥‥‥‥‥‥‥‥‥‥‥‥‥‥‥‥‥‥‥‥（124~125）

客室乗務員、（最初の）‥‥‥‥‥‥‥‥‥‥‥‥‥‥‥‥‥（62~63）

客室乗務員配置数、（1965 年に座席数基準、1972 年に 50 席毎 1 名）

‥‥‥‥‥‥‥‥‥‥‥‥‥‥‥‥‥‥‥‥‥‥‥‥‥‥‥‥‥（125）

く

空軍、（米国における創立）‥‥‥‥‥‥‥‥‥‥‥‥‥‥‥‥‥（63）

空港整備、（連邦政府による空港整備の始まり）‥‥‥‥‥‥（58~59）

空港電源の喪失、（1965 年 JFK、非常電源・無停電電源の配備）

‥‥‥‥‥‥‥‥‥‥‥‥‥‥‥‥‥‥‥‥‥‥‥‥‥‥‥‥（116~117）

空港の安全対策、（1952 年、安全地帯、安全証明制度、騒音対策等の提言）

‥‥‥‥‥‥‥‥‥‥‥‥‥‥‥‥‥‥‥‥‥‥‥‥‥‥‥‥‥（76~77）

空中衝突の防止対策

（1950 年代頻発後、VFR 機飛行禁止空域（特別管制区）設定等）

‥‥‥‥‥‥‥‥‥‥‥‥‥‥‥‥‥‥‥‥‥‥‥‥‥‥‥（86~87）

（1960 年 NY 事故後、DME 義務化、10000ft 未満 250kt 以下、等）

....（108~109）
（1960 年代、ARTS/SPAN 開発、Common IFR Room 設置）
....（112~116）
（1960~70 年代、IFR/VFR 混在対策、空港周辺に新空域設定）
....（317~319）
（1970 年代、衝突防止灯・トランスポンダーの義務化範囲拡大）
....（157）
（1986 年 LA 事故後、衝突防止装置装備義務化）
....（323~324）
（洋上衝突防止、1960 年代、衝突モデル構築、飛行間隔改定）
....（146~149）
クリントン、（TWA 機事故対策委員会設置の大統領令）
....（433~434）

け

計器飛行、（最初の）..（31）
計器飛行証明、（最初の）..（31）
経済規制
　（米国の航空経済規制の始まり）..（55~57）
　（国際航空の経済的規制、2 国間条約）............................（64）
刑事捜査・刑事訴追..（35~36, 417）
経年航空機対策
　（検査プログラム、特別検査指示書）............（244, 284, 300, 306, 473）
　（電気配線）..（429, 433~436）
ケサダ、（FAA 初代長官、安全キャンペーン）............（93~96）

こ

ゴア、（副大統領、TWA 機事故対策委員会の委員長）......（433~434）
故意操作..「意図的操作」参照
広域管制室、（1968 年、JFK で運用開始）............................（115）
広域疲労損傷..（243, 306~307, 475~476）
降雨によるエンジン停止..（216~221）

航空安全委員会……………………………………………………（58）

航空管制官、（最初の）………………………………………（28〜29）

航空管制、（始まり）…………………………………………（28〜33）

航空機関士、（多発大型機への乗務義務化）……………………（61）

航空機検査規則、（日本最初の耐空性基準）………………（41〜42）

航空機用救命無線機……………………………………「ELT」参照

航空規制撤廃法………………………………………………（57, 400）

航空局

　（米国最初の）…………………………………………………（23）

　（日本最初の）……………………………………………（39〜40）

航空事業局……………………………………………………………（35）

航空事故調査、（始まり）……………………………………（33〜36）

航空事故調査報告書、（裁判証拠使用禁止の始まり）

　………………………………………………………………（35〜36）

航空事業規則……………………………………………………（23〜24）

航空事業法…………………………………………………（17, 22〜23）

航空身体検査医、（制度の創設）…………………………………（23）

航空灯火、（最初の）…………………………………………………（16）

航空法

　（日本最初の航空法）……………………………………（39〜41）

　（米国の航空法体系）………………………………………………（57）

航空郵便、（試験飛行、安全性）……………………………（15〜17）

航空郵便法、（制定、改正）…………………………………（17, 54〜55）

航空郵便路線……………………………………………（15〜17, 53〜56）

航空路

　（郵政省による整備）……………………………………（15〜17）

　（商務省による整備）……………………………………（25〜28）

　（最初の飛行高度規定）…………………………………（31〜32）

航空路管制所、（最初の）…………………………………………（31）

航空路レーダー情報処理システム、（試作、開発）………（112〜113）

航研機……………………………………………………………………（43）

高度計、（誤読、3針式、ドラム式）……………………（132〜134）

国際海事衛星……………………………………「インマルサット」参照
国際民間航空機関………………………………………「ICAO」参照
国際民間航空条約、（採択、付属書の原案） …………………（63~64）
国産機初飛行 ………………………………………………（42, 49~51）
コミューター航空
　（安全規制）……………………………………………（399~400）
　（事故の多発)……………………………………………（401~408)
　（NTSB の報告書)………………………………………（408~409)
　（FAR121/135 の改正）…………………………………（409~410)
コリジョンコース……………………………………………… （322)

さ

最低安全高度、（最初の規定)…………………………………………（24)

し

ジェネラル・エイビエーション
　（名称の由来)………………………………………………（66, 534)
　（安全対策の歴史)…………………………………………（534~537)
シカゴ条約…………………………………「国際民間航空条約」参照
シコルスキー、イーゴリ………………………………………（138~139)
自動システム
　（機能選択の誤り)…………………………………………（376~384)
　（人間の意図に反するコントロール)……………………（390~395)
　（FAA の自動化に関する報告書) …………………………（395~396)
ジファール、アンリ……………………………………………………（10)
死亡事故、（飛行機)
　（世界最初の)…………………………………………………………（13)
　（日本最初の)…………………………………………………………（44)
修理作業再評価プログラム………………………………………… （473)
少数意見、（事故報告書の)
　………………………… （135, 170~171, 204~205, 224~225, 331~332, 358)
乗員の健康管理…………………………………… （100~101, 513~517)

乗員の酸素マスク着用義務、(1959 年規則改正) ·················· (99)

乗員の離席制限、(1959 年 CAR 改正)····························· (98~99)

衝突防止灯の装備義務化··· (157)

商務省、(郵政省から航空路整備等を移管)····················· (23~25)

す

スペリー、ローレンス·· (18~20, 59)

せ

整備方式··· (151~154)

設計運動速度··· (461, 465)

セーフ・ライフ（安全寿命）··············· (232~237, 243, 306, 346~347)

全機疲労試験

　（コメット機)··· (80, 82~83)

　（義務付け)··· (243, 304~307)

　（B747 パイロン構造試験未実施）····························· (369~370)

全油圧機能喪失··················· (294~297, 340~343, 349~351)

そ

操縦室音声記録装置································· 「CVR」参照

操縦室常時 2 名配置··· (516)

組織的な要因・問題、(事故原因として)················· (266, 338~340)

損傷許容

　（損傷許容設計基準)·························· (233, 235~237, 242~244)

　（エンジンへの適用)····································· (345~348)

　（修理作業再評価)······································· (473~476)

た

耐空性改善命令··································「AD」参照

対地接近警報装置······························「GPWS」参照

　（機能拡張型)······························「EGPWS」参照

ダウンバースト··· (199~202)

ターミナルレーダー情報処理システム、(試作、開発)

……………………………………………… (113, 115~116)

単独世界一周飛行、(最初の)……………………………… (59~60)

ち

着氷…………………………………………… 「氷結」参照

つ

ツェッペリン飛行船………………………………………… (10~11)

て

定期航空、(飛行機による世界最初の)………………… (13~14)

低高度警報、(地上レーダー)…………………… 「MSAW」参照

低層ウインドシア…………………………………………… (202)

低層ウインドシア警報システム……………………… (314~315)

テイラー、チャーリー…………………………………… (12~13)

定量的安全性解析、(1960年代から航空分野への適用) ……… (143)

テネリフェ事故、(航空史上最大の事故)……………… (205~214)

電気配線システム…………………………………… (433~436)

と

ドイツ飛行船運航会社……………………………………… (11)

東京飛行場、(立川)………………………………………… (43)

東西定期航空会……………………………………… (42, 44)

同時多発損傷……………………………………… (243, 307)

ドゥーリトル…………………………………… (31, 76)

徳川陸軍大尉………………………………………… (38)

特別管制飛行区間、(VFR機飛行禁止、1958年規則改正) ………… (87)

トランスポンダー、(開発、装備義務空域の指定・拡大)

……………………………………………… (113, 157)

ドランド………………………………………………… (138)

鳥衝突…………………………………………… (103~105)

トルーマン、（大統領、空港安全対策の調査委員会）………(66, 76~78)

な

奈良原三次……………………………………………………(49~51)

奈良原式 2 号機………………………………………(42, 49~51)

に

二次レーダー、（開発）……………………………………(113)

日本航空株式会社、（川西）………………………………(42)

日本航空輸送研究所…………………………………………(42)

日本航空輸送株式会社………………………………………(42)

ニューアーク空港の閉鎖……………………………………(76)

ニューヨーク近郊の連続墜落事故………………………(72~76)

ね

熱気球、（最初の有人飛行）……………………………(9~10)

燃料タンク爆発…………………………(121~123, 419~429)

は

パイロット・ライセンス、（制度の創設、型式限定、第一号）
………………………………………………………………(23~24)

ハーディング、（FAA 設立勧告）………………………(92)

ハラビ、（FAA 第 2 代長官）…………………………(92, 112)

パリ条約…………………………………………………(22, 39~40)

ひ

飛行記録装置……………………………………「FDR」参照

飛行船、（最初の有人飛行）………………………………(10)

飛行データ記録装置……………………………「FDM」参照

非常脱出試験、（1965 年義務化、1967 年制限時間短縮）
………………………………………………………………(124~125)

非常発電機、（1966 年、基幹空港へ配備開始）…………(117)

必要滑走路長……………………………………………（137）

日野陸軍大尉……………………………………………（38）

ヒューズ・ピン………………………………………（365~374）

氷結……………………………（103, 332~333, 337~340, 486~488）

疲労リスク管理………………………………（482, 498~499）

ヒンデンブルク号の爆発事故……………………………（11）

ふ

藤田哲也、（気象学者、竜巻強度スケール考案、ダウンバースト発見）
………………………………………………………（197~202）

フェイル・セーフ…………………（82, 232~244, 295~299, 304）

フォッケ…………………………………………………（138）

副操縦士、（大型機への乗務義務化）……………………（61）

腐食対策プログラム……………………………………（306）

不定期航空、（勃興、安全規制強化）………（65~66, 77~78）

不適切な訓練…………………（408, 456~457, 459~460）

不適切な修理………………………（286~289, 469~473）

ブラウン、（郵政長官）……………………………………（53）

フラッピング………（283~284, 295~296, 298~299, 304~306）

ブレゲ……………………………………………………（138）

へ

米大陸横断航空路………………………………………（15~17）

米国航空企業の分割・社名変更………………………………（55）

ヘゲンバーガー…………………………………………（31）

ヘリコプター

（1930 〜 40 年代、二重反転式ローター、並列ローター、VS-300）
……………………………………………………（138~139）

（1946 年、ヘリコプター最初の型式証明、ベル 47）…………（139）

（1965 年、IFR 運航認可、1966 年、ヘリ計器飛行証明）……（139）

（1968 年、旅客ヘリ連続墜落事故）……………………（139~143）

（2003 〜 08 年、救急ヘリ事故多発）…………………（477~480）

（2006 年、救急ヘリに関する NTSB の特別調査）………（480~481）

（2014 年、救急ヘリ輸送基準改正）…………………………（481~483）

ほ

ボーイング 314 フライング・ボート……………………………（61~62）

ポスト、ウィリー……………………………………………………（59~60）

ホワイトアウト……………………………………………………（262, 265）

ホワイトヘッド、グスターブ………………………………………………（13）

ま

マイクロバースト……………………………………（199, 309~315）

マクロバースト……………………………………………………（199）

マックラケン……………………………………………………（23~24）

マホン、（ニュージーランド判事、DC-10 南極事故を調査）

……………………………………………………………（263~266）

み

民間委任、（検査・試験業務の民間委任の始まり、拡大)…(58, 64~65)

民間航空庁…………………………………………………「CAA」参照

民間航空委員会……………………………………………「CAB」参照

民間航空規則………………………………………………「CAR」参照

民間航空法、（施行）………………………………………………（57）

む

無線機、（最初の航空機搭載)………………………………………（27）

無線局、（最初の地上無線局)………………………………………（27）

無線航路標識、（最初の)…………………………………………（27~28）

無線通信管制塔、（最初の)…………………………………………（30）

無線通信士…………………………………………………………（61~62）

も

モシャンスキー、（カナダ判事、エアオンタリオ F28 事故調査）
……………………………………………………（335~340）

森田式単葉機………………………………………………（50~51）

森田新造………………………………………………………（50~51）

モンゴルフィエ兄弟…………………………………………（9~10）

や

山梨半造、（初代航空局長官、陸軍次官）………………………（40）

ゆ

郵政省、（航空郵便）…………………………………………（15~17）

よ

与圧構造破壊………………………（78~83, 175~195, 280~307, 468~476）

洋上飛行間隔の安全論争……………………………………（143~149）

ら

ライト兄弟…………………………………………………（11~13, 18）

　ウイルバー、（兄）…………………………………………（13, 18）

　オービル、（弟）…………………………………………（13, 18, 23）

ライト・フライヤー………………………………………（12~13）

り

陸軍航空隊、（連続墜落事故）………………………………（54~55）

利権会合………………………………………………………（53~54）

リリエンタール , オットー…………………………………（11~12）

リンドバーグ……………………………………………………（23）

臨時航空委員会…………………………………………………（40）

る

ルーズベルト、フランクリン、（大統領、航空産業再編等）
....（54~56, 59, 62）

れ

レダラー、（FSF 創立者、FAA 設立勧告）....................................（92）
連邦航空規則..「FAR」参照
連邦航空庁、（FAA: Federal Aviation Agency）.................「FAA」参照
連邦航空局、（FAA: Federal Aviation Administration）.........「FAA」参照
連邦航空法、（1958 年制定）　.......................................（93~94）

ろ

60 歳ルール、（航空会社乗員の乗務年齢制限、1959 年 CAR 改正）
....（100~101）
路線配分会合...（53）
ロッキード・ベガ..（60）

わ

ワール・フラッター...（102）

A

AAIB、（Air Accidents Investigation Branch）.........................（33）
AD、（Airworthiness Directive）
　（トルコ航空 DC-10 事故前に発出されず）　.................（186~187）
　（不適切な AD、B737 胴体外板剥離事故）....................（303~304）
　（B747 ヒューズ・ピン、事故に間に合わず）　.............（368~369）
　（A300-600 名古屋事故前に発出されず）　.................（394~395）
ADFR、（Automatic Deployable Flight Recorder）....................（529）
Aeronautics Branch、（米国初の航空局、商務省に設置）.............（23）
Air Commerce Act of 1926 ....「航空事業法」参照
Air Commerce Regulation 　...........................「航空事業規則」参照
Airline Deregulation Act of 1978...................「航空規制撤廃法」参照

Airway Traffic Control Station ························「航空路管制所」参照

Air Safety Board ·····························「航空安全委員会」参照

AOA Sensor··（542~544, 546~547）

ARTS、（Automated Radar Terminal System / 旧称：Advanced Radar Traffic Control System）

·····················「ターミナルレーダー情報処理システム」参照

ASB、（Air Safety Board）····················「航空安全委員会」参照

ASIP、（Aircraft Structural Integrity Program）·················（235~237）

ASRS、（Aviation Safety Reporting System）·················（171~172）

AURTA、（Airplane Upset Recovery Training Aid）·············（121, 459）

Avionics ··（69）

B

B307、（最初の与圧旅客機、航空機関士の乗務）·············（61, 175）

B314、（ヤンキー・クリッパー）·····························（61~62）

B707、（就航）···（88~89）

BCAR、（British Civil Airworthiness Requirements）

（コメット機事故後の与圧胴体荷重試験基準改正）·················（81）

（自動着陸装置の安全性解析）·································（143）

（疲労強度試験）···（242）

Bureau of Air Commerce······························「航空事業局」参照

C

CAA、（Civil Aeronautics Authority / Civil Aeronautics Administration）

（発足）··（57）

（権限の民間委任）···（58）

（空港整備、技術開発）·····································（58~59）

（改組）··（59）

（軍への編入の動き）··（62~63）

（管制業務の拡大）···（63）

（検査試験業務の民間委託拡大）·····························（64~65）

（軍との対立）···（69~70）

CAB、〔Civil Aeronautics Board〕 ………………………………（59）

CAR、〔Civil Air Regulations〕
　（国際民間航空条約付属書技術基準の原案）…………………（64）
　（耐空性基準を 1937 年に CAR に再編）………………………（82）

CAST、〔Civil Aviation Safety Team〕 ………………………… （536）

CFIT、〔Controlled Flight Into Terrain〕
　（高度計誤読、3 針式とドラム式の使用禁止勧告）……… （132~134）
　（過去最大の死亡事故形態）………………………… （162~163, 451）

Church, Ellen、〔最初の客室乗務員 / 旅客機〕 …………………（63）

Civil Aeronautics Act of 1938 …………………………「民間航空法」参照

Common IFR Room 　………………………………「広域管制室」参照

Convention on International Civil Aviation、
　…………………………………………「国際民間航空条約」参照

Convention Relating to the Regulation of Aerial Navigation
　………………………………………………「パリ条約」参照

CPCP、〔Corrosion Prevention and Control Program〕
　……………………………………「腐食対策プログラム」参照

CRM、〔Cockpit Resource Management / Crew Resource Management〕
　（義務化）……………………………………………… （229~230）
　（効果）………………………………………………… （343~344）

CVR、〔Cockpit Voice Recorder〕
　（米国航空会社機への義務化）………………………………… （135）
　（記録時間延長、独立電源確保等の基準改正）…………… （433, 529）

D

Damage Tolerance ……………………………………「損傷許容」参照

DC-3、〔就航〕 ………………………………………………（56）

DC-8、〔就航〕 ………………………………………………（88）

DELAG ………………………………「ドイツ飛行船運航会社」参照

Department of Commerce …………………………………「商務省」参照

Design Maneuvering Speed ……………………………「設計運動速度」参照

Downburst ………………………………………「ダウンバースト」参照

Downdraft ……………………………………………… 「下降気流」参照

E

EGPWS、（Enhanced Ground Proximity Warning System）
　（大韓航空 B747 未装備、TAWS 命名）………………（448~449）
　（装備義務化）……………………………………………（451~452）
　（救急ヘリに装備義務化）……………………………………（482）
ELT、（Emergency Locator Transmitter）………………（528~529）
EWIS、（Electrical Wiring Interconnection System）
　………………………………………「電気配線システム」参照

F

FAA、（Federal Aviation Agency / Federal Aviation Administration）
　（発足）……………………………………………………（91~94）
　（1967 年米運輸省内局化）………………………………（137~138）
Fail Safe ………………………………「フェイル・セーフ」参照
FAR、（Federal Aviation Regulations）（編纂、1961~64）………（127~128）
FDM、（Flight Data Monitoring System）…………………（482）
FDR、（Flight Data Recorder）
　（ジェット機に義務化、1957 年 CAR 改正）…………………（86）
　（日本の装備義務化遅れ）…………………………………（135）
　（独立電源確保等の基準改正）……………………………（433）
Federal Aviation Act of 1958 …………………「連邦航空法」参照
Flight Data Streaming …………………………………（529~530）
Flapping ………………………………………「フラッピング」参照
FRM、（Fatigue Risk Management）…………「疲労リスク管理」参照

G

GA、（General Aviation）……「ジェネラル・エイビエーション」参照
GAJSC、（General Aviation Joint Steering Committee）…………（536~537）
GPWS、（Ground Proximity Warning System）
　（CFIT の削減）………………………………………（162~163）

（装備義務化）‥‥‥‥‥‥‥‥‥‥‥‥‥‥ （162~164, 168, 172~173）

H

HTAWS、（Helicopter Terrain Awareness and Warning Systems）‥‥‥ （482）

I

ICAO、（International Civil Aviation Organization）（設立）‥‥‥‥ （63~64）

J

Jannus, Tony‥‥‥‥‥‥‥‥‥‥‥‥‥‥‥‥‥‥‥‥‥‥‥‥‥‥ （13~14）

K

Kubis, Heinrich、（最初の客室乗務員 / 飛行船）‥‥‥‥‥‥‥‥‥（62）

L

Lilienthal, Otto‥‥‥‥‥‥‥‥‥‥‥‥‥‥‥‥‥‥‥‥‥‥‥ （11~12）
LLWAS、（Low Level Windshear Alert System）
　‥‥‥‥‥‥‥‥‥‥‥‥ 「低層ウインドシア警報システム」参照
LOC-I、（Loss of Control In Flight）
　（ジェット旅客機初の）‥‥‥‥‥‥‥‥‥‥‥‥‥‥‥‥ （96~98）
　（アップセット、防止訓練）‥‥‥‥‥ （117~121, 457~459, 484~503）
LOV、（Limit of Validity）‥‥‥‥‥‥‥‥‥‥‥‥‥‥‥ （475~476）
Low 委員会、（FAA 耐空証明制度の評価委員会）‥‥‥‥‥ （253~257）

M

Macroburst ‥‥‥‥‥‥‥‥‥‥‥‥‥‥‥‥ 「マクロバースト」参照
Mahon ‥‥‥‥‥‥‥‥‥‥‥‥‥‥‥‥‥‥‥‥‥ 「マホン」参照
Maneuvering Speed ‥‥‥‥‥‥‥‥‥‥‥‥‥‥‥ 「運動速度」参照
MCAS、（Maneuvering Characteristics Augmentation System）
　‥‥‥‥‥‥‥‥‥‥‥‥‥‥‥‥‥‥‥‥‥‥‥‥ （541~547）
Microburst ‥‥‥‥‥‥‥‥‥‥‥‥‥‥‥ 「マイクロバースト」参照
MSD、（Multiple Site Damage）‥‥‥‥‥‥‥‥ 「同時多発損傷」参照

MSG、(Maintenance Steering Group)

  (MSG-1、MSG-2、MSG-3) ･････････････････････････ (151~154, 306)

MSAW、(Minimum Safe Altitude Warning)

  (1976 年運用開始) ･･･････････････････････････････････････ (168)

  (フランスでは 1992 年の A320 事故時未整備)･･･････････････ (385)

  (大韓航空 B747 事故時運用停止) ･･･････････････････ (446, 450~451)

N

NASA の設立 ･･･ (94)

Negative Training･････････････････････････････ 「不適切な訓練」参照

NTSB、(National Transportation Safety Board) (1967 年設立、1975 年独立)

  ･･ (138)

P

PICAO、(Provisional International Civil Aviation Organization) ･･･････ (64)

Positive Control Route Segment ･････････････ 「特別管制飛行区間」参照

R

RAP、(Repair Assessment Program)

  ･･･････････････････････････ 「修理作業再評価プログラム」参照

Reich、(航空機空中衝突モデルの構築) ･･･････････････････ (146)

RTCA、(Radio Technical Commission for Aeronautics) ･･････････ (70)

Royal Aero Club ･･ (33)

Royal Aircraft Establishment、(RAE) ･････････････････････ (145)

S

Safe Life ･････････････････････････････････ 「セーフ・ライフ」参照

SAGE、(Semi-Automatic Ground Environment)

  (防空レーダー・ネットワークの民間活用構想)･･･････････････ (88)

  (民間転用の否定)･････････････････････････････････････ (113)

  (B727 墜落事故の解析に貢献) ･･･････････････････････ (131)

SC-31、(Special Committee -31)

（ILS 対 GCA の論争）……………………………………（69~70）

（レーダー・ビーコン構想）……………………………………（88）

SMS、（Safety Management System）………………………（498~499）

SPAN、（Stored Program Alpha-Numerics：航空路レーダー情報処理システムの旧称）

Spoils Conference ……………………………………「利権会合」参照

SSIP/SSID、（Supplemental Structural Inspection Program/Document）
………「経年航空機対策（検査プログラム、特別検査指示書）」参照

Startle Effect ……………………………………（495, 499）

Swift, Thomas ……………………………………（299, 307）

T

TAWS、（Terrain Awareness and Warning System）…………「EGPWS」参照

Taylor, Charles, E ……………………………………（13）

TCA、（Terminal Control Area）……………………………（317~319）

TCAS、（Traffic Alert and Collision Avoidance System）…………（323~325）

THS、（Trimmable Horizontal Stabilizer）……「可動型水平安定板」参照

TSO、（Technical Standard Order）（制度の成立）……………………（65）

U

ULB / ULD、（Underwater Locator Beacon / Device）…………（528~529）

UPRT、（Upset Prevention and Recovery Training）……………（457~459）

Upset ……………………………………「アップセット」参照

W

WFD、（Widespread Fatigue Damage）……………「広域疲労損傷」参照

索引（2）（掲載事故一覧）

(型式別。大型機と軍用機 / 小型機の衝突事故の場合、大型機型式に掲載。)

か

カーチス

　（日本民間機初死亡事故、墜落、1 名死亡、1913/05/04）………（44）

カーチス・ライト C-46-F

　（整備不良、ビルに衝突、56 名死亡、1951/12/16）…………（72~73）

　（整備不良、ビルに衝突、5 名死亡、1952/04/05）…………（75~76）

こ

コメット

　（墜落、43 名死亡、1953/05/02）…………………………………（79）

　（与圧胴体疲労破壊、35 名死亡、1954/01/10）………………（79~81）

　（与圧胴体疲労破壊、21 名死亡、1954/04/08）………………（79~81）

コンベア CV-240

　（不時着水、1952/01/14）…………………………………………（73）

　（ビルに激突、30 名死亡、1952/01/22）………………………（74）

す

スーパー・コンステレーション

　（空中衝突、128 名死亡、1956/06/30）…………………………（84~85）

　（空中衝突、134 名死亡、1960/12/16）…………………………（105~109）

　（空中衝突、4 名死亡、1965/12/04）……………………………（114~115）

た

ダグラス C124

　（米空軍機、立川基地離陸直後墜落、129 名死亡、1953/06/18）

　………………………………………………………………………（85~86）

と

ドルニエ飛行艇
　（東河内山林に墜落、5 名死亡、1932/02/27）……………………(44)

な

中島式 5 型
　（日本定期初死亡事故、箱根山中に墜落、1 名死亡、1923/02/22）
　………………………………………………………………………(44)

は

バイカウント
　（空中衝突、12 名死亡、1958/05/20）………………………………(87)
　（氷結によるエンジン停止、50 名死亡、1960/01/18）…………（103）
　（鳥衝突による水平尾翼破壊、17 名死亡、1962/11/23）………（105）
パーセバル飛行船
　（青山練兵場、墜落、1913/03/28）…………………………………(44)

ひ

ビッカース・バンガード 951
　（後部圧力隔壁破壊、63 名死亡、1971/10/02）……………（176〜178）

ふ

フォッカー F-10A
　（空中分解、8 名死亡、1931/03/31）……………………………（34〜35）
フォード・トライモーター
　（墜落、16 名死亡、1930/01/19）……………………………………(34)
フォッカー・スーパーユニバーサル
　（日本初乗客死亡事故、3 名死亡、1931/06/22）…………………(44)
　（大森上空空中衝突、85 名死亡、1938/08/24）………………（46〜48）
ブレリオ
　（日本初死亡事故、所沢飛行場付近に墜落、2 名死亡、1913/03/28）
　………………………………………………………………………(44)

み

三菱式 MC-20

　（墜落、13 名死亡、1940/12/20）……………………………………（49）

ら

ライト・フライヤー

　（プロペラ飛散、1 名死亡、1908/09/17）………………………………（13）

ろ

ロッキード・エレクトラ

　（主翼破壊連続事故、計 97 名死亡、1959~1960）………………（102）

　（史上最大の鳥衝突事故、62 名死亡、1960/10/04）………（103~105）

A

ATR42

　（機長の意図的操作、44 名死亡、1994/08/21）…………………（515）

A300-600

　（自動システムの機能を解除できず、264 名死亡、1994/04/26）

　　……………………………………………………………（385~396）

　（過剰操作による垂直尾翼分離、265 名死亡、2001/11/12）

　　……………………………………………………………（452~465）

A319

　（過剰操作、垂直尾翼に制限荷重の 1.29 倍が負荷、2008/01/10）

　　……………………………………………………………（465~466）

A320

　（自動システムの機能選択誤り、92 名死亡、1990/02/14）

　　……………………………………………………………（376~380）

　（自動システムの機能選択誤り、GPWS 未装備、87 名死亡、

　　1992/01/20）

　　……………………………………………………………（380~385）

　（整備不良、CB リセット、失速防止機能喪失、機首上げ操作、162

　　名死亡、2014/12/28）

　　　　　………………………………………………………（499~503）

　　（副操縦士の意図的操作、150 名死亡、2015/03/24）……（511~517）

　　（AOA センサーが氷結し失速墜落、7 名死亡、2008/11/27）…（546）

A321

　　（AOA センサーが氷結し急降下、2014/11/05）………………（546）

A330

　　（速度計指示異常、失速防止機能喪失、機首上げ操作、228 名死亡、
　　　2009/05/31）

　　　　　……………………………………………………（484~495）

B

Beechcraft 1900C

　　（訓練飛行中墜落、2 名死亡、1991/12/28）………………（402）

　　（山に衝突、2 名死亡、1992/01/03）……………………（402）

Beechcraft C99

　　（地表に衝突、2 名死亡、1992/06/08）………………（402~403）

Bell 407

　　（山に激突、5 名死亡、2004/08/21）……………………（478~480）

B-47、（米空軍中距離戦略爆撃機）

　　（右主翼破壊、1958/03/13）…………………………………（234）

　　（左主翼分離、1958/03/13）…………………………………（234）

　　（空中分解、1958/03/21）……………………………………（234）

　　（空中爆発、1958/04/10）……………………………………（234）

　　（空中分解、1958/04/15）……………………………………（234）

B377

　　（飛行中に客室ドアが開き乗客 1 名が吸い出される、1952/07/27）

　　　　　……………………………………………………………（191）

B707

　　（初のジェット旅客機 LOC-I、1959/02/03）………………（96~98）

　　（被雷による燃料タンク爆発、81 名死亡、1963/12/08）

　　　　　……………………………………………………（121~123）

　　（空中衝突、4 名死亡（衝突相手機）、1965/12/04）………（114~115）

（着陸時横転、176 名死亡、1973/01/22）……………………（180）

（ウインドシア、ALPA 請願後の再調査、95 名死亡、1974/01/30）

………………………………………（196～197, 203～205）

（右水平尾翼分離、6 名死亡、1977/05/14）………………（237～242）

（燃料枯渇、英語能力、73 名死亡、1990/01/25）…………（354～359）

（第 3、4 エンジン脱落、1992/03/31）……………………（372～373）

B720B

（Upset に陥り空中分解、43 名死亡、1963/02/12）………（118～121）

B727

（空港手前の湖に墜落、30 名死亡、1965/08/16）…………（131～132）

（空港手前の丘に墜落、58 名死亡、1965/11/08）…………（132～133）

（滑走路手前に墜落、43 名死亡、1965/11/11）………………（134）

（羽田沖に墜落、133 名死亡、1966/02/04）………………（134～135）

（空中衝突、82 名死亡、1967/07/19）………………………（155～156）

（雫石上空空中衝突、162 名死亡、1971/07/30）…………（160～162）

（CFIT、92 名死亡、安全報告制度、GPWS 義務化促進、1974/12/01）

………………………………………………………（168～172）

（ウインドシア、113 名死亡、1975/06/24）………………（197～203）

（ウインドシア、ALPA 請願後の再調査、1975/11/12）………（205）

（空中衝突、144 名死亡、1978/09/25）……………………（221～225）

（ウインドシア、153 名死亡、1982/07/09）………………（309～310）

B737

（空中分解、110 名死亡、1981/08/22）……………………（280～284）

（胴体外板剥離、1 名死亡、1988/04/28）…………………（299～307）

（ラダー逆作動、25 名死亡、1991/03/03）………………（458～459）

（ラダー逆作動、132 名死亡、1994/09/08）………………（458～459）

（FDR 停止後に急降下、104 名死亡、1997/12/19）……………（515）

（離陸直後に墜落、189 名死亡、2018/10/29）……………（541～544）

（離陸直後に墜落、157 名死亡、2019/03/10）……………（544～547）

B747

（B747 同士の地上衝突、史上最大の事故、583 名死亡、1977/03/27）

………………………………………………………（205～214）

（後部圧力隔壁破壊、史上最大の単独機事故、520 名死亡、
1985/08/12）

…………………………………………………………………… （284~299）
（前方貨物室ドア空中開放、9 名死亡、1989/02/24）………… （188）
（史上最大の空中衝突事故、英語能力、349 名死亡、1996/11/12）

…………………………………………………………………… （359~363）
（第 3、4 エンジン脱落、5 名死亡、1991/12/29）…… （363~364, 372）
（第 3、4 エンジン脱落、集合住宅に激突、47 名死亡、1992/10/04）

…………………………………………………………………… （364~373）
（離陸上昇中に燃料タンク爆発、230 名死亡、1996/07/17）

…………………………………………………………………… （419~429）
（滑走路手前の丘に衝突、228 名死亡、1997/08/06）…… （445~451）
（不適切修理、空中分解、225 名死亡、2002/05/25）…… （468~475）

B757

（FMS 誤入力等による CFIT、159 名死亡、1995/12/20）

…………………………………………………………………… （395, 451）
（空中衝突、71 名死亡、2002/07/01）……………………… （324~325）

B767

（副操縦士の意図的操作、217 名死亡、1999/10/31）…… （505~510）
（機首下げ姿勢で墜落、3 名死亡、2019/02/23）……………… （540）

B777

（行方不明、239 名搭乗、2014/03/08）……………………… （519~530）

D

DC-2

（墜落、5 名死亡、1935/05/06）…………………………… （36, 56~57）

DC-6

（アパートに激突、33 名死亡、1952/02/11）………………… （74~75）

DC-7

（空中衝突、128 名死亡、1956/06/30）……………………… （84~85）
（空中衝突、49 名死亡、1958/04/21）……………………… （86~87）

DC-7B

（空中衝突、8 名死亡、1957/01/31）……………………………（86）

DC-8

（空中衝突、134 名死亡、1960/12/16）………………………（105〜109）

（火災時脱出できず乗客 16 名死亡、1961/07/11）………（123〜124）

（グランド・スポイラー空中展開連続事故、1970 年代）………（69）

（燃料枯渇、10 名死亡、CRM 義務化のきっかけ、1978/12/28）

………………………………………………………………（225〜230）

（機長の意図的操作、24 名死亡、1982/02/09）………………（515）

（離陸直後墜落、256 名死亡、1985/12/12）………………（328〜333）

DC-9

（空中衝突、26 名死亡、1967/03/09）………………………………（155）

（空中衝突、83 名死亡、1969/09/09）…………………………（156〜157）

（空中衝突、50 名死亡、1971/06/06）…………………………（158〜160）

（進入中送電線接触、GPWS 初勧告、1971/02/17）………（163〜164）

（CFIT、71 名死亡、1974/09/11）………………………………（168）

（道路上不時着、72 名死亡、1977/04/04）…………………（216〜221）

（空中火災、23 名死亡、1983/06/02）…………………………（273〜277）

（空中衝突、82 名死亡、TCAS 義務化促進、1986/08/31）

………………………………………………………………（316〜324）

（空中火災、110 名死亡、1996/05/11）………………………（410〜417）

DC-10

（貨物ドア開放による急減圧、1972/06/12）………………（178〜180）

（貨物ドア開放による急減圧、346 名死亡、1974/03/03）

………………………………………………………………（180〜195）

（左エンジン分離、273 名死亡、1979/05/25）……………（244〜257）

（南極の山に衝突、257 名死亡、1979/11/28）……………（259〜266）

（全油圧喪失、112 名死亡、1989/07/19）…………………（340〜351）

DHC-8-400

（失速警報後に機首上げ操作、50 名死亡、2009/02/12）

………………………………………………………………（495〜499）

E

ERJ190、（機長の故意操作、33 名死亡、2013/11/29）…………… （515）

F

Flanders F3
　（世界初の事故調査報告書、墜落、2 名死亡、1912/05/13）……（33）
F-111、（米空軍可変翼戦闘機）
　（主翼破壊、2 名死亡、1969/12/22）……………………… （235〜237）
F27
　（乗員射殺、44 名死亡、1964/05/07）……………………… （126〜127）
F28
　（翼面氷結、24 名死亡、組織的問題、1989/03/10）……… （333〜340）

J

Jetstream BA-3100
　（滑走路手前に墜落、18 名死亡、1993/12/01）…………… （403〜404）
Jetstream 3201
　（滑走路手前に墜落、15 名死亡、1994/12/13）…………… （406〜408）
Jetstream 4101
　（滑走路手前に墜落、5 名死亡、1994/01/07）…………… （404〜406）

L

L-1011
　（墜落、99 名死亡、1972/12/29）…………………………… （164〜168）
　（史上最大の航空機火災事故、301 名死亡、1980/08/19）
　　………………………………………………………… （266〜273）
　（ウインドシア、135 名死亡、1985/08/02）……………… （310〜314）
LZ129
　（ヒンデンブルグ号、爆発、36 名死亡、1937/05/06）…………… （11）

M

MD-11

 （空中火災、229 名死亡、1998/09/02） ‥‥‥‥‥‥‥‥‥ （429~433）

S

S-61L

 （ローター異常運動、23 名死亡、1968/05/22）‥‥‥‥‥‥ （139~140）

 （ローター分離、21 名死亡、1968/08/14） ‥‥‥‥‥‥‥ （140~143）

V

Verville-Sperry M-1 Messenger

 （ローレンス・スペリー、英仏海峡横断飛行中墜落、1 名死亡、
  1923/12/13）

 ‥‥‥‥‥‥‥‥‥‥‥‥‥‥‥‥‥‥‥‥‥‥‥‥‥‥‥‥‥‥（19）

Z

ZRS-4

 （アクロン号、飛行船史上最大の事故、73 名死亡、1933/04/04）

 ‥‥‥‥‥‥‥‥‥‥‥‥‥‥‥‥‥‥‥‥‥‥‥‥‥‥‥ （46~47）

著者略歴
遠藤信介（えんどう・しんすけ）
1949年、茨城県生まれ。東京大学工学部修士課程及びマサチューセッツ工科大学修士課程を修了。国土交通省で航空関係の業務に従事し、新東京国際空港長、航空保安大学校長、航空局技術部長、運輸安全委員会委員長代理を務める。学会誌、航空専門誌等への航空の安全に関する寄稿多数。著書に「航空機構造破壊」日本航空技術協会（2018年発行）がある。

表紙カバー写真の出典：ウィキペディア、FAA

本書の記載内容についての御質問やお問合せは、公益社団法人日本航空技術協会　教育出版部まで、文書、電話、ｅメールなどにてご連絡ください。

2019年8月23日　第1版　第1刷　発行

航空輸送100年　安全性向上の歩み

2019ⓒ	編　者	公益社団法人　日本航空技術協会
	発行所	公益社団法人　日本航空技術協会
		〒144-0041　東京都大田区羽田空港1-6-6
		電話　東京　(03) 3747-7602
		FAX　東京　(03) 3747-7570
		振替口座　00110-7-43414
		URL　https://www.jaea.or.jp
		E-mail　jaea1927@jaea.or.jp
	印刷所	株式会社　丸井工文社

Printed in Japan

無断複写・複製を禁じます

ISBN978-4-909612-03-8